制度

人類社会の進化

河合香吏 編

京都大学学術出版会

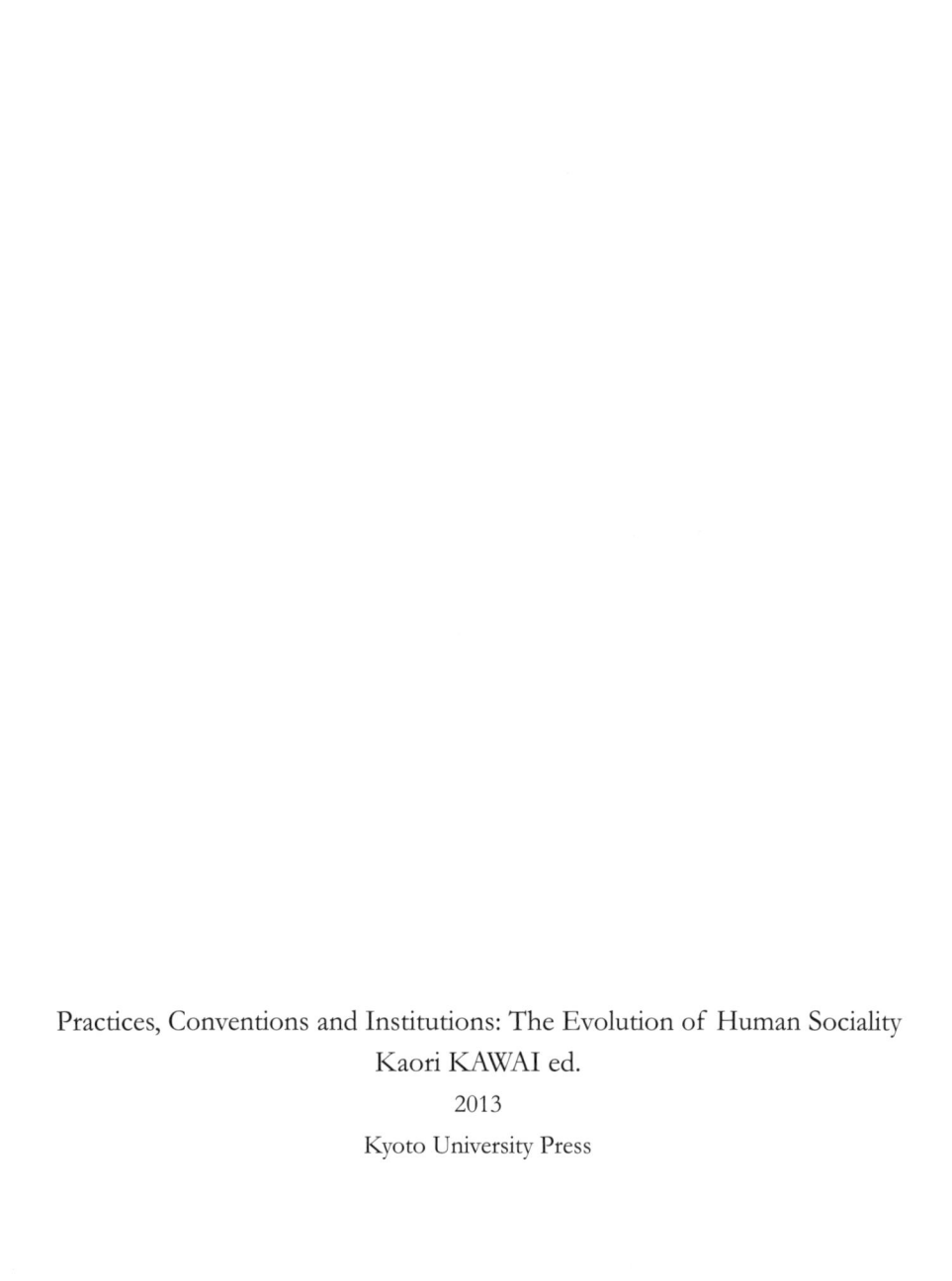

Practices, Conventions and Institutions: The Evolution of Human Sociality
Kaori KAWAI ed.
2013
Kyoto University Press

目　次

序章　「集団」から「制度」へ
　　　── 人類社会の進化史的基盤を求めて　　　　　　　［河合香吏］ 1

1 ● 「制度」を「人類社会の進化」の文脈で語ること　　1
2 ● 人類進化学としての霊長類学はなぜ「制度」をあつかってこなかったのか　　2
3 ● 制度研究会の経緯　　5
4 ● 本書の構成　　10
5 ● そして「他者」へ　　13

第1部　制度の生成機序

第1章　制度が成立するとき　　　　　　　　　　　　　　［曽我　亨］ 17
　　　Keyword：対面的な他者，様々な「第三者」，ダンバー数，行為平面

1 ● 対面的行動と制度　　18
2 ● 具体的な第三者による対面的行動の統制　　19
3 ● ヒトの制度的現象　　22
4 ● 制度が成立する場所　　26

第2章　死という制度 ── その初発をめぐって　　　　　［内堀基光］ 37
　　　Keyword：死ぬこと，チンパンジーの死，人間の死，死者，共同性

1 ● 死はどこからどこまでが制度か　　38
2 ● 制度としての「死」の初発　　40
3 ● 制度としての「死」の機能　　46
4 ● 「死者」の反転　　50
5 ● 制度以前と制度の円環的一体性へ ── まとめとして　　55

第3章　制度と儀礼化あるいは儀礼行動　　　　　　　　　［田中雅一］ 59
　　　Keyword：日常実践，意図，正当化，ディスプレイ，強迫性障害

1 ● 日常実践と儀礼　　60
2 ● 制度とは何か？　　62

3 ●儀礼論の系譜　64
4 ●儀礼化をめぐって　67
5 ●動物のディスプレイと個人儀礼について　72
6 ●実践の束としての制度 — おわりに　76

第4章　子ども・遊び・ルール
── 制度の表出する場を考える　　　　　　［早木仁成］ 79

Keyword：ごっこ遊び，自然制度，他者理解，形式性

1 ●遊びの本質としてのルール　80
2 ●ルールのある遊びの源　81
3 ●闘争遊びにみられる自己抑制と形式性　83
4 ●ごっこ遊びのルール性　88
5 ●遊びとルール，そして制度　90

第5章　教えが制度となる日
── 類人猿から人への進化史的展望　　　　［寺嶋秀明］ 95

Keyword：学習，教えない教育，メタ認知，心の理論，ステイタス機能

1 ●学ぶことと教えること　96
2 ●学びの原点　97
3 ●なぜ人はもっと教えないのか　103
4 ●学習と教師の役割　106
5 ●心の理論・メタ認知・メタ学習　108
6 ●制度と教育　110

第2部　制度表出の具体相

第6章　アルファオスとは「誰のこと」か？
── チンパンジー社会における「順位」の制度的側面　［西江仁徳］ 121

Keyword：順位，記号（化），儀礼（化），慣習 convention，
自生的秩序 spontaneous order

1 ●チンパンジー社会における「順位」と「アルファオス」　122
2 ●アルファオス失踪の顛末　124
3 ●「過剰な」毛づくろいとパントグラント ──「形式化した」＝「儀礼的」
　相互行為　130

4 ●「自生的秩序 spontaneous order」としての「順位」　134
5 ●「制度」の進化論へ向けて　138

第 7 章　共存の様態と行為選択の二重の環
　　　　── チンパンジーの集団と制度的なるものの生成　　　［伊藤詞子］　143
　　　　Keyword：「みんな」／「私たち」，問題，行為選択，共存の様態，
　　　　　　　　social 集団，「そうするもの」

1 ●共存の様態 ── 離合集散システム　145
2 ●みんながそうすること　146
3 ●チンパンジーが出会うとき　152
4 ●ごちゃまぜの世界　158

第 8 章　見えない他者の声に耳を澄ませるとき
　　　　── チンパンジーのプロセス志向的な慣習と制度の可能態
　　　　　　　　　　　　　　　　　　　　　　　　　　　　　［花村俊吉］　167
　　　　Keyword：離合集散，長距離音声，行為接続のパターン，慣習，場，
　　　　　　　　プロセス志向

1 ●言語のない世界における慣習　168
2 ●チンパンジーの長距離音声・パントフートと離合集散　169
3 ●「呼びかけ－応答」の意味を帯びた鳴き交わしのパターンと非対面下
　　の出会い　170
4 ●相互行為を試みる際の行為接続のやり方　172
5 ●場の構成に続く行為接続のやり方の多様性　178
6 ●プロセス志向的な慣習と場の生成変化　186

第 9 章　野生の平和構築
　　　　── スールーにおける紛争と平和の事例から制度を考える
　　　　　　　　　　　　　　　　　　　　　　　　　　　　　［床呂郁哉］　195
　　　　Keyword　制度Ⅰ，制度Ⅱ，紛争，平和，偶有性（contingency），サマ人

1 ●近代主義的理解に束縛されない制度論へ　196
2 ●事例分析 ── スールー海域世界における紛争とその処理　198
3 ●象徴的回路による紛争処理　201
4 ●出来事の民族誌 ── 駆け落ち，紛争，病と死　208
5 ●偶有的プロセスの集積としての制度　214

第 10 章　制度としてのレイディング
── ドドスにおけるその形式化と価値の生成　　　[河合香吏]　219
Keyword：東アフリカ牧畜民，レイディング，牧畜価値共有圏，
　　　　　情動と昂揚感，価値

1 ●奪い，奪われる日常の中の制度　220
2 ●ドドスにおけるレイディング　222
3 ●「殺人」をめぐるメンタリティとレイディングの動機　227
4 ●レイディングの肯定と牧畜価値共有圏の可能性　230
5 ●価値の体現としてのレイディングとその進化史的意味の可能性 ── むすびにかえて　232

第 3 部　制度進化の理論

第 11 章　制度以前と以後を繋ぐものと隔てるもの　　　[北村光二]　239
Keyword：問題への共同対処，相互行為システム，循環的な決定，
　　　　　禁止の規則，儀礼の規則

1 ●対象の「意味」の識別と行為への「意味」の付与　240
2 ●「もの」との関係づけと人間相互の関係づけにおける循環的な決定　242
3 ●制度への道①──「禁止の規則」へと向かうルート　248
4 ●制度への道②──「儀礼の規則」へと向かうルート　254
5 ●「規則に従うこと」の成立と言語の獲得　260

第 12 章　役割を生きる制度
── 生態的ニッチと動物の社会　　　[足立　薫]　265
Keyword：ニッチ，混群，役割，種間関係，場，コミュニケーション

1 ●ニッチと行動選択の様相　266
2 ●混群における役割　266
3 ●ニッチの理論　269
4 ●部分と全体の再帰的な決定を可能にする「場」　275
5 ●ニッチから制度を考える　281

第 13 章　数学の証明と制度の遂行
　　　　── ケプラー方程式から出発する進化の考察　　　［春日直樹］　287
　　　　Keyword：アナロジー，パターン，志向，遂行指令，正統化

1 ●ケプラー方程式の証明を展開する　　289
2 ●証明を成り立たせる諸要素を考える　　294
3 ●方程式の証明と制度の遂行をつなげる　　299

第 14 章　制度の基本構成要素── 三角形，そして四面体を
　　　　モデルとする『制度』の理解　　　　　　　　　［船曳建夫］　309
　　　　Keyword：三者間関係，四面体，象徴，意味空間，調整

1 ●三者間関係　　310
2 ●第三者とならない第三項　　314
3 ●四面体モデル　　320

第 4 部　制度論のひろがり

第 15 章　感情のオントロギー
　　　　── イヌイトの拡大家族集団にみる〈自然制度〉の進化史的基盤
　　　　　　　　　　　　　　　　　　　　　　　　　　［大村敬一］　327
　　　　Keyword：〈自然制度〉，感情，言語，他者との共在，イヌイト，
　　　　　　　　拡大家族集団

1 ●出発点としての「言語なしの制度」論　　328
2 ●イヌイトの拡大家族集団の規則 ── 生業システムが産出する〈自然制度〉　　330
3 ●〈自然制度〉の条件 ── 自己意識，他者への自己投影，他者との共在の欲求　　334
4 ●原初的な〈自然制度〉── 他者との共在をめぐる感情と欲求の制度化　　341
5 ●感情のオントロギー ──〈自然制度〉の進化史的基盤　　345

第 16 章　「感情」という制度
　　　——「内面にある感情」と「制度化された妬み」をめぐって

[杉山祐子]　349

　　　Keyword：感情，共にいること，内面にある感情，「いまここ」からの離脱，
　　　妬み

1 ● 共同認知の土台としての感情　350
2 ● ベンバの村の共在空間　352
3 ● 表明される「怒り」と取り出される「怒りのできごと」　355
4 ●「隠された感情」としての「妬み」　360
5 ●「内面にある感情」と社会関係の操作可能性　365
6 ●「いま，ここ」からの二様の離脱　367

第 17 章　老女は自殺したのか
　　　—— 制度の根拠をめぐる一考察　　　　　　　　[西井凉子]　371

　　　Keyword：自殺，倫理，社会性，儀礼，否定性

1 ● 死と制度をめぐる別のアプローチ　372
2 ● 老女の死の状況　372
3 ● 老女は自殺したのか　378
4 ● 老女の死をめぐる村人の関心　383
5 ● 自殺と制度　385
6 ●「時が至れば死ぬ」—— むすびにかえて　387

第 18 章　制度の進化的基盤
　　　—— 規則・逸脱・アイデンティティ　　　　　　[黒田末寿]　389

　　　Keyword：言語なしの制度の定義，規則の構造，逸脱，二次規則，
　　　　　　　 規則の潜勢化，私たち型制度，間主観型制度

1 ● 拘束と逸脱／構造と非構造　390
2 ● 規則・制度の定義　391
3 ● 規則・制度が現れる構造　396

あとがき　[河合香吏]　407

索　引　　413

序章 「集団」から「制度」へ
人類社会の進化史的基盤を求めて

河合香吏

1 ● 「制度」を「人類社会の進化」の文脈で語ること

　本書は,「制度」と呼ばれる事柄ないし現象について,人類の社会と社会性 (sociality) の進化という,われわれ人類の存在に関して述べるかぎり,最大限に長いタイムスパンでアプローチしようとするものである.

　制度を進化の文脈で語ることは容易ではない.化石として残りにくい精神や社会の進化について理解しようとするならば,現生の人類と人類以外の霊長類,とりわけわれわれ人類と近縁のチンパンジー (Pan) 属2種,すなわち700万年ほど前に分岐したとされるチンパンジーやボノボといった大型類人猿を対象として比較研究をすることが肝要となろう.そのため,本書の執筆陣は広い学問分野としての人類学,下位区分で示すならば,霊長類社会学,生態人類学,社会文化人類学に与する者によって構成されている.各執筆者はおのおののフィールドにおける人類と人類以外の霊長類の社会が,共通にもっていたり,もっていなかったりする制度や制度的な社会事象(現象)を見極め,これを記述,分析することを通して,制度なるものの生成機序や成立基盤を検討し,制度なる社会事象の根源的ないし本質的な性質を進化史的視点から明らかにすることを試みるものである.

　『制度 —— 人類社会の進化』(以下『制度』と略す)という大仰な書名がつけられたこの論集が,政治学や経済学といった狭い意味での社会科学の分野をはじめ,あまたとある制度論とは大きく異なる内容をもっていることは,目次を見れば一目瞭然であろう.まずこの本は「制度とはなにか」という制度の定義への問い,いわば制度原論的な問いに解答を与えようとするものではない.そうした定義の問題に正面から向かうことを避けるのは,後述するように,「制度」という言葉の使用が,日本語と西欧語(たとえば英語)ですら,重なったり,重ならなかったりしつつ,かなり広い意味範囲をもっており,これを人類以外の霊長類を含む大きな枠組みにおいて厳格に定義づけるのは,かえってその意味の広がりと効用をやせ細らせてしまうと思われるからである.

はじめに本書の出自について触れておこう．本書は2009年12月に刊行された『集団－人類社会の進化』（京都大学学術出版会，以下『集団』と略す）の，ある意味で続編である．また『集団』がそうであったように，本書もまた，東京外国語大学アジア・アフリカ言語文化研究所の共同研究プロジェクトの成果である．このプロジェクトは人類の社会と社会性を，人類進化という文脈において解明しようと目論むものであり，2005年4月に開始された．プロジェクトの正式名称は「人類社会の進化史的基盤研究(1)」とした．名称に(1)と付したのは，このプロジェクトが単発では終わらない息の長い共同研究として，テーマをかえながら続けてゆくつもりであることをはじめから主張したかったためである．「人類社会の進化史的基盤研究(1)」は「集団」をテーマに4年間で21回（これを集団研究会と略す），そして本書のもととなった「人類社会の進化史的基盤研究(2)」は「制度」をテーマとして3年間で16回にわたる研究会活動（制度研究会と略す）を続けてきた．これに続く三つ目の共同研究は2012年4月から開始したが，そこでは「他者」をテーマとした（他者研究会と略す）．したがって，本書の執筆陣は，多くが集団研究会のメンバーであり，その成果である『集団』の執筆者であり，また，他者研究会のメンバーでもある．

　本書では，集団研究会で集中的に議論された集団としての「集まり方」や「いかに集まっているのか」という問いから一歩進めて，集団になることによって，あるいは集団として，人びとや類人猿やサルたちが「やっていること」の中身ないし内容へと視野を広げることになる．そうした「やっていること」を，一般的な枠組みの中で置き直し，抽象的な名辞を用いると，「制度」といった言葉で指し示される領域をカバーすることになると考える．そうした「やっていること」というのは，多くは，単に一回かぎりの事柄ではなく「常に」集団の中で「やっていること」，反復的におこなっていることであり，そこから「やること」の被規則性，つまり規則にしたがっていることが問題になるからである．この反復性と被規則性をもって，集団生活の中に見られるごく緩い（広い）意味での制度というものを考えてみたいのである．

2 ● 人類進化学としての霊長類学はなぜ「制度」をあつかってこなかったのか

　人類社会の進化を研究する学問分野といえば人類学，なかでも人類とともに長い進化の過程を歩んできた霊長類を対象とする霊長類学が挙げられよう．人類の社

会・文化についての学問である社会文化人類学と制度論との関係は後回しにして，まずは，人類社会の進化と霊長類学の関わり方について論じたい．本書では，シニアたちもまたそうであるのだが，とりわけ若い霊長類学者たちが懸命にこれに関わろうとしているからである．

1940年代に始まった日本の霊長類学（以下，この国において独自に発展を遂げてきた霊長類学を一般に呼び習わされているように「サル学」と呼ぼう）は，ニホンザルを対象としたその黎明期から，「群れ（集団）」を単位とし，群れを構成する個体を越えた「社会」なる広がりに注目するといった伝統があった[1]．サル学の黎明期にニホンザルの群れにおいて発見された社会事象，とりわけ人間社会における制度に類した現象として「順位制」がある．これは群れ内の個体間の優劣関係に依拠した現象で，優劣関係の厳格さには生息地域によって多少の変異があるものの，すべてのニホンザルの群れに共通して現れる現象である．具体的には，群れはその内部の任意の2個体間に優位/劣位の関係が明確にあり，それを纏めると群れの全個体が直線的にならぶ社会構造を作りあげているというものである．だが，「順位制」といった言葉で表される群れの理解の仕方，すなわちその視点とアプローチは擬人主義にすぎると烙印を押され，さらに外来の社会生物学の出現によって，同じ時期によく議論された「血縁制」などとともに，生物学的に語られるようになった．こうして人類以外の霊長類にみられる制度的現象は，無視されるか，生物学に回収され，「制度」は人類のみにみられる文化的現象に閉じこめられたものと思われる．

個体中心主義的なエソロジーの伝統のある欧米の霊長類学がこれまでほとんど制度を論じてこなかったことはそれほど不思議ではない．これに対して，個体よりも群れという社会集団を包括的に捉えることを重視して独自の発展を遂げてきたサル学の伝統からすれば，制度はその基軸にあるべきテーマであったはずである．だが，サル学者で制度を意識し，論じてきたのは，伊谷純一郎が「規矩」という生硬な語を持ち出してこれを人類以外の霊長類における制度らしきものとして考えようとした（伊谷 1981）ほかには，本書の最終章を担当する黒田末寿（黒田 1999）以外にはほとんどいない．

そもそもサル学における制度論の標的はもっぱら家族起原論に終始してきたといってよい．家族の始原の姿，家族の起原の解明は1960年代に開始された今西錦司をリーダーとするアフリカ類人猿調査隊がその第一の目的としたといわれる．今西は（人間的）家族の成立条件として(1)外婚，(2)インセストタブー，(3)コミュニティ，(4)配偶者間による労働の分業の4項目のすべてを満たすことを挙げ，その仮説の検証に向けてアフリカの大型類人猿の調査が進められた．だが，結局，今西の仮説はコミュニティの存在が認められないことにより却下され，その後，家族

起原論は低迷した．それでもなおこのテーマにこだわり続けたのは，伊谷や黒田のほか，山極寿一の名を連ねることができる．山極はゴリラをおもな調査対象とするサル学者であるが，『家族の起原 – 父性の登場』(1994) を上梓し，最近また新たに『家族進化論』(2012) を刊行している．家族もまた紛れもない制度である．だが，伊谷が「規矩」と呼び，黒田が〈自然制度〉と名づけた制度一般の起源や進化に取り組んできた者はきわめて少ない．

　その理由はなによりも人類以外の霊長類が人間的な言語をもっていないという事実にある．たとえば，河合雅雄の『人間の由来』(1992) では，家族が制度であることを言明し，「制度は言語あるいは言語的能力を持った霊長類のみに可能な文化の一形態」であると規定する．さらに，サル学を牽引し，人類以外の霊長類に社会を見いだしてきた伊谷をもってしても，言語の不在という壁を乗り越えきれなかったといってよい．伊谷は「制度」を定義していないが，黒田 (1999) によれば，それは「個体の行動に対する拘束力をもつ文化」と要約できる．伊谷は言語を制度の必要条件と考え，言語によって行動や習慣の厳密な規定がもたらされると考えていたふしがある．黒田は，伊谷の制度論の内容が最もよく表されている論文として「心の生い立ち – 社会と行動」(1981) を挙げ，伊谷の制度の定義は最終的には「制度は，社会集団の成員に言語化されて分有される行動規制であり，アイデンティティとしての機能を持ち，逸脱には社会的制裁が加えられるもの」になるとする．さらに黒田によれば，伊谷は「ヒト以外の霊長類の文化には集団の成員の行動を規制するものがない，つまり制度がない」(傍点筆者) という重要な言明をしているとする．だが，黒田が指摘するように，言語もひとつの制度として見れば，制度は制度によって成立するというトートロジーに陥ってしまうのではないか．そこからは制度の成立や起原を問うという問題には当然踏み込めなくなってしまうであろう．

　伊谷は「霊長類の行動の把握，すなわち，行動の全容と分類のためには，結局われわれは言語を用いるほかに方法がない」といい，また，その頃から伊谷の著作において，制度は文化とセットであらわれるようになった．たとえば，文化と制度を定義づける一文に，「文化や制度は，いわばそれを分有する個の行動の規矩なのであって，そういった文化や制度について叙述することは，その社会に含まれるより多くの個の行動様式の規範を叙述するということにほかならない．こうして民族学の主流は，個の行動を忘却して，ひたすらその規範のみを叙述し続けてきたのである (伊谷 1981 (傍点筆者))」とある．

　ここに使われている「規矩」という生硬な語が厳密に何を表しているのかについて，伊谷はなんの説明もしないままに逝った．したがって，ここからは推測の域を出ないのだが，伊谷が使った「規矩」という語は，人間社会についても用いられて

おり，制度に関わる重要な概念であると考えられるので，あえてこの語にこだわってみたい．

　まず，伊谷は，「制度」は社会に現れる概念であり，これに対して「規矩」は個体に現れるという区分をしている．規矩はあくまで個人の行為・行動に関する準拠枠であると理解しておこう．とすると，それは人間における「規範や規則の内面化」と呼ばれるものに相当するのではないかと考えられる．人類以外の霊長類の場合にも，なんらかの社会的行動を制御するものという意味で，制度の萌芽を見いだすことができそうである．これに相当する意味をもつ語として伊谷は「規矩」を選んだのではないか．そうした意味では，伊谷の「規矩」は，黒田が提唱している〈自然制度〉（黒田 1999，第 18 章黒田論文）の概念に近いものと考えることができよう．

　私は，伊谷が制度を必ずしもおざなりにしたわけではないと信じている．だが，彼にとっては，それよりもまず霊長類における全体としての社会構造の進化を詳らかにすることが，喫緊の課題だったのであろう．その後，霊長類学における個体の行為・行動を巡る議論が，新たに登場した行動生態学や社会生物学によって席巻されるとともに，個体が「制度」というある種の約束事（「規矩」や〈自然制度〉）にしたがうという理論に与しようとするサル学者も現れず，議論そのものが等閑視されるままになっているのではないだろうか．

3 ●制度研究会の経緯

3-1　集団から制度へ

　『集団』で主張したかったことは，人類社会の進化を考えるにあたり，人類や人類以外の霊長類が「集まる（群れる）」というきわめて単純な事実からわれわれは出発するのだという決意であり，目に見える「集団」なる現象の具体性に賭けようという思いであった．それは，たとえば「社会」のように抽象度が高く，意味の広がりも多様な言葉を用いることによって，議論がその言葉に回収されてトートロジーに陥ることを避けるとともに，そうではないかたちで集団の「共同性」，より正確には「共在性」を語らんとすることであった．トートロジカルな議論が悪いといいたいのではない．そうではなくて，「集団」という語を選んだ理由は，同時に，人類が霊長類の一員であるという進化的根拠をもつことに準じて，人類社会を人類以外の霊長類と同じ地平のもとに置くということであり，また，「集団」なる事象（現象）に対して，その起原や進化という「時間軸」をこめるためであった．そして，

さらに，そのためには，そうしなければならないアプローチであったということをも意味しているのである．

そのように進められてきた集団研究会の成果である『集団』の議論の内容について，本書との関わりで，2点だけ紹介する．

ひとつ目は「非構造概念」の重要性である．『集団』で多くの論文が着目し，とりあげた集団現象は，集団の構造的側面ではなく，むしろ非構造の集まりであった．たとえばニホンザルの集団（群れ）にみとめられる直線的順位構造[2]といった集団全体の構造面ではなく，集団のメンバーの個体間の具体的な関係すなわち「社会的絆」といったものからみえてくるものを議論の対象としている．これまでの集団論では，集団の非構造部分というのは社会構造を明らかにしようとする全体論的な研究の陰でほとんど注目されなかったばかりか，（構造的な）集団現象からの逸脱として議論から排除されてきた．これに対し，活動中心，行為中心的な集団像が，非構造の集まり —— 今村仁司の言い方を引けば，構造化ないし制度化されたsocietyに対して，社会的絆にもとづく集団であるsocialとして多くとりあげられたのである．それらはいずれも自律的な個体ないし個人，つまり制度にがんじがらめに統制されるのではない個による緩やかで自由な集まり，一時的であるがゆえに動的でダイナミックな集まりであるという共通点がある．こうした非構造の集まりはこれまでほとんど注目されてこなかったが，集団を考える上で，生活時間に占める割合も決して少なくない，もっと正当に評価されるべき集まりである．人類も人類以外の霊長類もともに，構造化された集団は，集団のある一面をあつかったものに過ぎず，集団の現実の姿とは，そこに何らかの非構造を含んでいるものであることを積極的に評価すべきものであった．

ふたつ目は「われわれ人類の獲得した表象能力」である．われわれは目の前にいない不可視の相手をも仲間として，あるいは敵として認識する能力を獲得したということ，そして目の前，すなわち「いま・ここ」を越えた認識を可能にする言語表象能力を獲得したことについての議論である．前者の能力は「われわれ」なるものの表象作用によって可能になっているもので，たとえば父系出自集団といった文化範疇や民族あるいは国家などの集団を考えればわかりやすいが，現実的にはその境界は曖昧で，集団の構成員たちは互いに顔見知りでないということがふつうにある．それは後者の言語による「○○父系集団」とか「○○民（族）」とか「○○国民」といった言語表象が可能にしている事態であり，人類に特有な集団，いわば「見えない集団」のあり方である．人類以外の霊長類にはこれはきわめて難しいことであり，彼らには見も知らぬ他個体，対面的に出会っていない相手を不可視のまま，いわば想像力を駆使することで仲間としてあるいは敵として認知することはおそらく

できないであろう．この集団形成に関わる言語と想像力すなわち表象性といった問題は，人間の集団が制度による束ねであることをよく示している．「不可視のものを可視化しうる表象の働きは，まさしく制度の内部での働きであると同時に，制度なるものを構成する働きだからである」(内堀2009)．こうして人類社会における制度が前面にあらわれ，われわれの次なる課題として制度研究会に引き継がれてゆくこととなった．

3-2 制度研究会の試み

人類を含む霊長類の集団には平等原則，不平等原則といった，集団を成立させ維持するための原則が存在する(伊谷1986)．逆に言えば，現実に複数の同種個体が同所的に存在する，つまり集団をなして暮らしているということ自体が，そこに共存のための何らかの原則（力学）があることを示している．われわれはそのことに制度の起源，制度の萌芽的なありようをみようとした．

ここでは制度は成文法のように規制範囲が言語によって明確化され，それに反した者には懲罰が下されるもの，ということを必ずしも意味しない．こうした成文化された制度は，それが文字化されたものであるとすれば，せいぜい5000〜6000年前の歴史時代以降に始まったにすぎないからである．われわれは「人類社会の進化史的基盤研究」なる一連の共同研究において「制度」に対峙し，その起原へと遡行しているのであって，それ故，そのタイムスパンは「歴史」ではなく「進化史」的な長さを持っていなくてはならない．

制度研究会はその当初から，「制度」の定義が問題になり続けていた．辞典類や学問分野によって定義が異なるというのが実情であったが，われわれは，制度なるものをもつかもたぬかもわからない人類以外の霊長類をも射程に入れていたことから，定義をできるかぎり緩く，広く，大きくとろうとしてきた．人類も人類以外の霊長類も自己をめぐるさまざまな自然的かつ社会的な条件や環境にあわせて行動を変化させて調整しているものである．この事実を，制度化の第一歩と考えてもよいのではないか．

もう一点，制度の原初形態なるものを考えるとき，これまで制度について言及されてきた，あるいは定義されてきたような超越的な存在，すなわち神でも法でもよいのだが，そうした外在的な存在（今村仁司のいうところの排除された第3項）を必要なものとして想定しなくてもよいのではないかということである．同じ地平上にある諸個体の行動の潜在的可能性を考えるだけで十分ではないか．これを証する例として，サルならぬ人間の社会においても，日常的な相互行為が法や制度に対して逆

に大きな影響力をもっていることにも目を向けるべきだという議論も出された．たとえば法改正というものは，日常的な相互行為がうまくいかなくなったときに行われるということを思いおこせばわかりやすいだろう．また，第9章で床呂郁哉が論じているように，人間の社会は必ずしもフォーマルな諸制度が社会を規制・拘束しているわけではなく，インフォーマルな広義の制度・慣習が相対的に卓越している状況がある．

　こうした議論から，もっと日常の相互行為 ── これには，たとえば一緒に食べる，といったふつうは相互行為とはいわないものをも含む ── に目を向けて制度のことを考えた方がよいのではないか．また，環境条件により「他者」との相互行為を変化させる．いいかえれば，「他者」の行為を自分の行為の前提とする．これらはわれわれ人類と人類以外の霊長類が共有していると考えられるものだが，そうしたところに制度なるものが立ち現れる（制度の萌芽段階）と考えてみたらどうだろう．この点を実質化させる上で重要なことは，個体の「習慣」は単なる好みや癖でしかないともいえるが，他者と一緒にする共同的な活動を含む「相互行為」が繰り返され，慣習化する場合には，それは他者と共有されるものという意味で「規則」や「規範」ひいては「制度」にもつながるものになるのではないか．その一方で，個体の「習慣」も他者と共有されるものになる場合には，慣習となり，制度にもつながりうるといえよう．

　以上のように，制度研究会で議論されてきたことの内容は，理論的であれ実証的であれ，制度の基盤を改めて問い直すことにより，その起原へ向けて遡上するものとなった．それはすなわち，人びとや類人猿やサルたちが自らの日常を，生成し，成立させ，変化するプロセスとして，同じ社会集団に同種他個体とともに生きていることの機序の解明を目指すものでもあった．いいかえれば，われわれは，そしておそらくは類人猿やサルたちも，それが意識されているか否かはともかく，最大限に広い意味において制度，あるいは制度なるものに則って日々を暮らすこと，すなわち，食べたり，眠ったり，移動したり，他者とやりとりをする，といった行為・行動を秩序立て，社会集団が成り立っていることと，そのありようを論じることでもあった．

3-3 用語について

　次の第4節では，本書の内容として各部および各章を紹介してゆくが，その前に一点，用語の問題に触れておきたい．

　本書は，そのタイトルどおり，「制度」をめぐって人間や類人猿やサルたちの行

為・行動を，理論的に，あるいは実証的に，あるいはその両面から，人類社会の進化の文脈において論じてゆくものである．書名の『制度』は英語ではふつう institution の語を当てることができる．だが，この語は日本語の「制度」よりも広い意味をもち，日本語で通常使われている法律や法規や法令といった，いわば社会科学の用語としての意味以外にも，（制度化された）慣行，慣例，システムなどをも含んでいる．また，現代社会人類学の祖の一人マリノフスキーは institution を「目的を同じくする組織や集団」と規定しているほどである（Bohannan 1960）．

一方，次節における各部・各章の紹介の中で使われる「制度」には，英語ならば convention の語で表されるものの多く，すなわち，しきたり，慣例，慣行，慣習，因襲，約束事，伝統的手法といった意味内容が含まれており，本書では，むしろこれらの微妙にニュアンスのちがう現象群から「制度」なるものにアプローチしている章が少なくない．そして，これら convention という語で示されうる概念は，社会的な力となっていくものでもある．伊谷の「規矩」という生硬な語は，実はこうしたことを意味していたのかもしれない．となれば，「制度」とは他者・他個体と共に生きてゆくための方法（「やり方」）のすべて（束あるいは集合）であるといいうる．

この convention なる語は，当然，D・ヒュームの言うそれとも深く関わるものである．あるいは，ヒュームのそれそのものといってよいものでもありうる．ヒュームの convention には定訳がなく，慣習，合意，黙諾など，さまざまな訳語があるが，現在はカタカナでそのままコンヴェンションと書くことが多いようである．この語には，単なる「慣習」にとどまらず「合意」や「共通利益の一般感覚」といった意味合いがあるという（第6章西江仁徳）．ヒュームはその一方で，習慣 custom について次のように記している．すなわち，「新たに推論もしくは断定を少しもまじえないで，過去のくり返しから生じるものをわれわれはすべて『習慣 custom』と呼ぶ．……原因と結果についてのすべての判断が依存する過去の経験は，気づかれぬくらい目立たぬ仕方で心に作用し，ある程度まではわれわれに知られないでいることさえありうる……習慣は，反省するいとまも与えず作用する」（ヒューム 2010）のである．

既に述べたとおり，本書では「制度」なる語の意味空間を最大限に広く捉えることにより，制度に生きること，社会集団に生きること，すなわち自らの生きる集団における生の成り立ちといった問題の解明に向けて，あえて「制度」という語の定義をしていない．ヒュームの「習慣 custom」に近い意味でそれを用いることもありうる．「制度」をいかなる意味で用いるかについては，各章の執筆者に任されており，暫定的な定義を設けてそこからどれほど跳躍できるかを議論して制度の意味

的な広がりを追究している章もあれば，逆に対象とした社会集団に秩序をもたらす，あるいはその反面として秩序を乱すさまざまな行為・行動の集積によって制度の定義を切りとっていく方法を採用している章もある．

　編者として一言付け加えておくならば，行為や行動の集積から習律や習慣，つまりコンヴェンションを導くとき，その中間項として，実践（プラクティス）というものを考えてもよかったとも思う．人類学では，この語は，常習行為，慣行，慣例，習慣，ならわし，癖などとも訳されてきた．何らかの行為・行動をする明確な理由，あるいは行為・行動のプロセスについての意識や「気づき」がそこにはない．「なんとなく，なぜか，いつもそうしている」といった行為や行動である．その点ではコンヴェンションの行為的側面を取り出したようなものだということもできる．

　霊長類学では「実践（プラクティス）」という語は使われることがなく，社会的行為・行動に関しては，広くインタラクションないしインタラクティヴ・ビヘイヴィアといった語が使われてきた．だが，霊長類学にコンヴェンション（これもまたこれまでほとんど使われてこなかったはず）の概念を持ちこむのならば，あえてプラクティスにまで遡って考えてもよかったかもしれない．個体の行為・行動を個々のビヘイヴィア――たとえそれがインタラクティヴであったとしても――としてみて，そこからその集積としてのコンヴェンションにひと息に跳ぶよりも，一定の集団においてプラクティスとして行為・行動が定着してゆく，そういった過程をそこに見ることができるからである．したがって，より意識的な観念として成立している制度と，自らの生（なま）の身体およびその行為・行動のあいだには，

　　　　［観念］institution ⟷ convention ⟷ practice ⟷ (interactive) behaviour ［身体］

といった図式を想定することも可能だったのではなかったか．制度研究会において，こうした図式をめぐって議論を深められなかったことが少し悔やまれるが，制度研究会に引き続く他者研究会での課題としたい．

4 ●本書の構成

　本書に収められた18の章があつかうトピックはきわめて多岐にわたる．それは一見理路整然とした人類進化の過程，すなわち人間を最終点とする軸の対局に立つような，多様なトピックへの分岐といった印象を与えるとは思う．悪く言えば「纏まりがない」という印象でさえあるかもしれない．だが，われわれは，そうした「纏

まりのなさ」を負の視点として捉えようとは思わない．むしろ，本章第2節で主張したように，領域を越えた対話をとおして制度の概念範囲を最大限に広げることによって，問題の所在を提出しようとしてきたのであり，その議論の方向性がそのまま本書に反映しているのである．

『集団』との比較をすれば，『集団』は個から集団へという思考のベクトルが強く出たが，本書では，集団の存在を前提として，そこから集団の中に在る個へという議論の方向がより強く出たといえそうである．だが，これもより正確にいえば，ふたつのベクトルの往復運動というべきであろう．制度を相互行為から語るという上述の議論もその一環として出てくるものであり，その結果，多くの所収論文は往復運動の両契機を踏まえた上で，そのどちらかに力点を置くかたちになっている．あくまでも『集団』との比較で言えば，集団から個へというベクトルが目立つというにすぎない．『集団』に目を通した読者には，さらにこのベクトルの相の違いに目を向けていただきたいと思う．

以下，各部，各章を簡潔に紹介してゆく．

第1部　制度の生成機序

広く「制度」と呼びうる社会事象はどのような過程を経て生成するのか．第1部ではその生成の機序を五つの個別的なテーマから描き出す．ここでは，ある種の社会的事象が何を契機に生まれ，いかにして制度化という方向性を獲得し，そのレールにのって制度たるものへ向けて育ってゆくのか．さらにそれが最終的に制度として確立した後，どのように維持され，あるいは別の何ものかに変わってゆくのか．そのみちすじを理論的に辿る作業が展開される．とりあげられるトピックとして，他者との対面的な行動によってつくりだされる慣習的（conventional）な秩序（第1章曽我論文），生理的，生態的な次元における現象としての「死ぬこと」と区別される「死」，すなわち意味が導入されて成り立つより高次元の「死」の領域の初発の根拠（第2章内堀論文），儀礼化や儀礼行動をはじめとする「実践」の束としての制度とその正当化（第3章田中論文），子どもの遊びにおけるルールという本質と制度の起原（第4章早木論文），学習の類人猿的なありようと人間のそれとの相違（第5章寺嶋論文）という五つが挙げられ，それぞれの具体的なありようをもとに，制度の生成機序について理論化が試みられる．

第2部　制度表出の具体相

制度なるもの，制度らしきものがいつ，どこで，どのように顕然化するのか．観察者であるわれわれがそれを「制度」と読みとるのは，どのようなアプローチによ

るのか．この具体性を帯びた課題に対して，第2部ではフィールドデータの詳細な記述と堅実な分析にもとづいて，自在な理論的考察が展開されている論文を集めた．そこでは社会科学の用語に代表される狭い意味での「制度」なる言葉に回収されない具体的事象の横溢への取り組みが試みられる．第6章西江論文，第7章伊藤論文，第8章花村論文の3論文は，いずれもタンザニアのマハレ山塊国立公園の野生チンパンジーたちに肉薄して得られた詳細なデータに裏づけられたものである．そこではチンパンジーの「制度」らしきものをみるための理論構築が三者三様に行われる．3論文がとりあげ，描出したもの，すなわち群れ内の個体の順位，共存の様態と行為選択，聴覚による他個体とのコミュニケーションなどこそが，他ならぬチンパンジーの制度の具体相なのである．続く第9章床呂論文と第10章河合論文は対象を東南アジアの海洋民と東アフリカの牧畜民に移し，いずれも民族誌的に具体的な資料にもとづいて，種々の紛争や家畜の略奪といった敵対的で暴力的な事象が「制度」なるものによって処理されたり，あるいは処理しきれなかったりする事例をあげる．それによって必ずしも堅牢な一枚岩ではありえない人間社会の制度の緩さ，幅広さに向かおうとする．

第3部 制度進化の理論

　第3部の諸論文は，制度そのものが進化するものであると措定したうえで，その進化過程なるものはどのようなメカニズムに基づいているのかという問いが立てられる．この問いに相対して具体的な事例を用いつつ，さらに制度なるものの成り立ちについて理論的に思考を深化させる論攷群である．制度以前のサルの社会から人間の社会への移行において起きた出来事を，「禁止の規則（調整）」と「儀礼の規則（選択）」というふたつのルートを区別して論じた第11章北村論文，オナガザル科の混群を手がかりに，日常的な相互作用の連続としての生態的ニッチから制度の生成を論じた第12章足立論文，制度とは一見何の関係もないようにみえるケプラー方程式という数学の理論をとりあげ，数学の思考様式を人類学の思考様式にアナロジカルにつなげて制度を論じた第13章春日論文，現在の人間集団が，いかにして，その生物学的な集団構成を質，量ともに超え，次元を異にする規模と複雑さを持つことを可能にしたかを考察した第14章船曳論文は，制度を語る4理論と言ってよい．

第4部 制度論のひろがり

　第4部では，制度の進化に斬新な切り口からアプローチする4本の論文を収めた．それらはいずれも「制度」なる語のかもしだすスタテックで静的で例外を許されな

い等の固く冷たい性格とまったく異る次元から —— たとえば感情，自由，倫理といった生（なま）の人間のあり方，ふるまい方といった側面から —— 制度にアプローチしている．第15章大村論文と第16章杉山論文は，制度とは一見無関係でありながら，われわれ人類に普遍的な心的状態である「感情」を基軸とした制度論を展開する．前者ではイヌイトの生業システムの単位である拡大家族集団が共在するにあたって感情と欲求が制度化され原初的な〈自然制度〉の基礎となるとし，これをさらに「道徳」へと連結する．一方，後者はザンビアの焼畑農耕民の感情生活に深く入り込み，「感情は制度である」という主張から論を立て，緊張関係に伴う「情動」や，怒りや妬みといった感情を制度化する方途を詳述する．続く第17章西井論文はフィールドで亡くなった老女の死が自殺だったのか否かをめぐる人びとの語りを臨場感あふれるデータとして示し，そこから「死」が結局のところ，死者本人といかに関わるべきだったかという倫理の問題であったことにたどり着く．最終章の第18章黒田論文は制度の進化的基盤について，言語がなければ制度は成立しないという通常の定義に疑義をさしはさみ，規則－制度の定義やそれを人類以外の霊長類へ適用することによって逆に制度なるものの正体を暴いてゆく．

5 ●そして「他者」へ

　われわれが次に向かっているのは「他者」である．「他者」なる語は集団研究会でも制度研究会でも既にしばしば顔を出し，議論の対象にもなってきた．より正確にいえば，「他者」なる存在が，集団や制度を語ることにとって，根底的で不可欠な要素として既にそこに組み込まれていたのだが，それを今度は主題化しようと考えたのである．トートロジカルな議論になりかねないが，ここでは社会ないし社会集団とは「他者との相互交渉の束である」とする立場から，ミクロな対面的相互行為，究極的にはダイアディックな関係に着目することになろう．そして「他者」なる存在は，個に対して，どのように現れ，対峙し，関係するのか．それが「社会」なるものの生成や維持にどのようにかかわっていく/くるのかといった問いに向かっている．

　想定される他者の現れとなる社会事象としては，所有，分配（シェアリング），協力，共同，共在，支配，敵対，移動/移籍，互酬性，等々，がすぐにも思い浮かぶ．おそらくわれわれ人類や人類以外の霊長類の社会集団には，あらゆる社会事象に「他者」なる要素が含まれるのではないか．集団研究会も制度研究会もそうであったように，人類という種にとって進化という最大限に長いタイムスパンをとって社

会と社会性をわかろうとするならば，入り口はなるべく大きくとっておくべきだと考える．集団も制度もそして他者も，社会の懐深いところで進化なる出来事と繋がっていると考えたいのである．

注

1) この伝統を引き継いでいるのは，現在ではおもに「霊長類社会学」と呼ばれる分野である．
2) 集団の構成メンバーの優劣が第一位から第 n 位まで一直線上に並ぶ集団構造．かつて「順位制」と呼ばれていたため，擬人化にすぎるとして今ではほとんど使われていない．

参考文献

Bohannan, P. (ed.) (1960) *African Homicide and Suicide*, Princeton University Press, Princeton.
ヒューム，D. (2010)『人性論』中央公論新社．
伊谷純一郎 (1981)「心の生い立ち ── 社会と行動」『講座・現代の心理学』小学館．
伊谷純一郎 (1986)「人間平等起原論」伊谷純一郎・田中二郎編著『自然社会の人類学 ── アフリカに生きる』アカデミア出版会．
河合香吏編著 (2009)『集団 ── 人類社会の進化』京都大学学術出版会．
河合雅雄 (1992)『人間の由来』小学館．
黒田末寿 (1999)『人類進化再考 ── 社会生成の考古学』以文社．
内堀基光 (2009)「単独者の集まり：孤独と「見えない」集団の間で」河合香吏編著『集団 ─ 人類社会の進化』京都大学学術出版会．
山極寿一 (1994)『家族の起原 ── 父性の登場』東京大学出版会．
山極寿一 (2012)『家族進化論』(2012) 東京大学出版会．

第1部

制度の生成機序

第 1 章　制度が成立するとき

曽我　亨

◉ Keyword ◉
対面的な他者，様々な「第三者」，ダンバー数，行為平面

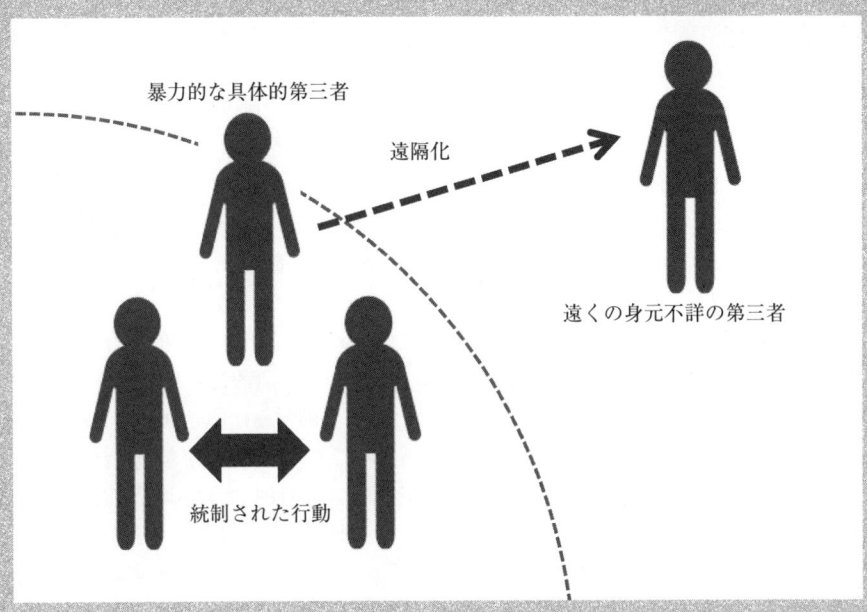

　制度とは何か．対面的な相互作用に，その外部から影響を与える「こと」や「もの」を「制度」と考えるならば，暴力的な第三者は有力な「制度」の候補となる．それがより制度的な様相を帯びるのは，暴力的な具体的第三者が，相互作用の現場から遠ざけられ，身元不詳の第三者に転換されるときである．その条件が整うのは，認知能力を超えるほど多くの人びとが，相互に関連づけられるときである．

1 ●対面的行動と制度

　一般的に，制度は言語によって言明されると考えられている．たとえば，制度は言語によって，「〜してはならない」あるいは「〜すべし」という形であらわされる．伊谷純一郎（1987）は，言語を制度の必要条件と考え，言語をもたないヒト以外の霊長類（以下，サルと表記する）には制度は存在しないと考えた．けれども，黒田末寿（1999）が主張するように，規則は言語による概念規定がなければ成立しないものではないだろう．本章では，ヒトとサルに共通する制度の進化史的基盤について探っていこう．

　本章においては，制度の進化史的基盤として対面的な行動をとりあげる．ここで重要なことは，字義通り，様々な表情をうかべる顔の面を向け合うことであり，それを互いに感知し理解しあうことである．この対面的な行動は，かならずしも言語を必要としない．サルでも普通に観察できるものである．この対面的な行動に，相互作用の外部から影響を与える「こと」や「もの」を「制度」と考えよう．それは言語によってあらわされる「こと」だけではない．様々な「第三者」や「物」などの「もの」もありうる．例えば宗教的な事物などが，人びとの対面的な行動に影響を与えうることは容易に想像がつくだろう．とはいえ言語的に表現される「こと」や宗教的事物などには，それをつくった人びとの文化的営みが隠されている．「こと」や「もの（物）」の本源はヒトにこそあるといえるだろう．そこで，本章においては，「こと」や「もの（物）」よりも，様々な「第三者」に注目していきたい．対面的な行動の様々なバリエーションを見ていくことで，相互行為に外部から影響を与える「第三者」をとらえよう．この「第三者」を手がかりに，制度が誕生する機序について考えるというのが，本章の目的である．

　本章では，様々な「第三者」をとらえるために，霊長類社会から一属を，人類社会からは二つの政治組織を用意する．霊長類社会としてはニホンザル，アカゲザル，ベニガオザルなどのマカク属をとりあげる．人類の進化史について考える際には，遺伝的に人類に近いチンパンジーやゴリラなどの大型類人猿が選択されがちである．しかし筆者は，制度の進化史的基盤はマカク属において既に用意されていると考えたい．

　一方，人類社会においてはブッシュマンやピグミーなどの狩猟採集社会と，牧畜社会を取り上げる．フォーテスとエヴァンス＝プリチャード（1972: 25）は，アフリカ諸社会を政治体系によって三つに類型化した．第一のタイプは「きわめて規模の小さい社会」であり，最大の政治集団ですら，成員ひとりひとりが近親関係で結ば

れているような社会である．第二のタイプは，リネージ組織を基礎に政治体系を作り上げている社会であり，集権化された権威，行政機構，司法制度などが存在しない「政府をもたない社会」である．第三のタイプは，政治構造の基盤として集権化された権威，行政組織，整備された司法制度などが存在する「政府をもつ社会」であり，第二のタイプに比べてはるかに人口が大きくなる．

　これらの3類型には，第一から第三のタイプに向かうにつれて，異なる「第三者」が新たに出現する．また，3類型のあいだには，政治体系のみならず，社会に占める制度の重要性においても大きな違いが存在する．たとえば，第一のタイプの社会では，制度がしめる重要性は非常に低くなる．また第二のタイプの社会においては，制度は存在しない訳ではないが，その制度をめぐる人びとの行動には様々なバリエーションが存在する．一方，第三のタイプにおいて制度が占める社会的重要性は大きい．人びとは集権化された権威や行政組織，司法制度に依拠して社会生活を営んである．

　これらの社会において対面的な行動に影響を与える「こと」や「もの（物・者）」はいかなる性質を持っているのだろうか．その性質を手がかりに，制度が成立するときの機序を考えよう．本章では第一のタイプとして南部アフリカに住むブッシュマンや中央アフリカに住むピグミーなどの狩猟採集社会を，第二のタイプとしてヌエルやトゥルカナ，ガブラなど東アフリカの牧畜社会を例にとる．第三のタイプについては，本章では扱わない．第三のタイプの社会では，既に制度が重要な位置を占めており，制度が成立するときの機序を探る本章の目的には合致しないからである．

2 ●具体的な第三者による対面的行動の統制

　この節では霊長類社会を中心に，制度の進化史的基盤として考えられる対面的な行動を見ていこう．取り上げるのは，(1) 対面的な二者間に生じる慣習的(conventional)な行動と，(2) 具体的な第三者の影響下にある対面的行動の二つである．

2-1　対面的な二者間に生じる慣習的な行動

　まず，対面的な二者間に生じる慣習的な行動から始めよう．取り上げるのは，ニホンザルの順位である．

伊谷純一郎らは1952年に宮崎県の幸島に住むニホンザルの餌付けに成功した．個体識別に基づく観察を行った結果，集団の5頭のオスのあいだに，年齢に沿った直線的な順位があることを見いだした．優劣は，2頭の中間に食物を投げ，それをいずれがとるかというテストによって判定したが，優位者がつねに食物をとり，何度繰り返しても結果は同じであったという．その後，高崎山のニホンザルのオス44頭についても直線的な順位が確認された他，メス同士のあいだにも安定した順位が存在することが明らかにされていった（伊谷1987: 274）．オス間の順位は，通時的にも安定的なものである．伊谷は1955年と1962年に群れの個体間の順位を記録している．途中，1959年に群れはA集団とB集団に分裂していたものの，A集団に残ったオスたちの順位は，わずかの逆転例を除いて変動は観察されなかったという．オスの二者間関係は，慣習化され，固定化されているのだろう．
　さて，伊谷らは食物テストによって順位を確認していったが，実際には，2個体が出会ったときの表情や態度で優劣関係を容易に知ることができたと記している．ニホンザルの世界では，出会いの短い時間経過の中で，劣位者の抑制的な表情や態度が表出されるのである．二者のあいだの対面的な行動を考えるとき，こうした表情や態度は重要な手がかりになる．本書の第16章において杉山祐子も指摘しているように，人間の社会においても，慣習的な対面的行動が形成されるとき，表情や態度が活用されているに違いない．相手の表情を互いに見ながら，二者間の行動パターンを慣習化させていくこと，これはサルにもヒトにも共通に存在する能力なのである．

2-2　具体的な第三者の影響下にある対面的行動

　とはいえ，二者のあいだに生じる慣習的な行動が，そのまま集積していけば制度に転換する，と考えるわけには行かないだろう．二者のあいだに行動の慣習化が生じるとき，対面的に相互作用する二者にとって重要なことは，相手の反応をよく見ることである．一方，制度に従うとは，相互行為の外側にある「こと・もの」に従うということであり，極論すれば相手の反応はどうでも良い．目の前の相手に共感することなく，相互行為の外にある制度にこそ注意を向け，みずからの行動を調整するのが，制度に従うということだからである．
　制度が対面的相互作用の外部から，相互作用をする当事者に影響をあたえる「こと」や「もの」であるならば，霊長類社会では，暴力的な第三者がその「もの」に該当する．今村仁司 (1992: 20) は，「社会関係における秩序の生成の媒体にして駆動力をなすものは，暴力である」と述べ，暴力の重要性を強調している．本項では，

霊長類社会に見られる第三者の影響を，とくに暴力に焦点をあてながらみていこう．

フランス・ドゥ・ヴァール (1993) は『仲直り戦術』の中で，上位オスに隠れて交尾するという現象を紹介している．ひとつはウィスコンシン霊長類研究センターで観察されたアカゲザルの例である．第1位雄のスピックルズが公然と交尾を行うのに対し，第2位雄のハルクは第1位雄が見ているところでは決して交尾しないし，交尾するときには自分に注目を集めるようなことはしないという (同書：155)．もうひとつは同センターで飼育されているベニガオザルの例であり，第3位雄のジョーイが雌のハニーと一緒にこっそりと野外に忍び出て交尾したときのことが記されている．ベニガオザルは射精のときにグーグーと喉を鳴らすが，このときグーと喉を鳴らしたジョーイに対して，ハニーがにらみつけ威嚇した．ドゥ・ヴァールは，グーグーという音で，交尾をしていることが上位オスにばれてしまうのをハニーが恐れたのではないかと解釈している (同書：187)．

これらの事例からわかるように，アカゲザルやベニガオザルの社会において上位オスは暴力的で具体的な第三者として影響を与えている．アカゲザルやベニガオザルが上位オスに隠れて交尾をするのは，もし交尾がみつかると上位オスの妨害にあうからである．下位のオスとメスが交尾するときには，このように具体的な上位オスの暴力や妨害を念頭において，自らの対面的行動を統制するのである．

こうした暴力的な第三者は，不在の時にも一定の存在感を放ち続けるようである．ドゥ・ヴァールはアカゲザルの繁殖期に，第1位雄のスピックルズが暖かい屋内にはいって長い時間出てこなかったとき，第2位雄のハルクが何度も交尾しつつも，スピックルズの動向を気にし，ドアのひび割れからスピックルズがいる屋内を何度ものぞきこんだという事例も紹介している．そして，霊長類社会において社会規則による抑制は深く浸透しており，そのため規則を運用する支配者がどう反応するかという懸念が，当の支配者がいないところでも働いているのだと述べている (ドゥ・ヴァール 1998：179-186)．暴力的な第三者が対面的に相互作用する二者の視界の中にいなくても，一定時間，影響力を与え続けることができるならば，この不在の第三者は非常に「制度的」であるといえるだろう．制度が成立するための進化史的基盤として，(1) 集団内の二者が外部の存在に従って対面的相互作用をおこなうこと，(2) その外部の存在が，一時的に非顕在的な状況であっても影響が持続すること，の2点をあげておきたい．

3 ●ヒトの制度的現象

ここからは霊長類社会から離れて，人間社会の制度的現象を見ていこう．扱うのは，フォーテスとエヴァンス＝プリチャード（1972: 25）の類型における，第一の「きわめて規模の小さい社会」と，第二のリネージ組織を基礎に政治体系を作り上げている「政府をもたない社会」である．それぞれの社会において，秩序がどのように作られているのか見ていこう．

3-1 きわめて規模の小さい社会 ── 対面的な分かち合い

南部アフリカの乾燥地帯に住むブッシュマンや中央アフリカの熱帯林に住むピグミーは，きわめて規模の小さな社会集団をつくっている．ブッシュマンの場合，非常に移動性の高いキャンプをつくって暮らしている．キャンプのサイズは平均10家族（約50人）であり，家族を単位として頻繁に離合集散する．ただし彼らはでたらめに離合集散しているわけではない．キャンプを共にするのは，親子や兄弟姉妹などの近しい親族関係にある家族なのである（田中 1971: 113-132）．一方，ピグミーの居住集団は，ブッシュマンに比べるとメンバー構成が安定していることからバンドとも呼ばれる．その平均サイズは14-15家族で，60-70人が帰属する（市川 1982）．いずれも非常に小規模な範囲の人びととつき合い，集団を作っていることがわかるだろう．この社会に登場するのは，互いに良く見知った親族関係にある者ばかりなのである．

ブッシュマンやピグミーの社会は，平等主義の社会として知られている．親族関係がそのまま政治体系として使われており，集権的な権威はおろか，そもそも制度自体が存在しないかのようである．人類学者が唯一見いだしたのは，経済的な制度としての分配行動であった．

ネットを用いて集団猟をおこなうピグミーの場合，獲物の所有者は，猟の中で果たした役割に応じて肉を分配していく．さらに肉を得た者たちは，自由に肉を分配していく．徹底的に分配が行われることで，キャンプに暮らす者たちは，平等に肉を得ることができるのである．かつて，この分配は，肉を持つ者から持たざる者への贈与と理解され，肉の分配によって肉を与えた者には威信が，肉をもらった者には負い目が生じるものと考えられていた．経済的な平等を達成することで，今度は政治的な不平等が生じてしまい，狩猟採集民は必死でこの不平等を打ち消そうとしているかのように考えられていたのである（市川 1991）．

問題は，親族関係にある彼らが，肉を分配することで威信や負い目を感じているかどうかである．丹野正 (1991) によると，これは誤ったイメージであって，この解釈はウッドバーン (1982) の「平等社会」(egalitarian societies) に始まるという．ウッドバーンによれば，ピグミーが肉を分配するのは，いわば税金のようなものであり，同じ居住集団に暮らす者は当然しなければならない行為なのだと説明する．けれども丹野正 (1991) は，ウッドバーンの議論があまりにも個人主義的な解釈に依りすぎており，狩猟採集社会における人間関係のありかたをとらえそこなっていると批判した．ウッドバーンをはじめとする人類学者は，個人主義的な人びとが，自己の所有物である肉を贈与しあうことで威信を得たり負い目を感じたり，あるいは逆にそれを打ち消し合っていると考えてしまったのである．

　丹野によると，ピグミーたちは，日本語で「身内」に該当するような人たちがあつまってキャンプを作っている．そしてこの人たちの中では，わざわざ「所有者」を決めたり，贈与したりするのではなく，ただ食物を分かち合っている（シェアリング）のだと主張する．「身内」と認識される人たちのあいだでは，制度に従って分配をしているのではなく，ただ慣習的に分かち合いが行われているだけなのである．

　この慣習的な秩序を生みだす際に重要なことは，目の前の相手に共感するということである．相互作用の外部にある規範や制度を参照して目の前の相手との行為を決めるときには，ともすると目の前の相手に対する共感を失ってしまうことがある．慣習的な秩序では，従来から繰り返されてきた相互作用の内部で，相手の微細な反応を見ながら，細かく行動が調整されていくのである．もちろん「家族」とか「身内」という概念は制度にほかならないし，状況によっては，「家族だから〜すべき」とか「身内だから〜すべき」という命令に従うこともある．しかし，ここでは，こうした命令に従わなくても，対面的な相手の反応だけを手がかりに，慣習的な行為を積み重ねることで生みだされる秩序の重要性を指摘しておきたい．

3-2　「政府をもたない社会」── 制度による秩序

　第二のタイプとして取り上げるのは，東アフリカの牧畜社会である．この社会では，制度が一定の意味を持ち，人びとは制度を参照することで，対面的な相互作用に伴う不確実性を縮減している．その例として，分節リネージ体系を見てみよう．エヴァンス＝プリチャード (1997) は，スーダンのナイル系牧畜民ヌエルの人びとの政治体系について，つぎのようなモデルを考えた．

　ヌエル社会は，分節リネージ体系からできている．いまここで社会がAとBのセクションに分かれ，さらにBがXとYに分かれるとする．さらにXがx_1とx_2,

Yがy1とy2に分かれ，y2はz1とz2に分かれているとしよう（図1参照）．このとき，z1セクションに属する個人はどのような政治的態度をとるのだろうか．

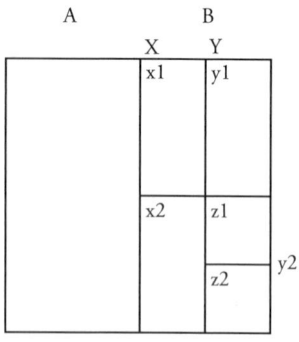

図1 ●ヌエルの分節リネージ体系

エヴァンス＝プリチャードによると，z1がz2と戦うときには，他のセクションがこの戦いに巻きこまれることはない．しかしz1がy1と戦うときにはz1とz2は団結してy2となる．y1がx1と戦うときには，y1とy2が団結し，同様にx1もx2と団結する．そしてx1がAと戦うことになると，x1, x2, y1, y2のすべてのセクションが団結してBとなる．そしてAが他民族（たとえばヌエルの隣に住むディンカなど）を襲撃するときには，AとBが団結するという．ヌエルの個人においては，分節リネージ体系のどのセクションに生まれたかによって，その後の彼の政治的態度はほぼ自動的に決まってしまう．分節リネージ体系は，個々人の政治的態度を自動的に決めてしまう外部参照枠，すなわち制度なのである．

このような分節リネージ体系モデルによって社会を記述するというやり方，つまり形式的な見取り図と法的規則によって記述するというやり方は，その後，幻想として退けられていった．3人のヌエル族が一緒に仕事するのを見かけたとき，それをリネージによって説明する必要はない．個人的な社会関係に注目すれば，そこには都市人類学者が見いだすような答え（個人的な交遊関係や好き嫌い等）を見いだすことが可能だ，というのである（キージング 1982: 201–220）．

さて，私もキージングが主張するようなミクロな視点から観察していくことの重要性には共感するが，かつて南部エチオピアの牧畜社会で調査をしているときに，むしろ逆に，エヴァンス＝プリチャードのモデルがよく合致するような例を観察したことがある．ひとつは私が寄宿していた牧畜民ガブラのワト老人の村に見知らぬ青年がやってきたときの事例である．さっそくワト老人は青年に挨拶をすると，おまえは何者なのかと質問した．そして彼が同じクランに帰属し，類別的な息子にあたることがわかると，すぐにその場を立ち去った．初対面の人物でも，自分との関係がわかれば，それ以上，その人の「ひととなり」が問題になることはない．息子は息子なのであり，良い人間であろうとなかろうと関係ない．ワト老人の家族としては，ただ息子として彼をもてなしてやりさえすれば良いのである．

もうひとつの事例は，やはりワト老人の村に住む青年アブドゥライをめぐる人びとの対応である．彼は清潔好きで商売熱心，人を楽しませるユーモアも持ち合わせ

ていて，なかなかの好青年であったが，その一方で，気が短く，警察の世話になったり刑務所に投獄されたりすることもしょっちゅうであった．ところがある年，ガブラを訪れると彼の姿がなかった．彼の消息を聞くと，殺人の罪で投獄されているという．このこと自体もショックだったが，私は人びとが彼の肩を当然のようにもつことにも違和感を覚えた．人びとは「自分とおなじクランの人間であれば，彼がどんな過ちを犯そうと，助ける」のが当然としていたのである．

　制度は，本来ならば混沌とした人間関係の不確実性を大きく縮減し，その後に接続すべき行動を自動的に決定する役割を果たしている．前者の事例では，若い来訪者との関係を把握することで，後は何も考えることなく対応することが可能になっている．後者のような深刻な事態であっても，クランを参照することで彼を助けない可能性を封印し，彼を助けだす方向でのみ自己の行動を組織することが可能になるのである．もちろん，個人的な交遊関係や好き嫌いといった感情によって行動を左右することもあるだろうが，制度は，たいして関心をもたない人物に会ったときや，逆に重大な事態に直面したとき，いちいち自分の行動に疑念を挟むこと無く，自動的に対応を定めていくのである．

　ここで注目するのは，制度的に振る舞うとき，人びとが対面的な相互作用の相手を見ていないという点である．前者の事例は，年齢が離れていたこともあるが，ワト老人は青年にほとんど関心を払っていなかった．ただ関係だけを確認し，それにふさわしい扱いをすればそれで良いという無関心さにあふれていた．青年も一夜の宿が確保できれば，あとは同世代の村人との交流に余念が無く，ワト老人には無関心であった．このように人が制度に従うとき，対面的な相手をよく見ないことがある．それは後者の事例も同様である．殺人を犯した青年のパーソナリティや振る舞いなどが問題になることはなく，事件を起こしたことへの賛否も語られることはなかったのである．

3-3　「政府をもたない社会」── 対面的な交渉による秩序

　前節で私は，制度が人びとの相互作用を強く統制しているように描いて見せた．けれども牧畜民のエートスを理解するには，この描写だけでは不十分である．なぜならば，東アフリカの牧畜民は制度に頼りきって暮らしているというよりは，むしろその場に応じた交渉的，遂行的な秩序形成に力を注いでいるように思われるからである．

　かつて私は，牧畜民ガブラの不平等な長男相続制度について論じた論文の中で，人びとが「長男相続制度」なる制度を遵守していると理解すべきではなく，遂行的

に長男相続制度を達成しているのだと述べたことがある（曽我 1996）．またクランについても，それが自動的に人びとを拘束したり，義務を課したりするものではないと論じた．ガブラにとってクランとは，問題に直面している人が，自分の側に立ってくれる人間を探し出すときの指標となるものなのであって，自動的に支持を保証してくれるものではないのである（曽我 2002）．牧畜民が制度を遵守しているというよりは，むしろ制度をトランプのカードのように用いながら，対面的な相手と「交渉」するという印象を，牧畜民トゥルカナで調査した太田至（1986）や北村光二（1996），作道信介（2001）も強調している．

　その一方で，繰り返しになるが前節で説明したように，制度が行為を統制する側面もある．交渉的あるいは遂行的な秩序形成と，制度による秩序形成のあいだにはどのような関係があるのだろうか．

　まず言えるのは，交渉的な秩序形成には，かなりのエネルギーが必要だということである．とくにそれを感じるのは「ねだり」の場面である．牧畜社会における執拗な「ねだり」は図抜けている．人類学者を悩ませるのは，牧畜民が平然と嘘までついてねだってくることだ（太田 1986）．

　北村光二（1996）は，牧畜民トゥルカナが，「外部」的な正統性の基準，たとえば道徳的な価値基準や「規則」や「規範」に依拠して，振るまい（たとえば物を盗むや嘘をつく場合）の善し悪しを下すことはないという．もちろんトゥルカナが盗みや嘘を悪いと思っていないわけではない．ただ，ある振る舞いの正統性や妥当性といった問題は，コミュニケーションの「内部」において相手の承認を引き出せるか否かというレベルで決着をつけるのだという．「ねだり」はその典型であり，牧畜民はコミュニケーションの内部で必死に交渉し，承認を引き出そうと（つまり要求を認めさせようと）するのである．

4 ●制度が成立する場所

　これまで霊長類社会の慣習的秩序，狩猟採集社会の慣習的秩序，牧畜社会の制度的秩序および交渉による秩序について概観してきた．三つの社会を通して，制度が成立する社会的な条件について考えよう．

4-1　社会の広がり

　人間が暮らす社会の広がりは，それぞれの社会のありようによって異なってい

る．第一のタイプを代表する狩猟採集社会の人間関係は，近親親族や配偶者などの「身内」から構成されているのであり，そこに「友人」といったカテゴリーが侵入する余地はほとんどない（丹野 1991: 55，田中 1971: 123）．狩猟採集民にとっての人間関係とは，家族的な関係および姻族をも含めた親族関係がそのすべてであり，彼らの社会は親族関係の中に閉じているのである．一方，牧畜社会は第二のタイプに分類されるが，彼らの社会は家族や近親親族を中心とする関係に加えて，リネージやクランなどの制度的組織にまで社交関係が広がっている．リネージやクランには見ず知らずの人物も含まれる．彼らは，同じリネージやクランに含まれる未知の人物とも付き合う必要があるのである．さらに第三のタイプである「国家をもつ社会」になると，社会に含まれる人口は飛躍的に増大し，未知の人物と関係をもつ機会も広がっていく．政治体系をもとにした三つの類型を見ても，社会関係の広がりの違いは一目瞭然である．人間が暮らす社会の広がりは，社会ごとに全く異なっているのである．

ところが，制度について議論する社会学や論理学の書物を読むと，そこにはいつも均質な他者ばかりが登場する．実際には，家族や村人，リネージやクラン，地域集団，民族，友人，好き嫌いなどによって，人間にはいろいろな他者が存在するのに，制度論の中に登場する他者は，つねに均質なのである．たとえば大澤真幸 (1990) は，ヴィトゲンシュタインとクワインが展開した，規則に従うことへの懐疑論をベースに議論しているが，そこには無人島にたどりついたロビンソン・クルーソーと他者が登場する．この他者は，クルーソーが規則に従っているのか否かを判定する重要な役割を担っているが，クルーソーと同じ民族であるとも，同じクランに属しているとも，同じ村人であるとも説明されない．社会学や論理学的思考において，他者は，ただ抽象的で均質なままにおかれているのである．

けれども，社会は様々な境界によって隔てられており，制度の侵入を拒む領域が存在する．たとえば現代の私たちは，法によって社会生活のすべてを統制しようとする法化社会に暮らしており，法のもとでは誰しもが公平・平等に扱われ，法によって紛争を解決し，さらには法によって紛争を未然に防ぐことを期待している．しかし，このような社会でも，法や制度が生活の全領域を均質に覆い尽くしているわけではない．たとえば 2000 年に介護保険制度が導入された当初は，訪問介護などのサービスをうけることに抵抗を感じる人が少なくなかった．家庭という境界を超えて公的なサービスが侵入してくることに抵抗があったのである．こうした社会の境界に注目しながら，慣習と制度の成立する場所について考えていこう．

4-2 人間の集団サイズを推定する

　進化心理学者のロビン・ダンバーは，集団のサイズと大脳新皮質のサイズのあいだには強い相関関係が見られると主張する．ダンバーはまず，霊長類 36 種の大脳新皮質の量と，観察された集団の平均サイズとをプロットし，両者のあいだの回帰直線をもとめた (Dunbar 1992)．つぎに彼はこの回帰直線をもとに，ヒトの集団サイズを 150 人程度と推定し，ダンバー数と命名した．そしてダンバー数が狩猟採集社会や軍隊などで観察される集団サイズとよく合致することを見いだした (Dunbar 1993)．ここでいう集団サイズとは，大脳新皮質の量と相関する．つまり，この人数は，ひとりの人間が関係を結べる（あるいは認知できる）人の数を表しているともいえる．新石器時代に形成された集団のサイズも，現代のソーシャル・ネットワーク・サービス等においても，つきあいがあるのは，150 人程度の人びとだというのである．

　現生人類が誕生してからの約 20 万年，私たちはごく最近まで，少人数から構成される集団を作って暮らしてきた．狩猟採集社会の居住集団のサイズは，過去，現在を通して 15 人から 50 人とほぼ一定であり，「マジック・ナンバー」と呼ばれている (Lee & Devore 1968)．本章に登場するブッシュマンも，政府が定住化政策を推進する以前は，約 50 人からなるキャンプを形成して暮らしていたし，コンゴ民主共和国の大森林地帯で暮らすムブティ・ピグミーは，現在も森の中に約 60 人程度からなるキャンプを作って暮らしている．

　彼らは共時的に 50～60 人程度のキャンプを作っているが，丹野 (1991) が言うように，「身内」が行ったり来たりすることで，時々メンバー構成は入れ替わる．ダンバー数は，この入れ替わるメンバーを含めた「身内」の大きさを表していると考えられるだろう．

　さて，この少人数の「身内」内部において，制度は存在しなくともよい．実際，ピグミーにおいてもブッシュマンにおいても，研究者たちは制度がほとんどないことを強調している．たとえば田中二郎 (1971) は，ブッシュマンの社会には，社会をまとめあげていくリネージ，クランなどが存在せず，社会的統合のレベルがきわめて低いこと，男女の分業を除いて他に分業が存在しないこと，地位や身分，階級の上下関係もないこと，首長も専門家もおらず，裁判制度などもないこと，明確な親族組織も発達していないことなどを述べている．親族関係については，父系・母系双方のイトコまでを親族と認知し，姻族についても同様の範囲を認知しているに過ぎない．また，これらの親族には冗談関係と忌避関係があるが，これとても厳格な規制ではなく，新たに婚姻関係が結ばれることで，それまで冗談・忌避関係であっ

た関係が変わることもあるという．制度がほとんどなく，また制度があったとしても現実を制度に合わせるのではなく，現実に制度をあわせて運用するのがブッシュマンの社会なのである．

　同様に，市川光雄（1982）は，ムブティ・ピグミーのキャンプにおいて，制度的な権力を持つ者がいないこと，キャンプを統合するのは男たちの結束だが，それとてもキャンプの意思統一には関わるに過ぎないこと，争いごとの解決には無力であること，他人に対して強制力をもって裁定できないこと，などを述べている．個人間の争いは，自然に時とともに消滅するのを待つしかない．あるいは，せいぜい他のキャンプに身を寄せて距離を置くより他ないのである．

4-3　制度の進化史的基盤

　ダンバー数より小さな集団では，制度が存在しない．あるいは存在していたとしても制度に現実を合わせるのではなく，現実に制度を合わせることを述べてきた．それでは，制度はどのように生まれてくるのだろうか．制度を生みだす進化史的基盤について考えよう．

　市川光雄（1982: 210-211）は興味深い事例を報告している．それはつかみあいの喧嘩をしそうになった2人の男性を引き離したあとの，人びとの行動である．男性たちは，かわるがわるキャンプの公的な場所（テーレ）に立って，「女のことで喧嘩をするなんて馬鹿げている」とか「人の心を傷つけるようなことを言うべきではない」とか「喧嘩をおこした者は罰金を払うべきだ」などと意見を述べたという．市川はこれらの演説が「法的」な行動の片鱗と指摘している．

　こうした演説には，喧嘩をした当事者たちの行動をある程度拘束し，抑制する効果があると思われる．そうであるからこそ，市川は「法的」行動の片鱗だと述べたのであろう．また田中二郎（1978: 126-7）は，ブッシュマンが気前よく物を他人に与える背景には，他人の嫉妬や恨みに対する恐れがあるという．ピグミーにせよブッシュマンにせよ，同じ集団に暮らす他者の反応が，当事者たちの行動を抑制しうる．それは対面的な相手であることもあるし，第三者である場合もある．

　前にも述べたように，霊長類の社会においても，第三者の存在が対面的相互作用に影響を与えることがある．この部分だけを取り上げてみれば，ピグミーやブッシュマンの社会も，ヒト以外の霊長類の社会も，さほど違いはない．対面的な相手の反応を気にしたり，第三者を気にして行動を調整したりするといった能力は，制度を成立させる上で重要な進化史的基盤ではあるが，それだけでは制度は誕生しない．

同様に，制度が言語に多くを依っていることは確かであるが，言語を話すピグミーやブッシュマンが制度をもたなかったり，制度に従って生きていなかったりするのであれば，言語を持つことは制度の十分条件ではない．ダンバー数を超えて多くの人たちと繋がること，そこに制度を誕生させる重要なカギが隠されているはずである．

インセストを例にダンバー数の意味を考えよう．ダンバー数より小さな集団では，インセストをわざわざ制度によって禁止しなくとも，心理的に回避されていると思われる．たとえば，ニホンザルの社会では，母親－息子は心理的な仕組みによって，父親－娘は社会構造的な仕組みによってインセストを避けることが知られている．母親－息子については養育をとおして「親しい」関係が作られるが，このように特異的に近接しあう関係にあるものは性行動を回避する（伊谷 1987）．一方，父親－娘については，オスが群れから他の群れに移動していくことで，インセストを避けるのである．

ヒトにもニホンザルと同様の心理的な仕組みが備わっていると考えられる．ヒトにもインセストを回避する心理的な仕組みが備わっていることを支持する例として，イスラエルのキブツがあげられる．イスラエルでは異なる家庭の少年少女を一緒にキブツに集めて養育するが，同じキブツで育った男女が結婚する割合は非常に低いことが知られている（Shepher 1971）．すなわち，一緒に幼少の頃から育った男女は，互いを性の対象から除外するのである．これはインセストを回避するための心理的な仕組みによるものであろう．ダンバー数より小さな集団では，全員が互いに顔見知りの関係にあり，家族の中では赤ん坊のころから，母親－息子，父親－娘のいずれも養育をとおして親しい関係がつくられていく．こうした社会では，インセストをわざわざ制度によって禁止しなくとも良いのである．

インセストの禁止が制度として登場するのは，クランやリネージなど，ダンバー数を大きく超えた集団が想定されるときである．私が調査している牧畜民ガブラでは，同じクランに属する男女の性交は，インセストとして禁止されている．けれども時折，同じクランに属する男女が放牧キャンプなどでインセストを犯すことがあった．インセストを犯すのは，同じ村で育った男女ではない．遠く離れた別々の村で育った見知らぬ男女が，同じクランであることを理由に放牧キャンプで一緒に暮らすとき，つまり子どもの頃から一緒に過ごしてこなかった男女が，放牧キャンプで一緒に暮らすとき，まれにインセストが起きるのである．クランやリネージ（それ自体が制度的組織である）がダンバー数を超えて人びとを繋げるとき，インセストは初めて制度的に禁止しなければならなくなったのである．

なぜダンバー数を超えて人が繋がるとき制度が生まれるのだろうか．150 人を超

える集団では，人は認知能力を超える人びとと関係することになる．どのような相手であったか思いだせないほど多くの人と関係する場合，対面的に慣習的な秩序を構築するのはむずかしい．この場合，超越的な制度を持ち込まないかぎり，秩序形成するのもおぼつかないのかも知れない．

4-4 制度の起源

　ダンバー数より小さな集団であれば，対面的な相手の表情や視線が自己の行動を調整する大きな手がかりとなる（第16章杉山論文）．また，具体的な第三者の視線や発言によって対面的な相互作用が抑制されたり調整されたりすることもある．一方，ダンバー数を超えて人びとが繋がるとき，制度が必要になってくる．それでは，制度の一歩手前の現象はないものだろうか．

　どんな制度であれ，制度が実効的なものであるためには，その背後に，なんらかの裏付けが必要である．王権社会であれば王という特異的な人物によって実効性が保証されているし，アフリカの農耕社会であれば超自然的な災いや呪術などによって実効性が保証されていることもある．王という概念であれ，呪術という観念であれ，これらはいずれも人びとの行為平面から超越したところに存在している（14章船曳論文参照）．

　一方，先に述べたように東アフリカの牧畜社会は，制度に従うというよりは，交渉によって同意を引きだそうとする社会である．この交渉は，ダンバー数を超えるところで行われていると考えられる．制度の一歩手前の現象を牧畜社会に探し，制度が登場する機序を考えてみよう．

　東アフリカの牧畜社会は，エヴァンス＝プリチャードらによって「無頭の社会」と呼ばれたように，社会を統合する権力機構が発達しておらず，階層的なセクションに分節した構造（分節リネージ体系）をとっている．私が調査している牧畜民ガブラの場合も同様で，社会は五つの胞族に分かれ，各胞族は東と西の半族に分かれ，半族は5-10のクランに分かれ，クランは1-5のリネージに分かれている．この中で外婚や，家畜の所有の単位として重要なのはクランである．人びとは，自らの行動を律する理由として，クランの構成員から批判されるのが怖いからだ，と説明する．

　これは先に述べた，サルの社会にも見られる第三者の影響下にある慣習的な秩序と同じである．クランは約500人以上の人数規模だが，これくらいの規模の場合，インセストの禁止のような制度も必要になってくる一方で，制度的な秩序と平行して，クランの構成員への恐れという，第三者の影響下にある慣習的な秩序もそれな

りの効果を発揮しているようである．だがここで問題となるのは，さらに遠く離れたクランの外の人びとへの対応である．

ガブラには，制度の起源を考える上で示唆的な制度がある．それはラクダの信託である．信託は幾つかの規則から構成される制度であり，この制度そのものが示唆的であるわけではない．信託が制度の起源を考える上で示唆的であるのは，これが，同じクラン以外の人びとについても，「恐れ」を生みだすという側面をもっているからである．

信託はラクダのやり取りに関する制度である（曽我 1998）．ガブラはラクダを贈与ではなく，半永久的な貸与（これを私は信託と呼んでいる）によって増やしている．この信託は，(1) 信託の対象はメスの未経産ラクダであること，(2) 信託されたラクダが生むメスはもとの所有者のものであるが，生まれたオスは受託者のものになること，(3) 信託されたラクダがメスを生んだ場合，そのメス仔ラクダを他の人に信託しても良いこと，などの規則から構成されている．また貸しのように信託された場合も，その信託先で生まれたメスの仔ラクダの所有権は，大元の所有者にある．オスが生まれた場合は，その信託先の受託者のものになる．

ガブラは一生のうちになんどもラクダの信託をおこなう．その結果，自分が所有するラクダはすべて他人に信託してしまい，自分は他人から受託したラクダに依存して暮らすといった状況が生まれている．ラクダは半永久的に信託されるから，ガブラが飼育しているラクダの中には，父や祖父が誰かから受託したラクダの子孫が含まれることも少なくない．中には誰から受託したものか，わからなくなってしまったラクダもいる．

ガブラがクラン以外の人びとを恐れるのは，こうした状況によるものである．所有者は，時々受託者の対応に不満をもつと，強制的に自分のラクダを回収することがある．旅先でひどい扱いをうけた旅人が，あとから自分のラクダが信託されているのを知り，報復的に強制回収することもあるという．こうした強制回収が起きると，それはすぐにニュースとなり，人びとは所有者に対して丁寧に接するよう意識を新たにするのである．ところがやっかいなことに，先祖から受け継がれたラクダの中には大元の所有者が誰であるのかわからないラクダがいる．そこでガブラは，たとえ見知らぬ者にあったときでも，彼が所有者（またはその親族）であることを想定して，旅人を恐れ丁寧に接するのだ，というのである．

もちろん，これは彼らの説明の仕方であって，ガブラが匿名的な不明の所有者をいつも恐れて暮らしているかどうかは定かでない．ただし，彼らが信託制度を，恐れを作り出す制度であると理解していることは重要である．ガブラが恐れるのは，人びとの行為平面から超越した王や，呪術といった観念ではない．人びとは行為平

写真●朝，ラクダのミルクを搾乳する

面の中に実在する第三者（すなわち所有者）を恐れるのである．さらにガブラは，ラクダをどんどんまた貸しすることで，強制的に家畜を奪っていくかもしれない所有者を曖昧にしていく．具体的な人物であれば，その人物だけを恐れれば良い．けれどもガブラは，具体的な所有者を，信託を繰り返したり世代を超えて相続したりすることで遠ざけ，身元不詳の人物に変換する．こうすることで，すべての他者に対する恐れを生みだしていく．ガブラは，人びとの行為平面の中に，自らの行動を統制する恐れを作りだしているのである．

　この事例を一般化することはできないだろう．すべての牧畜社会で信託制度のような特殊な家畜の授受が行われているわけでもない．けれども，嫉みでも行為をとがめる視線でも良い．嫉む他者を，行為平面の中で遠ざけ，具体的な他者から身元不詳の他者に変換していくことに，制度を誕生させる契機が潜んでいないだろうか．とくにダンバー数を超えた関係が増えれば増えるほど，認知能力の限界を超えて，身元不詳の他者が増えていく．そうした社会において，身元不詳の他者の嫉みや暴力への脅威こそが制度を生みだす根源となっていくのだと思われるのである．

　本章では，対面的な行動の中から，とくに「第三者の影響下にある慣習的な秩序」を制度の進化史的基盤として取り上げた．そして，制度は行為平面から超越したところに位置する，と考えられがちであるが，制度の一歩手前の現象として，行

為平面のかなたに位置する身元不詳の他者が，あたかも制度のように，人びとの行動を統制していることを示した．ここで重要になるのは，人間が生物として備える認知能力の限界である．認知能力の限界を超えて，多くの人びとと関係するようになったとき，身元不詳の他者が人びとの行動を統制する．それを我々は制度と呼ぶのだと考えておきたい．

参考文献

Dunbar, R.I.M. (1992) Neocortex size as a constraint on group size in primates. *Journal of Human Evolution* 20: 469-493.

Dunbar, R.I.M. (1993) Coevolution of neocortical size, group size and language in humans. *Behavioral and Brain Sciences* 16: 681-735.

ドゥ・ヴァール，F. (1993)『仲直り戦術―霊長類は平和な暮らしをどのように実現しているか』(西田利貞・榎本知郎訳) どうぶつ社．

ドゥ・ヴァール，F. (1998)『利己的なサル，他人を思いやるサル―モラルはなぜ生まれたのか』(西田利貞・藤井留美訳) 草思社．

エヴァンス＝プリチャード，E.E. (1997 [1940])『ヌアー族―ナイル系一民族の生業形態と政治制度の調査記録』(向井元子訳) 平凡社．

フォーテス，M.・E.E. エヴァンス＝プリチャード (1972 [1940])「序論」M. フォーテス・E.E. エヴァンス＝プリチャード編『アフリカの伝統的政治体系』(大森元吉・安藤勝美・細見真也・星昭・吉田昌夫・林晃史・石井章訳) みすず書房．19-43頁．

市川光雄 (1982)『森の狩猟民―ムブティ・ピグミーの生活』人文書院．

市川光雄 (1991)「平等主義の進化史的考察」田中二郎・掛谷誠編『ヒトの自然誌』平凡社．11-34頁．

今村仁司 (1989, 1992)『排除の構造―力の一般経済序説』ちくま学芸文庫．

伊谷純一郎 (1987)『霊長類社会の進化』平凡社．

キージング，R.M. (1982 [1975])『親族集団と社会構造』(小川正恭・笠原政治・河合利光訳) 未来社．

北村光二 (1996)「身体的コミュニケーションにおける「共同の現在」の経験―トゥルカナの「交渉」的コミュニケーション」菅原和孝・野村雅一編『コミュニケーションとしての身体』大修館書店．288-314頁．

黒田末寿 (1999)『人類進化再考―社会生成の考古学』以文社．Lee, R.B. & I. De Vore (eds.) (1968) *Man the Hunter*. Chicago: Aldine.

大澤真幸 (1990)「コミュニケーションと規則」市川浩・加藤尚武・坂部恵・坂本賢三・村上陽一郎編『交換と所有』岩波書店．51-128頁．

太田至 (1986)「トゥルカナ族の互酬性」伊谷純一郎・田中二郎編著『自然社会の人類学―アフリカに生きる』アカデミア出版会．181-215頁．

作道信介 (2001)「〈つらさ〉をてがかりにしたフィールド理解の試み―北西ケニア・トゥルカナにおけるフィールドワークから」弘前大学人文学部編『人文社会論叢　人文科学篇』

5：77-109.
Shepher, J. 1971 Mate Selection Among Second Generation Kibbutz Adolescents and Adults: Incest Avoidance and Negative Imprinting. *Archives of Sexual Behavior*, Vol. 1, No. 4 .
曽我亨（1996）「不平等な家畜相続制度－ラクダ牧畜民ガブラの親と子の葛藤」田中二郎・掛谷誠・市川光雄・太田至編『続自然社会の人類学』アカデミア出版会．215-242頁．
曽我亨（1998）「ラクダの信託が生む絆－北ケニアの牧畜民ガブラにおけるラクダの信託制度」『アフリカ研究』52号，29-49頁．
曽我亨（2002）「国家の外から内側へ－ラクダ牧畜民ガブラが経験した選挙」佐藤俊編『遊牧民の世界』京都大学学術出版会．127-174頁．
田中二郎（1971）『ブッシュマン』思索社．
田中二郎（1978）『砂漠の狩人』中公新書．
丹野正（1991）「〈分かち合い〉としての〈分配〉」田中二郎・掛谷誠編『ヒトの自然誌』平凡社．35-57頁．
Woodburn, J. (1982) Egalitarian Societies. *Man,* New Series, 17(3): 431-451.

第2章 死という制度
その初発をめぐって

内堀 基光

● Keyword ●
死ぬこと，チンパンジーの死，人間の死，死者，共同性

この図は「死の器」とでも名づけたい．「死ぬこと」から「死」へと，すなわち直接性から表象へと上って行く．その先に過去としての「死」から，「死」を含んだ未来へと器を抜けて行くこともあり，器の内側から元に戻る道もある．内側と外側の円環的どうどう巡りと突き抜けの可能性を表わす図であり，表面にはヒトを含む霊長類が進化に沿ってよじ登っている．

1 ●死はどこからどこまでが制度か

1-1 「意味あること」以前から考える

　死を制度として見る．このことは，いかなるかたちであれ社会的あるいは文化的な文脈での死について少しでも考えたことのある人にとっては，当たり前のことだと思われるかもしれない．だが，この当たり前さを人類学の見地から整理して呈示することが，ここでしようと思うことである．

　制度とは何かについて，制度全体に関わる一般論を語ることはむずかしい．けれども死という制度というときには，当然制度ではないと想定される補集合があるわけだから，そのかぎりで制度の境界について，後に少なくとも暗示的には語っていくことになろう．その中で死にまつわるいわば制度以前というべきものを語ることにもなる．死が制度の範例であるとあえて言えば，もとより反語的に強い意味を込めることができる．人間的反省という関与の外側にあるものとして，死には自然的基礎があるものとされ，理性的に，人はこれを否定する根拠を探ろうとは思わないからである．そのようなものとして，そこにある制度以前が明白なだけに，そこから制度が立ち上がってくる初発を想い描くことには格別の利点を見出したく思う．

　第1章で曽我亨は「身元不詳の他者の嫉みや暴力への脅威」が制度を生みだす根源であると論じている．これを受けて言えば，通常「死者」という名で語られる何者かは，まさしくその存在のあり方において不詳の，究極的な，さらには人類社会に普遍的ですらある「身元不鮮明の他者」である．であれば，その観点からも，人類史における死と死者の成立の初発は，進化の中に制度を位置づけるうえで，かっこうのテーマとなるはずである．

　少なくとも個体というものが生命維持，つまりは生存の単位とみなされる生物にあっては，死という現象はその生存過程の中に，生理的という意味で本来的に組み込まれたかたちで，ある．個体の生命活動から発して，個体間関係の時間的な推移を考えるようになるとき，死は生理の次元から生態の次元へと議論の場を移すことになる．さまざまな生物種において，この生態次元での死を議論することができる．個体間の関係であるから，どのように低い認知能力においても，「自ら」と対面する他個体，いわば「汝」の認知が，即自的な場では働いている（だろう）．自己に対面して，その行動に応答もするこの他者のほうが，認知対象としては自己そのものに先行するといっても良さそうだ．この次元での死は，したがって，自らの前にある他個体が，そのあり方を「ある程度急速に」変えることの一様態である．こ

うした対面としての個体間関係という時間的および空間的直接性の中での死は，いまだに制度としての死とは言いにくい．

　対面する他者のあり方の急速な変化とは，事態を規定する言葉としてはあまりにも迂遠で，しかも緩い表現であると思われよう．それでもこのような表現を使わざるをえないのは，そこにまずできるだけ意味を込めずに陳述したいからであり，それが初発を語るには正しい一歩だと信じるからである．制度というのはやはり意味の生成を抜きにしては考えられず，しかしなお，意味以前から語るべきこともあるからこそ，それを進化史的基盤の一部をなすものとして議論の対象とすることができる．ここで問題にする以前と以後を画する閾というものが，幅のない線的なものではなく，それ自体内部に多様性を宿す空間性をもっていることを，本章で示したい．おそらく本章においてそこかしこで緩い表現を用いることは，この多様性をできるだけ掬いあげようとする議論の方向性と対応している．

1-2 「死」と「死ぬこと」

　概念として「死ぬこと」と「死」を分ける．単純に言えば「死ぬこと」は生理的な死から生態的な死までの次元における現象であり，「死」はそこに意味が導入されて成り立つ領域，いわばより高次元の現象である．したがって前項（1-1）で言及したのは基本的には「死ぬこと」である．本章で言いたいことを先取りしてまとめれば，死は「死」として制度であり，「死ぬこと」として制度以前である，ということになる．もっともこう言っただけでは，当然単純化のそしりを受けざるをえない．これから述べてゆくことは，そうしたそしりを避けるための，弁証の議論であり，あったほうが良い複数の条件付与を行うための議論である．

　これを論じるためのより基礎的な概念は「直接性」と「意味」である．より特定的には，この二つの概念のあいだの関係を論じることがここでの思考の基本的な方向となる．もちろん概念そのものを抽象的に扱うのではなく，死という現象と領域に即するかぎりでの「直接性」であり「意味」である．その関係は単なる対立の関係ではない．ある側面では「直接性」は「意味」の中で概念としての位置づけを変える．すなわち，制度を論じるかぎりは一方向的に「意味」に進んでいくことになるが，いったん「意味」の領域に達すると，その中で「直接性」が捉えられもし，またそれが棄却されもするということである．「直接性」が「意味」から離れて，それとして議論の対象となるのは，関心をもっぱら「死ぬこと」にしぼったときだと予想されるが，純粋なかたちでどこまでそうできるかはあらかじめ測りにくい．こうした概念群で語ってゆくことによって，前項（1-1）で言及した「自然」という

概念は —— したがっておそらく「文化」という概念も —— 使わずにすむことになろう．［本章では，以降，この段落で直接性と意味に対して使ったカギ括弧ははずして使う］

　直接性として語られる事柄は，目の前の個体の様態の変化，すなわちその過程と結果である．もっとも「死にゆく」という過程は，正確には，事後的判断かあるいは逆に予期だから，そこには意味の浸潤がある．結果としての「そこにある死んだ個体」が直接性のいちばん具体的な現れである．現前する死体に対する反応と，そこに現前しなくとも場合によって「ある」として語りうる「死者」とのあいだには，意味の領域への踏み込み方において本質的な違いがあるのだが，この違いは，たとえば目の前にある死体もまた死者であると思うという観念形成によって橋渡しをされている．こうした観念形成は，いわば死に関わる異なる諸次元を貫通する作用をもつと言える．言い換えれば，この貫通作用は次元の違いを曖昧にしてしまうのであり，一般的に言って，死に関する観念形成つまり意味の領域での生起する事柄の作用は，こうした橋渡しによって常に直接性を意味の側に引き込む効能をもつのである．

　「死者」という存在者が，生きていた人間の再現前（表象）として，なんらかの存在論的な地位を占めるようになる．この死者の存在のあり方は，死の後の無限定な長さの時間にわたるものであり，このことが目の前の死体という直接的な存在者との決定的な違いである．そこにある死んだ個体にも確かにそれぞれに異なる個性的特徴がある．生きていたときから継続する特徴もあり，死んだときの状況によって規定される特徴もある．だが死体は死体として，それを包摂する一般的な（属を規定する）範疇の数は多くはない．それに対して，ある一つの意味の体系の中においても，死者（と呼ばれるもの）にはさまざまな存在様態が想定されるようになりうる．そこの死体も死者であり，遠い過去に由来する人格的個性を思い浮かべることのできない死者も死者である．これら両極のあいだに位置するさまざまな死者様態の広がり —— それは表象形成という観念作用（ideation）である —— が，死の意味領域の広がりを具体的なかたちで例示しているのだと言えよう．

2 ●制度としての「死」の初発

2-1　チンパンジーの死と「死の認識」の不在

　前項（1-2）での死は，すべてヒトの死であることを前提として語ったものであ

る．死を意識することは，しばしば生物種としてのヒトとヒト以外の動物を区別する閾であると言われてきた．典型的には E・モランの言い方がそれである．ほとんどクリシェとなったこの命題の追認自体は，今更益をもたらすことではない．だが命題を分析することは，その過程で動物学的（とりわけ霊長類学的），古人類学的および考古学的に知られてきた事実に着目しつつ行うのであれば，実証による命題の（再）確認と厳密化という意義をもつであろう —— 実証ということで，異論の余地ない事実だけでなく，限られた事実に目を向けた仮説的な思考をも含むものと捉えた上でのことではあるが．

　死の意識という言い方はそれ自体では曖昧である．直接性に関わる意識と意味に関わる意識とは，意識の対象も異なれば，意識の構成というか広がりも違うからである．死ぬことの直接性に関わる認識は，ヒト以外の動物にも，なんらかの異なる程度と仕方で認めることができる．いろいろな種の動物が身近に出現した死体に対して，生体に対してとは違う態度をとることが記録されている．こうした記録にはそれ自体観察にもとづく正確なものも多いが，しばしばその観察に解釈が加えられている．なかでもいちばん広く一般読者に知られているのは，シートンの狩猟対象となり殺された獣の死体をめぐる物語である．物語的解釈を引きはがして観察のみ取り上げれば，そこには個体の状態の「急速な変化」—— とりわけ応答がなくなること —— に対する動物の認識行動が多々あると言ってよい．

　これについて重要なのはやはり大型類人猿，とりわけチンパンジーの観察からの報告であろう．実際には上で述べたことと同様のことが，それらの観察と解釈のあいだの関係にも認められるのだが，類人猿以外あるいは霊長類以外の動物の場合以上に，意識という概念の曖昧さがはらむ問題がここに現れることになる．この 3, 40 年間，チンパンジーの研究は野外，実験室内ともに大きく進んだという印象をもっている．にもかかわらず，死んでゆく個体と死体に対するチンパンジーの反応について，グドールが 1970 年代に見たものと質的に大きく異なるような観察は見られず，また量的にもこれに関わる観察が大きく増えているようには思われない．このことは不思議なようでもあるが，実はわれわれを一つの結論に導くものでもある．すなわち，チンパンジーの死の意識は直接的な死体に関わる意識のみであり —— あるいはその場にある生体と死体の有り様に関わる識別能力だけであり ——，しかもおそらくは生の状態と死の状態の境界を，時間過程の上で生起した移行と断絶であるとは認識していないのだろうということである．

　これにかかわる最近の，人を惑わすような研究エピソードを一つ見ておこう．2010 年に NHK テレビで流された「チンパンジーも死者を『悼む』」と

いう報道における映像と解説である．野生状態におけるチンパンジーの母親が死んだ子供の遺骸をミイラ化するまで背負いつづけ，また生きているときと同じように毛繕いをしたり，やってくるハエを追い払ったりしたという事例の観察映像である．注目すべきは，これをチンパンジーが死んだ子供のことを思って，その死後も気を遣っていると解説し，しかもそれを「死者を悼む（あるいは弔う）行動」と解釈していたことである．同様の内容は複数の新聞でも報道された．ある新聞には観察メンバーの見解として，生きているときとは背負い方が異なるので「（子供が）死んだことは理解している」，さらにこの行動に「死者を弔うという気持ちの起源」があるという可能性を示唆している（朝日新聞 2010-04-27 夕刊）．手短に言って，ここには直接性の問題と意味の問題が直線的に繋ぎ合わされているという，おとぎ話的な筋書きとも言える誤導がある．他個体に対する持続的な感情の向け方に関しては，霊長類学では十分な蓄積があるのだから，問題として立てるべきはこの持続が個体の死後どれだけ続き，しかもその感情の内容が生体に対するのとはどのように異なるものとしてあるかを問うことであろう．たとえば生死不明としても行方不明となった個体に対して，その喪失に恐慌を来すことはあろうが，それが持続する悲嘆のような感情になりうるのか，さらにそのようなことが，死後の生気のなさや腐敗の過程を見せる死体にも当てはまるのか，ということである．少なくともこの最後の問いに関しては，ネガティヴな答え以外に内実のある答えはない．こうして，霊長類学における専門的解釈の大勢が，今のところチンパンジーに「死の認識」――いくつかの意味合いを含めて――を認めていないことは，正当と評価しておかなければならないであろう（Nishida 2011; 保坂 2000; Sugiyama et.al. 2009; 西江（2012）の文化人類学会; 井上（2012）の霊長類学会での発表など）．彼らの「死ぬこと」は確実に制度の「手前」にある．

「死の人類学」はありえても「死の霊長類学」は不可能だとかつて言ったことがある（内堀・山下 1986/2006）．上のエピソードは，その頃から観察記録の状況があまり変わっていないことを十全に証しているのではないか．それはそれとして無念である，が．

2-2 ホモ・サピエンス以前の「死」の扱い

では，大きな進化の枠組みのなかで，「死ぬこと」と「死」が制度というかたち

をとるのはどの分岐点あるいは種の形成なのか．このドンキホーテ的問いかけをあえて続けてゆく．だがヒト上科の内部でのアウストラロピテクス属，さらにホモ属の形成へと下向的に語ってみても，この問いかけが意味をもつような結節点はごくわずかである．現生人類から発してどこまで進化図上の流れを遡ってゆけば，死という制度の制度らしきものが見えなくなるか．むしろこうした逆転した探索だけが可能なのであろう —— それとても薄明の中の探索にはちがいないのだが．

　現時点で確証されていることは，地球上にいるヒトがすべて現生人類（ホモ・サピエンス，「解剖学的に現代的なヒト」＝AMH）になった段階 —— つまり，いまだ議論が決着しないホモ・フローレシエンシスの存在をのぞいてだが，およそ3万2000年前 —— では，あらゆる人間集団のあいだで制度としての死が見られるということである．こう表現された命題で排除していないことは，10万年前までといった初期のAMHがこれをしていなかった可能性，およびAMHではないヒトもこれをしていた可能性の二つであり，当然のことながら，探索の重点はここに置かれることになる．それは具体的には，ネアンデルタール人とAMHのあいだにありえたさまざまの相違の中に，死が制度として形成される有り様を位置づける探索として現れる．

　シャニダール洞窟から発掘されたネアンデルタール人の遺骨が儀礼的な取り扱いを受けた証拠のある最古の死者として喧伝されたのは1970年代のはじめであった．かの有名になった「最初の花人 the First Flower People」という称号の由来は，洞窟内の人骨の傍に見出された花粉の存在である．花を供された遺体＝死者という現代人の理解の中で落ち着きの良いイメージを喚起したわけだが，その後40年間の多岐にわたるネアンデルタール人論争は，象徴的にはこの「花人」イメージの否定（破壊）と部分的な回復とのあいだの振動によって代表されてきたように思われる．その論争は大きくはネアンデルタール人の象徴化能力の評価をめぐり，AMHのそれとの対照で闘わされてきたとまとめられるが，その個別事項として，言語から芸術，装身習俗や埋葬など，現代の人類に備わった心的能力および行動の特質がネアンデルタール人に認められるかという問題が含まれることになる．

　埋葬については近年，とりわけ1980年代からは数多くの研究が行われてきている．相互に対立する説が提唱されているものの，主要な潮流はネアンデルタール人とAMHとの相違を強調する方向にあった（ある）と言ってよい．ここでそれらを個々追いかける余裕はないが，あえて中間的と思われる考え方をパラフレーズして引くと「ネアンデルタール人は死体の埋葬はしていたかもしれないが，それをAMHがするようには儀式的なものとはしていなかった」といった内容の文になろう．

これについて付け足しておこう．2011年3月に開かれていた英国の自然史博物館特別展での展示解説文では，ネアンデルタールは儀式 (ceremony) をともなう埋葬 (burial) を行っていたとしているが，こうした評価は一般的ではないようである．むしろ，Mellars (2007; および2011年11月上野の国立科学博物館での講演) のように，ceremonial burial を15の現生人類の特質の一つとして特定し，ネアンデルタール人はburial はしたがceremony をしていなったと考えるほうが主流である．

そこで留意しなければいけないのは，こうした命題を日本語で表現するときに，(たとえば) 英語における表現とは別の曖昧さが含まれるということである．具体的に言えば，英文の場合のburial やceremonial と，日本語の場合の「埋葬」や「儀式的」(ないし「儀礼的」) といった言葉の意味内容のずれに関わる問題である．「埋葬」という言葉には，埋めるというかたちでの死体の慣習的な処理という以上に，「葬」の字が表すように，すでに死者なる存在との交渉を包含する行為が埋め込まれている．こうした言語バイアスのもとでは，死体を処理することの慣習化と死者の存在の発生は同一視されやすいことになろう．

いずれにせよ化石人骨の発掘地点だけからは，儀礼的取り扱いなどの存否について確定的なことを言うのはむずかしく，すべてが周囲の状況をどう解釈するかによることになる．副装品と考えられるもの，死体の置かれている場を特殊に印づけるもの (黄土による標付けなど)，あるいは死体自体に加えられた特異な変形などが考慮されなければならない．となると，実は埋葬の問題は個別の問題というよりも，AMH の生活様態，そこで繰り広げられる心的能力の全体に関わるようなものであると言ってよい．つまり問題は振り出しに戻るということだ．

実際，制度としての「死」の初発を，芸術の発生に絡ませて語ることは今日では常道と言えるほどであり，象徴能力の幅広い開花としてこの二つを位置づけることに，異論を差し挟む余地はほとんどないかのように思われる．それでも探求の初めに帰って言えば，AMH としてのホモ・サピエンスの出現とこうした象徴能力開花が年代的に一致していると決定することはできず，またネアンデルタール人あるいは同時期の非AMH 人類が，こうした能力をいっさい欠いていたと考えることにも無理があるようだ．

死とならんで，AMH の象徴能力を象徴するとされる言語との関連については，たとえば赤澤 (2005) はネアンデルタール人の言語能力を低いものと見ている．Max Plank 研究所によるネアンデルタール人のDNA 解析から言語遺伝子の存在を確認した (2009) との発表もあるが，そもそも言語遺伝子

写真●死者を記念する立石（マダガスカル中央部ザフィマニリ村落）――「男石」と呼ぶ.

第2章 死という制度　45

というものが現実にどのように働くかについては不確実なところが多い．こうした不確実なところが語られることを含め，いずれにせよ，言語の初発と死の初発の議論とは相同である．また，アフリカにおける AMH による最古の象徴化能力をよく示す遺物から言えば，この能力の急速な開花は 7 万 5000 年前というのが現時点での最有力な算定としてよさそうである．

　AMH からネアンデルタール人等への技術，習俗の部分的移転が行われた可能性も強く示唆されている．とすれば，「死」の初発はビッグバン的なもの，あるいは革命と言えるようなものではなく，いわば醸成のように漸次的なものをイメージすべきであろう．これを別の方向から言うと，「死」が社会行為から超越的想像力に至るすべての人間生活の位相でその領域を大きく広げてゆくのは，AMH の出現時から見てもさらにずっと後のことだということになる．

3 ●制度としての「死」の機能

3-1 「共同性」の反照的増幅

　ここではじめの予告から幾分はずれ，制度概念について触れざるをえない．この概念にはこれまで大きく分けて二つの微妙だが明瞭に相違する度合いをもった見方があった．(a) ひとつは弱い度合いの conventional code of behaviour（つまり行動の習慣性あるいは習律）とするものであり，(b) もうひとつは強く socially and/or collectively sanctioned corpus of rules or of regulations（つまり規範性，集合的・社会的に裁可された規範の束）とするものである．(b) は人間の社会科学ではふつうの考え方だが，そのままではヒト以外の霊長類には援用しにくい．これを (a) のように convention と behaviour の導入によって若干緩め（あるいは広げ）ておくと，本書の諸章で見るように，霊長類全体の枠組みの中で考えてゆくことは一定程度可能であろう．もちろんこの場合には，歴史的に構築される習律の方向にではなく，存在の前提としての習慣性の方向で考えるときに限るのだが．

　しかし，ここではあえて第三の見方をしてみたい —— 単に強い，弱いといった度合いの相違ではなく，制度への見方の根底そのものを変えてしまうことになるかもしれないが．すなわち制度を，(c) いかなるレベルであってもあるべき人間の共同性を表すイメージ，あるいはそうしたイメージを支え具現している社会的事象として見ることにしたいのだ．行動と行為の慣習化，習律，規範，規則から離れ，想

像性の方向に重心を置き替えることにより，霊長類学とはさらに遠く離れてしまうことにはなる．だが，制度をこう見ることによって，人類学的に制度をより基礎的な概念として位置づけ，またその上で広範な生活領域に関わるものとして扱うことができると思う．

　すこし注釈を加えると，ここで「いかなるレベルであっても」というのは，ペア的な存在から小さな家族的結合，共住集団，親族集団等を経て，地域的，国家的，最大には地球大の人間社会まで，想像しうるすべてのレベルでの共同存在の単位（共同性の実現態）で，ということである．以前の論考（内堀 2009）で，人類進化の枠組の中での「集団」概念とのかかわりで同じ議論をしたことがある．本章では「集団」ではなく，「集団」を展開する基礎として「共同性」とするが，これには現実のあり方としての「集団」にきわめて近いものを含めて考えても良い．共同存在に人間以外のものまで含めることが可能あるいは必要な場合には，「人間の」という限定を取り払ってもよい．そうしたことが必要になる現実の状況はおそらく多くはないだろうが，そこに「もの」，「異種動物」，「カミ」などを思い浮かべることができる．それぞれに応じて，制度の外延は変わってくる．だがその時，人間を中心とする制度の内包がどのように外延と整合的なものとなりうるか，はあらためて問題となろう．「イメージ」というのは理念の表象形態のことを指すが，その具象度はさまざまである．ふつうには観念作用（ideation）の結果として具体化するが，時には人の集合的行動 ── あるいは集合の存在を示唆する個体の行動 ── のような社会的事象によって具現することもある．

　「死」をこうした意味での制度とみなした上で，その共同性 ── それ自体は理念である ── をめぐる表象の諸形態と，社会的な現れを見てゆくことにする．喪失の悲哀と悲嘆という情動については触れる必要はない．なかば繰り返すことになるが，初発ということを論理的な意味でのそれとして考えると，個々の「死ぬこと」という直接性が，一般性との関連で感じられ，考えられ，対処され，それらが行動として表され，さらには集合的な行為として演じられるように転換してゆくのが初発の継起だからである．進化との関連では，前節で述べたように，この論理的な継起の中のすべての現れがホモ・サピエンスによって一挙に新たに獲得されたものとは考えにくい．言い換えれば，継起の項のそれぞれが個別的に，しかし段階的に実現され，そしてその実現過程の究極においては複合的に展開していったのだろうということである．

　進化の中で達成された「死」の共同性を表す表象のうち，もっとも基本的で，なおかつもっとも露わなものが「死者」である．「死者」が「そこにある」ことによって，人間の社会性の範囲が大きく広がるが，この広がりは時間的な拡大である

とともに，空間的な拡大でもある —— これを第14章船曳論文における「第三項としての死者」の中核的契機と考えても良い．時間的には過去を現在につなぐことになり，かつ未来に特定の意味を与える．空間的には物理空間そのものの拡大だけでなく，これとは「異なる」質の空間，たとえば「あの世」の空間を作り出す．そして「死者」のいる時空間の中で生きる人間は，こうした拡大した時空間 —— それは当然，社会的な時空間である —— を何らかのかたちで体験することになるが，これが死者によって共同性を露わにされた「死」を取り入れた後に現れる人間の世界である．言ってみれば，人間存在の共同性は，そこから形成される「死」によって反照的に増幅されるのである．共同性の反照的増幅こそが，制度としての「死」の機能的な核であるとさえ言える．

3-2 「生者」の社会の中の「死者」

「死」の儀礼と呼ばれるものの，そのほとんどは「生者」との関係における「死者」の存在に関わる儀礼である．このことは「死」をめぐる観念形成の中で「死者」が疑う余地なく中心的な位置を占めることと直接の対をなしている．儀礼は制度としての「死」の極可視化であり，「死者」のあり方という点から見ると「展望＝前向き prospective」と「回顧＝後ろ向き retrospective」という，儀礼の主催者と執行者の意図に含まれる方向性の違いによって二分することができる．この儀礼の意図性が「死」に関わる儀礼を，多くの場合，儀礼実行者の釈義に開かれたものとしていると言ってよい（これについてのより詳しい議論は，内堀（1997）参照）．

「死者」とは「生者」との関係における「死者」であるから，上の二つの向きはその両者に関与することである．いうまでもなく「死者」に関わるのが想像の「異なる」空間であるのに対し，「生者」の関わりは現実空間で生起するものだが，その只中にいる人間 —— ということは釈義をする人間ということだが —— にとっては，これらの空間は分節しつつも何らかのしかたで連続したものとして現れている．この全空間の中で「死者」は「生者」と共在あるいは併存し，ときには交渉することになる．今更の言い方にはなるが，その意味で「死者」は「生者」の生活に介入しうる存在であり，「生者」の社会の中で影響をもつ存在，その社会内で共同的な存在となる．制度というものがそこに存立している最大の十分条件として，あるものに関わる社会的機能というものがあり，そうした機能の束について当事者が認識しているということを考えれば，「死者」はここで十全の意味で制度，あるいはその一部であるということになろう．「死」が制度であるというのも，見方を変えれば，「死者」が制度であるということを，一段抽象度を上げて述べているだけ

だとも言えるのである.

　ただし，制度として「死者」を内部に含むことによって，存続する社会にとっての時間が過去と未来にどこまで引き延ばされたものになるかは，人間集団によって大きく異なる．というよりも，この違いによって社会の構成，形態が異なってくるという見方をとることすらできるのではないか．ある種の形態の親族集団の範囲や所属規則には，多くの場合明示的に，時には暗黙裏に，その集団の「死者」の存在とその位置が前提にされている．このことは比較的小規模な直系家族集団，あるいは家門（場合によってはリネージ）のようなものをイメージすれば分かりやすい．そこでは集団の過去につながる者の存在が，向きを変えて集団の未来を保証するかのように作用する．「死者」としての位置づけが，たとえば単なる「死者」から先祖のように裁可されたものに変わることは，「異なる」空間での「死者」の存在様態の変更（というものがあればだが）であるというよりも，その「死者」を何らかのしかたで（しかし異なるつながりで）共有する「生者」と「生者」の関係の変更である．こうした点では，今ある人間の関係が「死者」によって規定されているという機能に関わる命題は，けっして形而上学的な修辞ではない．

　死者が露わにする共同性は，時には明確に形而上学的な存在価をもちうる．形而上学と社会的機能の交点に置かれた「死者」の典型は近代国民国家における特定の「死者」たちである．独立闘争や革命の志士，救国の英雄，国家間戦争における無名戦士など，建立された碑によって視覚化された「死者」だが，こうした過去の「後ろ向き」の視覚化が，現在の社会的政治的機能を果たすことは言うまでもない．それだけでなくその願望は，当然のことながら，文字通り未だ来ぬ構成員からなる共同体の未来の上に置かれている．ここにあるのは「死者」に関しては回顧＝後ろ向きのものが，「生者」に関しては未来に向けたものになるという幾分アイロニーがかった儀礼の効果狙いである．だが，おそらくはこのアイロニーゆえに，こうした「死者」たちは単に「異なる」遠い空間に置かれるのではなく，共同性を前面に押し出す政治社会の中でいわば高みの極点に位置づけられもするのである．

　一つだけ具体例をあげておく．ボルネオ島サラワクに住むイバン人のあいだには，「死者の神霊化」という観念と実践がある．これについてはすでに別のところ（内堀 1981; 内堀・山下 1986/2006）で詳しく記述しているが，こうした死者は「あの世」に行かず，丘の頂などこの世の高みに留まると言われている．「神霊化」するのは，共同体のリーダーや英雄が範例的だが，そうした社会的に傑出した人でなくとも，生者が夢の中で出会った死者との会話を通じてその希望などが伝えられ，その証あるいは兆となる動物などが出現した場合，こうした特殊な扱いを受ける死者となることがある．

極楽やら地獄やら，あるいは煉獄やら，「死者」に割り当てられる「異なる」空間に関わる想像の多彩な展開は，人類の歴史時代の特徴である．だが人類の全体＝人類史の総体の中で見ると，こうした異界あるいは他界のイメージを明瞭にしないでおくことはいっこうに不思議なことではない．無定型でおぼろげなものであっても，どこかに「死者」の居場所，存在の空間があれば，「死」という制度は人間の共同体のために十分に空間的な拡大を達成している．だが，歴史時代の宗教的想像力はこの拡大を現実の大逆転絵図というかたちで極限にまで押し進めた．実際に現実の逆転を思い描くことが，どれほど現実の生活に強い衝撃を与えるものかは，歴史的社会の構造と状況による．その具体相は別にして，こうした他界の逆転的な描き方とともに，ここで大きく「死者」そのものの大転換が起きることになる．この大転換は，ある意味では，新たな，再度の初発とも言うべきほどの異質性を「死」にもたらすものとなる．

4 ●「死者」の反転

4-1 「自己の死」と共同性

新たな異質の「死」とは自己の「死」である．自己の「死」は直接「死者」に関わらない．自己の「死」について，かりに見て触れる直接性を語るとすれば，それはせいぜい他者の「死体」という直接性だが，おそらくこの直接性よりも「死者」としての他者を介した二重とも言える間接性のほうが，その生成に関しての関与の度合いは高いであろう．その意味で，自己の「死」というのは「死者」という存在の照り返し，反照であり，反転である．

とはいえ，自己の「死」があたかも本来的な問題であるかのように語られもするのは，生命体としての「死ぬこと」とその回避に関わる反応が「死」の問題に直結する基礎だと見られやすいからであろう．こうした生物的な基礎が最小の必要条件であることはもちろんだが，ここから自己の「死」を予期する日常のささやかな不安をへて，壮大に構築された不死願望を表現する建築物までの全スペクトラムを見渡すためには，あまりにも長い道のりを行くことを必要とする．

ちなみに，「あなたの死」と「自己の死」の根源的な相違については，ベッカー（1989）の今や古典となった仕事が，その基本的な問題を提出している．だが精神分析に軸をおく彼の議論は，「あなたの死」に関して，共同性との関連で「他者」の死を論じるというよりも，自己に深く関係する人の死に対する喪失と悲哀の情動

にとどめ，最終的には問題を「自己の死」に収斂させていくことになる．その点では，彼に先行するブラウン（1970）の精神分析的議論も，人間存在の精髄としてあいせめぎあうエロスとタナトスの対照を扱う点で魅力的だが，基本的にはベッカーの議論の方向性と同じものをもっている．

「死ぬこと」にもとづいて「死」が生成されるのは，これまでに述べたところでは，他者の身体の急速な変化，崩壊（腐敗）と，それへの生者の心理的・（間）身体的反応を，単一の意味の領域に収めていくことにあるが，そこではなお「死」の本来的な他者性が貫かれている．他者のなかに異なる自己を認めることは，それこそヒトならずチンパンジーにもおそらく備わっている能力であるにしても，他者の「死ぬこと」を意味へと取り入れることが，「死」という一般化の一環として自己のそれをも含むようになるためには，単なる「心の理論」の拡張だけではまったく足りず，おそらくは「未来に投影された自己」といった意識をもつことが必要条件となる．「心の理論」の方向性から言えば，この意識は自己の中の他者という反転した「理論」を含み，ここでの自己の未来の「死ぬこと」は，自己に読み込まれた他者の「死ぬこと」である．

未来はふつう生存戦略（戦術）上の予期される事柄とそれへの対応に満たされているが，自己の「死」を取り込んだ未来は，そうした未来とは異なり，はじめから矛盾としてあるようなものである．不死への願望というのが何か人間の本性にもとづくとは思われない．むしろ，それは「矛盾としてある未来」の否定のようなものと言うべきであろう．その意味で未来を無化し，永遠の現在を制作することが，自己の「死」にまつわるもっとも露わで，もっとも馬鹿げた（不条理な）営為であることはまちがいない．

この不条理は，自己の「死」に関わるもう一つの，時には柔和で時には暴力的な不条理である自死・自殺と対をなす．「未来に投影された自己」が死ぬという事態に，自己ならぬ他者の未来を読んでしまうのが自殺という行為の中核的な動機である．この他者は近い「あなた」でもありうるし，3-1項で言及したところの，想い描かれた「いかなるレベルでの共同性」でもありうる．こうした視点から見れば，ヒト以外の動物が自殺をしないというのはあまりにも冗長自明な論である．むしろ，実証的に反証も可能な「未開社会における自殺」の有無を論じるべきであろう．

「未開社会における自殺」について，千葉徳爾（1994）は「日本人はなぜ切腹をするか」という問題の立て方の中で，「未開」社会に自殺はないと断言するに近い議論を展開している．確かに自殺に関する理論的比較研究は少ないが，ボハナンがその編著（Bohannan 1960）の序論で述べているところでは，「未開」社会における自

殺の事例は民族誌に数多く記載されている．想像上の「未開」が何を指しているかという問題を等閑視した上で，なおかつ切腹のような確立した制度としての自殺に限れば別だが，自殺一般に関しては千葉の断言に深い根拠があるとは思えない．その意味で，「未開」社会どころではないにしても，第 17 章西井論文で議論される自殺の行為と出来事を読み解くことは，本章の議論にも無関係ではない．

　自殺も不死願望も，歴史的構造体としての社会の中で，制度らしい制度，つまり規範性の強く内在した制度になりうる．制度としての不死の追求は，極楽や地獄のない，いろいろな点で差異を欠いた他界のイメージとしてもつことの無垢さからは，歴史的構造体の転変という尺度の上では遙かに遠いところにある．だが不死願望の表れの一つとしての不条理に分岐した他界にしても，無垢な他界と無関係であるわけではない．推論上の飛躍を無視して言えば，差異を欠いた他者の他界（「すでにある他界」）から脱して，差異に満ちた自己へ押しつけられる他界（「わたしの行く他界」）の発明を産み出すことになる条件と，こうした未来すべての否定としての不死願望を起こさせる条件との差はごくわずかであろう．前者の差異に満ちた他界は「わたし」を意識させるための「おまえ」を含む特定の言説のレベルで生まれるものであり，逆説的ではあるが，おそらくは自殺もこれと同じレベルでは自己の死の否定と言いうる．後者の不死願望は，そのレベルを超えて「おまえ」という呼びかけなしの「わたし」としても生まれうるものだという違いがそこにはあると言えるかもしれないが．

　現世の政治権力を独占する者による不死願望と，それを実現するためのさまざまな具体的営為については，初発に焦点を当てる本章では語る必要はない．むしろ語るべきは，そのような歴史的構造体における，とりたてて権力者ではない人びとの自己の「死」の問題化である．これが権力者の未来否定と不死願望を縮小的に再現するものでなく，別のかたちで問題への解答を出そうとしているならば，制度としての「死」の新しい ── ということは先史ではない ── 歴史的なヴァリアントの展開だと思えるからである．おそらくはここでは，自己の「死」を他者の「死」とともに合わせて，共同の「死」として思い描くことが可能になっているはずであり，またその可能性は，極楽と地獄という差異を産み出した歴史宗教の唱えたもう一つの道でもあったはずである．

　不死であるという所与状態に対して，あらたに「死ぬこと」を受け入れることの意味については，当然フィクションの中でしか語れない．これについては，アシモフの『200 年目の男 (*Bicentennial Man*)』におけるアンドリューと『火の鳥』におけるロビタという二類型のロボットがとった「不死の拒

絶」とでも言うべき決断と行為が，二つの別向きのベクトルをもって現れているのは興味深い．前者では「死すべきもの」として人間性が定義されており，後者では「人間ならぬもの」の「死の集団性」が描かれる．これらと「個の死に対する類（種）の冷酷な勝利（存続）」について，19世紀中葉のマルクス (1964) がつぶやいた暗示とのあいだにある距離は，さほど大きくない．

より時代的に身近なところでは，たとえば「自然葬」を希求する人たちの思いの中での自己の「死」を考えてみても良い．過去の死者を累積することによって固められる社会単位 —— つまり，あるレベルでは威圧的に立ち現れる共同性 —— の時空間的拡張から自己の「死」を引き離そうという希求は，権力者の不死願望の点対称的な希求だと言えなくもないが，それが今，社会的に大きな意義をもつようになったことに，制度としての「死」の自己展開が常に継続していくものであることの証左を見たくなる．

4-2　「死」が含む未来というもの

翻って「死ぬこと」の怖れと汚れは，制度としての「死」の中でもっとも顕著に独特な質をもって発現する情動，あるいは情動の表象形態である —— すでに述べたように，喪失の悲しみ（悲哀，悲嘆）は本来制度以前の情動であるとしてだが．情動であるということはこれらが直接性に由来するということを言おうとしているが，直接性がそのまま持続しているわけではない．意味の内容とその乗り物が，時には同時に，ときには別個に伝染，伝播するといった作用がそこにあり，その作用の中で「死」という領域が怖れと汚れを空間に拡散させる，あるいはそれによって空間を満たすのである．この拡散にはもちろん空間的な，また時間的な濃淡がある．「死者」に関わる時間的に長期にわたりうる儀礼中においては —— 実は，特にそうでない場合にもなのだが ——，これを通じてはっきりと「死」が共同性を帯びたものとして空間，つまりは具体的な社会単位の中に透明な姿を見せることになる．さまざまな禁忌（禁止の規範）はその存在を指し示すもの（シニフィアン）である．

人間社会の広がりをどうとるにせよ，ある範囲をとれば常にかならずそこには「死者」がいる．現実にはそこで想定される「死者」は，さまざまに異なる位相のもとにあり，「死ぬこと」と「死」にまたがる広い連続体のどこか，生者に怖れやら汚れやらを感じさせるものとして，あるいは生者に対する好意や敵意をもつものとして，生者への異なる関係を示す点に位置している．ごく抽象的に言っても，社

会の中での「死者」は，相互に矛盾しあうものまで含めて多様な意味を担っている．そこにいても見えない他者 —— 非在という存在，つまり「なき人」—— として生者に対して多様な力を振るいうるものとなるのである．「死者」が祟るというのも確かにその具体化だが，そのような特化した意味をわざわざ付与するまでもない．「死者」がなければ，生者が今という時点で生者としてあることの意味も大きく減じられるのである．そのようなものとして未来の自己の「死ぬこと」を，正確には「死」の領域の中での自己の「死後」のあり方を予期的に位置づけることを可能にするのが，みずからもその社会の中の「死者」になることを承認するということである．この承認は覚悟などを要せず，多くの場合，無自覚のうちになされる．社会を「生者」と「死者」からなる共同体と見ることができれば，当然のようにそれが社会の時間的継続を保証しているように働くと考えるに至ることもでき，そこに容易に自己の「死」を預けることができるからである．

　こうして「死者」は個々の「死者」から，いわば社会的な「死者」になるわけだが，その生成の論理の上では，どちらにしても制度としてなされることを再確認しておきたい．3-1項で述べた意味での制度における共同性のレベル —— 言いたければ「裁可の審級」と表現してもよいが —— が異なるだけである．「死者」が複数になり，さらに集合へと至るとき，おそらく単なる個体の「死者」だけでは成り立ちえない過去から未来への時間の無限性が現れることになる．こうした無限の時間はもちろん幻影であり，ほとんど幽霊としての出現（apparition）のようなものだが，そうした無限の中に現世という生きる時間の有限性が意味あるものとして語られるのである．生者が「(過去の)死者に負うものがある」という感覚の生成は理解できないものではないが，みずからが「死者」になる未来もまた，同じ資格において，生者にとっての負債であるかもしれず，それゆえ責任となるのではないだろうか．

　　今村仁司（2007）は人間存在の初発（＝誕生）にある死者あるいは死への「負い目」について語っている．今村の意味しているのは基本的に過去の死者である．寺嶋（2011）も「平等性」との関連で正当に「負い目」に言及しているが，特に死者への「負い目」の意義には多くを割いてはいない．今村にとって「負い目」は人間の社会性（「共同性」）の根源にある贈与的存在の基本元のようなものだが，さりとて自己なき後の未来への「負い目」の契機として死を語るわけではない．今村は人間の死を自明的に社会的な死として語るが，経済哲学から発した社会哲学者としての論理的屈折と言えようか，その社会的な死への目は究極的には，あたかもベッカーにならっているがごとくに，「自己の死」に向けられることになる．ついでに言及すると，歴史

社会における「負債」(=「負い目」)の初発からの全史を目指したグレーバー (Graeber 2011) は，今村と同じように，誕生時における死神と死者を含む他者への「負い目」について論ずる古代ヴェーダ文献を引いている．ただし彼は，人間存在の全体を死者への「負い目」に向けるようなことをせず，経済的な「負債」のモラルな源泉を語るに留めている．このことは，ともに「負債」を含む贈与的なあり方を人間社会の初発に置きながらも，彼と今村の議論の方向性の違いを際立たせることになっている．

おそらくは「死」が必然的に含む未来に意味がある．「死者」と生者から成る社会において，両者間のやりとりは，それが過去の重みを背負いつつ，未来まで続くという予期によってこそ，意味の享受と負債の生成，そして責任の引き受けを含む互酬の関係が担保されるはずだからである．

5 ●制度以前と制度の円環的一体性へ ── まとめとして

「死」は制度であるが，もちろん制度は「死」だというのではない ── そう言いたくなる誘惑には駆られるにしても，である．人間の社会の「文化」が，死の否定，死の隠蔽，あるいはそれを言い換えて，死という問題の克服と解決をめざしているというのは，死をめぐる議論における第二のクリシェのようなものだが，ここではこの決まり文句の「文化」を「制度」に置き換えたことを考えることにより，本章を結ぶことにしたい．

ある社会の制度の全体が向かう「死」は，これまでの諸節で議論したように，制度の中で「死」として構築されたものである．その意味で制度と「死」の関係は制度の内部論理なのだが，その内部論理を成り立たせていること自体が，根源的なところでは制度の外部にある個々の「死ぬこと」の克服なのだろうとは言える．「死」だけではなく，制度全体とさまざまの制度の構築物との内部論理の集合を「文化」と呼ぶとすれば，結局は上のクリシェに戻ることにはなる．

生者と「死者」から成る社会を考えることは，通常の用語法の上での文化を制度に読み替えるためには有効であると思う．だが，たとえば純粋に死者のみから成る共同体(「あの世」の有り様)を想い描いたりするだけならば，あえて制度などと言う必要はないのかもしれない．本章でそのようなものとして語ろうとしたのは，文化と言うにせよ制度と言うにせよ，空間的には行為する対面的二者を超えた全体空間のようなところに成立し，直接的な現前を超えて，今より前から後まで継続する

と想像される．可能的には無限時間の中で作用する想像力の具体化を，単一の言葉で呼ぼうと試みたためであった．

「死ぬこと」の直接性と「死」に内在する大きな拡張の可能性をともども視野に収めて，その連続と断絶を語ることが，制度以前と制度，そしてことによると制度をふたたび超えてゆくものを語ることに通じるとすれば，そこにまた，このメタナラティヴを可能にするものとしての「死」の意義があると思いたい．

ド・セルトー（1987）は「死」を，それを語ることまで含めて「名づけえぬもの」と名付けつつ，「日常的実践」の最終部分で語っている．彼はそこで，彼の言い回しによるところの「死ぬこと」と「信じること」と「語ること」の究極的な一致を説く．それは「私＝自己」の「死ぬこと」が唯一の「信じられること」であり，時間的に「私」の前後に来たる他者に語ろうとする欲望はこの信から発するからだという．この言は死の語りが作り出すメタナラティヴとして多くの示唆を与えてはくれる．だが，死を「自己」の死として受け取ってはじめて意味をなすとする語りと信は，やはり基本的には歴史的構造体の中の人，特に近現代人における個人に特殊的な死の意識であり，その点では今村の議論におけるより，さらに特殊で狭い絞り込みに収斂する．

本章での議論の果てに展望されるのは，おそらく，制度以前から制度への直線的な前進でもなければ，制度の外側と内側を行き来するだけの往還運動でもなく，メビウスの環のような連続と断絶の円環的一体性のようなものである．このことが死についてだけでなく，すべての制度に関しての語りが，それ自体，制度の内側に捉えられつつも，制度の全体を眺めやることができることの根拠となる．

今はこうした言い方が無用なアナロジーでないことを信じるだけである．

参考文献

赤澤威（2010）「人類史の分かれ目－旧人ネアンデルタールと新人サピエンスの交替劇」『文化人類学』74（4）：517-540．
アシモフ，I.（2000）『アンドリューNDR114』（中村融訳）東京創元社．
ベッカー，E.（1989）『死の拒絶』（今防人訳）平凡社．
Bohannan, P. (1960) *African Homicide and Suicide*. Princeton University Press, Princeton.
ブラウン，N.O.（1970）『エロスとタナトス』（秋山さと子訳）竹内書店．
千葉徳爾（1994）『日本人はなぜ切腹するのか』東京堂出版．
ド・セルトー，M.（1987）『日常的実践のポイエティーク』（山田登世子訳）国文社．
Goodall, J. (1971) *In the Shadow of Man*. Collins, London.
Graeber, D. (2011) *Debt: The First 5.000 years*. Melville House, New York.
保坂和彦・松本晶子・M.A. ハフマン・川中健二（2000）「マハレの野生チンパンジーにおける

同種個体の死体に対する反応」『霊長類研究』16(1)：1-15.

今村仁司 (2007)『社会性の哲学』岩波書店.

井上紗奈, S.S.K. Kaburu, N.E. Newton-Fisher (2012)「野生チンパンジーにおける集団内アルファオス殺しとその死体への反応 – 事例報告」日本霊長類学会第 28 回大会報告 (7 月 7 日於椙山女学園大学)

マルクス, K. (1964)『経済学・哲学草稿』(城塚登・田中吉六訳) 岩波書店.

Mellars, P., K. Boyle, O. Bar-Yosef, C. Stringer (eds.) (2007) *Rethinking the Human Revolution: New Behavioural and Biological Perspectives on the Origin and Dispersal of Modern Humans*. McDonald Institute for Archaeological Research, University of Cambridge, Cambridge.

モラン, E. (1973)『人間と死』(古田幸男訳) 法政大学出版局.

Nishida, T. (2011) *Chimpanzees of the Lakeshore: Natural History and Culture at Mahale*. Cambridge University Press, Tokyo.

西江仁徳 (2012)「人間そっくり – チンパンジーの死をめぐるエピソードから」日本文化人類学会第 46 回研究大会報告 (6 月 23 日於広島大学)

Sugiyama Y., H. Kurita, T. Matsui, S. Kimoto, T. Shimomura (2009) Carrying of dead infants by Japanese macaque (Macaca fuscata) mothers. *Anthropological Science* 117(2): 113-119.

寺嶋秀明 (2011)『平等論 – 霊長類と人における社会と平等性の進化』ナカニシヤ出版.

手塚治虫 (2004)『火の鳥 (未来編, 復活編)』(手塚治虫漫画全集) 講談社.

内堀基光 (1981)「神霊化する死者 – サラワク・イバン族の死生観の一側面」『東洋文化研究所紀要』第 85 冊, 1-35 頁.

内堀基光 (1997)「死にゆくものへの儀礼」『儀礼とパフォーマンス』(岩波講座　文化人類学第 9 巻) 岩波書店. 71-104 頁.

内堀基光 (2009)「単独者の集まり – 孤独と『見えない』集団のあいだで」河合香吏編『集団 – 人類社会の進化』京都大学学術出版会. 23-38 頁.

内堀基光・山下晋司 (1986/2006)『死の人類学』弘文堂 / 講談社.

第3章　制度と儀礼化あるいは儀礼行動

田中雅一

● Keyword ●
日常実践，意図，正当化，ディスプレイ，強迫性障害

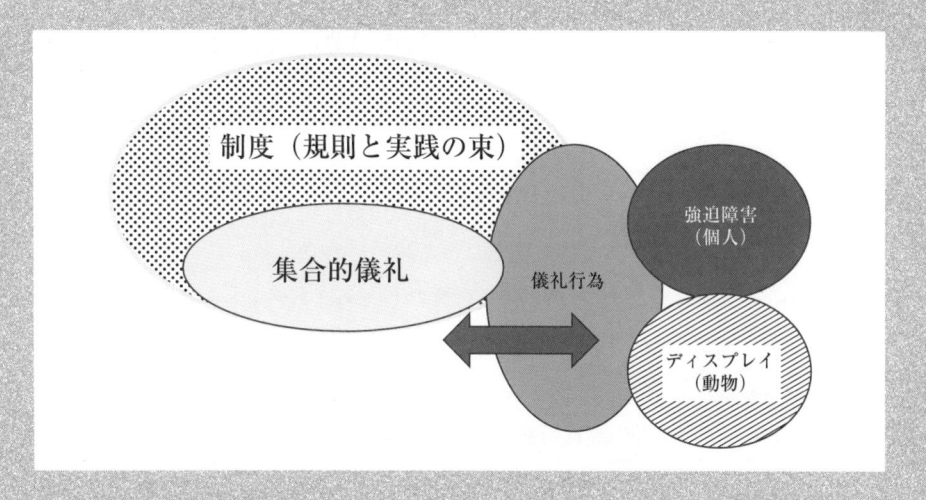

制度を正当化するのは，機能や意味とならんで儀礼を構成する儀礼行為である．これは，形式や反復によって特徴づけられるが，他方で強迫障害や動物のディスプレイと対比される．強迫障害は個人的なもので，しばしば制度に対立・対抗する．ディスプレイはコミュニケーション(当事者の意図)の過剰ともいえる行為であり，形式性が強まることで行為者の意図が曖昧となる儀礼的行為と区別される．

1 ●日常実践と儀礼

「生理学的食事風景」という名の戯曲がある．これは1972年夏に公刊された『地下演劇』第5号 (100-104頁) に掲載されたもので，「上演申し込みは編集部まで，編集部・寺山修司」ということわりが記載されている．これは「複製技術時代の演劇」という特集の名のもとに提案されている3編の一つで，俳優への挑戦状という形をとっている．ほかの2編は「悲劇一幕 巨人対ヤクルト」と「犯罪事件」である．これらには記載者への言及はなく，それぞれ寺山修司（作）と藤原薫（作）となっている．

「生理学的食事風景」のシナリオは3段に分けられている．登場人物の妻は上段，夫は中段，客は下段で，それぞれのしぐさが平行して記載されている．ターンの認められる会話のところは，3段ぶち抜きで一つになっている（図1）．

たとえば，妻のところは，以下のように続く．

1・3人の茶碗に御飯をつけ終わる．「それじゃあ，食べましょうか」
2・「よろしゅうおあがり」
3・スープを2口飲む．

その下段に，上記の妻の動作に対応する夫のしぐさや発言が並ぶ．

1・箸をとり，肉を一切れ受け皿に移す．「いただきまあす」
2・肉を一口嚙み切り，御飯を2口食べる (25回嚙む) ……．これは妻の3の行のほぼ真下に記載されている．

そしてターンのところでは，客7・「何に？」，夫8・「玄米にサ」，客・8「ふうん．これ，まずいものじゃないネ」……となる．

この「シナリオ」は日常の食事場面を仔細に描写したものである．それを示しているのは「記載者・小暮泰之，他」という記載である．つまり，これはかならずしも「創作」されたものではなく，実際にあったと思われる食卓風景を小暮氏が記録したものと推察できる（もちろん，寺山のことであるから創作ではないと断言はできない）．それを演劇として上演（再演）してみないかというのが，本シナリオの公刊理由である．寺山は，こうした微細な日常の再演が演劇的に困難であり，俳優にこれまでにない肉体的な試練を強いると考えていたようだ．たしかに，日常生活において私たちはしばしば「演じなければならない」と感じるにしても，食事のような慣習的行為 (practice) あるいは日課 (routine) を意識して演じることはほとんどない．

生理学的食事風景

時　一九七二年四月八日時
場　都内某所〈あけぼの荘〉アパートの一室

献立　御飯〔玄米を電気炊飯器で炊いたもの〕　鉄板焼肉〔牛肉500ｇ〕　野菜サラダ〔目玉焼き、サラダ菜、胡瓜、苺、レモンライス〕　スープ〔玉葱、人参、パセリ〕　清物〔べったら漬〕　調味料〔ソース、マヨネーズ〕　食前に飲んだビールの残り　お茶

妻・23才　服飾デザイナー

1・三人の茶碗に御飯をつけ終る。「それじゃあ、食べましょうか」2・「よろしゅうおあがり」3・スープを2口飲む。4・御飯を2口食べる〔12回噛む〕5・肉を2切れ受け皿にとって、ソースを掛ける。6・肉を1口食べる〔42回噛む〕

夫・23才　ジャーナリスト

1・箸をとり、肉を1切れ受け皿に移す。「いただきまあす」2・肉を1口噛み切り、御飯を2口食べる〔25回噛む〕3・受け皿に残った肉にソースを掛ける。4・肉を1口噛み切り、御飯を1口食べる。5・スープを2口飲む。6・葱が御椀に残るのを器用に吸い込む。7・スープを1口飲む。

客・24才

横浜市役所勤務。夫君の高校時代からの友人。80キロに余る巨漢である。

1・「いただきます」箸をとって、肉を2切れ受け皿にとり、ソースを掛ける。2・肉1切れを1口で食べ、御飯を2口掻き込む。3・胡瓜、サラダ菜1枚をとって食べる〔18回噛む〕（注・この人は、ほとんど飲み込むといった調子で食べる。）4・肉を1切れ頬ばる。5・唇を手で拭う。6・肉を1切れ受け皿にとり、ソースを掛けて食べる〔17回噛む〕

記載者　小暮泰之、他

妻7・「これにネ、塩と胡麻——、胡麻塩かけて食べるとおいしいのじゃないネ」　妻8・「おいしいでしょ」　客9・「おいしいネ」　客7・「何に？」　夫8・「玄米にサ」　客8・「ふうん。これ、まずいものじ

図1　『地下演劇』100頁

したがって細かい所作まで忠実に再演することは難しいという技術的な困難があろう．しかし，もっと重要と思われるのは，日常生活を再演すること自体に演じる側に抵抗があるからに違いない．こうした日常の断片を戯曲化した演劇には，行為の目的以外に伝えるメッセージ（意味）がないのである．食べるという行為は食べるという目的の達成以上に何も語っていない．それを演じる意義はどこにあるのだろうか．もちろん，意味のなさが芸術になることを考慮するなら（たとえばA・ウォーホルの『スリープ』 *Sleep* など），日常生活を演じることの意義がないわけではないが，ここではこうした芸術の可能性を無視すると，技術的な問題とメッセージの不在が，「生理学的食事風景」という戯曲を演じることを困難にしているのである．

しかし，このシナリオがある儀礼を示しているのであればどうだろうか．しぐさや発話についてのこと細かな記載からなる台本を儀礼の細目規定（スクリプト）だと考えるなら，まったく同じものを演じることはなお技術的に難しいとしても，精神的な抵抗は減るのではないか．つまり，これは儀礼なのだというフレームを与えられると，その細かさや繰り返し行うことへの抵抗がなくなるのである．さらに言えば，そうした行為一つ一つに明確な意味がないことも，一旦儀礼であると分かれば抵抗がなくなるであろう．このように考えると，儀礼というのは，意味のない仔細な行為によってあらかじめ規定されているということが明らかとなろう．本章の目的は，こうした儀礼の性格を制度との関係で考えることである．

まず制度についての基本的な考え方を概観し，その規則性に注目した儀礼論（厳密には儀礼化論）を検討し，制度との関係を明らかにしたい．さらに集合儀礼と類似しているいくつかの行為 —— 動物によるディスプレイや強迫性障害などの「個人儀礼」など —— との関係についても言及する．なお，本章では個人儀礼と区別するため，宗教儀礼や，あいさつなど文化的な行為などについては集合儀礼（または文化儀礼）という言葉を使用するが，文脈から明らかな場合は，煩雑になることを避けてあえて集合あるいは個人という形容をつけないことをことわっておく．

2 ●制度とは何か？

制度について社会学者の塩原勉は次のように述べている．

> 複合的な社会規範の体系を意味する．端的にいえば規範の複合体である．社会規範とは，社会生活に一定の拘束を加えて統制する規則のことであって，人々の社会的行為を具体的に規制するものである．社会規範には慣習，習律，

法などが含まれている．このような意味での社会規範の複合体を制度というのである．たとえば，婚姻制度という場合，そこには見合いや恋愛といった配偶者選択の慣習があり，結納という交換的な儀礼，結婚式と披露宴に関する習律があり，婚姻の届出という法がある．それらの複合的全体として，婚姻制度が成り立っている（「制度」，塩原勉『小学館　日本大百科全書』，強調は引用者による）．

　制度は，「慣習，習律，法」の「複合的全体」である．人類学の視点から考えると，それは文化に属するものということになる．それは人為的（たとえばせまい意味での法律）な要素も含まれるが，慣習的という意味で，その成立過程や成立の理由は当事者には不明である．あらためて問われても，「太古の昔から……」とか「昔からそうだった……」と繰り返すだけである．このため，制度の成立理由を求めようとすると，その結果つまり目的あるいは機能によって説明されることになる（目的論）．では制度の目的とは何か．

　　　制度は，社会的に承認された行為規則を提供してくれるので安全かつ効率的に欲求を充足する手段になり，混乱を規制することにより社会の秩序維持に寄与している（同上）．

つまり，心理学的な欲求や社会的な秩序の維持のために制度は存在する．言い換えれば，制度の存立理由は，こうした目的のためということになる．しかし，秩序の維持という理由だけで制度は存続しないし，その多様性を説明できない．塩原は前者について次のように述べる．

　　　社会規範の複合体が，第1に，社会の成員の多数によって受容され，第2に，逸脱に対しては制裁が加えられることで保障され，第3に，個々人の人格形成のなかで内面化される場合には，その規範の複合体は「制度化」されているといわれる．まさに制度化は社会の秩序と統合にとって基本的である（同上）．

　制度は「複合的な規範」である．したがって，さまざまな規則の遵守によって制度の存続は可能となる．そこには，「制度化」つまり規則の受容・正当化，罰則，また内面化などが重要な役割を果たす．人びとは，罰則が怖いから制度を遵守する，ということがおおいに考えられる．しかし，多くの制度が存続可能なのは，それがよきものとして正当化されていて，批判の対象にはならないからである．

　では，いかに正当化されるのだろうか．塩原は，この点について答えを用意してはいないように見える．なぜ大勢の人に受け入れられるのか．ここでは，「儀礼行動」を通じて制度が正当化されているからという立場に立って，この問いについて考え

てみたい．儀礼行動とは，典型的には儀礼や儀式，祭りなどに見られる目的のはっきりしない形式的・反復的行動を指す．

3 ●儀礼論の系譜

儀礼について辞書では「社会慣習として，形式を整えて行う礼儀．礼式」（岩波書店『広辞苑　第五版』）あるいは「1 慣習によってその形式が整えられている礼法，礼式．2 一定の形式にのっとって行われる宗教上の行為」（小学館『大辞泉』）という定義がなされている．

これらの定義で共通しているのは，1) 慣習性，2) 形式性であろう．『大辞泉』では分けているが，これらに 3) 宗教性の要素が加わる．1 と 2 の特徴は，4) 繰り返し，5) 規則性，6) 伝統主義・過去遡及性としてさらに区別して考えることができる．

儀礼のもっとも一般的な定義は，それがなによりも宗教の行為的側面を表すということであろう．儀礼は，信仰や神話と対比される概念となる．しかし，宗教的行為のみに限定すると儀礼の性格を見逃すことになる．あいさつや外交などの領域に見られる儀礼行動を排除するのは，かえって生産的ではないであろう．この点を一応念頭に置いたうえで本章では宗教的な儀礼について話を進めていきたい．

3-1　合理的理解

儀礼の中には目的がはっきりしたものも多い．その場合，その目的によって存在理由が説明されることになる．たとえば，あたらしい王を決める戴冠式を考えてみよう．そこで王権と戴冠式は密接に関係している．戴冠式がなければ王は存在しないわけだから，当然のことながら王権も成立しない．王権という制度は，戴冠式（そしてそれ以外のもろもろの要素）に依拠し，正当化されている．では，戴冠式はそれをもっとも必要とする王によってはじめられたのだろうか．そうかもしれないし，そうでないかもしれない．たしかに，王本人が作ったと考えるとすべてうまく説明できるのも事実であろう．こうして戴冠式は，王を決めるという目的（機能）によって説明されることになるのである．

しかし，目的だけで儀礼や制度がしっくりと理解されるわけではない．というのも，儀礼の中には目的と効果の関係がしばしば説明し難いものが多々あるからだ．日照りが続くとなされる儀礼に雨乞い儀礼がある．ここには当事者が自覚している意図（雨を降らしたい）がはっきりしている．しかし，その意図・目的と手段（儀礼）

との間に明確な関係は（すくなくとも現代の私たちには）見いだせない．このため，儀礼を無知の産物と決めつけるのでなければ，多くの儀礼分析は当事者が意識していない目的や効果を明らかにしようとすることになる．すなわち，それは雨を降らすという自然界への働きかけではなく，日照りが続き将来の生活に不安を抱えている人たちを一時的であれ慰めたり，不安を一掃したりするためであるとか，社会が直面する危機に当たってあらためて結束を図るためであるといった説明がなされるのである．これは，当事者が示す目的以外の効果に説明を求める機能主義的な分析ということになる．そして，この機能が儀礼の正当性を保証するという立場も考えられる．

しかし，機能によってすべて説明できるわけではない．なぜ，黒い色の牛を屠れば雨が降るのか．なぜ黒でなければならないのか．不安の軽減や集団の結束を目的とするのであればどんな牛でも構わないではないか．ここに黒という色をめぐる象徴分析や世界観の研究が求められることになる．だが，この場合も，当事者の説明が不十分であるゆえに，別の説明体系（意味の体系）に依拠することになる．

もうすこし具体的な事例を挙げてみよう．私が調査をしたスリランカのヒンドゥー漁村シャッティユール（Cattiyur）の村落儀礼を以下で紹介したい．それはバドラカーリー（Bhadrakali）という女神を讃える年1度の祭りである．この祭りは10日間続き，最後の日にそのクライマックスとなる山羊の供犠が行われる．バドラカーリーは本来疫病をもたらす女神として恐れられている．しかし，同時に疫病から村を守る両義的な存在である．村人がバドラカーリー女神に敬意を払うかぎり，女神は怒ることもなく疫病からも安全なのである．

初日の夕刻に女神を海から寺院に迎える儀礼がなされる．そして，3日目から女神に憑依された霊媒が村をめぐる．村の家々には，女神の到来を示すインド栴檀の葉っぱが塀にかけられている．これは女神の到来を表すと同時に疫病の流行を意味する．10日目の昼前，まず黒い大きな雄山羊が寺院の前に引かれて登場する．これは村の山羊と呼ばれ，ヒンドゥー寺院管理委員会が村を代表してバドラカーリー女神に提供する犠牲獣である．その後，女神は再び海に戻り，寺院に安置されている真鍮でできた女神の像が村をゆっくり行進し，あらたな秩序の到来が語られる．

この祭祀の起源として語られるのは，19世紀半ばに村を襲った疫病である．このときカーリーがある老人に憑依して，寺院を建てて崇拝すれば村は助かる，と告げたのである．それ以来，村人たちはバドゥラカーリー女神を崇拝し，祭りを行ってきた．病気は女神がもたらす厄災であり，病人は女神の憑依状態を表す．しかし，きちんと崇拝すれば村に安寧をもたらす．海から村を訪ねる女神は，熱病としての女神を表す．疫病＝女神が10日間村を席巻するが，供犠のあと女神は海に

戻っていく．かわって寺院に常時安置されている女神が村をめぐる．このとき村人たちは悦びの表情を取り戻す（田中 1989）．

　この儀礼の社会的機能は二つある．一つは危機（疫病の到来＝女神の訪問）に際して村人たちが結束することである．否定的要素を通じて村が一丸となってこれに対処する．もう一つは，村の政治・経済的構造（権力関係）の確認である．そこで強調されているのは，この祭りを経済的に支援している網元たちやヒンドゥー寺院委員会の委員長（どちらも漁民カースト出身者である）が，自分たちの経済的・政治的力を宗教財に変えて権威を高める機会ともなっている．

　つぎに，バドゥラカーリー女神祭祀を正当化する意味は，この祭祀の縁起からも理解できるが，儀礼の象徴分析を通じて，この祭りが疫病＝女神の来訪を再演していることが分かる．この間，村は非日常的な状況に陥るが，最後は村に豊穣をもたらす女神を頂点とする秩序が回復する．

　このように，（構造）機能主義は一見，儀礼の非合理な因果関係を社会的統合や支配秩序の確認に求めることで合理化し，象徴分析は意味の世界を考慮することで理解しようとつとめる．両者はともに，村落祭祀に関わるさまざまな制度——宗教は言うまでもなく，漁民カーストを中心とする村や政治・経済的な制度を正当化していると言える．

　村落祭祀だけではない．通過儀礼のような儀礼についても同じことが言える．それは時間の流れ（通過）に関係するだけでなく，その儀礼に参加できる子どもとそうでない子どもを分けるからだ．それが男性（の子ども）を女性（の子ども）と分けるというのであれば，通過儀礼はジェンダーに関わる制度を正当化することになる．こうした事例を念頭に，ブルデューが「制度の行為としての儀礼」とか「制度の儀礼」という言葉を使っているのは，示唆に富む．制度に儀礼は不可欠なのである（Bourdieu 1992）．

　しかし，なおこうした分析から不明瞭な要素が残る．たとえば，なぜ女神に憑かれた霊媒は，寺院から外に出るときはいつも寺院の周りを3回回らなければならないのだろうか．こうした行為は，さきに触れた儀礼特有の行為と言えるが，機能主義的解釈にも象徴的解釈によってもうまく説明できない．「理由は？」「そう決まっているから」というお馴染みのやりとりが始まることになる．それらは儀礼にとって冗長で不要なものなのだろうか．本章では，意味ではなく主として行為の形式性について次節から考察することにしたい．

3-2　儀礼行動の形式性

社会人類学者のM・ブロックは，儀礼の言語行為的側面に注目し，儀礼におけるさまざまな発話（呪文や歌など）がきわめて形式的であることに注目する（Bloch 1974）．彼によると，形式化した語りは日常会話と異なり選択性に乏しく，何よりも現実の出来事を語る能力や議論をする自由，あるいは想像力に欠けている．形式化した語りによって他者と議論したり，相手を批判したりすることは不可能に近い．形式は，話者の意思を疎外するのである．形式的な語りは，批判を排除するという点で，変化をもたらそうとする意志を否定し，過去の繰り返しを強調する伝統的権威の構築と密接に関係している．形式化した語りが支配的な会合は，話し合い——討論でもおしゃべりの場でもなく，権威（authority）の確認の場にすぎなくなる．儀礼に特徴的な形式あるいは制限されたコードが伝統的権威を正当化する仕組みだというのである．

ここで，注意したいのはブロックが注目する形式性は，言語（祈りや呪文）であるという点である．同じことは行為そのものに適用することが可能ではないだろうか．行為が形式化すればするほど，行為者自身が自由を失い権威に従属する．さらに行為者（の意識）さえも失われ，ほかの存在に取って代わられる．つまり神に憑かれるのである．ここでも形式の徹底は行為者そのものを疎外する．なお，ブロックの儀礼論については，権力関係の正当化を強調しすぎているとして，S・タンバイア（Tambiah 1985 (1979)）やE・アハーン（Ahern 1981）が批判している（詳しくは田中（2012）を参照）．

4　儀礼化をめぐって

4-1　儀礼行動の特徴

C・ベル（Bell 1992）は，日常的な行為と完全に区別できないにもかかわらず，形式性のような特質をもつ儀礼行動がその実践を通じて文脈を変貌させ，きわめてユニークな実践へと変貌することに注目し，それこそ彼女の言う「儀礼化」（ritualization）の特徴であると考えた．

　　儀礼化とは，ほかの，より日常的な諸活動から，これからなされることがらを区別し，特権を与えるように計画されかつ見事に整える行動方法である．そ

ういうものだから，儀礼化は，ある行動をほかの行動から区別し，聖と俗の質的な区別を創造しかつ特権化し，またそうした区別を人間の力を超えていると思われる現実に帰属させるような文化的に決まっているさまざまな特別戦略である (Bell 1992: 74).

　ここでベルは，「聖」とか「人間の力を超えている現実」に言及することで，儀礼の宗教性を強調しているかに見えるが，それはあくまで儀礼化という行為そのものが生みだすのであって，聖が最初から想定されているわけではない．神への形式的な行為を儀礼というといった定義と異なり，儀礼化という行為が神をいわば作りだす，とベルは主張しているのである．私たちの関心から言えば，儀礼行動が宗教という制度を生みだすと言っていいかもしれない．宗教という制度がさまざまな規則からなる束であるとしても，それは儀礼という実践を通じて成立するのである．

　儀礼行動あるいは儀礼化された行為 (ritualized behavior) について，P・リエナールとP・ボヤイエが体系的に論じている (Lienard and Boyer 2006)．それらは以下のような六つの特質をもつ．すなわち 1) 強迫性 (compulsion)，2) 厳密さ (rigidity)，3) 冗長さ (redundancy)，4) 目的の降格 (goal demotion)，5) 秩序と境界の確立，6) 浄不浄や危険への特別な気遣いである．すなわち，

1) 強迫性：これはかならずしも病的な意味ではなく，人びとの生活に儀礼が不可欠であるという状況を指す．儀礼は，動機はさまざまであるにせよ，きわめて頻繁に行われる．
2) 厳密さ：儀礼は，実際がどうであれ過去になされたものと同じでなければならないとみなされている．これについてリエナールらは字義（直写）主義 (literalism) という言葉も使っている．行為だけでなく，使用する品物なども何でもいいというのではなく同じものが使われる．
3) 冗長さ：反復は冗長の一つである．先に挙げた強迫性（つまり繰り返し）と厳密さ（いままでと同じことをする）という儀礼の特徴が，儀礼を構成する行為にも認められるのである．それらは変更することなく強迫的に繰り返されなければならない．反復に明白な動機はないが，効果はあると信じられている．日常実践で，私たちは通常同じ行為を繰り返さない．一つ一つの行為が別の行為に結びついて目的が達せられる．歯を磨く（たとえば30回歯ブラシで同じところをこする）といった行為は，同じ行為の繰り返しだが，それは1回では不十分だからである．
4) 目的の降格：儀礼には明白な目的が見当たらない．雨乞い儀礼について，儀礼には目的と手段のあいだには明白な関係が存在しないと指摘した．しかし，

目的の降格という意味は，たんに合理的な関係が存在しないということではなく，儀礼を構成するさまざまな行為（儀礼行動）とその儀礼が全体として掲げる目的との関係には何も関連がないということをも意味する．雨乞い儀礼の目的は雨を降らすということだが，その儀礼に不可欠な枯井戸の周りを3回回るという行為は，この目的では説明できないということである．これは，多くの日常実践と異なるものである．日常実践は，すくなくとも当事者にとってはすべての行為が合理的に結びついて一つの流れを作っているからだ．

5) 秩序と境界：儀礼には予測可能な順序（式次第）がある．参加者の行為は服装や化粧などによって日常生活での相互行為から区別される．繰り返し結界が張られ，儀礼の空間とそれ以外の空間が区別される．一般に非日常的空間や時間が創出され，そこで儀礼が実施されることになる．

6) 特別な気遣い：儀礼を実施するにあたっては，参加者や場所，使用品目の清浄さが重視される．これらは水や炎で浄化されなければならない．また，儀礼の際には悪霊の攻撃などの危険が増すとも考えられている．

4-2 脱主体化

C・ハンフリーとJ・レイドロー（Hamphrey and Laidlow 1994）も，ベルらと同じような発想から，儀礼の特質を明らかにしようとしている．彼らは，M・アトキンソン（Atkinson 1992）による儀礼の分類，すなわち「パフォーマー中心の儀礼」（performer centered ritual）と「典礼中心の儀礼」（liturgy centered ritual）の区別に言及している．この区別は，より一般的にはシャーマンと司祭，カリスマと伝統といった対比に対応するが，前者は反構造的（anti-structural），後者は構造的（structural）と考えることもできよう（詳しくはターナー（1976）を参照）．パフォーマー中心の儀礼においては，パフォーマーの創造性が重視されるが（うまく期待されていた効果をあげたか），典礼中心の儀礼では形式の厳格さが重視される（これまでと同じように，正しく成し遂げたか）．ハンフリーらによると，アトキンソン自身も含め，儀礼研究の大半はどちらかというと前者のパフォーマンス中心の儀礼に集中していて，典礼中心の儀礼，すなわちとくにクライマックスも劇的な効果も期待されていない儀礼の分析がおろそかになっていると指摘している．典礼中心の儀礼は，宗教儀礼の中心であると同時に，それ以外の形式的な行為——たとえばあいさつや会話——における儀礼性（ていねいさ，面目維持など）と共通すると考えられる．この意味で，制度という文脈で儀礼を考える場合，むしろ典礼中心の儀礼の分析こそ意義があると言えよう．これに関しては，パフォーマー中心であれ，典礼中心であれ，儀礼を儀礼

化された行為（すなわち繰り返しや形式性によって特徴づけられる行為）とそうでない行為からなると考えるほうが有効であろう（Lienard and Boyer 2006）.

　さてハンフリーらは，ジャイナ教のプージャー（礼拝行為, pūjā）を分析対象とする．これは家でも寺院でもなされるが，その形式に厳格な決まりはない．人びとは，専門家や自身と同じ一般民衆の礼拝行為を見よう見まねでまねることで礼拝行為を行う．そこには多様性が認められる．にもかかわらず，誰に聞いても，どれが礼拝でどれがそうでないかを指摘することができるという．そこには，地域的な文脈で，ある行為を礼拝とみなす慣習（conventions）が存在するからである．人びとは儀礼を行うという意図をもって，慣習的な形式に従って行為する．しかし，この「慣習的な行為」は慣習に従うからと言って均質で透明なのではない．その動機は多様なのである．ここで言う意図や動機は儀礼の意味と重なる．彼らは，ジャイナ教徒の調査を通じて礼拝を行う人びとの意図が多様であることを発見し，儀礼には本来意味などないと結論する．形式的な行為を実行するにあたって重要なのは，その形式性であって意図（内容）ではないのである．

　ハンフリーらによると，形式性は，人間の意図と行為の意味とは密接に関係しないということを意味する．たとえば，ある男性が車を運転しているとき，その運転の意味は男性の意図（ドライブを楽しんでいるのか，車を盗んだのか）と密接に関係している．しかし，儀礼においてそのような関係は重要ではない．儀礼という行為は当事者の意図を知らなくても存在し，実行される．とはいえ，執行者がきちんと儀礼を行えるかどうかは，あくまで彼・彼女の責任（commitment）でもある．儀礼には，それを実施する当事者（行為者）が存在するが，その行為はつねに当事者にとって外在的である．そこに目的合理的な行為の効率化や工夫，改善と言った余地はない．ここでの儀礼化は，儀礼の文脈で人びとは規則的行為に盲目的に従うということを意味するのではない．主体的な行為を通じて（あるいは主体的な行為にもかかわらず），脱主体化するというのである．確固たる意図をもって儀礼を実施しながら，その行為を通じて脱意図化されてしまう．それは，ブロックが歌や呪文などの形式性が最終的に憑依という脱個人化へと連なっていると指摘していたことと共通する．すこし長いが，ハンフリーとレイドローの主張が良くでている箇所を引用しておく．

　　儀礼ではあなたはあなたの行為の権威者（author）ではないという考えは，不十分である．あなたの行為は意図的ではないという意味で，この考えは正しいが，そうした行為がたんにあなたに生じたというわけでもないからだ．これには二つの要素が存在する．まず明らかな点は，これらの行為を実際に遂行する

のがあなた自身としてのあなたである．……もう一つの点は，儀礼としてあなたの行為を遂行する意図をもってあなたの行為を儀礼化されたものとして構築するのもあなたである．それによって，あなたはしばらくのあいだ行為の権威者ではなくなることを意味する．あなたは，「意図をもつ主権者」とでも呼べるエイジェントから1歩離れる，あるいはその執行を延期する．放棄するというのではない．これら二つの理由から，儀礼行動が意図を外すという事実から，儀礼行動が，ぼんやりして顎を掻くといった非行為（non-actions）となにかを不器用にひっくり返すような故意でない行為（unintentional actions）を意味するのではない．儀礼においてあなたはあなたの行為の権威でありまた権威ではないのである（Humphrey and Laidlaw 1994: 99）．

　儀礼化はたんなる行為とは言えない．儀礼（化）は，行為であって，M・ウェーバーが想定するような行為者の意図が明示的な目的合理的な行為でない（ウェーバー 1960）．つまり，過剰な形式性や反復性を特徴とする儀礼化は，当事者から意図を剥奪するゆえに結果として批判精神を否定することになって，それを一部とする制度を正当化すると考えることができる．3-1 の最後で述べたことだが，その正当性は，機能と象徴，そして形式的行為の三つの領域で可能となる．

　行為がつねに行為者の意図によって説明されるかぎり，制度は人間の外部に位置することはできない．個人の意図によって実施されたのであれば，それはつねに疑問視されたり，否定されたりする可能性があるからである．意図を否定する儀礼化を通じて制度はつねに私たちが生みだす制度であると同時に，そうでないものとして外在することになる．ここに儀礼（形式的行為）の特権的性格を認めることができるのである．儀礼化こそがさまざまな制度に横断的に認められる実践の特徴なのであると言えないだろうか．つまり，私たちはある制度に見合った儀礼行動を実施することで，その制度をいわば半ば内側から当事者として，半ば外側から当事者ではない存在として支えているということになる．儀礼化による正当化は，機能や意味の領域による正当化と異なり，積極的な正当化とは言えない．むしろ批判の放棄による正当化——現状維持なのである．

　塩原は，冒頭での引用箇所で「婚姻制度には見合いや恋愛といった配偶者選択の慣習があり，結納という交換的な儀礼，結婚式と披露宴に関する習律があり，婚姻の届出という法がある．その複合的全体が婚姻制度だ」と述べていた．典型的な儀礼行動は，言うまでもなく結婚式に認められる．結婚式を通じて，私たちはそれを含む結婚式を正当化し，さらにはそれを一部とする婚姻制度の正当化に及ぶ．結婚式以外でも儀礼行動が認められるかもしれない．もちろん，現在ではこうした正当

化の連鎖は単純に成立しない．しかし，婚姻を含む多くの制度においては，儀礼行動→儀礼→制度あるいは儀礼行動→制度という形で制度が正当化されていると推察できるであろう．そして，婚姻制度の一部に結婚式が含まれているように，制度に儀礼が，そして儀礼に儀礼行動が含まれる．このように考えると，儀礼行動は正当化する行為として制度の外に位置すると同時に，その内部にも位置すると考えることができるはずである．「外に位置する」とは，儀礼行為が特定の制度を越えて自足的に存在するという意味である．それは，一つの制度に所属するわけではないのである．

5 ●動物のディスプレイと個人儀礼について

さて最後に，集合的あるいは文化的な儀礼化あるいは儀礼行動を動物のディスプレイと，個人的な，しばしば病的とされる儀礼行為と比較することで，集合的儀礼行動の性格について考察を進めたい．1965年6月10日から12日にかけて *Ritualization of Behaviour in Animals and Man* というシンポジウムが開催された．生物学者のジュリアン・ハックスレィによって企画されたもので，K・Z・ローレンツ，R・D・レイン，E・H・エリクソン，D・モリス，E・H・ゴンブリッジなどの著名な研究者に加え，E・リーチ，M・ファーティス，V・ターナーらの人類学者も参加していた（Huxley 1966）．これ以来，人間（集合的儀礼行為と個人的な儀礼行為の両方を含む）と動物における儀礼行動の研究は多々なされている．たとえば，上記のシンポジウムの参加者が中心となって研究グループが組織され，その成果がHinde (ed.) (1972) にまとめられている．その後もさまざまな論文が発表されているが，本節で取り上げるのはその一部にすぎないことをことわっておく．

5-1 動物のディスプレイ

動物のディスプレイとは，求愛行為や攻撃などに典型的にみられる形式的な反復行動である（たとえば櫻井（2000）を参照）．それは，他個体に影響を与える信号のやりとりからなるコミュニケーションに特化した行動で，他個体との「社会生活を調整するため」（櫻井 2000: 43）と解釈されているが，一言でディスプレイといっても，同種他個体への働きかけか，異種他個体への働きかけか，どんな信号を送るのか（光か，音か，化学物質か，接触かなど），またその目的も協働であるのか，欺きであるのかなどによって多様な形をとる．そこで伝えられる情報もさまざまである．

こうしたディスプレイには，行動の誇張・単純化や反復などが認められ，本章で検討してきた人間の儀礼行動との形式上の類似性が明らかである．儀礼行動の特徴は，1) 強迫性，2) 厳密さ，3) 冗長さ，4) 目的の降格，5) 秩序と境界の確立，6) 浄不浄や危険への特別な気遣いの六つであった．このうち，ディスプレイ行動にも当てはまるのは，強迫性，厳密さ，冗長さの3点と考えられ，目的の降格の有無が，両者を分かつ特徴の一つと言える．というのも，動物のディスプレイは，誰が見ても目的がはっきりしているように思われるからだ（もちろん相手を欺く場合もあるがその場合も欺くための偽りの目的ははっきりしている）．
　ハックスレィは，ディスプレイの目的に儀礼化を同種あるいは異種個体に対してはっきりと発信すること，より効率的な刺激を与え，相手からより効率的な行動パターンを導き出すこと，同種個体間の損害を軽減すること，性的・社会的絆を形成することの4点を挙げている（Huxley 1966: 250）．これは人間の場合にも原則適用可能とハックスレィは考えているが，同時に人間の特異性にも言及している．ただし，彼の考察対象は本章でいう儀礼一般であり，儀礼行動に限らない（Huxley 1966: 258-9）．
　ディスプレイは，過剰に強迫的で厳密で，冗長さを増す行動であるが，それによって目的（相手になにを望んでいるのか）が雑多な情報をそぎ落とす形で，一つのことがらに強化され実現されている．したがって，ディスプレイは目的の降格とは程遠いのである．それはまた，求愛から交尾，出産にいたる「制度」（という形容が正しいかは難しいが）そのものを生みだすと言ってもいい行動である．したがって，そこに正当化といった役割を制度と区別して認めることも不可能である．行動そのものが制度の核心だからだ．これにたいし，儀礼行動は制度全体ではむしろ周辺的な位置にある．そしてときに儀礼行動は儀礼や制度の目的との必然性はなく，周辺的な位置から制度を正当化しているのである．

5-2　強迫性障害

　つぎに吟味したいのは，より個人的な儀礼行動，すなわち強迫性障害（Obsessive-Compulsive Disorder）である．ほかにも乳幼児の行動（Erikson 1966）や人生の危機（たとえば出産）に認められる反復行為などを加えることができる（Lienard and Boyer 2006）が，本章では省略する．
　強迫性障害と宗教的儀礼との関係については，フロイトがすでに1907年に論文を発表しているが（フロイト 2007），ここではレインの解釈を取り上げることにする．彼は，以下のような例を挙げている．この患者は，彼のオフィスに入ると目を

開けたり閉じたりするしぐさを7回続ける（閉じるのが4回，開けるのが3回）．それぞれに意味がある．たとえば最初目を閉じるのは，自分の目で見たり見つめたりすることでレインを殺すのを避けるためであるが，目を閉じることで彼に不愉快な気分を与えると感じてしまう．そのためつぎに目を開けて，不愉快な気分を与えないようにするが，彼を殺すことになる．殺すか，不愉快にさせるかというジレンマを抱えて目を閉じたり開けたりを3回ずつ繰り返し，7回目にやっとこのジレンマが解決する．そしてそのまま目を閉じてレインの診察を受ける．レインによると，この患者は，目を開けるといった一つの行動が正しくもあり正しくもない結果を生む世界に住んでいる．彼は形式化された反復行為を行うことで無限に退行していくような状況を乗り越えようとしている．しかし，この行為を言葉に表現することでふつうの瞬きが戻ってきた．

　レインは，強迫性障害における行動の特徴が，高度に形式化され，時間的な流れが限定されていること，変化への抵抗が強いこと，秘儀的（cryptic）であることの四つを挙げている．レインは，これをコミュニケーションの一種とみなしているが，同時に互恵的な性格を失い，患者はコミュニケーションの可能性に失望する．こうした彼・彼女は排除（ex-communication）される．レインは，コミュニケーションとの関係でその不可能性を強迫性障害について指摘している．この点で，私たちが見てきた儀礼論の流れを先取りしているとも言えるであろう．また，この不可能性ゆえに，それは動物のディスプレイとも異なる．集合儀礼と強迫性障害が異なるのは，前者において儀礼行為は集合儀礼の一部に過ぎず，集合儀礼自体にはさまざまな意味が認められているということである．強制性障害における形式的な行為は，いわば文脈が剥奪されたむきだしの儀礼行為と言える．その意味でそれは動物のディスプレイと類似するが，相手が不在という点で異なる．

　集合儀礼における儀礼行動が意図的行為とその欠如の中間に位置するというハンフリーらの結論は，強迫性障害を典型とする個人儀礼についても妥当しよう．それは，日常生活との分断を示唆している．ただし，両者は既存の制度との関係では対極的な関係にある．集合的な儀礼行動については制度への無批判的態度 ── 結果としての正当化 ── を生みだし，個人の儀礼行動については日常生活の困難による制度への不適応 ── 結果として批判や抵抗 ── を生みだすからである．強迫性障害の儀礼行動は周辺に位置し，制度の抵抗と解釈することが可能になるかもしれない．個人の儀礼行動が集合的な文脈での儀礼行動と異なるのは，前者には「これは儀礼である」というフレーム（意味領域）が存在しないことであろう．それはいわば直接的に日常生活との分断を図る．こうして日常生活に支障をきたすことになるのである．それは，儀礼行動を通じての日常を日常足らしめているさまざまな制

度への抵抗とみなすことも可能かもしれない．

　この点については，憑依をめぐるルイスの古典的な研究が役に立つ（ルイス 1985）．ルイスは，憑依を中心的・制度的なものと周縁的なものとに分けて，後者が制度に対し批判的な位置にあり，周辺的弱者にとっての抵抗手段であると指摘している．たとえば，家父長社会において抑圧されてきた女性は，憑依という形できびしい家事を一時的に放棄できる．儀礼行動を通じて日常生活から離脱するのである．もちろん，こうした離脱は，憑依という形をとることで，変革を求める真の批判につながっているのかどうかは疑問である．憑依は，結局のところ女性というのは感情的・身体的で存在で，簡単に悪霊に取りつかれるといった男性中心的な女性観を強調することになり，家父長的価値観を強化することになるからである．ただし，この場合個人儀礼と言っても，「その当事者は女性が多い」といった集合的な信念が存在する．強迫性障害にそのような集合性を見つけることができるのか —— たとえあってもそれが既存の制度の正当化に結びつくのかは不明である．このように，いくつかの留保が必要であるにしても，類似の儀礼行動でも，個人的な儀礼行動と集合的な儀礼行動は制度との関係で対立関係にあると言えよう．

5-3 「危険要素－警戒システム」と制度化

　集合儀礼と動物のディスプレイ，強迫性障害に見られる特徴的な行動を体系的に（しばしば進化論的な視点から）説明する試みがなされてきたが，決定的な説明があるとは言えない（Eilam, et al. 2006）．本節で議論したのは，あくまで三者の類似や相違であって，関係ではない．

　1965 年のシンポジウムでは，ターナーとエリクソンが締めくくっているが，とくにまとめを意識しているとは言えない．これにたいし，A・フィスケら（Dulaney and Fiske 1994; Fiske and Haslam 1997）は，強迫性障害と集合儀礼が世界の意味付けを行う行為である点で共通すると論じ，何らかの理由で後者が過剰に活性化し強迫性障害が生じるという．これは儀礼を意味の問題ととらえている点に問題がある．

　最近ではボワイエとリエナール（Boyer and Lienard 2006; Lienard and Boyer 2006）が，個人儀礼と集合儀礼における儀礼行動とのあいだには類似の認知的な作用があると主張している．個人への危険を避けるために脳内に「危険要素－警戒システム」（hazard-precaution-system）が存在すると前提し，このシステムを進化させることで，人間だけでなく多くの動物が生存してきたという．この場合危険は，捕獲の危険，病気の感染，汚染，他者の侵入，侮辱，子どもへの危害などである．このシステムは，こうした危険にたいし特定の反応を示す，また警戒について初歩的な情報を与

える．リエナールらによると，このシステムは不安を引き起こし，特定の物品に注意を促す，そして強制的な行為が生まれる．これが過剰に作用すると強迫性障害となる．それ以外の個人的な儀礼行動もまたこのシステムの作用として説明できる．ただし，個人儀礼と集合儀礼は，危険要素－警告システムの集合化というような単純な関係ではないとも指摘している．また，彼らは動物のディスプレイは危険要素－警戒システムとは異なるものと位置付けている．

6 ●実践の束としての制度 —— おわりに

　本章では，制度を，発話を含むさまざまな実践の集まりとして見ることで，儀礼化や儀礼行動という概念が重要であることを指摘した．制度は規則の束である．しかし，規則があるから制度が存続するという考えではなく，規則を実践することで制度が生まれるといった発想が重要と思われる．これは本書の前身となった『集団』（河合 2009）を準備した研究会においても強調されていたことであった．実践を強調する点で，本章における制度へのアプローチは観念（意味）を重視する盛田の制度研究（1995，とくに第 9 章）とは異なる．その理由の一つは，盛田が儀礼（儀式）の意義を十分に考慮していないからではないだろうか（盛田 1995: 229-230）．

　制度を正当化しているのは，制度の一部を構成する儀礼であり，さらに突きつめていくと，儀礼を構成する儀礼行動である．儀礼は機能や意味，そして儀礼行動によって制度を正当化する．

　私は冒頭で『地下演劇』に掲載された「生理学的食事風景」を取り上げ，日常実践を記載したシナリオにはメッセージがないゆえに演じることに抵抗が生じると指摘した．しかし，儀礼もまた明確なメッセージがあるわけではない．にもかかわらず，再演に抵抗がなくなるのは，儀礼（厳密には儀礼行動）が形式的であること，無目的的であることを私たちがすでに儀礼の一般的特徴として認めているからにほかならない．儀礼（行動）が退屈なのはしようがない．すこしのあいだだけみんな目をつぶってがまんしよう —— こうして制度はこれからも存続するのだ．

参考文献

Ahern, E.M. (1981) *Chinese Ritual and Politics.* Cambridge University Press, Cambridge.
Atkinson, M. (1992) *The Art and Politics of Wana Shamanship.* University of California Press, Berkeley.
Bell, C. (1992) *Ritual Theory, Ritual Practice.* Oxford University Press, Oxford.
Bloch, M. (1974) Symbols, Songs, Dance and the Features of Articulation: Is Religion an Extreme

Form of Traditional Authority? *Archives Européenes de Sociologie* 15: 55-81. (Reprinted in Bloch 1989)

Bloch, M. (1989) *Ritual, History and Power: Selected Papers in Anthropology*. The Athlone Press, London.

Bourdieu, P. (1992[1981]) Rites as Acts of Institution. In: J.G. Peristiany and J.A. Pitt-Rivers. *Honor and Grace in Anthropology*. Cambridge University Press, Cambridge. pp. 79-89. (Epreuve scolaire et consecration sociale. Actes de la recherché en sciences sociales 39(1): 3-70)

Boyer, P. and P. Lienard (2006) Why Ritualized Behavior?: Precaution Systems and Action Parsing in Developmental, Pathological and Cultural Rituals. *Behavioral and Brain Sciences* 29: 1-56.

Dulaney, S. and A.P. Fiske (1994) Cultural Rituals and Obsessive-Compulsive Disorder: Is There a Common Psychological Mechanism? *Ethos* 22(3): 243-283.

Eilam, D., R. Zor, H. Hermesh and H. Szechtman (2006) Rituals, Stereotypy and Compulsive Behaviour in Animals and Humans. *Neuroscience and Biobehavioral Reviews* 30(4): 456-471.

Erikson, E.H. (1966) Ontogeny of Ritualization in Man. *Philosophical Transactions of Royal Society London Series B* 251: 337-349.

Fiske, A.P. and N. Haslam (1997) Is Obsessive-Compulsive Disorder a Pathology of the Human Disposition to Perform Socially Meaningful Rituals?: Evidence of Similar Content. *The Journal of Nervous and Mental Disease* 185(4): 211-222.

フロイト，S.（2007）「強迫行為と宗教儀礼」『フロイト全集9　1906-1909年』（道籏泰三訳）岩波書店．201-212頁．

フロイト，S.（2009）「トーテムとタブー」『フロイト全集9　1912-13年』（須藤訓任・門脇健訳）岩波書店．1-206頁．

Hinde, R.A. (ed.) (1972) *Non-Verbal Communication*. Cambridge University Press, Cambridge.

Humphrey, C. and J. Laidlaw (1994) *The Archetypal Actions of Ritual: A Theory of Ritual Illustrated by the Jainrite of Worship*. Clarendon Press, Oxford.

Huxley, J. (1966) Introduction to A Discussion on Ritualization of Behaviour in Animals and Man. *Philosophical Transactions of Royal Society London Series B* 251: 249-271.

河合香吏（編）（2009）『集団－人類社会の進化』京都大学学術出版会．

Laing, R.D. (1966) Ritualization and Abnormal Behaviour. *Philosophical Transactions of Royal Society London Series B* 251: 331-335.

Lawson, E.T. and R.N. McCauley (1990) *Rethinking Religion: Connecting Cognition and Culture*. Cambridge University Press, Cambridge.

ルイス，I.M.（1985）『エクスタシーの人類学－憑依とシャーマニズム』（平沼孝之訳）法政大学出版局．

Lienard, P. and P. Boyer (2006) Whence Collective Rituals?: A Cultural Selection Model of Ritualized Behavior. *American Anthropologist* 108(4): 814-827.

盛田和夫（1995）『制度論の構図』創文社．

櫻井一彦（2000）「ディスプレイとコミュニケーション」日高敏隆編『動物の行動と社会』放送大学教育振興会．37-49頁．

塩原勉「制度」『日本大百科全書』小学館．
　　http://100.yahoo.co.jp/detail/%E5%88%B6%E5%BA%A6/（2012年7月11日閲覧）

Tambiah, S.J. (1985) A Performative Approach to Ritual. In: *Culture, Thought, and Social Action: An Anthropological Perspective*. Harvard University Press, Cambridge, Massachusetts. pp. 123-166.

田中雅一(1989)「カーリー女神の変貌－スリランカ・タミル漁村における村落祭祀」『国立民族学博物館研究報告』13(3)：445-516.

田中雅一(2012)「儀礼」星野英紀・池上良正・氣多雅子・島薗進・鶴岡賀雄編『宗教学事典』丸善. 64-65 頁.

ターナー，V.W. (1976)『儀礼の過程』(冨倉光雄訳) 思索社.

ウェーバー，M. (1960)『支配の社会学1　経済と社会』(世良晃志郎訳) 創文社.

第4章　子ども・遊び・ルール
制度の表出する場を考える

早木仁成

● Keyword ●
ごっこ遊び，自然制度，他者理解，形式性

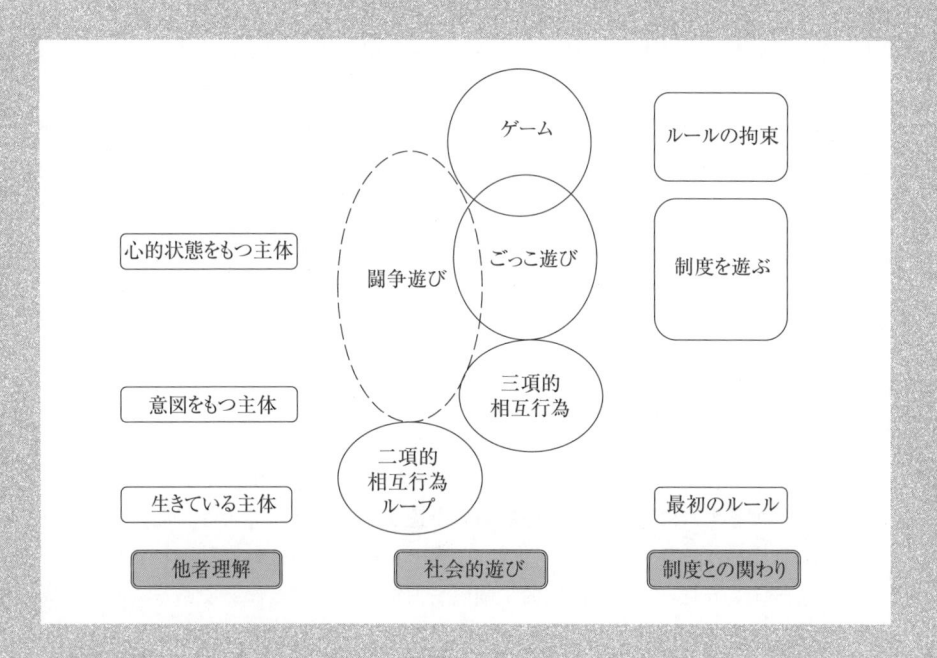

```
                        ゲーム
                                        ルールの拘束

  心的状態をもつ主体    闘争遊び  ごっこ遊び
                                        制度を遊ぶ

  意図をもつ主体          三項的
                         相互行為

                     二項的
  生きている主体      相互行為    最初のルール
                     ループ

   [他者理解]       [社会的遊び]    [制度との関わり]
```

　子どもたちが熱中するゲームは形式的，慣習的であり，ルールがゲームの本質である．社会的な遊びのルール性に着目しながら，その発達的変化を子どもの他者理解の発達とともに追いかけてみると，ごっこ遊びの出現とその消滅は興味深い位置にある．ごっこ遊びは，子どもが他者を意図をもつ主体として理解し言葉を使い始めるころに出現し，他者を心的状態をもつ主体として理解し始めるとともにゲームに取って代わられる．ごっこ遊びは期待される社会関係の図式を形式的にふるまう遊びであり，「制度を遊ぶ」遊びであるといえる．

1 ●遊びの本質としてのルール

　かくれんぼ，鬼ごっこ，だるまさんが転んだ，缶けり，ドッジボール，ハンカチ落とし，はないちもんめ，ビー玉，おはじき，めんこ，けんぱ[1]．子どもの頃に日が暮れるのも忘れて熱中した遊びは，伝承遊びと称されて，今でも結構人気があり健在らしい．遊び方がはっきりと決まっているこのような遊びを心理学者のC・ガーヴェイ (1980) にしたがってゲームと呼んでおこう．ガーヴェイよれば，子どもたちが熱中するゲームは制度化された遊びの活動であり，はっきりとしたルールにしたがって構造化されている．ゲームにはたいてい伝統的な名前が付いており，そのルールを正確に相手に伝えることができる．また，ゲームははじまりと終りが明確で，その中で生じるさまざまな出来事に対して，限定された一連の手順にしたがって決まった順序の動きをとることが要求される．このような点から，ゲームは形式的，慣習的 (conventional) であり，ルールがゲームの本質である．

　ゲームには，初期のテレビゲームのような一人で遊ぶことができるものもあるが[2]，複数の子どもたちが参加する社会的な遊びがその基本であろう．ゲームに参加する子どもたちは，交互にあるいは同時に決められた必要な動作をしなければならないので，参加者間の協力が欠かせない．そのようなルールを守らなければゲームは成り立たないので，子どもたちは進んでルールを順守する．

　このようなゲームを含む組織化された遊びは，5～6歳になってから出現するという．ゲームをするにはいくつかの能力の発達が必要だからである．たとえば，継続して協力したり競争したりすること，一連の目的のある活動を計画し実行すること，自己をコントロールして意図的に制限や慣例を守ることなどである．最初に成功する仲間同士でのゲームは，「かごめ，かごめ」のような協力して行なうゲームであり，勝敗を争う競争ゲームは，7～8歳ごろに人気が出てくるという（ガーヴェイ 1980）．

　人類社会におけるさまざまな制度は，社会的なルールの束として成立している．そのような制度のもととなる社会的なルールはどこで生まれ，どのように発展してきたのだろうか．以下では，子どもと遊びに焦点を当てて，霊長類の子どもの遊びとの比較を交えながら，ルールによって構造化された遊びがどのようにして発達するのかを検討し，そこから制度の起源を探ってみたい．

2 ●ルールのある遊びの源

　生態心理学者のE・リード（2000）によれば，人の乳児を取りまく環境は大人たちと同じものではなく，大人によって選択され構造化されている．乳児のそばには常に特別な大人（養育者）が存在し，特別に選択されたもの・場所・事象（おもちゃ，ゲーム，子ども部屋，ゆりかご，子守唄など）などが配置されている．大人は乳児に対して，大人に対するものとは異なるやり方で関わる．乳児はこのような社会的に構造化された環境の中でさまざまなことを学習するのである．

　リードは乳児の発達を行為の枠組み（フレーム）の変化として捉える．乳児は最初期には養育者をただじっと見ているだけであるが，自分の行為を相手にも検知できるような仕方で変調させるようになると，乳児と養育者との間で二者間相互行為のループが確立される．養育者にとって赤ん坊を微笑ませることが最大級の喜びの一つとなり，赤ん坊にとっても養育者に応えることは喜びの感情をもたらす．それが，二者間の相互行為に循環性と内的同調性を導入する．これが最初の相互行為フレームであり，生後3カ月ごろまで続くという．

　乳児は徐々に自己のエージェンシーと他者のエージェンシーを理解し始めるとともに，大人のジェスチャーと発声のリズミカルな構造が，予期可能性をもたらす．こうして乳児は外的事象（とくに，動くもの）に対する予期を形成し，自己のエージェンシーをコントロールすることを学習し始める．そして生後3カ月前後に真の相互行為フレームと遂行のフレームが創発するという．

　遂行のフレームは，環境に存在する物を対象とした行為のフレームであり，物のアフォーダンスを選択的に探索し，それぞれの物に固有の特性があることへの予期を身につけ，その予期を自分の運動を通して確証する．一方，養育者との相互行為においては，養育者を自分の行為の枠組みからシャットアウトすることと同時に，顔を見つめる，微笑みかける，声を出すといった行為によって相互行為のスイッチをオンにすることを学習し，相互行為フレームの輪郭が明瞭になる．この頃から育児語への選好が明確になり，「声遊び」が増加する．育児語とは，乳児への話しかけに特徴的な発話であり，比較的高く柔らかい声で，発話は短く繰り返しが多く，抑揚が強調されている．養育者との対面的な相互行為フレームは，生後6カ月ごろまでに声による相互行為が含まれるぐらいに拡張され，「いないないばー」やくすぐり遊び，パタケイク[3]といった手拍子，リズムと押韻，しぐさを変えながらの発声などの遊びが展開される．こうして，生後3〜9カ月の間に，自己の行為の局面と養育者の行為の局面をリンクさせながら，共有されたコンテクスト内で相互行為

を経験できるようになる.

　生後9カ月ごろになると,乳児はひとりで移動する技能を獲得し,まったく新しい環境世界に足を踏み入れることになる.環境の中を動き回ることによって,乳児の環境世界は養育者やその他の人びとの環境世界と相互浸透し,環境のアフォーダンスが共有される.そして,乳児は,一つの物または事象に養育者とともに焦点化する能力を獲得して,乳児・養育者・事物の動的な三項的相互行為フレームに移行し,他者と共有される遊びや活動が増加する.M・トマセロ（2006）は,このような三項的相互行為フレームを共同注意フレームと呼ぶ.トマセロによれば,共同注意フレームにおける多彩な三項的相互行為の出現は,他者が自分と同じような意図をもつ主体であると乳児が理解し始めていることを示しており,子どもの言語発達のための前提となる他者の伝達意図の理解に決定的な役割を果たしているという.

　こうして乳児の発達をふり返ってみると,ルールのある遊び（ゲーム）の源は二項関係フレームにおける予期可能性をもとにした相互行為ループ,すなわち乳児と大人との反復的で予測可能な行動パターンにまで遡ることができそうである.これらの相互行為は徐々に拡張され,乳児は大人からの働きかけに対して予期と期待をもって反応する.たとえば,「いないないばあ」では,大人が「いないない」といって両手で顔を隠した後に乳児は何が起こるかを予期し,次に起こるであろう「ばあ」を期待して待つ.大人は両者が同意した手順に従って「ばあ」と言いながら顔を出さなければならない.顔を出した時の乳児の喜びこそが,大人の楽しみでもある.このような二者間の相互行為の中で生まれる一定の形式が二者に共有される最初のルールであり,ゲームの源であると思われる.

　ただし,このような相互行為では,大人が乳児に対して特定のパターンを提示することで乳児の反応を喜んでいるように見える.乳児は,大人からの働きかけに対して予期と期待をもって反応するが,大人の側の楽しみ方と乳児の側の楽しみ方には明らかにずれがある.そこでは大人による乳児の行動の過剰解釈,過剰応答が,乳児の学習の方向づけをしているように思われる.そういう意味で,遊んでいるのは大人であって子どもではないのかもしれない（麻生1998）.

　明和（2009）は,ヒトは無意識ながら乳児を「一人前の心をもつ存在」として扱うユニークな性質をもっているという.大人は乳児の表情やしぐさを,まるで乳児が意図をもって訴えかけているかのように受け止め,「おなかがすいたの」,「おむつが気持ち悪いのね」など,乳児の心を勝手に解釈して接する.身体的には一人前には扱わないのに,心だけは十分成熟しているかのように乳児を扱うという.そして,乳児は日常的に繰り返されるそのようなやり取りの中で,そこに典型的な規則,こういう反応をした時にはこう対応されるといった規則に気づく.自分に向け

られる他者のふるまいをしだいに予期し，大人が期待する通りのふるまいをいつしか返すようになる．

このような大人の「おせっかい」（明和 2009）な過剰解釈は，トマセロ（2006）のいう同種の個体を自己と同じような意図をもった主体として捉え自己を他者と同一化するというヒトに特徴的な認知能力に由来していると考えられるが，それは三項的な相互行為フレームの中でも続く．明和（2009）によれば，大人は，乳児が遊びのルールをまだ理解できないことを承知しながらも，乳児に役割を与え，それを積極的に手助けし，何とか遊びを成立させようとする．遊びの中で提供される大人からの積極的な「足場づくり」が，乳児の心の発達を強力に方向づける．同じことを乳児の側に注目してみれば，子どもは満足にできない活動にも取り組む（リード 2000）といえる．ヒトの子どもは，人間社会の組織された価値と意味の体系の網の目に巻き込まれながら，ある特定の状況の個別的な意味の理解にはるかに先立ち，周囲の環境に「意味ある何かが進行している」ということを知覚するのである（リード 2000）．

3 ●闘争遊びにみられる自己抑制と形式性

ヒト以外の霊長類では，ヒトの乳児に出現する三項的な相互行為の劇的な発達はみられない．霊長類の子どもは，二項関係フレームの中で，相互行為の相手を母親から近い年齢の子どもたちへと移し，主に闘争遊び（play-fighting あるいは rough and tumble play）とよばれる荒っぽい遊びにふけるようになる．

闘争遊びは哺乳類全般に広くみられる社会的な遊びである（Fagen 1981; Burghardt 2005）．霊長類にも広くみられ，ニホンザルやチンパンジーなどの社会的な遊びの典型といってよい．もちろん，われわれ人間にも文化を超えて広くみられる．

最近，大学の授業でニホンザルやチンパンジーの遊びの映像を見せて，霊長類ではレスリングや追いかけっこなどの闘争遊びが一般的だと説明し，感想を書かせると，「人間はこんな遊びはしない」と書く学生が出てきた．たいていは女子学生なのだが，彼女たちには取っ組み合いの遊びというイメージが希薄なようである．以前は，たいていの学生が「幼い時に兄弟姉妹と取っ組み合って遊んだ」という思い出を霊長類の闘争遊びと重ね合わせていたのだが．現代日本の多くの親は乱暴な子どもの遊びに対して抑制的であり，しかも少子化のために核家族の中で兄弟姉妹もなく暮らしていると，闘争遊びをほとんど経験することなく育つのだろうか．

ヒトの子どもの闘争遊びは，さまざまな社会で見られるが，必ずしも頻繁に生じるわけではなく，社会によってその頻度にはかなりのばらつきがあるようである (Fry 2005). とくに狩猟採集社会では闘争遊びの頻度は低く (Gosso et al. 2005), カメルーンのバカピグミーの子どもの遊びを網羅的に調査した亀井 (2010) は，バカの子どもたちの遊びの特徴として競争性が乏しいことを強調している. 闘争遊びは，ヒトがヒト以外の霊長類と共有する遊びの一類型であるが，ヒトの場合には闘争遊びが独立して生じるよりも，ごっこ遊びやルールのある遊びの中に，その要素の一つとして取り込まれることが多いにちがいない. 以下では，チンパンジーとニホンザルの闘争遊びを比較しながら，闘争遊びにみられるルール性について考えてみたい.

　野猿公園などでニホンザルの子どもをしばらく眺めていると，いつの間にか子ザルたちが集まり，枝にぶら下がって絡み合ったり，取っ組み合いのレスリングをしたり，広場を走り回って追いかけっこをしたりする光景に出会う (写真1). 時には，遊びの中で手近にある空き缶や棒切れや草などが用いられることもある. 年長の子ザルたちの遊びはかなり乱暴で激しく動き回るので，喧嘩をしていると誤解する観光客もいるが，子ザルたちはしばしば口をあけた遊び顔 (play face) を見せるし，喧嘩の時に生じる威嚇の声や悲鳴はまったく聞こえない.

　一方，チンパンジーの闘争遊びは，ニホンザルに比べると動きが緩やかな印象を受けるが，基本はやはりレスリングや追いかけっこである (写真2). 取っ組み合いをしているチンパンジーにはしばしば遊び顔が見られ，組み伏せられた方からは特徴的なあえぎ声 (play pant) が聞こえることもある. 取っ組み合いといっても，喧嘩の時のような素早い動きはほとんど見られない. 追いかけっこも，ニホンザルのように素早く走るのではなく，歩くようなスピードであることが多い. 追う者も逃げる者も，追いながらあるいは逃げながら，地面を平手で叩いたりでんぐり返しをしたりすることもある. 木の周りなどを2頭でぐるぐると回る追いかけっこでは，逃げる側がいつの間にか追う側になり，追う側がいつの間にか逃げる側になってしまう. この遊びは，両者が同時に逃げる側と追う側の両方の役割を担うという，きわめてユニークな遊びである. このような遊びはゴリラにも見られるが (山極 1993), ニホンザルには見られない.

　ニホンザルやチンパンジーの遊びを眺めていると，その内容は多少異なっているが，遊びが進行するプロセスには多くの類似点が見られる. まず，遊びのはじめにはしばしば誘いかけの行動が見られる. 枝をゆすったり，相手をちらっと見たり，手を軽く上げたりするような行動である. この誘いかけに失敗すると遊びは始まらず，しばらく休止状態になる. 成功すれば，追いかけっこやレスリングのような遊

写真1●ニホンザルの子どもの闘争遊び．兵庫県船越山にて．

写真2●チンパンジーの子どもの闘争遊び．両者ともに口を大きく開けて遊び顔をしている．タンザニア，マハレ国立公園にて．

びが始まる．このような遊びもしばらく続くと両者が動きを止めて休止状態になる．この短い休止をはさんで，遊びは再度繰り返される．こうして，遊びは休止期をともないながら繰り返されるという連鎖的構造をもつ（早木 2002）．

さて，このような闘争遊びは，もちろん本当の闘争すなわち喧嘩ではないし，闘争ごっこでもない．相手に咬まれないように相手に咬みつくとか，相手に組み伏せられないように相手を組み伏せるといった志向性はあるが，遊んでいる者たちは自分たちがやっていることが表面的にでも喧嘩と関わりがあるなどとはまったく感じてはいないだろう．むしろ彼らは，相手の動作や行動に同期的に応答しながら，闘争遊びと私たちが呼ぶ相互行為を繰り広げているというべきだろう．

このような闘争遊びの中で，遊び手たちは必ずしも随意に行動できるわけではなく，そこにはさまざまな自己抑制をともなう仕掛けが見られる．その一つにセルフハンディキャッピングと呼ばれる行為がある．レスリングの際に強者がわざと下になったり，追いかけっこの際に強者が逃げる側になったりして遊びの強度を弱者に合わせる行為であり，強者の側が自己抑制することを意味している．遊びの中での自己抑制は，他にも見られる．遊びへの誘いかけがしばしば失敗するのは，彼らが相手に遊びを無理強いしないからである．レスリングの最中も，「咬む」ような行動をしながら実際には「咬まない」という抑制がみられる．激しい遊びの中で相手が動きを止めれば自分も止めるという現象も自己抑制であろう．優劣関係が社会交渉を調整するような場面では，自己抑制は通常弱者の側に要請されるものである．ところが，闘争遊びの場面ではそれは強者にも弱者と同等かそれ以上に要求されているのである．

強者の自己抑制は，強者が自分の力加減を弱者の強さに合わせることを意味し，弱者と対等の場を作り出すことによって，弱者の活動を高める働きをする．このような仕掛けの中で，互いに相手の行動に対して応答的に協調することによって，競合状態が生まれ，両者の活動は荒っぽい遊びへとエスカレートする．遊びの参与者は，このような活動のエスカレーションを楽しんでいると私は推測している（Hayaki 1985）．

また，連鎖的構造をもたらす遊びの休止（中断）は，闘争遊びが激しすぎるものへとエスカレートしすぎることを防止している．この中断の存在によって，遊びが激しすぎるものになった時にはいつでも遊びを中止して，もう一度初めからやり直すことができるのである．これは，活動のエスカレーションが弱者に統制不可能なものになることを予防する仕掛けであると考えられる．

遊びの仕掛けは，闘争遊びを繰り返す中で楽しく遊ぶための技法として子どもたちがさまざまな自己抑制を実践的に学び習得することで成立していると考えられ

る．同時に，他者と協調し，同調する能力や，他者を遊びの枠組みにうまく「のせる」技法なども習得されるだろう．実際，赤ん坊同士の遊びでは，相手への関わり方が断片的でうまく相手と応答的に協調できず，連鎖的構造が不明瞭であるのに対して，子どもや若者の遊びは，両者がうまく協調して相手の行動に素早く適切に対応しつつ流れるように進行し，明瞭な連鎖的構造が見てとれる．遊び方は明らかに上達するのである．ただし，ニホンザルのような激しい闘争遊びでは，遊ぶことが実際の闘争のための技法の練習にもなるかもしれないが，チンパンジーのように素早い動きを封じた闘争遊びでは，そのような技法が習得できるとは思えない．

　闘争遊びにみられるこのような自己抑制は，遊びを維持し継続するために欠かせないルールであるといってもよいだろう．ただし，遊んでいる者たちはこのようなルールを実践してはいるが，それらを「しなければならないこと」つまりルールとして認識しているとはかぎらない．日本語を流暢に話す人が皆日本語の文法（日本語のルール）を認識しているとはかぎらないのと同じである．闘争遊びでのルール違反に対しては，直接的な罰則はないが，遊びが強制終了するという遊び手たちにとって好ましくない結果が到来することはまちがいない．とくに，強者（年長者）のルール違反によって弱者（年少者）の側が悲鳴をあげたりすれば，大人の介入を招き，とくに弱者の母親から攻撃されるといった事態も生じうる．闘争遊びでのルールは，日常的な繰り返しの中でのさまざまな相手とのさまざまな実践と経験によって学習された遊ぶための技法なのであり，遊びの規範というよりも遊びの繰り返しの中で生成したコンベンション（第2章内堀論文，第6章西江論文）と呼ぶべきものである．

　最後に，チンパンジーの闘争遊びにみられるニホンザルの遊びとの相違点に着目しておきたい．ニホンザルと比較してチンパンジーはかなり身体が大きく肉体的な力も強いことがおそらく関係しているのだろうが，チンパンジーの闘争遊びはその動きがずいぶん緩慢である．素早い動きはほとんどなく，遊び相手に対する身体動作をかなり制限しているように見える．とくに大人が参加するような遊びでは，はじめから取っ組み合いのような闘争遊びになることはまれで，指を相手の指と絡ませて遊ぶ「指相撲」のような遊びから始まることが多い．身体動作を制限することによって，遊びの新たな形式をつくり出しているかのようである．さらに，追いかけっこの変形と想定される木の周りをぐるぐると回る遊びのように，形式性の強い遊びが生まれている．このぐるぐる回りは，レスリングのような遊びから移行することも多いのだが，一方が相手から離れて身体をわずかに揺すりながら木の方へ歩きはじめると，それだけでもう一方も次に何をすべきか理解したかのように，少し離れて同じような歩調でついて歩き，木の根元の周囲を一緒に回り始めるのである．

そこには，相互行為の具体的な形式を互いが共有し，その形式に身をゆだねる共犯的協調とでも呼ぶべき関係が見られる．この遊びは，2頭の遊び手と木という三項的な相互行為と見ることもできる．チンパンジーたちにとって，木は「昇り降りすることができる」や「叩いて大きな音を立てることができる」といった慣習的なアフォーダンスをもっている．ぐるぐる回り遊びの中ではそのような慣習的なアフォーダンスが取り払われて，通常は利用されることのない「周りを回ることができる」という新たなアフォーダンスが発見されている．しかも，その新たなアフォーダンスが遊んでいる二者の間で瞬時に共有されている．私にはそこに，次節で検討するごっこ遊びへの道が開かれているように感じられる．

4 ●ごっこ遊びのルール性

　想像性をともなうと考えられる遊びは，言語習得実験などのために飼育された類人猿からしばしば報告されており（Gomez and Martin-Andrade 2005），まれではあるが野生のチンパンジーにも観察される（Hayaki 1985；ランガムとピーターソン 1998；中村 2009）．しかし，それらの事例は多くの場合ひとり遊びであり，想像された事象を複数の子どもたちが社会的に共有しながら遊ぶ「ごっこ遊び」は，人間の幼児に特徴的な遊びであるといってよい．

　ガーヴェイ（1980）はごっこ遊びにもルール性を見出している．ガーヴェイによれば，ごっこ遊びにおいてふりをすることは，けっして随意に行動することではない．そこにははっきりと，各人がどのようにふるまい，何をしなければならないか，何をしてはいけないのかについての取り決め，すなわち，あらかじめ決められた遊びの形式と，一定のルールがあるという．

　ごっこ遊びの内容は，そのあらすじと配役によって決まる．ガーベイは前者を動作のプラン，後者を仮定された正体あるいは役割と呼んで，その特徴を示している．ごっこ遊びのエピソードの大半は，かぎられた数のテーマにもとづいており，お医者さんごっこに代表される「治療－回復」や怪物に追いかけられるような「脅威の回避」といったプランがよく見られ，その他に荷造り，旅行，買い物，料理，食事，修理，電話のやり取りなどのプランがあるという．子どもたちはこれらの動作系列のレパートリーをもっており，次に何をするかをほとんど話し合わずに遊び続けることができる．また，それぞれのプランは他のプランと結合して長い系列をつくり出すこともある．一方，ごっこ遊びに登場する配役は，消防士，警官，花嫁，医者，看護婦などの型にはまった職業や，テレビや絵本に登場する架空の存

在，および母，父，妻，夫，赤ちゃん，子ども，兄，姉といった家族内での役割などである．これらの役を演じる演技は，型にはまっているが現実的であり，目立った出来事だけを表して詳細を省いた図式的なものである．演技にみられる行動は，子どもなりの世界についての理解を反映しており，社会的な世界の特徴や，物・動作・人がかかわりあう仕方についての「期待される特徴」が，ごっこ遊びの主たる素材となっているのである．

　西村清和（1989）は，本当の姉妹が「姉妹ごっこ」をするというヴィゴツキーが提示した事例を紹介した上で次のように指摘する．ごっこ遊びにとって決定的なのは，想像力やイメージ，あるいは，現実行動の代理や象徴であるよりは，たとえば姉妹関係といった，現実に子どもたちが見たり聞いたり経験したりした人間関係や行為状況から，彼らの目にもっともそれらしく典型的なものとして映った面が抽出され，きわだたせられた一般的な形式であり，この関係がルールとして典型的な形で内に含んでいる一定のふるまいのパターンの系列である．姉妹ごっこの各項は，当然のことながら，姉らしいふり，妹らしいふりを要請し，これを逸脱するようなふるまいを排除する．遊ぶ子どもは，この関係図式の中で決して自由ではない．しかしこの関係図式の各項は，それぞれの役割を自在に取り換え，入れ替わることができる．これがごっこ遊びの形式であり，ルールである．ごっこ遊びは，社会関係の図式を遊びの形式として，そこに成立する往還の遊動関係を遊ぶものであり，この遊びのふりに，関係図式として抽出された各項を特徴づけるふるまいのルーティンが，この遊びを成り立たせるルールとして見出される．つまり，子どもたちにとって典型的な関係図式を形式的にふるまうことがごっこ遊びを成り立たせるルールといえるようである．

　ところで，ごっこ遊びとは自分とは異なる何者かのふりをする遊びである．他者に対して何らかの目的をもって「ふり」をする場合，たとえば詐欺師のように，ふりをしている本人は自分のふるまいが自分以外の誰かを表していることを自覚しており，さらにそのふるまいによって相手が自分のことを誤って理解するということを理解している．このように他者が自分とは異なる考えや信念，思考をもつと考えることは，大人にとっては当たり前のことであるが，幼児やヒト以外の動物にとっては当たり前のことではない．

　トマセロ（2006）によれば，子どもの他者理解は次のような連続的な発達の過程をたどるという．まず，乳児期に，他者を「生きている主体」つまりエージェントとして理解し始める．このような理解はヒト以外の霊長類とも共通する理解の仕方である．次に，生後 9 カ月ごろから始まる三項的相互行為（共同注意）フレームにおいて他者と事物との関係に自分と事物との関係を同調させたり，逆に自分と事物

との関係に他者と事物の関係を同調させたり，事物との関係を他者と自分で共有したりする経験を通して，1歳ごろになって他者を「意図をもつ主体」として理解し始める．このような理解はヒトに特有な同種の個体を理解する仕方で，他者の目標達成を目指した行動と他者の注意の両方の理解を含んでいるという[4]．そして，4歳ごろになって，他者を「心的状態をもつ主体」として理解し始める．他者が，その行動に現れる意図や注意だけではなく，思考や信念ももっているという「心の理論」の理解である．その思考や信念は行動には表現されない可能性もあるし，現実の状況とは異なる虚構の可能性すらある．

このような子どもによる他者理解の発達を念頭に置けば，子どもたちがごっこ遊びに熱中する時期は興味深い位置にあることが分かる．ごっこ遊びは，子どもが他者を意図をもつ主体として理解し，言葉を使い始める頃に出現する．そして，子どもが他者を心的状態をもつ主体として理解し始めるとともに，新たにルールの明瞭な制度化されたゲームが出現し，ごっこ遊びは徐々にゲームに取って代わられ始める．小学校の高学年ぐらいになれば，ごっこ遊びはほぼ消滅するのである．

ごっこ遊びにおいて何者かのふりをすることは，大人の目からすれば子どもたちが虚構を構築していると見える．しかし，ごっこ遊びに熱中する子どもたちの他者理解はいまだ未熟な段階にあり，子どもたちはかならずしもごっこの虚構性を理解してはいない．そして，その虚構性を充分に理解できるようになったとき，あれほど熱中し魅力的だったはずのごっこ遊びが「つまらないもの」へと変貌し，消滅へと向かうのである．

5 ●遊びとルール，そして制度

ガーヴェイのいう制度化された遊びとしてのゲームのルールは，人間の社会制度を成立させる社会的規則や規範とは若干異なった性格をもつ．ゲームのルールとは，何よりもゲームの遊びを成り立たせるもの，具体的な「遊び方」を規定するものであり，したがって，そもそもそのゲームがどのようなゲームかを定義するものである．ルールに従うことは，もっぱら，ゲームの遊びが成立するために不可欠のふるまいである（西村 1989）．遊びのルールは，遊びの手順を示した遊ぶためのルールであり，そういう意味で，遊びのルールは遊んでいる者たちの間に生じる実践の規則であり，遊びを構成する規則である．遊びのルールは，遊び手の事情に合わせてローカルに変更されるが，それは遊びを継続させるための変更である．遊び手がその規則を破り，逸脱する可能性は常にあるが，逸脱した場合の罰則などはな

く，ただ遊びが終わる，つまり遊べなくなるだけである．このような明瞭なルールによって構成されたゲームが，子どもが充分な言語能力を習得し，心の理論を獲得した後に始まるということは，制度と言語のつながりを予想させる．子どもは5歳から7歳頃に発達の新しい段階に入り，大人が与えたさまざまな規則を内面化し，規則を作った大人がいなくても規則に従う能力，すなわち，自己をコントロールする能力が発達してくるといわれる．

黒田末寿（1999）はチンパンジー属にみられる食物分配行動に焦点を当てながら，「制度」の進化的生成について総合的に検討している．人類社会に広く見られるさまざまな社会制度は，一般には言語の進化を前提としていると考えられているが（第1章曽我論文），黒田は言語を前提としない制度を〈自然制度〉と呼び，その成立要件をヒト以外の霊長類社会の中に探った．たとえ人間社会の諸制度が言語を必要とするものであるとしても，そのような諸制度が進化の中で生成したものであるなら，そのもととなった何かが言語の進化以前の社会に存在したはずだと考えられるからである．

黒田によれば，〈自然制度〉とは，ある社会集団の成員が，自己および他の成員が従うことを期待する事柄であり，他者の期待が個体の行動を規制するように作用することは言語なしでも可能なはずである．この期待は，ある事柄を行なっている他個体を自己と同じ様に考えることであり，自己意識を前提とした他者への自己投影，自己の拡大ともいえる心理作用であるという．さらに，この自己拡大の範囲が〈われわれ〉であり，〈われわれ〉意識を堅持するには逸脱者を排除するか規則を再確認させることになり，この場合規則は集団帰属のシンボルとして機能するという．こうして黒田の議論に従えば，〈われわれ〉意識をもった人間的な集団の成立は〈自然制度〉の発生と軌を一にすると考えられる．

こうして，人びとが共有する自己および他者への期待にもとづく〈自然制度〉という概念のもとに遊びのルールを再考してみると，社会関係の図式を形式的にふるまうごっこ遊びが，まさに「制度を遊ぶ」遊びであることに気づかされる．というのも，ごっこ遊びにおいてルールとして見出される社会関係の図式とは，人びとによって期待される社会的世界の典型であり，演じられる母，父，妻，夫，赤ちゃん，兄弟姉妹といった役割は，まさに家族という制度から抜き出されたものなのである．子どもたちは自分の周囲の身近な社会生活の中に見え隠れするさまざまな社会制度を，自分たちの理解の範囲内でその制度が意味する何かを感じ取りながら，遊んでいるのだといえよう．

もちろんこのことは，ごっこ遊びが制度をつくり出すなどということを意味しているわけではない．子どもたちがごっこ遊びをする生活世界には，すでに大人社会

の制度が満ち溢れており，子どもたちはそれを遊びの題材として用いているだけのことである．そして，子どもたちはごっこ遊びを通して制度を充分に遊んだ上で，社会的ルールという制度の拘束を受け入れるのである．

注

1) 地面に案山子の絵のマス目を書いて，そこに石を投げ入れて，片足跳び（ケンケン）で進む遊び．
2) 情報処理技術の急速な発展とインターネット環境の整備にともなって，現在ではその場にいない他者とコンピュータ画面を通してゲームをすることが当たり前になっている．本章ではそのような遊びには立ち入らず，直接相互行為をする他者が同じ場に共在する遊びを社会的な遊びとしておきたい．
3) Pat-a-cake. マザーグースの童謡に合わせて，手のひらを打ち合わせる幼児の遊び．
4) トマセロは，意図をもつ主体としての他者理解がヒトに特有であるとしているが，多くの霊長類からのさまざまな報告事例を念頭に置けば，必ずしもヒトだけの特徴であるとはいえない．ただ，生後9ヵ月頃から三項的な相互行為が劇的に増加し，意図をもつ主体としての他者理解が急速に進むという発達上の特徴は，ヒトに特有といってもよいだろう．

参考文献

麻生武（1998）「なぜ大人は子どもと遊ぶのか？」麻生武・綿巻徹編『遊びという謎』（シリーズ　発達と障害を探る）ミネルヴァ書房．
Burghardt, G. (2005) *The Genesis of Animal Play: Testing the Limits*. The MIT Press, Cambridge, MA.
Fagen, R. (1981) *Animal Play Behavior*. Oxford University Press, New York.
Fry, D. (2005) Rough-and-Tumble Social Play in humans. In: A. Pellegrini and P. Smith (eds.) *The Nature of Play: Great Apes and Humans*. The Guilford Press, New York.
ガーヴェイ，C.（1980）「ごっこの構造－子どもの遊びの世界」（高橋たまき訳）サイエンス社．
Gomez, J.C. and B. Martin-Andrade (2005) Fantasy Play in Apes. In: A. Pellegrini and P. Smith (eds.) *The Nature of Play-Great Apes and Humans*. The Guilford Press, New York.
Gosso, Y., E. Otta, M. Morais, F. Ribeiro and V. Bussab (2005) Play in Hunter-Gatherer Society. In: A. Pellegrini and P. Smith (eds.) *The Nature of Play: Great Apes and Humans*. The Guilford Press, New York.
Hayaki, H. (1985) Social Play of juvenile and adolescent chimpanzees in the Mahale Mountains National Park, Tanzania. *Primates* 26: 343-360.
早木仁成（2002）「遊びの成立」西田利貞・川中健二・上原重男編著『マハレのチンパンジー－《パンスロポロジー》の37年』京都大学学術出版会．
亀井伸孝（2010）『森の小さな〈ハンター〉たち－狩猟採集民の子どもの民族誌』京都大学学術出版会．
黒田末寿（1999）『人類進化再考－社会生成の考古学』以文社．

明和政子（2009）「人間らしい遊びとは？ －ヒトとチンパンジーの遊びにみる心の発達と進化」亀井伸孝編『遊びの人類学ことはじめ』昭和堂.
中村美知夫（2009）『チンパンジー－ことばのない彼らが語ること』中公新書.
西村清和（1989）『遊びの現象学』勁草書房.
リード，E.S.（2000）『アフォーダンスの心理学－生態心理学への道』（細田直哉訳）新曜社.
トマセロ，M.（2006）『心とことばの起源を探る』（大堀壽夫・中澤恒子・西村義樹・本多啓訳）勁草書房.
ランガム，R. と D. ピーターソン（1998）『男の凶暴性はどこからきたか』（山下篤子訳）三田出版会.
山極寿一（1993）『ゴリラとヒトの間』講談社現代新書.

第5章 教えが制度となる日
類人猿から人への進化史的展望

寺嶋秀明

◉ Keyword
学習，教えない教育，メタ認知，心の理論，ステイタス機能

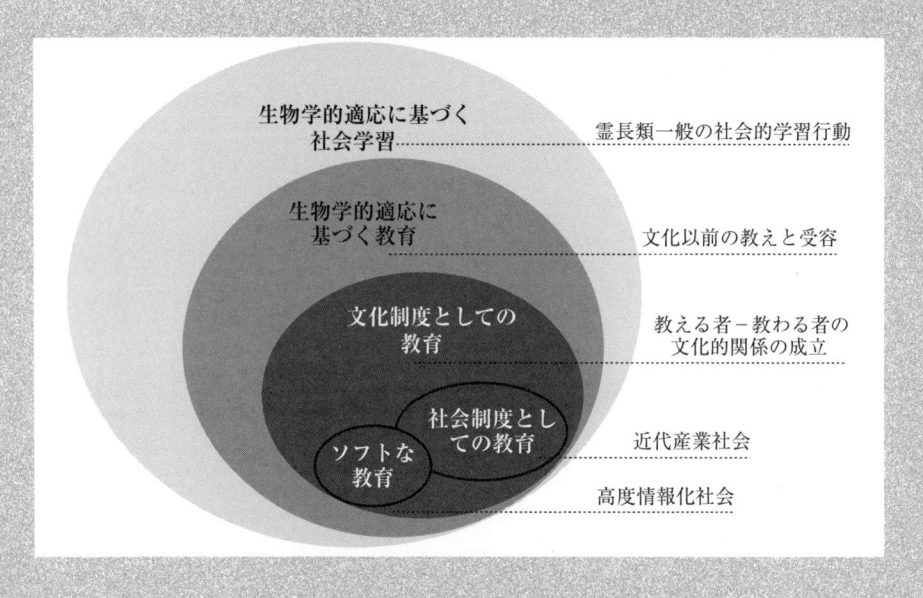

```
生物学的適応に基づく社会学習 …… 霊長類一般の社会的学習行動
 生物学的適応に基づく教育 …… 文化以前の教えと受容
  文化制度としての教育 …… 教える者−教わる者の文化的関係の成立
   社会制度としての教育 …… 近代産業社会
   ソフトな教育 …… 高度情報化社会
```

　ヒトにおける学びの基盤は動物一般に見られる社会学習である．その上に生得的な教育的相互行為が生まれた．さらに「教える者」と「教わる者」がそれぞれステイタスとして認知される仕組みができて真にヒト的な制度としての学びができた．20世紀には近代産業社会向けの学校教育が全盛となるが，21世紀の高度情報化社会ではその限界は明らかになり次世代の教育が求められている．いずれにしろそれらは教育の社会適応であり，社会の教育的進化ではない．

1 ●学ぶことと教えること

　本章は，進化史的視点から人間の日常的営為である「学ぶこと」と「教えること」の原点を探り，それらと制度との関係を探求してみようとするものである．人間については，学ぶことも教えることもきわめて当たり前の行動であり，社会には，幼児教育や学校教育，あるいは生涯教育などさまざまな教育があふれている．しかし，その起源や根本的な機能についてはあまり顧みられることもない．

　ヒトは生物学的には非常に未熟な状態で生まれ，一人前になるまでには 15 年あまりもの年月を要する特殊な動物である．その間子どもはもっぱら親の世話になるのだが，そのような長期にわたる発達の間におこなわれる学習や教育がヒトの社会を動物一般のそれとは大きく異なるものにしていることは明らかだ．教育の重要性については古今多くの哲人が著名な言葉を残している．ジャン＝ジャック・ルソーは『エミール ── 教育について』（1762 年）において，「教育が人間をつくる」と断言した．その『エミール』を読みふけって日課の散歩を忘れたと伝えられるイヌマエル・カントは「人間は教育されなければならない唯一の被造物である」（『教育学』1803 年）と唱えた．

　生物が後天的に新しい行動様式を獲得することを学習と呼ぶならば，学習は哺乳類や鳥類は言うにおよばず，系統的にごく原始的な動物にも見られる行動である．きわめて単純な神経回路しかもたない海辺の無脊椎動物であるアメフラシにおいても，ある種の学習行動を示すことが知られている．一方，知識や技能などを同種の他個体に教えることは，ヒト以外のほとんどの動物には見られない．現代の人間社会では学ぶことと教えることはほとんどひとくくりにして考えられているが，進化史的観点から見るならば，両者は明瞭に異なる．

　ヒトの場合，乳児は母親などまわりの人びとからの働きかけに応じて学びはじめる．1 歳を過ぎると言葉による教えも可能となる．ヒトにきわめて近い動物であるチンパンジーもさまざまな学習をする．しかしチンパンジーでは，自然状態で他個体に何かを教えることは稀である．ヒトとチンパンジーはおおよそ 700 万年前に共通祖先から分かれて，それぞれの道を歩んできた．共通祖先の時代には教えるという行動はまだ存在していなかったと思われる．ヒトが教えるという仕組みを手に入れたのはいつ頃のことか，猿人の時代か，原人になってからか，あるいはホモ・サピエンス以降か，その時期を示唆する物証はほとんどない．他の動物を見ればわかるように，教えるという行動がなくても一般の動物はまったく困らない．なぜ教育はあるときから人類特有の行動として発達することになったのだろうか．あるい

はそれは他の形質の進化に付属する形で発達してきたものか．教えることの由来やその機能の真相はいまだほとんど不明といって過言ではない．

現代社会における教育は，社会が求める人材育成のために，学校という特異的空間において実践される制度的活動として認識されている．これまで教育に関する研究は，教育学や心理学，認知科学などの領域でおこなわれてきた．その蓄積は膨大である．ただし，そこで扱われてきたのはほとんど現代社会あるいは近代化以降の社会における教育であり，とりわけ国家的制度としての学校教育である．教育は国家百年の計であるといわれ，その重要性を疑う者はいない．本章ではそれらの教育も視野に入れるが，狩猟採集民など，近代化の波に洗われていない社会における教えと学びの実態にとくに注目する．もちろん現在の狩猟採集民の生活を有史以前の人類と同一視するものではないが，近代という特殊環境の影響がもっとも少ない社会における学びと教えは，進化史的視点から，それらの本来の姿を探求する際に大いに参考になるはずである．

本章で探求する学びと教えの姿は，近代の社会制度としての教育以前のものである．しかしなお人間社会の基盤をなす制度というものの存在と根源的なところで関わりをもつ．ヒトの学びと教えにはヒトが進化の過程で獲得したさまざまな能力が活用されているが，それらは同時に他の諸制度の基盤をなすものであるからである．

2 ●学びの原点

2-1　チンパンジーとヒトの学習

まず，ヒトとチンパンジーとの学習の類似と相違を検討してみる．今日では野生のチンパンジーでも道具を使用したり道具を制作するといった，文化と呼ぶべきいろいろな行動が存在することがわかっている（マックグルー 1996；西田 1999；Boesch and Boesch 2000）．それらの行動は明らかに生得的ではなく，個体における試行錯誤による学習や模倣学習，あるいは他個体からのサポートなど，さまざまな方法によって獲得されている．

写真1はタンザニアのチンパンジーのアリ釣りの様子である．姉が細い枝を用いて木のうろに巣くうアリを釣り出している．その様子を妹がじっと見ている．アリ釣りはなかなか複雑な技能で，その修得までは時間がかかる．アリは良質の食物であり，個体の適応度をアップしている．

写真2はアフリカ熱帯雨林の狩猟採集民エフェ・ピグミーにおける生活の一コマ

である．母親が小魚を調理する手さばきを子どもがじっと見ている．ヒトの場合には，被観察者と観察者の間で言葉が交わされることもあるがそれほど多くはない．

　写真1および写真2に見られるように，チンパンジーでもヒトでも母親や年長者とともにいる子どもは彼らの行動をしばしば興味深げに注視する．その後ただちに，あるいは時間をおいて，同じような行動をしようとすることもある．これは同種の他個体の行動を見て学ぶという観察学習であり，社会学習の一種である．他者の行為を模倣することから，模倣学習とも呼ばれる．子どもたちはこのような学習を通して社会的に伝承されてきたスキルを学んで成長していく．

　チンパンジーもヒトも一見同じような手段で学習することがわかった．チンパンジーでは子どもが一人前にアリ釣りやナッツ割りを習得するまでには，前者でおよそ7年，後者ではおよそ5～9年もの時間がかかり，ほぼ成熟するころにやっと技能として完成する（西田 1999; Boesch and Boesch 2000）．一方，人間の子どもでは写真2のような簡単な技能であればほどなくできるようになる．しかし，槍猟や弓矢猟，あるいは籠編みなどの難しい技能については本格的に修得するのは思春期以降というのが普通である．逆に言えば，そうした技能がきちんとできることが「一人前」になったことのあかしである．

　学習は文化継承の要であるが，その方法についてもうすこし詳しく見てみよう．チンパンジーの社会学習には「刺激強調」「観察条件づけ」「目的模倣」などいろいろな種類がある（西田 1999）．刺激強調とは，子どもがアリ釣りをしている母親と一緒にいるとき，母親の手元のアリの巣や釣り棒に注目し，その後自分でもアリを触ったり釣り棒をいじっているうちに，偶然にアリ釣りができるようになるといった学習である．目的模倣（ゴール・エミュレーション）とは，アリ釣りをする母親の様子を見た子どもがその目的を把握し，その後は試行錯誤的に自力でアリ釣りを習得するという学習である．ただし，この方法では前述のようにかなり長い時間がかかってしまう．

　発達心理学者は，チンパンジーが仲間の行動を観察してもなかなかその技能を修得できない理由として，動作の模倣ができないことをあげている．チンパンジーはごく容易と思われるような動作でもなかなか模倣しない．そもそも彼らは「目的志向的」であり，他者の動作についてはあまり関心を寄せない（明和 2004）．一方，ヒトは動作の模倣はとくに上手である．生後12～21日の赤ん坊が，大人の動作を真似て舌を出したり，口をあける様子が観察されている（Meltzoff and Moore 1977）．1～2歳の幼児は，状況によっては，大人が示したどんな非効率的・非合理的な動作でもそっくり真似てしまう（Melzoff 1988）．

　心理学者のディヴィッド・プレマック（2003）はチンパンジーが用いるテクニッ

写真1（左）●姉のアリ釣りを見ている妹（撮影：中村美知夫）

写真2（右）●母親の料理を見ているエフェ・ピグミーの娘

クは単純なものだけであり，チンパンジーのすべての動作は，彼らが生得的に身につけているものなので，あえて模倣をする必要がないという．一方ヒトでは複雑な動作も多く，その場合には動作の模倣まで必要となる．

一方，模倣は単に技術の問題ではない．トマセロ（2006）は，人間における真の模倣とは，他者の視点に立ってその意図を共有し，動作そのものもそっくり模倣するような模倣であるという．そういった模倣学習はエミュレーション学習に比べて効率的に優れているとはいえない．ではなぜヒトはそのような非効率的な模倣学習をするのか．トマセロは，「そっくり模倣」は「社会性のより高いストラテジー」だからであり，そのような模倣によってヒトは「他人の立場に立って学び」さらに「他人の気持ちを通して学ぶ」ことができるようになるからであるという．これは学習のメタ認知と関連してくる．これについては後ほどさらに論ずる．

一方トマセロは，チンパンジーのエミュレーションなどは「きわめて知的で学習も早いが，これらは他者を同調可能な，意図をもった主体としては理解できない生き物がとりうる社会学習だ」と論じている．認知心理学者のリチャード・バーン（Byrne 2002）も，人間における行為の模倣がコミュニケーションや相互行為のための仕組みとして進化した可能性を示唆している．ただし人間でもエミュレーションは頻繁に活用されている．とくに大人ではそうである．

2-2 教えることの起源

動作模倣がヒトの学習能力の重要な基盤を形成していることは間違いないだろう．しかし，それだけではヒトとチンパンジーの学習成果の大きな差違は説明がつかない．なぜヒトはかくも膨大複雑な文化的行動をなしえるようになったのか．それもかなりの部分を成人以前に成し遂げてしまう．そこでヒトの学びとチンパン

ジーの学びの最大の相違が「教える」という行為にあるのではないかと考えるのはもっともなことである。とくにヒトは言語を自由に使うことができるため，指示，指摘，命令などによって学習者に知識や技術を強制的に伝達して学習を助けることができる。長らく教育は人間の条件であり，また特権であると考えられてきた。しかし，実際にはどうか。ここでもチンパンジーの事例から検討しよう。

プレマック夫妻 (Premack and Premack 1994) は，野生のチンパンジーが同種の他個体に何かを教えることはないと断言する。その理由として，(1) チンパンジーには「優れている」とか「標準」といった，ヒトの教育では不可欠とされる価値観がないこと，(2) ヒトは経験や価値観を共有しようとするが，チンパンジーにはそれらを共有しようとしないことを挙げている。チンパンジーは人間のように理想の目標に向かって他を教育するようなことはない。チンパンジーがたまたま他に何かを教えているように見えても，それはすべて自分の利益のためであり，他のための教育ではないと主張する。しかし，このような断定を下すのは軽率すぎるだろう。

まず，ヒト以外の動物ではどのような行動をもって「教える」行動といえるのか確認しておく必要がある。カーロとハウザー (Caro and Hauser 1992) による動物行動学的定義では，ある行動が教示 (teaching) とされるためには，(1) その行動は無知の観察 (学習) 者がいるときに限って生ずる，(2) 教える者にとってその行動はコストがかかり，かつ直接的な報酬がない，(3) その行動は観察 (学習) 者の知識獲得や技術修得を助ける，という3点が確認されなければならない。

霊長類学者のボシュ夫妻は，長年コートジボワール西部のタイ国立公園で野生のチンパンジーを研究している。彼らはチンパンジーが頻繁に石や木の台の上にクルミなどの堅果を置き，石や木のハンマーで割って食べるのを観察した。報告 (Boesch 1991; Boesch and Boesch 2000) によると，母親たちののべ約70時間におよぶナッツ割りにおいて，母親が子どもの学習をサポートしていると思われる場面が約900件あった。サポート方法は「刺激」「促進」「デモンストレーション」の三つに分類できる。

　　刺激：ナッツ割りの後，母親がさらにナッツを採集するために子どもを残してその場を離れる時，自分が使ったハンマーといくつかのナッツをその場に残しておいた事例が約300件あった。残った子どもはそのハンマーを用いて自分一人でナッツ割りを試みることができる。母親は子どもづれでないときにはそのような行動はとらないので，これは学習のためにわざと残したものであり，学習の刺激と考えられる。ハンマーを放置せずそのまま持っていった場合は約100件あった。

促進：母親がナッツを割っているとき，子どもが母親の使っているハンマーやナッツをほしがると母親がそれらを子どもに与えることがある．これは学習の促進であり，約 600 件の事例があった．
デモンストレーション：子どもがナッツ割りに挑戦しているときに母親がそのナッツの置き方を直したり，あるいは，母親自身が子どもに見せるように「とりわけゆっくりと」ハンマーを使用してナッツを割る事例が 2 件見られた．これらは教示としての「デモンストレーション」であると考えられる．

このように，タイのチンパンジーの母親は子どもがナッツ割り技能を習得することに関心を持ち，自分の負担も顧みずにいろいろな方法で，子どもの学習を促しているとボシュは考えている．母親たちは子どもの行為が自分の思っているやり方と比べてよいか悪いか判断する能力をもち，自分たちの行為が子どもたちの行為に与える効果を予測しているようにも思われる．そこでは，教えに関するすべての機能が実行されているとボシュは主張する (Boesch 1991; Boesch and Boesch 2000).

ただし，タイのチンパンジーの母親と子どもの学習や教示がヒトのそれとまったく同じとはいいがたい．ハンマーの放置は子どもの学習のきっかけになるようだが，両者によって了解された行動とはいえない．実際，刺激とされる 300 例のうち約半数において子どもは母親が残したハンマーを無視したのである．母親の行動が子どもの学習を意図したものとしても，子どもにはそれがかならずしも伝わっていない．促進のケースも同様，母親の意図を子どもの学習の促進と断定することはできないかもしれない．うるさくせがむ子どもに応じただけと考えることもできる．デモンストレーションの事例はたしかに教示と認定できるが，全体で約 1000 件の観察場面のうちわずか 2 件しかなかった (Boesch *ibid.*).

これらチンパンジーの学習や教示の事例からわかることは，学びや教えに関してはヒトとチンパンジーとは断絶しているとはいえない．しかしながらスムーズに連続しているのでもないということだ．とくに，意図的に教えるかどうかを教示の重要なポイントと考えるならば (Strauss et al. 2002)，チンパンジーにおいては教示の事例は限りなく少なくなる．チンパンジーの他にもいくつかの種で，個体が自らの利益に反するようなときでも同種他個体に有益なことを教えることが認められている (Caro and Hauser 1992). ただし，そのような事例の報告はきわめて限られている．教えることはヒト独自の行動とはいえないかもしれないが，道具の作成や使用などと同じくヒトの特性として十分な意味を持っていることはまちがいない．そこで，その起源とその後の発達が問題となる．

2-3　ヒトの教示は生得的か

　行動遺伝学者の安藤寿康 (2010) は，教育はヒトが種の生存と繁殖のために進化的に獲得した適応方略であり，ヒトは「ホモ・エドゥカンス Homo educans」と呼ぶべき生物だと主張する．シュトラウスら (Strauss et al. 2002) も教示はヒトの認知的発達の一種であり，その複雑さにもかかわらず，きわめて早い時期 (3〜5歳) に発現するものであり，教えられなくても学ばれる自然の認知 (natural cognition) であると述べる．

　最近では，発達心理学者のチブラとガーガリーら (Csibra and Gergely 2006, 2009, 2011; Csibra 2007) は，乳幼児と成人との相互作用の研究から，ヒトにおいては遺伝的にセットされた教示行動の仕組みがあると論じ，そのような知識伝授のメカニズムをナチュラル・ペダゴジーと呼んでいる．ナチュラル・ペダゴジーは，以下のような三つのステップから成り立つとされる．

(1) 「誇示 ostension」：教える者は教えるという意図をはっきりと伝えるシグナルを出す．教わる方はそのようなシグナルをキャッチし，教えを受容する態勢を整える．
(2) 「言及 reference」：教える者は身振りや視線の動きによって対象物を明示する．教わる者は対象が明示されることを期待する．
(3) 「関連性 relevance」：教える者は教わる者に適切な知識を与え，また，教わる者はそれを適切なものとして受容する．

　ナチュラル・ペダゴジーは，特別なコミュニケーションによる社会的伝達の一種であり，ホモ・サピエンスの進化的適応として乳幼児においてすでに備わっている生得的形質であるという．さらにナチュラル・ペダゴジーによって伝達されるのは，一過的，具体的なエピソード知識ではなく，抽象化，一般化しうるような知識であるという．伝達された内容が複数にわたる場合には，乳児は教えられた事柄の中から一般化すべき知識のみを吸収して記憶するという実験結果もある (Yoon et al. 2008)．またナチュラル・ペダゴジーは，言語や心の理論などの高度な認知能力を必要としないばかりか，系統的進化史ならびに個体発生においてそれらの認知能力に先んじて登場し，それによって言語などの発達を促す基盤になったとも主張される (Csibra and Gergely 2006)．

　「教える−教わる」という行動が生得的な適応行動であり，それによって人間に特有の一般的，抽象的な知識や技能が獲得されるという主張は，ルソーやカントの主張を遺伝子のレベルに置き換えたものだといえるかもしれない．ただし，ナチュ

ラル・ペダゴジー研究においてこれまで対象とされてきたのは言語獲得以前の乳幼児であり，ナチュラル・ペダゴジーによって伝達されるという技能や知識はきわめて単純なものに限られている．人間の子どもは3〜4歳になるとかなり高度な言語能力と認知能力を身につける．そこから人間の特徴である文化的存在としての本格的な学習がはじまるともいえる (Schmidt et al. 2011)．チブラたちは，人間の学習をすべてナチュラル・ペダゴジーに帰着させようとしているようだが (Csibra and Gergely 2011)，乳幼児のナチュラル・ペダゴジーがその後どのように発達し，文化的学習とどのように関係してその後の発達を生み出すような学習となっていくのか，残念ながら明らかではない．

また彼らはナチュラル・ペダゴジーの進化的起源を，初期人類において石器などの道具が広範に制作され使用されるようになってきたことに求めている．それらの道具，とくに道具を作るための道具は観察しただけではその用途は不明であり，その目的や使用方法はだれかに教えてもらう以外にないからであるという (Csibra and Gergely 2006)．しかし，石器がそのように多様化し複雑化するのは旧石器時代後期におけるホモ・サピエンス以降であり，その時代には明らかに言語やその他の認知能力のかなりの向上があったはずだ (クライン・エドガー 2004)．

現生人類がナチュラル・ペダゴジー的な生物学的適応をもっているとするのは妥当であるとしても，誰が，誰に，何を，いつ，どのように，そしてなぜ教えるのか，その全貌はナチュラル・ペダゴジーだけではとても把握できるものではない．

3 ●なぜ人はもっと教えないのか

「教える−教わる」という相互行動の獲得は，その遺伝的形質の実態はともかく，たしかに人類の文化継承を格段に強力にし，文化的進化を大きくスピードアップしたにちがいない．理屈から考えるとそのように有用な行動はどんどん広まってしかるべきだし，そのような行動様式を採用しなかった集団は早晩消滅したとしてもおかしくない．しかし，そのような想定とはうらはらに，古今東西，人は積極的には教えていないという報告がきわめて多い．とくに近代化以前の社会では，明示的な教えは稀といっても過言ではない (Lancy et al. 2010)．これは教育のパラドックスである．

写真2に登場したエフェ・ピグミーでも，日常生活では大人はほとんど教えるそぶりを見せない．もっともまったく教えないわけではないが，明瞭に教えているとわかる場面は，きわめて少ない．カゴや敷物を編むといったかなり難しい技術につ

いても，手取り足取り教えるといったことはなく，教わる者が望んだときに，熟練者が少々実演してみせる程度である．教わる方から見れば観察学習の延長のようなものである．通常の生活スキルは日常生活における無言の実演とその観察学習によって継承されているといってよい．

このような「教えない教育」あるいは「見えない教育」の実践は，アフリカ熱帯林の狩猟採集民に限らず，町で働く人びとの間でも同様に確認されている．レイヴとウェンガー (1993) は，さまざまな社会の徒弟制的作業環境における「実践に埋め込まれた学習」の実態を明らかにした．徒弟制的な作業現場においては，新参者である未熟練者は，あらかじめ熟練者からいろいろな指導を受けてから仕事に参与するのではなく，周辺的な作業からではあるがただちに実践に参加する．実践共同体の一員として実際の作業をこなしながら，さまざまなスキルや知識を習得し，やがて一人前の職人へと成長していく．レイヴとウェンガーはそのような学習プロセスを「正統的周辺参加」と呼んでいる．そこでは教えや学習は表面にはほとんど現れず，作業現場という実践の場に埋め込まれている．

パラダイスとロゴフ (Paradise and Rogoff 2003) も近代社会と世界各地の伝統社会の学びの事例を数多く比較しながら，人は家族や共同体の日常的活動にさまざまな形で参加することによって，自然に学んでいくものだと結論している．子どもは機会さえあれば観察を通して自ら学び，憶え，成長していく．ときには一心に観察対象に集中することによって特定の知識を獲得し，またあるときには，周囲の事物全般に広く注意を払いながら，じわじわとしみ出してくる知識を吸収する．

人類学者のデヴィッド・ランシー (Lancy 2010) は，西欧の知識階級では「親としての仕事」と「教えること」が同義とされているが，そのような考えは歴史的にはたかだか近代以降のことであり，また文化的にもきわめて限られた地域でしか通用しないと主張する．歴史的にも地域的にも大多数を占める親たちは，子どもの自然な好奇心や上達への意欲にまかせておくことを選んできた．近代以前の西欧社会には「子ども」というものの存在さえなかったのである (アリエス 1992)．そのように子どもへの干渉が少ないのは，子どもがある年齢に達しある程度の知恵が生まれるまではいくらがんばっても教育は不可能だという考えがあるからであり，また時期がくれば子どもは自然に学ぶものだと信ずるためである．

教えが表面化する場合でも，教える行為は多くの場合最小に限定されている．参加型の学習では，教える者が明示されないことも珍しくない．教える者は公認の教師として顕示的に指示や指導をするのではなく，学ぶ者と同じレベルに立って共同の活動を遂行しながら率先して手本を見せたり，学びの活動環境を整えたりして学習を助けるのである．

日本でも「教える-学ぶ」という関係が一般化したのは，近代以降のことに過ぎない．心理学者の東洋（1987）は，「教え手がかくかくの活動やはたらきかけをおこない，その結果として学び手がかくかくの学習をする」という教育パラダイムを，「教えと学びの一対一モデル」と呼んでいる．現在ではごく当たり前のことのように思われるが，このようなパラダイムが成り立つためには，教えることが学校という国家制度に独占されていること，そして学び手は均一でかつ白紙に近いという状況が必要である．そこでは教育は教師という特別な教え手から発動される行為であり，学び手は知識や技術を伝授される受動的存在である．

　世界の諸民族もけっして教えないわけではない．チブラとガーガリー（Csibra and Gergely 2011）は，人びとはほとんど教えていないと主張する文化人類学者たちに反論して，当の文化人類学者たちが書いた民族誌からさまざまな教示を含んだ記述を取り出し，文化人類学者たちの意見は錯誤に基づくものだと主張している．たしかにいかなる民族でもある時期が来るとその社会に固有の行儀作法や規範などを子どもに教えなければならない．しかし，それらも上記の「教えと学びの一対一モデル」ではなく，儀礼の実践や物語を通して実践される場合が多い．子どもたちが共同体の活動に参加する場合や青年たちが徒弟制の現場で働く場合にも，作業の手本を見せてくれる人がいる．初心者が困っているときには誰かが手助けする．問題は教え方であり，その教え方は現在の学校教育をモデルとしたものではないということである．

　人の教えと学びは，無知の者に一定量の知識や技術を伝授するだけの活動ではない．教えられる者が「タブラ・ラーサ」であり，その空白を満たすべく必要な知識を注入し，それだけで学習が終わるのであれば，たしかにもくもくと教え込む方が効果的かもしれない．ロボットにプログラムやデータをインプットするようなものである．しかし，人にとってあれこれの知識を吸収すること自体は，学習という巨大な氷山の一角に過ぎない．

　現代の教育学でもしばしば指摘されるのは，学びにおける主体性の重要さである．教えられると人は考えなくなるといわれる．教えを受動的に受け入れるだけでは人は成長しない．スポーツにおいても与えられたメニューをこなすだけでは，ある程度以上は伸びない．自分で考えながら練習しなければ大きな成長は期待できない．常に自分自身をモニターし，反省しながら学ぶ姿勢を学ばなければならない．学びや教えは知識や技術の伝達を超えた広がりと深さをもつ．それは学ぶ者と教える者の間におけるインタラクティブな認知活動であり，そのダイナミズムの中で人間形成が生ずる．たんなる知識や技術の伝達から一つレベルを上げて考える必要がある．メタ認知のレベルにおける学習である（三宮 2008）．そこでは「教えない教え」

もパラドックスではなくなるはずだ．

4 ●学習と教師の役割

　教えるという行為には教える人間が必要とされる．一般に，教える人がいなければ効果的に学ぶことはできないとか，教える人がいてはじめて学べるものだという思い込みがある．しかし巷間流布しているこのような学習観は古来の伝統ではなく，現在の学校教育をモデルにしたものに過ぎないようだ（稲垣・波多野 1989）．これは東（1987）の「一対一モデル」と同様に，学び手は受動的な存在でありかつまったく知識をもたないという認識に立っている．それゆえ教え手がなすべきことは，生徒により多くの知識を伝達することであり，そのためには生徒をしっかり管理する必要がある．このような教育観と方法が生徒の学習意欲をそぎ，能動性の低下をもたらすと稲恒らは述べる．

　では教師の役割とは何か，教師は何をすべきなのか．興味ぶかいエピソードがある．哲学者ジャック・ランシエールが『無知な教師』（2011）という名の著作で披露しているエピソードである．それは19世紀のはじめ，ルーヴェンの大学にフランス文学の講師として招かれたジョゼフ・ジャコトの体験である．ジャコトの授業をとった学生はほとんどフランス語がわからなかった．一方，ジャコトは学生たちが使っているオランダ語を全く解さなかった．この窮地においてジャコトが自分と学生との唯一の接点として見出したのは小説『テレマックの冒険』のフランス語・オランダ語対訳版であった．ジャコトは学生たちにその書物を渡し，対訳を参考にしながらフランス語を自力で学ぶことを求めたのである．自分自身はフランス語の基礎さえ教えなかった．

　学生たちがテキストの半分まで終えたとき，ジャコトは学生にそれまで学んだことを徹底的に復習させ，また残りの半分を暗唱できるようになるまで読むように求めた．その成果はとても希望のもてるものではなかったはずだが，実際はそうではなかった．学生たちに，読んだ小説についてフランス語で考察を書くように命じたところ，教育的にはほとんど放置されていたにもかかわらず，彼らはこの難事をみごとなしとげた．それも驚くことに，作家のような文章を書いてみせたのである．

　教師たるジャコトは学生たちに一体何を教えたというのだろうか．この奇妙なドラマの出演者は学びへの意欲をもった学生と，実際には何も教えなかった教師，そして彼らを結びつける唯一の共通事項である『テレマックの冒険』という教材である．教師が自ら教えなかったこと以外はごく普通の教育シーンである．ここにおい

て学生たちは教師が何も教えなかったことによって，かえって自分たちの力だけを頼りに教材と向き合い，高度なフランス語の能力を習得したのである．

　ランシエールは以上のエピソードから，教師と学生との関係について次のように考察している．すべての良心的な教師は自分の持てる知識を学生に伝授し，学生を自分の教養レベルにまで引き上げようと望んでいる．そして，むりやり知識を詰込んだり復唱させるだけではなく，複雑なことを単純化して説明するのがよい教えだと思っている．しかし教えることを説明することと見なし，説明者としてわが身を置くことこそ，学生を無能力にさせてしまう一番の原因となる．学生が無知だから説明して理解させる教師が必要なのではない．教師が説明しようとするがために，無能な者が必要とされるという方が正確である．したがって，善良で博識で教養がある教師ほど学生を無能化する．熱心に説明し理解させようとするからだ．しかしそれは学生の理性の働きを停止させ，理性への信頼を破壊してしまうとランシエールは述べる．

　ジャコトは自分の知性をひっこめ，学生の知性を『テレマックの冒険』という書物の知性と直接格闘させることによって，彼らを自力でなんとかすべき試練の場に導いた．それによって教師としての役を十分に果たしたのであった．学生自身の知性を使わせることによってジャコトは「自分が知らないことを教えた」のである．「教師とは，知性が己自身にとって欠くことのできないものとならなければ出られないような任意の円環に，［学生の］知性を閉じ込める者なのである」とランシエールはいう．教師は学生の可能性を信じ，学生が自分の能力を発揮できるようにすればよい．その結果，学生は教師の知らないことでも独りで習得するのである．

　フランス文学者の内田樹（2005）が説く師と弟子の関係も同様の含みをもつ．内田によれば学ぶ者とは自分は何ができないのか，自分は何を知らないのかよくわからない人間だという．弟子は，師は自分の知らないことを知っているはずだと思い込み，それによってしばしば師が教えていないことまで学んでしまう．学びは，学ぶ者が，自分自身でもよくわからない自分の求めるものを知っている人がここにいると思い込むことによって成立する．そのときの師の役割は弟子に答えを教えることではなく，答えのない謎を与えることである．それによって弟子は，師は自分に何を伝えたいのか自問し，自発的に答えを探すのである．師と弟子がそのような関係にあるとき「教えない教え」は「教える教え」にまさる効力を示すだろう．

　学ぶ時に大切なものは「わかった」という感覚である．東（1987）は，本当にわかった時は，冬晴れに山々の姿がひとつひとつの「ひだ」まで，まさに隈もなく，「カリカリッ」とした感じで見えた時のような気がするものであるという．「カリカリッ」と結晶化してすべてがきらめくような理解は，一応言葉にできるというよう

な理解の仕方とははっきりと異なる．このような認識の獲得は独力ではなかなか困難であるが，学び手にそのような認識能力を育てることこそ教師のたいせつな役割なのである．

ところで，師が弟子に直接教えずに学ばせることができるのならば，師は人間以外のものでもかまわないことになるだろう．自然や野生の動物はそういった師になりうる．姉崎等は生涯に 60 頭以上のヒグマを仕留め，アイヌ最後のクマ撃ち猟師として知られている．その姉崎は「私はクマを自分の師匠だと本気で思っています」と語る（姉崎・片山 2002）．山に入り，クマの足跡を見つけ，それをひたすら追いかける．クマの歩いたように歩き，クマの休んだように休み，クマのように思考し，クマのように行動する．それによって山の歩き方，クマの行動，猟のすべてを学ぶことができた．そして，気がついてみると「野生の動物となんにも変わりがなくなった」自分を発見したというのである．

クマは語らずその行動の軌跡を残すだけだが，それは常にハンターに謎を与え，答えを求めさせる．人の側にクマに学ぼうという意志さえあれば，その瞬間からクマは人間の師となる．一見途方もないことのようだが，学びの主体はあくまで学ぶ者であり，教える者ではないと考えると理解できるだろう．学びの意志があるところには自ずと教えの環境が立ち上がる（東 1987）．「自然から学ぶ」という感覚は自然と密接に関わって生きる人びとにとってはごく一般的であり，日々の活動はとりもなおさず学びの実践にほかならない．狩猟採集民の子どもたちは仲間と連れ立って毎日のように自然に没入して遊んでいるが，その活動にはあらゆる学びが詰まっている．自然と一体化し，自然を師とすることは自然とともに生きる人びとの学びの基本である．

「教えない教え」は表面的にはパラドックスであるが，たんなる知識や技能の伝授を超えた一つ上のレベル，すなわちメタ認知的コンテクストにおいては立派に成立する．一般の認知が外界の事象についての一般的情報やスキルの取得であるとすると，認知についての知識の獲得や認知についてのスキルの行使はメタ認知 (metacognition) である．メタ認知の研究は 1970 年代に登場しその後急速に進展した．人間の学習においてもメタ認知がきわめて重要な役割を果たしており，学習の鍵となっていることが明らかになってきている（三宮 2008）．

5 ●心の理論・メタ認知・メタ学習

学習とメタ認知は強く結びついているが，心の理論 (theory of mind) もメタ認知や

学習と密接に関係する．心の理論は，心理学者のプレマックらによる「チンパンジーには心の理論があるか？」(Premack and Woodruff 1978) という論文によってはじめて言及された．動物は人間と同じように，同種の他個体にも心があると考え，それを使って他者の行動を予測したり，説明したりすることができるのだろうか，という問いかけである．その後，心の理論はチンパンジーだけではなく，人間の乳幼児や自閉症児の認知能力と深く関わるものとして心理学や認知科学分野でさかんに研究されている．

心の理論の実態についてはまだまだ不明の部分が大きい（鈴木 2002）が，その表面的な機能は，自分の認知や他者の認知についての認知を扱う能力をもつことであり，他者の心を読むことである．それによって，相手の認識の上に立って相手の行動や意図を理解し，自分の認識や行動を調整する．これまで，こういった能力がチンパンジーなどヒト以外の動物にも存在するのか，あるいはヒト特有なのかが争われてきた．しかし最近ではそのような二者択一の問題ではないという見解が主流になりつつある．この分野の第一人者であるトマセロもかつては，他者を自己と同じように意図と心理状態をもった存在として認識する能力をヒト特有のものとしてきたが，最近ではチンパンジーなど高等霊長類にもそれらの能力を認めている（トマセロ 2006；Call and Tomasello 2008; 板倉 1999）．しかし，連続性は認められても，やはりその差は大きい．さらに現代人に限ってみれば，言語能力の獲得によって他者の心を読み，他者の行動の意図を理解し，これからの行動を予測する能力が格段にパワーアップしていることは明らかである．実際幼児における心の理論の十分な発達は 4～5 歳以降とされている．

心の理論とメタ認知は学習にも顕著に関わっている．模倣はヒトの学習においてもっとも重要な要素である．模倣がなければ学習は成り立たない．他者の行為の目的を真似すること（エミュレーション）はチンパンジーでも可能だが，ヒトに特徴的な模倣は目的のみならず身体動作そのものからそっくり模倣することである．生田久美子 (1987) は日本の伝統芸能の習得過程がもつ西欧式の教育とは根本的に異なる特性を明らかにした．日本では弟子は師匠が示す芸の「形」を徹底的に模倣することからはじまる．模倣を繰り返すうちにやがて自らの形を第三者の視点，「師匠の価値を取り込んだ第一人称的視点」から客観的に批判し，吟味の対象としてとらえることができるようになる．その後，目に見えるものだけに限らず，さまざまな要素を含んだ芸の世界全体の意味連関を理解し，それによって形の必然的意味を理解する．その段階で形の模倣が自らの主体的な動きになる．伝統芸能の習得は，徹底した模倣を通して師匠の視点を獲得し，さらにそれを主体化・内面化することによって自己の芸を成り立たせるものである．

このような徹底した模倣による学習は明らかに効率性を尊ぶ方法ではない．トマセロ (2006) のいうように，他人の気持ちを通して学ぶこと，すなわち他者の認知を通して自らの認知を獲得するメタ学習なのである．分析的に見るならば，心の理論やメタ認知が縦横に働いているヒト特有の学びと教えの姿であり，「教えない教え」の基盤をなすものである．

6 ●制度と教育

6-1 制度的事実と構成的規則

最後に，以上のような学びと教えがどのような意味で「制度」と関係するのか検討しよう．制度は明らかに人間社会の基盤をなすものであり，あれこれの制度の形態や機能，制度間の相互関係などについては頻繁に語られている．しかし，その存立基盤については正面切って議論されることはほとんどなく，制度そのものの正体についてはブラックボックス扱いされている (Dubreuil 2008)．そのような状況の中で哲学者ジョン・サール (Searle 1995, 2005) は積極的に制度の原理的側面について論じている．サールの考えをごく簡単にいうと，制度とは「皆がそうと認めることによって成立している権利と義務の体系」である．

サールは事実 (facts) を人間の意志や行動とは無関係に存在する自然の事実 (brute facts) と，人間の集合的な志向性 (collective intentionality) を含む事実に分け，後者を社会的事実 (social facts) とする．そしてその部分集合としての制度的事実 (institutional facts) を設定する．制度的事実の特徴はステイタス機能 (status functions) にある．ステイタス機能とは「C というコンテクストにおいては，X を Y と見なす」という形の規則によって，集合的意図として Y に付与されるステイタスとその機能である．Y は，物でも人でもイベントなどでもよい．ステイタス機能のポイントは，その機能はステイタスを付与された人（物，イベント）が本来もっている機能ではなく，ステイタスを付与されたが由にもつに至ったものだという点である．たとえばアメリカ合衆国の 20 ドル紙幣は，物理的には印刷された紙切れに過ぎないのだが，人びとがそれを 20 ドル札と認めるかぎりにおいて 20 ドル札としてのステイタスをもち，それに付随した権利と義務によって世の中に流通するものとなっている．また，アメリカでは，国民全体の政治的リーダーとして選挙によって選出された者は大統領というステイタスを付与され，国民に対して義務と権利の諸関係をもつことになる．

このように「Cというコンテクストにおいては，XをYと見なす」という規則の適用がステイタス機能とその集合である制度を生み出す．こういった規則はすでに存在する事物を制御するような統制的規則（regulative rules）ではなく，それによって新しい行為の世界を作り出す規則であり，構成的規則（constitutive rules）と呼ばれる．構成的規則の実行によって出現するステイタス機能の存在こそが，人間の社会たるものを他の動物にも見られる社会構造や社会行動とは異なるものとしているとサールは強調する（Searle 2005）．制度の本質はステイタス機能と同時にさまざまな義務と権利を生み出すことだ．それは，新しい力をもった人間関係の創出であり，制度の出現によって人間は大きな社会的パワーを得ることになったというのである．

6-2 制度を支える認知能力と社会的条件

　サールの考える構成的規則の適用としての制度は，明らかに言語を前提としている．言語の発達なくして制度はあり得ないとサールはいう．そうだとすると制度の起源は初期人類が言語能力を獲得して以降ということになる．ただし，言語そのものはさまざまな能力の集積であり，ある日突然現れたものではないはずだ．したがって，進化史的観点から原初的な制度の出現について考える場合には，言語も含めてどの程度の認知能力がどのように関与したのか，そういった点についての研究が必要であろう．しかし，これはきわめて困難な課題と思われる．むしろ，逆の方向で考えた方がよいかもしれない．多くの実証的研究に基づいて，現代人の認知能力の実態と特性を調べ，制度というものを支えていると考えられる要因をその中に見つけ出すことである．
　科学哲学者のベノイト・デュブロイ（Dubreuil 2008）はサールの制度論の枠組みを保持しながらも，制度を設計しステイタス機能を付与するような能力を，言語そのものよりも，脳の実行機能（executive functions）の発達をともなう領域一般的な認知スキル（domain-general cognitive skills）の発達に求めている．強化された心の理論，ワーキングメモリの発達，同一事物に関する多重表象やメタ表象の形成などがその要素である．心の理論はサールが制度の核として想定する「皆がそうと認めることによって成立している権利と義務の体系」という部分と密接に関連している．20ドル札は肖像画のついた小さな紙切れではなく，他の品物やサービスと交換可能な紙幣であるが，それも「皆がそう考えている」からである．そして私がそう判断するのは「皆もそう考えていることを私が信じている」からにほかならない．その信念の回路が失われたときには，20ドル札はただの紙切れになってしまう．

構成的規則によるステイタス機能の出現が意味するのは，社会的事物の機能はコンテクスト次第であることである．これを可能にしているのは同じものを多重に見る認知能力，すなわち一つのものについて複数の表象，複数の準拠枠をあてはめる能力である（Searle 2005）．ヒトの幼児は18カ月あたりから「ごっこ遊び」をはじめるが，それは複数の表象の操作と他者の表象の表象というメタ表象の発達を意味している（Leslie 1987）．メタ表象は言語や芸術表現における比喩や抽象化，儀礼の象徴的事物，個々人の多様な社会的帰属など，生活のあらゆる場面で働いている．

　ところで，動物における進化の大きな要因は自然環境への適応であるとされているが，知性の進化においてはそれだけが原因ではない．霊長類は発達した認知能力をもつが，そこには霊長類社会における群れという社会集団の力が大きく寄与している．本書第1章で曽我亨が詳しく紹介しているように進化人類学者のロビン・ダンバー（Dunber 1992）は霊長類の脳の前頭皮質のサイズと群れのサイズとの比例関係を指摘し，それが生態学的環境要因ではなく，社会的環境要因に由来すると考えた．群れのサイズが大きくなるほど個体間の関係が複雑になり，さまざまな局面において認知的スキルを用いた問題解決の必要が生ずる．その結果，脳の重要な機能である知性が急速に発達したというのである．こういった知性は，技術的知性あるいはモノ的知性に対して，社会的知性とかマキャベリ的知性と呼ばれている（バーン・ホワイトゥン 2004）．

　社会的知性の発達は心の理論や多彩な表象能力などの心的諸能力の発達とも密接に呼応している．心理学者のニコラス・ハンフリー（2004）は「この社会的知性は最初は個人間の関係に関わる限局された問題を扱うように発達したのだが，やがて未開の精神のさまざまな制度へと姿を変えることになった．それは原初的な社会の特徴である血縁関係，トーテミズム，神話と信仰という高度に合理的な構造である」と述べている．

　制度に関わる以上のような諸要素を総合するならば，人間社会の原初的な制度は，脳という生物学的器官の進化，脳が生み出す心的諸能力の進化，そして個と群れをとりまく社会的環境の進化を背景として発生したものと考えられる．原初的制度の進化は，言語の進化の度合いに呼応して漸進的に生じた可能性もある．そして最終的には，言語的な定着化をともなった現在見るような諸制度の出現を見たのであろう．

6-3　学びと教えの制度的進化

　以上のような制度進化の諸条件が整う中で，学習と教育行動も進化してきたはず

である．制度の出現に関わるさまざまな要因は，本章で述べてきた学習と教育の諸要因と大きく重なっている．とくに心の理論，メタ認知，メタ表象といった諸能力はヒト特有の学びと教えの基盤でもあることはすでに見た．そのような状況を踏まえて，学びと教えと制度との関係を考えてみよう．問題は，学びや教えのどこがサールのいう制度的事実にあたるか，何が集合的に志向されたステイタスと考えられるかという点である．

　学習そのものは動物界に広く存在する一般的現象であり，これは自然的事実というべきものだろう．どのような動物も生得的な能力と生まれ落ちた環境に応じて学習し，適応的行動様式を身につけて生きていく．ただし，高等霊長類では生得的能力に加えて文化的行動としての学習も出現する．ヒトの場合も，生活史の初期の部分ではそういった生得的な能力に依存しながら環境に応じた学習を通して生活力を高めていく．その一方で，ヒトでは他の動物では稀にしか出現しない「教える－教わる」という行動も生得的なものとしてもつにいたった．チブラとガーガリー（2006）が主張するナチュラル・ペダゴジーやシュトラウスら（Strauss et al. 2011）のいう自然認知としての教示である．ただしこのレベルではあくまで生得的な行動様式としての教示者と学習者とのやりとりであり，意図的および文化的な教育行動とはいいがたい．

　その後の身体的・精神的発達とともに「教える－教わる」という相互行為は心の理論や言語的な能力を支えにして，多分に意図的および文化的におこなわれるようになる．それはアノニマスな関係における知識や技能の伝達ではなく，「教える者」「教わる者」として相手を認知しながらおこなわれる意図的・文化的伝達である．すなわち学習者をとりまく社会の中で「教える者」と「教わる者」というステイタスが出現するのである．ここにおいて「教える者」と「教わる者」はサールのいう意味でのステイタス機能をもつことになる．「教える者」はそう認められるがゆえに教え，それにまつわる権利と義務を遂行する．「教わる者」はそう認められるがゆえに学び，それにまつわる権利と義務を遂行することになる．

　公的な教育制度を備えた社会では，学校施設やカリキュラム，成績評価などが教育に関わる一連の制度およびその下位区分をなしており，教師と生徒もステイタスとして確立している．しかし，制度としての教育という関係をわれわれの知る学校教育だけに限定する必要はまったくない．すでに見たとおり，かならずしも明示的にではないにしても，家庭の中でも職場においても，さまざまな遊びの場においてさえも教えと学びは日々実践されている．ただし，学校教育における教育制度とそれらの一般の場における教育制度は同じではない．

　非近代的コンテクストにおける師と弟子という関係を見てみよう．そこでも師は

教える者，弟子は教わる者と見なされており，それらのステイタス機能は明瞭である．一見するとこれは学校教育における教師と生徒の関係と同じであるが，内容としては大きな違いがある．学校教育は19～20世紀の産業社会の出現に呼応した人材育成を主眼として導入された (渡辺 2010)．そのような学校教育を「社会的制度としての教育」と呼び，非近代的コンテクストにおける教育を「文化的制度としての教育」と呼ぶならば，「社会的制度としての教育」では教育の主導権は学校や教師にあり，教わる者には権利よりも義務が強調される．すなわち，社会中心的な考えに立つ強制的な教えが中心となっている．一方「文化的制度としての教育」では，教育の主導権は教わる者にあり，人は自らの必要と興味にしたがって主体的に学ぶ．「社会的制度としての教育」においては教師は無知な生徒に社会で必要とされる知識を伝授することをステイタス機能とする．両者はアノニマスな関係であってもかまわないし，その方が効率的かもしれない．一方「文化的制度としての教育」における師は一定の知識を伝授することよりも，弟子を自ら学ばせるためにこそ機能する．それはいわば「教えない教え」であり，弟子はそういった師に自発的に触発されることによって自ら学びの道を切り開いていく．両者はパーソナルな関係の中で相互に認知し，学びが熟成する．

　「文化的制度としての教育」では，教える者が明示的には存在しないこともよくある．そういうところでも教えと学びは十分に成立する．ある実験によると (Schmidt et al. 2011; Rakoczy et al. 2010)，教える者が明示されてなくても子どもはその場の状況から教わるべき人物を特定し，その行動から学ぶべき部分を取り出す能力をもつという．日常の一連の活動の連続の中で「教える者」はその行動を通して教えるべきことを発信し，「教わる者」はそれを自らの判断によって汲み取る．教え込まれるのではない．学ぶべくして学んでいくのである．既述のように，学びの意志があれば教えの環境は自然に出現するものだ．さらに一歩踏み込むならば，前述の動物や自然そのものを師とする学習のように「教える者」が実体的にはまったくいなくても学びは十分に成立する．ただし，その場合でも自分を「教わる者」と認知し，「教える者」としての師をステイタスとして認知することが必要である．

　サール (Searle 2005) は，制度はヒトと動物を決定的に分かつものだと主張する．それが自然にはないステイタスと機能を社会の中に創出し，権利や義務関係を通して生活の新しい枠組みと活動を生み出し，それによって新しいパワーを社会に注ぎ込むからである．自然の一段上のレベルでの社会の活性化である．進化的パースペクティブから学習や教えという行動を見るならば，ある段階における「教える者」と「教わる者」というステイタスの認知の出現こそ，たんなる観察学習や生得的な能力による教えの一方的な受容というレベルから，文化的制度としてのステイタス

機能に支えられた教育へとレベルアップする原点であったと考えられる．その時点からヒトは学びと教えの新しい次元に入ったということである．

参考文献

安藤寿康 (2011)「教育学は科学か思想か－進化教育学の射程」『哲学』第 127 集・慶應義塾 150 年記念論文集．87-117 頁．

アリエス，P. (1992)『「教育」の誕生』(中内敏夫・森田伸子訳) 藤原書店．

東　洋 (1987)「学ぶことと教えること」東洋他編『学ぶことと教えること』(岩波講座　教育の方法 1) 岩波書店．3-28 頁．

Boesch, C. (1991) Teaching among wild chimpanzees. *Anim. Behav.* 41: 530-532.

Boesch, C. and H. Boesch (2000) *The Chimpanzees of the Taï Forest: Behavioural Ecology and Evolution.* Oxford University Press, Oxford, New York.

Boesch, C. and M. Tomasello (1998) Chimpanzee and human cultures. *Current Anthropology* 39(5): 591-614.

Byrne, R.W. (2002) Imitation of novel complex actions: What does the evidence from animal mean? *Advances in the Study of Behavior* 31: 77-105.

Call, J. and M. Tomasello (2008) Does the chimpanzee have a theory of mind? 30 years later. *Trends in Cognitive Sciences* 12(5): 187-192.

Caro, T.M. and M.D. Hauser (1992) Is there teaching in nonhuman animals? *Q. Rev. Biol.* 67: 151-174.

Csibra, G. (2007) Teachers in the wild. *Trends in Cognitive Sciences* 11(3): 95-96.

Csibra, G. and G. Gergely (2006) Social learning and social cognition: the case for pedagogy. In: Y. Munakata and M.J. Johnson (eds.) *Processes of Change in Brain and Cognitive Development: Attention and Performance.* Oxford University Press, Oxford. pp. 249-274.

Csibra, G. and G. Gergely (2009) Natural pedagogy. *Trends in Cognitive Sciences* 13(4): 148-149.

Csibra, G. and G. Gergely (2011) Natural pedagogy as evolutionary adaptation. *Phil. Trans. R. Soc. B* 366: 1149-1157.

バーン，R.・ホワイトゥン，A. (2004)「マキャベリ的知性」ホワイトゥン・バーン編『マキャベリ的知性と心の進化理論 II』(友永雅己・小田亮・平田聡・藤田和夫監訳) ナカニシヤ出版，1-20 頁．

姉崎等・片山龍峰 (2002)『クマにあったらどうするか —— アイヌ民族最後の狩人』，木楽舎．

Dunber, R.I. M. (1992) Neocortex size as a constraint on group size in primates. *J. Human Evolution* 20: 469-93.

Dubreuil, B. (2008) The cognitive foundations of institutions. In: B. Hardy-Vall?e et N. Payette (eds.) *Beyond the Brain: Embodied, Situated and Distributed Cognition.* Cambridge Scholars Publishing, Newcastle, UK: pp. 125-140.

ハンフリー，N.K. (2004)「知の社会的機能」R. バーン・A. ホワイトゥン編『マキャベリ的知性と心の理論の進化論－ヒトはなぜ賢くなったか』(藤田和生・山下博志・友永雅己訳) ナカニシヤ出版．

生田久美子 (1987)『「わざ」から知る』(コレクション認知科学 6) 東京大学出版会.
稲垣佳世子・波多野誼余夫 (1989)『人はいかに学ぶか』中央公論新社.
板倉昭二 (1999)「霊長類における「心の理論」研究の現在」『霊長類研究』15：231-242.
クライン, R.G.・エドガー, B. (2004)『5 万年前に人類に何が起きたか？－意識のビッグバン』(鈴木淑美訳) 新書館.
黒田末寿 (1999)『人類進化再考』以文社.
Lancy, D.F. (2010) Leaning 'from nobody': The limited role of teaching in folk models of children's development. *Childhood in the Past* 3: 79-106.
Lancy, D.F., J. Bock and S. Gaskins (eds.) (2010) *The Anthropology of Learning in Childhood*. Altamira Press. Lanham.
レイヴ, J.・ウェンガー, E. (1993)『状況に埋め込まれた学習－正統的周辺参加』(佐伯胖訳) 産業図書.
Leslie, A. M. (1987) Pretense and representation: The origins of "theory of mind". *Psychological Review*, 94(4): 412-426.
マックグルー, W.C. (1996)『文化の起源をさぐる－チンパンジーの物質文化』(西田利貞・鈴木滋・足立薫訳) 中山書店.
Meltzoff, A.N. (1988) Infant imitation after a 1-week delay: Long-term memory for novel acts and multiple stimuli. *Developmental Psychology* 24: 470-476.
Meltzoff, A.N. and M.K. Moore (1977) Imitation of facial and manual gestures by human neonates. *Science, New Series* 198(4312): 75-78.
明和政子 (2004)『霊長類から人類を読み解く－なぜ「まね」をするのか』河出書房新社.
西田利貞 (1999)『人間性はどこから来たか－サル学からのアプローチ』京都大学学術出版会.
Paradise, R. and Rogoff, B. (2009) Side by side: Learning by observing and pitching in. *Ethos* 37(1): 102-138.
Premack, D. and Premack, A.J. (1994) Why animals have neither culture nor history? In: T. Ingold (ed.) *Companion Encyclopedia of Anthropology: Humanity, Culture and Social Life*. Routledge London, New York. pp. 350-365.
プレマック, D.・プレマック, A. (2005)『心の発生と進化－チンパンジー, 赤ちゃん, ヒト』(鈴木光太郎訳) 新曜社.
Rakoczy, H., K. Hamann, F. Warneken and M. Tomasello (2010) Bigger knows better: Young children selectively learn rule games from adults rather than from peers. *British Journal of Developmental Psychology* 28: 785-798.
ランシエール, J. (2011)『無知な教師－知性の解放について』(梶田裕・堀容子訳) 法政大学出版局.
三宮真智子 (編著) (2008)『メタ認知』北大路出版.
Schmidt, M.F.H., H. Rakoczy and M. Tomasello (2011) Young children attribute normativity to novel actions without pedagogy or normative language. *Developmental Science* 14(3): 530-539.
Searle, J. (2005) What is an institution. *Journal of Institutional Economics* 1(1): 1-22.
Strauss, S., M. Ziv and A. Stein (2002) Teaching as a natural cognition and its relations to preschoolers' developing theory of mind. *Cognitive Development* 17: 1473-1487.

鈴木貴之 (2002)「「心の理論」とは何か」『科学哲学』35(2)：83-94.
トマセロ，M. (2006)『心とことばの起源を探る』(シリーズ　認知と文化 4) (大堀壽夫　他訳) 勁草書房.
内田樹 (2005)『先生はえらい』筑摩書房.
渡部信一 (2010)「高度情報化時代における「教育」再考－認知科学における「学び」論からのアプローチ」『教育学研究』77(4)：14-25.
Yoon, J.M.D., Johnson, M.H., and Csibra, G. (2008) Communication-induced memory biases in preverbal infants. *PNAS* 105(36): 13690-5.

第2部

制度表出の具体相

第6章 アルファオスとは「誰のこと」か？
チンパンジー社会における「順位」の制度的側面

西江仁徳

◉ Keyword ◉
順位，記号（化），儀礼（化），慣習 convention，自生的秩序 spontaneous order

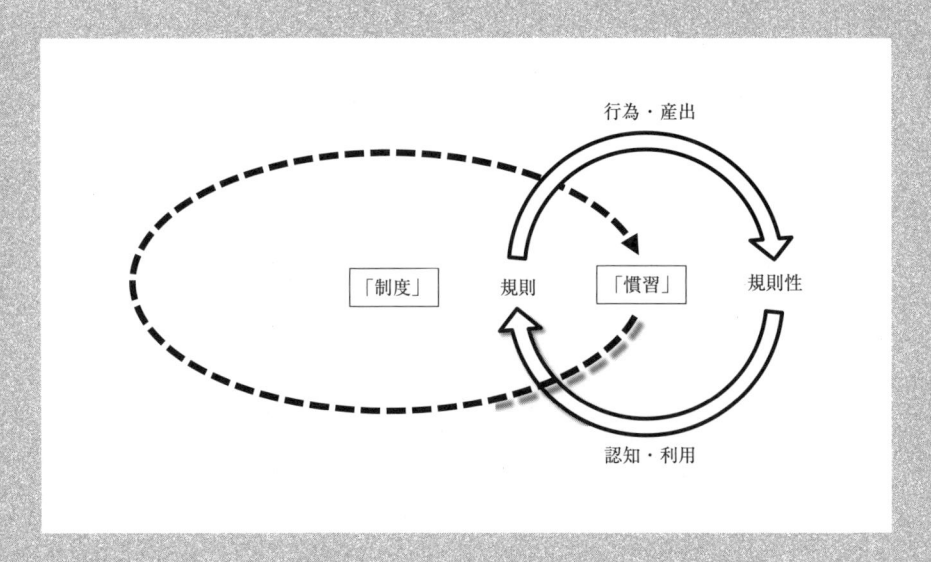

　生物は，環境中の規則性を認知・利用しながら，ある一定の幅をもった行為群を産出する．この循環が安定的に維持され，時間的に厚みをおびた行為・認知のしかたとなっていくとき，この循環は「慣習」となる．そして，この「慣習」がそれ自体を根拠として次なる行為選択に利用されるようになるとき，つまり「慣習」の再帰的・自己言及的な支持・強化がなされるようになったとき，この再帰的循環が「制度」の初発となる．このような「慣習」および「制度」の再帰的循環の形成は，何者かの「意図」や「理性」によって設計されたものではないという意味で「人為的」なものではなく，また完全に物理的（遺伝的）な条件によって固定・拘束されたものでもないという意味で「自然的」なものでもなく，「行為の結果ではあるが，設計の結果ではないもの」（F.A. Hayek）という意味で「自生的 spontaneous」なものである．このような「慣習」や「制度」は，物理的・社会的・歴史的な諸々の条件が大きく変化しない場合には安定した秩序を産出することを可能にし，またそうした条件の変化に応じて「自生的に」そのかたちを変えることもできる．こうした自生的秩序にもとづく「制度」が，人間を含めた生物社会の「制度」の進化史的基盤となっていると考えられる．

――予期せざる無数の現実に，有数の規範で対処すること，そこに能動性，または意志が入り込む余地がある．

　　　　　　　　　　　　船曳建夫　『儀礼における場と構造』

　本章は，チンパンジー社会における「順位」をめぐる現象を「制度」の文脈から検討することを通して，「制度」の進化史的基盤についての洞察を得ることを目的とする．そのさい，チンパンジー社会にみられる「順位」を所与のものとみなすのではなく，「順位」と呼ばれる現象がどのような社会的意味を帯びつつ実際の相互行為場面を構築・維持し，また逆にどのような相互行為によって「順位」関係が構築・維持されるのか，その再帰的動態に注目して分析していく．さらに，「制度」の進化的側面について検討するさいには，チンパンジーの「順位」を単に「人間社会の制度の原初的（萌芽的）なもの」とみなすのではなく，人間とチンパンジーが共有する「制度」の進化史的基盤としての「相互行為の秩序」の特徴について，チンパンジー社会におけるその具体的な現れ方をもとに検討していくことにしたい．

1 ●チンパンジー社会における「順位」と「アルファオス」

　動物の社会における「順位」にもとづく社会関係は，哺乳類や鳥類において幅広く観察され，とりわけヒト以外の霊長類の社会において顕著であることが知られている（Hinde 1974）．本章で扱うチンパンジーの社会における「順位」に関わる現象としては，とくにオトナオス間で顕著であること（Nishida 1970），オス間の順位序列は必ずしも直線的ではなく，どちらが優位個体かわからない場合もあること（Hayaki et al. 1989），ただし第一位にあたる「アルファオス」は通常はかなりはっきり確認することができること（早木 1990；川中 1991），第一位の獲得と維持にあたっては他のオスとの同盟や連合の形成・維持が重要であること（西田 1981；de Waal 1982），などが知られている．こうした「順位」をめぐる現象には，かつては「順位制」という用語が使われており，霊長類の社会構造との関係について幅広く議論された（伊谷 1973）．しかしその後，霊長類学が客観主義的な自然科学として自己規定していくにつれて，「順位制」という用語は，人間社会の制度を想起させる「擬人主義的」なものであることや，科学的な検証手続きになじまないこと，そもそも「順位制」の（とくにそれを「制度」と呼ぶことの）概念規定が明確でないこと，といった理由から次第に使われなくなり，「順位」現象を「制度」の文脈で検討することはほとんどなされなくなっているのが現状である（水原 1986；黒

田 1999).

　チンパンジーのオスの順位の確認には，攻撃や威嚇などの敵対的交渉の方向性のほかに，「パントグラント」と呼ばれる発声をともなう相互行為が用いられる．この「パントグラント」は，とくに出会いの場面において，劣位者が優位者に向けて発するとされており，この方向性を確認することで，二者間の優劣関係が確認される (Nishida et al. 1999)[1]．このパントグラントや敵対的交渉の方向性が多数の二者間で積算され，さらにすべての二者間の優劣関係を敷衍したかたちで，「オス全体の順位」を決めることができると想定されている．ただし，優劣関係があいまいな個体の組み合わせでは，互いにパントグラントや敵対的交渉がみられない場合もあり，また，優劣関係がはっきりしている場合でも，出会いの場面でパントグラントがみられない場合もあるため，個々の状況に普遍的に適用できるパントグラントの意味と機能を，「順位」関係を一義的に決定づけるものとして同定することは，実際にはかなり難しいという側面もある（早木 1990; 川中 1991; 坂巻 2005）．また，通常のパントグラントは，劣位個体が優位個体に接近しながら「アッアッアッアッ……」と呼気を連続して発声する定型的な行動パターンとなっているが，そのさいとくに劣位個体に非常に強い緊張感が見てとれる場合もあれば，ごく短く「アッ」と発声しながら「投げ捨てるように」「いい加減に」パントグラントして通り過ぎていくこともあり，その行動の現れ方はその場の状況に応じてかなり幅があるといえる．

　しかし，そういった行動の現れる状況や個体の組み合わせにある程度の幅があるにせよ，一般に第一位のオスである「アルファオス」に関しては，アルファオスに対する他個体からのパントグラントの方向性や，アルファオスから他個体に対する威嚇・攻撃交渉の方向性が安定していることから，チンパンジーの社会においてアルファオスの地位は比較的安定して観察できることが多く（川中 1991; 坂巻 2005），通常その存在はほとんど自明視されている．私自身も，野生チンパンジーの社会に「アルファオス」が存在することを前提として受け入れて観察を始めたし，とくにそのことを疑問に感じることもなく調査をすすめていた．

　ところが，私が二度目の調査を始めた 2003 年 12 月に，当時アルファオスだったファナナという壮年のオスが，何の前触れもなく突然失踪し，観察できなくなるという事態が起こった[2]．ファナナがいなくなった集団では，ファナナがいたときには第二位だったアロフというオスが，繰り上がるかたちで第一位（アルファオス）になったように見えたが，ファナナがもし戻ってきたらアロフとの関係はどうなるのかが見通せず，ファナナとアロフのどちらがアルファオスなのかが（少なくとも私にとっては）よくわからない，微妙な時期がその後しばらく続くことになった．

以下の節では，この「アルファオスの失踪」をめぐる事例を取り上げて，その一連の流れを分析することを通して，チンパンジー社会における「順位」の現れ方の制度的側面を検討していく．そのさい，とくに上記の「パントグラント」がどのような状況で生起するのか，また一般に互いの親和的関係の指標とされている「毛づくろい」がどのように使われているのかに注目して，分析をおこなっていくことにする．

2 ● アルファオス失踪の顛末

2-1　アルファオスの失踪

　私が初めて野生チンパンジーの調査をおこなったのは 2002 年 8 月のことである．初めて見るチンパンジーの顔と名前を覚え，観察を開始していくときに，ひときわ目立っていた個体が，当時アルファオスだったファナナという壮年のオスだった（写真 1）．ファナナに対する他個体からのパントグラントが非常に多く，またそのときにファナナが他個体を激しく攻撃して相手が悲鳴を上げて逃げまわることもあり，ファナナの周囲はいつもとても騒がしかった．チンパンジーを観察し始めたばかりだった私は，劣位個体からパントグラントされているにも関わらずすぐその相手を激しく攻撃するファナナの「理不尽さ」をうまく理解できずに戸惑いながら，またそうした攻撃を受けるリスクがあるにも関わらず劣位個体たちが次々にファナナに接近して大声でパントグラントを発することの「割に合わなさ」にそこはかとない疑問を抱きながら，いつもファナナの周囲で巻き起こる「騒々しさ」を少々疎ましくも感じていた．

　このときの「非常に目立つ」アルファオス像をもったまま，2003 年 11 月に二度目の調査に赴いたときも，ファナナの様子にとくに変わったところはなく，相変わらずファナナの周囲はパントグラントやケンカの悲鳴で騒がしかった．ところが，同 11 月 26 日の観察を最後に，ファナナは突如姿を消してしまい，その後しばらくのあいだ観察されなくなってしまった．チンパンジーの集団は，多くの個体が大きなまとまりとして集まったり，少数の個体を含む小さなサブグループに分散したりすることを繰り返す，「離合集散」と呼ばれる遊動の様式をもっており（伊藤 2009，第 7 章伊藤論文；第 8 章花村論文），このときも一時的にファナナが他の個体と一緒に分散しただけで，またすぐに戻ってくるだろうと高を括っていた．ところが 12 月には結局ファナナは一度も観察されず，2004 年の 1 月になってから，よ

写真1 ●老オス・カルンデ（左）から毛づくろいを受けるファナナ（右）

うやく少数のオスと一緒にいる場面が何度か目撃されるようになった．しかしその後も2月〜4月上旬にかけて，ファナナの観察の頻度は他の個体と比べてかなり低く，観察されたときにも少数の個体と一緒にいて，大きなまとまりを形成することはほとんどなかった．この期間中にファナナを個体追跡したさいの観察では，数百メートル離れた場所から多数のオトナオスが発したパントフートの声（長距離音声，第8章花村論文）が聴こえ，ファナナが急に進行方向を変えて猛スピードで走って逃げる，といった事例も観察された．つまり，ファナナは多くの個体（とくにオトナオス）との出会いを避けるようにして，単独もしくは少数の他個体とともに遊動していたと考えられた．

2-2　失踪後の最初の遭遇 ── 「濃密な」毛づくろい

2004年4月16日，ファナナが失踪後はじめて多数のオトナオスと遭遇する事例が観察された．このときファナナは，ボノボ，マスディ，アロフ（ファナナ在籍時に第2位だった，写真2），という3頭のオトナオスに相次いで遭遇し，互いに非常に興奮した様子のやりとりが見られた．以下にそのときのやりとりを，とくにオト

写真2●アロフ

ナオス同士の交渉に焦点をあてて，概略的にまとめる．

【事例1】2004年4月16日：ファナナと複数のオトナオスとの遭遇①

朝，ファナナが単独でいるのを発見して追跡を開始した．ファナナはその後採食などしながら夕方までずっと単独でゆっくりと南へ移動した．夕方，少し離れたところから単独個体の発したパントフート（長距離音声）が聴こえると，ファナナはすぐにかなりのスピードでパントフートが聴こえた方へ接近し，最初にボノボ（オトナオス）と遭遇した．遭遇直後から，ボノボがファナナに対してくり返し突撃ディスプレイをして，ファナナはかなり興奮してパントグラントのような声も発した．その後そこへマスディがやってきてファナナと合流して長時間にわたって繰り返し毛づくろいを交わし，ファナナは近くにとどまっていたボノボに対して除々に突撃ディスプレイをし始め，ボノボはファナナに追い立てられはじめた．その頃になってアロフが現れたが，アロフはファナナに対してまったく抵抗せず悲鳴をあげて樹上を逃げまわり，ファナナはアロフをひとしきり追いかけたあと，ファナナとアロフはかなり長時間にわたって非常に「濃密な」毛づくろいを交わした．また，その後周辺から合流してきたメ

スたちやワカモノオスは，アロフにではなくファナナに対してパントグラント
を発した．ボノボと遭遇した直後を除くと，概ねファナナは無事に「アルファ
オス」として集団に再合流したと感じて，この日の調査を終えて帰営したが，
翌朝この近くでアロフらを含む集団を発見したときには，ファナナは再び失踪
していた．

　このファナナと複数のオスとの遭遇事例を観察したとき，ファナナは「無事にア
ルファオスとして復帰した」ように私には感じられた．その理由は，(1) 最初にボ
ノボに遭遇した直後に激しく威嚇をされて悲鳴をあげていたのを除けば，とくにマ
スディと長時間にわたって毛づくろいを交わしたあとは，ボノボやアロフに対して
ひるむことなく突撃ディスプレイをみせていたこと，(2) ファナナがいなくなった
あと，繰り上がって第一位になっているように見えたアロフが，ファナナに対して
抵抗する様子がなく，悲鳴をあげて逃げまわっていたこと，(3) 他のメスたちやワ
カモノオスも，アロフにではなくファナナに対してパントグラントを発していたこ
と，などがあげられる．

　この事例は，ファナナ失踪後に最初に観察された複数のオトナオスとの遭遇事例
であり，そのためかファナナも他のオスもいつも以上にかなり興奮した状態がみら
れた．その意味では，通常の離合集散のパターンとして起こるオス同士の出会いの
文脈とは異なる「特殊な出会い」という側面もあるが，実際に起こっていたやりと
りとしては，敵対的な交渉が起こりつつも次第におさまり，その後はファナナに対
するパントグラントが観察され，それまで見慣れていた「いつものやりとりのしか
た」に収束していったように思われた．

　ただし，この観察を通して，私がとくに気になった「いつもとは異なるようにみ
える」やりとりがあった．それは，アロフが合流してひとしきり騒ぎがあったあ
と，ファナナとアロフの間で交わされた「濃密な毛づくろい」である．このとき，
ファナナとアロフは，樹上で互いに向き合って座り，それまでの騒ぎのせいかやや
汗ばんで少し毛が逆立った状態で，かなり長い時間（約18分間）にわたって互いの
体を非常に熱心に毛づくろいした．これが私にとって異様に「濃密な」ものに感じ
られたのは，木の下で観察していた私のところまで，ファナナとアロフが毛づくろ
いしながら口を動かす音が「ねちゃねちゃ……」と聴こえてきていて，明らかに興
奮冷めやらぬ様子のまま，にも関わらず「あたかも何事もなかったかのように」毛
づくろいに「必要以上に没頭している」ように見えたことによる．もちろんふだん
の毛づくろいでも，それに没頭したら激しく口を動かしながら熱心に毛づくろいを
することもあるのだが，このときはその直前の出会いのさいの一連の大騒ぎの流れ

から，こうした「濃密な」毛づくろいへとやりとりが続いていったことが，その毛づくろいを「まるでとってつけたような」「文脈にそぐわない」「大げさな」ものとして私に印象づけていたのだと思われる．

　無事に騒ぎも収束して，ファナナは元通りのアルファオスとして集団に復帰したように思われたのも束の間，翌日にはまたファナナは失踪してしまっていた．その後 8 月下旬に他のオトナオスたちとの 2 度目の遭遇を観察するまで，ファナナはまたほとんどの期間を単独で遊動することになる．

2-3　2 度目の遭遇 ――「過剰な」パントグラント

　2004 年 8 月 25 日の朝，ファナナがピム（ワカモノオス）とその母親のファトゥマと一緒にいるのを偶然発見し，追跡を始めた．昼前に，大きな谷の近くでパントフートが聴こえ，ファナナは声が聴こえた方に走っていった．私が追いついたときには，ファナナは谷の岩の上で，ボノボ（【事例 1】でも登場したオトナオス）と毛づくろいをしているところだった．その後，この場所にアロフを含む多くのオトナオスやメスたちが合流し，夕方まで大きな騒ぎになるのだが，以下にその概略をまとめる．

【事例 2】2004 年 8 月 25 日：ファナナと複数のオトナオスとの遭遇②
　　ファナナがボノボと毛づくろいを交わしていたら，アロフが川下側から激しく叫び声を上げながら現れ，ボノボはすぐにファナナのそばを離れてアロフのそばへいった．アロフもファナナもかなりの興奮状態でお互いに悲鳴のような声を上げていたが，アロフが徐々にファナナの方へ接近し，ファナナは激しく悲鳴を上げながら徐々に後退し樹上へと逃げた．近くにやってきたワカモノメスやワカモノオスは，ファナナにではなくアロフに対してパントグラントし，やがて執拗に接近を繰り返すアロフに対して，ファナナもついにパントグラントを発した．メスも続々とやってきて，やや遠巻きにしながら大騒ぎしていた．やがてカルンデやマスディ，カーターといったオトナオスが続々とやってきて，アロフとボノボとピムも含めて，ファナナのいる木の下でオスたちが激しく突撃ディスプレイを繰り返し，ファナナはこのあと夕方まで木から下りてこなかった．アロフは緊張のためか毛が逆立っていたが，遭遇直後のような悲鳴はもう上げておらず，またファナナに対して攻撃や威嚇をすることもなく，樹上でゆっくりとファナナに接近しようと繰り返し試みていたが，ファナナはアロフに対して激しくパントグラントや悲鳴を発してアロフから離れようとし続けた．ファナナは何度か木から下りようという動きを見せたが，その都度，木

の下でオトナオスたちが突撃ディスプレイを繰り返し，ファナナは悲鳴を上げながらまた樹上へ戻る，というやりとりが続いた．ファナナは樹上でカナート（ワカモノオス），プリムス，カドムス（いずれもワカモノオス）と毛づくろいを交わしたあと，ようやくアロフとも毛づくろいを交わした．このときファナナは悲鳴を上げながら毛づくろいしており，かなり緊張した様子が見られたが，断続的に約30分にわたってアロフとの毛づくろいが続いた．このあとアロフは何度か木から下りたりまた上ってファナナに近づいたりを繰り返したが，ファナナは木からなかなか下りてこず，樹上に接近してきたマスディとプリムスに対しても激しくパントグラントを発し，さらにプリムスの足をつかんで毛づくろいした．そのあとまたアロフは樹上のファナナに近づいて谷の対岸へ「誘導」してファナナもようやく木から下りてきたが，集団の動きとは反対方向にかなりのスピードで走り，アロフやマスディらがあとを追ったが，結局またファナナは行方をくらました．

　この事例では，私にはファナナのアルファオスからの陥落が決定的なものになったように見えた．その理由は，(1) アロフはファナナに対してパントグラントをしなかったが，ファナナはアロフにパントグラントしたこと，(2) 他の個体がファナナにではなくアロフに対してパントグラントしたこと，(3) ファナナは他のオトナオスたちからの敵対的交渉（威嚇や攻撃）を受けて恐慌状態となっており，かなり下位のオスと考えられていたマスディや，まだオトナの仲間入り前のワカモノオスであるプリムスに対してもパントグラントを発していたこと，などが挙げられる．

　前回の遭遇から4カ月以上経って，明らかに【事例1】とは異なるファナナと他のオスたちとのやりとりの様子が見てとれたのだが，一方で，行為の担い手の違い（例：誰が誰にパントグラントしたのか）を除くと，実際に起こっているやりとりの内容は，実はよく似通っていることにも気づく．たとえば，遭遇後にまず起こるのは，激しい興奮状態のなかで互いに悲鳴を上げて接近することであり，またその後引き続いて（いずれか一方から）パントグラントが発せられることである．こうした出会いの場面は非常に騒々しく，興奮のためかパントグラントもエスカレートして，悲鳴のような「大げさな」かたちで発せられていた．この騒ぎのなかで，突撃ディスプレイや攻撃が起こり，興奮はさらにその度合いを増す．しばらくして落ち着いてくると，一方が接近して毛づくろいが始まるが，この毛づくろいもその前の騒ぎの興奮を引きずって，互いに緊張感を漲らせつつおこなわれている．こうした共通したパターンを取り出せば，これらのやりとりはこの「特殊な出会いの文脈」に限らず，「通常の出会いの文脈」でも同じように観察される「いつものやりとりのしか

た」が，よりエスカレートした「大げさな」かたちでおこなわれているということができる（西田 1977; 北村 2009; 黒田 2009）．

　この事例は，確かにファナナがアルファオスから陥落した決定的な遭遇場面であったということもできるのだが，一方で，「なぜパントグラントしたら劣位の表明になるのか」「なぜパントグラントしたのにファナナはまた逃げ出さなければならなかったのか」「毛づくろいは『和解』や『親密さ』のしるしではないのか」など，考えてみると腑に落ちない点が残る．そもそも「パントグラントを発した側は劣位である」とか，「毛づくろいには互いの親和的関係の維持と確認の機能がある」といった命題は，観察者である私たちが観察の便宜上いわば「勝手に」採用した行動解釈上のルールである．しかし，パントグラントや毛づくろいといった相互行為が，チンパンジーたちにとっていかなる「社会的なルール」にしたがったものになっているのかは，あらためて検討する余地がある．以下ではこれらの問題について，上記の事例に沿いつつ，「社会的な出会いの場面における状況の不確定性と，相互行為の規則性」という側面から，さらに検討を加えていくことにする．

3 ●「過剰な」毛づくろいとパントグラント ──「形式化した」=「儀礼的」相互行為

　ここで見た二つの事例は，アルファオスが失踪後に再び集団の他のオトナオスと遭遇したさいのものである．野生のチンパンジー集団で，アルファオスが失踪する事例はこれまでにもいくつか報告があるが（西田 1981; 上原 1994; 保坂・西田 2002），こうしたアルファオスの失踪と再会は日常的に頻繁に起こることではないという意味で，チンパンジーたちにとっても「特殊な出会い」であったと思われる．実際に，いずれの事例においても，ファナナと他のオスたちが遭遇した直後に，双方ともかなりの興奮・恐慌状態となっていることは，この遭遇がチンパンジーたちにとっても「ふだんとは異なる」特殊な出会いであったことを示している．

　この「ふだんとは異なる」特殊な出会いは，その参与者にとっては「いつもと勝手が違う」ために，「どうふるまえばよいのかが見通しにくい」という特殊性を帯びている．つまり，「いつもと同じやり方」がいつも通り通用するのかどうかがわかりにくい状況となっている，ということである．こうした「文脈の手がかりのなさ」は，それに引き続く「自らの行為選択の手がかりのなさ」となって，実際に参与者たちを戸惑わせることになり，興奮や恐慌を引き起こしていたと考えられる．

　しかし，この参与者たちの「戸惑い」「興奮」「恐慌」は，それに引き続いて繰り

出されていくやりとりを通じて次第に収束していったように見えた．このときチンパンジーたちはどのようにしてこの「いつもと異なる特殊な出会いの文脈」を乗り越えていったのだろうか．

　私自身もこれらの場面を観察しながら，「いつもと異なる遭遇場面」に少なからず興奮して，次に何が起こるのか予測できないというある種の緊張感さえ感じていたのだが，しかし上記の事例の記録を再度見直してみると，この場面で実際にチンパンジーたちがしていた相互行為は意外にも「いつもと変わらない」「おなじみの」ものばかりだったことに気づく．つまり，パントグラントと毛づくろい，そして突撃ディスプレイといった「いつも通りの」やりとりのしかたが，「大げさ」で「強調された」かたちではあったものの，この特殊な出会いの文脈で利用されていたのである．

　いったんは慌てふためいて混乱していたように見えたこの特殊な出会いにおいて，いつも通りのやりとりのしかたに沿ってそれぞれの行為が繰り出されていくなかで，次第に事態は収束していくことになった．このとき，チンパンジーたちは，この「いつもとは異なる特殊な出会い」の場面において，その「文脈の手がかりのなさ」を目の前にしたとき，「いつも通りのやりとりのしかた」をとにかくやってみる，というかたちで，その不安定な社会的文脈に一定の手がかりを与えようとしていたのではないかと考えられる．つまり，相手と特殊なかたちで出会ってしまったものの，そこでこれから何が起こるのかわからない，どのように対処していいかわからない，という不確定な状況を前にして，「とりあえずいつものやり方を試してみる」ことによって，その場に一定の秩序（＝規則性）を産み出し，その暫定的な秩序をさしあたっての手がかりとしつつ，互いの行為の接続可能性を模索していたのではないか，ということである．

　自分の直面している状況が見通せないとき，どのようにふるまってよいかわからず混乱したり恐慌状態に陥ったりしつつも，「とりあえずなじみのあるやり方をやってみてその反応をみる」ことによって，その状況に一定の秩序を産み出そうとすることは，その「なじみのあるやり方」が「探索的行為」として利用されている，ということを意味している．つまり，その行為が当該の不確定な状況の推移を「決定する」わけではなく，またその行為自体の「内容」に意味があるわけでもない，という意味で，「さしあたりやってみること」としてその行為の「形式」が選択・利用されている，ということである．そのさい，「その行為をすることにいったい何の意味があるのか」は，状況が不確定な以上，行為してみるまではあらかじめわかりようがないが，「さしあたりいつものやり方をやってみる」ことで，それに対する相手の反応を見ることによって，その後の状況の推移の「幅」をある程度限定

できる，ということである．この「状況の推移の幅」というのは，言い換えれば，「互いの行為選択の幅」のことであり，つまり互いの行為選択の幅が限定されることによって，行為選択の困難が低減し，またそのことによってその後の状況に一定の規則性＝秩序がもたらされる蓋然性が高くなると考えられる．

このような「不確定な状況への慣習的行為による対処」は，この慣習的行為のもっていたはずの「内容」をひとまず棚上げして，その「形式」に依存するというやり方になっている．状況が不確定である以上，その状況に対して「確実に適切な行為」を選択することは不可能になっているわけだが，そのときそこで選択されている「いつものやり方」としての慣習的行為は，既存の状況への適切性という目的志向的な基準で（つまりその行為がもっていたはずの「内容」に応じて）選択されているとは考えられず（そもそも不確定な状況にさらされているのだから），むしろ「その行為の『形式』を相手に差し出してみることによって状況に一定の秩序をもたらそうとする」ような，探索的かつ秩序産出的な性質を帯びていると考えられる．つまり，このとき選択されている慣習的行為は，不確定な状況に直面したさいに，「いつものやり方」がもっていた「形式」を利用して互いの出方を探索するものとして利用されており，結果的に互いの間に（その不確定な状況に）一定の秩序を産出しているのである[3]．

こうした「形式」に依存した慣習的行為の利用は，より一般化して考えれば，「内容」からの離脱をともなうという意味で，「記号的」行為となっているともいえるし（北村 2008），また集団のメンバーシップを確認し安定した共存状態を創り出しつつ一緒に活動を共有する可能性を確保しようとして「演じられる」定型的な相互行為という意味で，「儀礼」的行為であるともいえる（北村 2009，第 11 章北村論文）．実際に，ここでとりあげたチンパンジーの相互行為には，「記号」「儀礼」的性質がより強調されたかたちでみてとれる．たとえば，【事例 1】の「濃密な」毛づくろいは，その前の一連の興奮と混沌のあとで，ひとまず一緒にその場に居続けることを可能にするべく選択された，手っ取り早くなじみ深い「形式」としての毛づくろいであり，その場で「相手との親密な関係を実現する」というよりは，単に「相手と一緒にいることを可能にする」ようなものとして「でっちあげられ」「演じられ」ている毛づくろいなのだと考えることによって，その「過剰」ともいえる毛づくろいへの没頭が理解可能になる．つまりこのとき，「毛づくろいの機能や意味（内容）」が問題になっているのではなく，「毛づくろいしていることそれ自体（形式）」が，その場に共在することを可能にする相互の関係づけに利用されているのであり，それが「ふだんの毛づくろいの文脈」を離れた「仮のもの」「借りもの」であるために，「大げさ」で「過剰な」ものとして「演じられて」いるのだと考えられる（北

村 1986, 2008）[4]．また，いずれの事例でも観察された「大げさな」突撃ディスプレイやパントグラントは，特殊な出会いの文脈において「いつも通りの行為の形式」を「演じる」ことによって，予期せぬ出会いにおける興奮が際限のない敵対的交渉に発展する危険性を回避し，出会いの文脈の不確定さを「いつもの出会いの場面における関係づけのしかた」へと回収すること可能にしていると考えられる．この場合にも，「この特殊な出会いにおいて通用するかどうかは不確かだがさしあたりいつものやり方を試してみる」というかたちで探索的に行為が繰り出されているため，「いつものパントグラント」や「いつもの突撃ディスプレイ」の文脈から離れた「形式」としてのパントグラント／突撃ディスプレイは，その「過剰さ」がより強調されたかたちで現れることになるのだと考えられる[5]．

　一方で，こうした相互行為の「記号化」＝「儀礼化」は，ここで示したような「特殊な出会いの文脈」に限らず，「いつもの出会いの文脈」においても生じていると考えられる．すでに示唆したように，出会いの場面でパントグラントや突撃ディスプレイ，毛づくろいなどの相互行為がおこなわれるのは「いつものこと」であり，またそうであるからこそ，こうした特殊な出会いにおいても秩序を産出することができたのだと考えられた．しかし，ふだんの出会いの文脈においても，その「いつもの」行為選択が適切なものになるかどうかは，そこに自分が制御できない「究極の不確定要因である他者」がいる以上，「実際にやってみないとわからない」のであり，あらかじめその場の社会的状況を見通して設計したプランにしたがって行為する，というわけにはいかないのである．だとすると，毎回相手と出会うたびに何をしたらいいかわからず混乱してしまう，ということが起こってもよさそうだが，そうならないで済んでいるのは，結局のところ「いつも出会ったときにはそうしているのだから今回もそうする」という「慣習」に依存することによって，行為選択の幅が一定の範囲に制約され，そして一方の行為の慣習的規則性に依拠して他方もふるまうことによって，相互行為の推移（状況の推移）に一定の秩序がもたらされることになるのだと考えられる．

　このような，状況の不確定性（不可知性）を前にした主体が，慣習化された行為を利用することで，結果として産出される社会的秩序とその規範的側面について考察したものとして，D・ヒュームの「慣習 convention」概念を継承・発展させた，経済学者・社会哲学者 F・A・ハイエクの「自生的秩序 spontaneous order」に関する議論がある（Hayek 1967a, 1967b, 1969, 1973; 森田 2009）．以下ではこのハイエクの議論を参考にしつつ，とくに「パントグラントと順位」の関係を軸にして，チンパンジー社会における慣習的行為の利用による秩序の形成の問題をさらに検討し，「制度」の進化史的基盤についての議論に接続する．

4 ●「自生的秩序 spontaneous order」としての「順位」

　第1節で説明したように，チンパンジー社会における「順位」は，「パントグラント」の方向性（劣位個体→優位個体）と，攻撃・威嚇などの敵対的交渉の方向性（優位個体→劣位個体）にしたがって決まっていると考えられている．逆に言えば，パントグラントは「チンパンジー同士の順位関係の確認のためにおこなう」と言われることもあるし，敵対的交渉は「優位個体がその力（優位性）を誇示するためにおこなう」とされることもある（Goodall 1986）．つまり，いずれの場合も，「順位（優位/劣位性）」と「行為（パントグラント/敵対的交渉）」との関係は，循環論的に定義されていることになる．

　しかし，この「順位関係」と「相互行為」の結びつきは，本来的（必然的）なものではなく二次的なものであることが，早木（1990）によって示唆されている．早木によれば，出会いのさいに必ずしもパントグラントなどの挨拶行動が起こるとは限らず，互いの優劣関係を明確にすることが必要な社会的状況である場合に限って，挨拶行動は優劣関係と結びついているというのである．また，パントグラントをともなう典型的な挨拶行動は，もしそれが「優劣関係の確認のために」用いられるのであれば，互いの優劣関係があいまいな者同士の間で頻繁に挨拶が交わされるはずだが，実際にはそうしたペアではほとんど挨拶行動が見られず，むしろ順位の差がはっきりしているアルファオスに対するパントグラントが圧倒的に多いことから，パントグラントが優劣関係の確認の機能を持つことにも懐疑的な見解を述べている（早木 1990）．さらに，劣位者がわざわざ攻撃されるリスクをともないながら優位個体に対して接近しつつパントグラントをすることについて，一般的には優劣関係は「劣位者の自制」によって維持されると考えられているにもかかわらず，劣位個体によるパントグラントがあまりに「目立ちすぎる」ことから，チンパンジーの挨拶行動の背景にある社会性には優劣で律しきれないものが横たわっていることを示唆している（早木 1990）．

　私はこの早木の見解は，一般的な「順位とパントグラントの定義」を大きく上回って，チンパンジー社会のリアリティをかなり正確に捉えていると考えるが，だとすると逆に，なぜ「（記号化した）パントグラント」によってわれわれ観察者はその行為と必然的な関係のない「順位」を確認できるとされているのか，またチンパンジー同士の相互行為においても，「パントグラント」がそれに引き続くやりとりの推移に（互いの優劣関係にもとづいた）一定の秩序を産み出しているように見えるのはなぜか，さらに，チンパンジーたちは当該の出会いの文脈が「優劣関係の確認

が必要なものかどうか」，つまり「いままさに進行中の状況における行為選択としてパントグラントが必要かどうか」をどうやって認識・判断できるのか，といった問題が残る．以下この点について，ハイエクの「自生的秩序」にもとづく制度論に照らしながら，さらに検討してみる．

　ハイエクは，人間の行為とその秩序化について，またその結果として形成された法＝制度の進化について，「自生的秩序 spontaneous order」という概念を軸にして論じている．彼はまず，人間を含む動物一般の感覚・認知システムのもつもっとも基本的な性質として「分類」をあげ，環境の知覚は一定の規則性を示す事象のクラスの要素としておこなわれること，生物個体はその規則性を経験を通して「学習」していくことによってその生存を維持していること，その結果，環境の知覚は生物個体がもつ感覚器官の「フレーム」によって刺激が選択されており，不可避的に「正確な世界像とはなりえない」こと，つまり動物（人間）は必然的に環境についての「不完全知 ignorance」（森田 2009）しか持ちえないことを，議論の基礎に据えている．このような認知システムを備えた生物主体は，環境中の情報をくまなく正確に収集した上で行為のプランをあらかじめ形成し，そのプランにしたがって行為を産出するような「完全合理的」存在ではなく，系統発生的・個体発生的制約のなかで一定の範囲にある状況群を「分類」して同一のものとして扱うことによって，それらに対して同じ反応をするような行為の規則的パターンを産出することによって，その生存の蓋然性を高めている，というのがハイエクの生物主体に関する基本的認識となっている．

　このような「不完全知」しか持たない主体が，環境中でその生存を確かなものにしようとするときに，環境中のあらゆる情報を個別に認識することはそもそも不可能であり，環境中の蓋然性の高い事象によって構成されたパターン（規則性）を前提として，認知と行為がなされることになる．これは，生物一般の問題としては，系統発生上の「適応」や，個体発生上の「学習」と呼ばれる現象にあてはまる．そして，こうした環境の規則性の認知とそれにもとづく行為の規則的パターンの産出は，その環境がより可変性・可塑性の高い「社会的環境」の場合には一層重要な問題となってくる．本章でこれまで論じてきたように，社会的出来事においてはそこに究極の不確定要因となる「他者」が登場するからであり，社会的環境は「他者」の存在によってその不確定性をより根源的なものにしていると考えられるからである．

　このような不確定な状況に直面した生物主体は，いくつかの階層からなる「ルール」にしたがって認知・行為することで，その状況に一定の秩序を産出し，それを手がかりとしつつ状況の不確定性を乗り切っていく，とハイエクは論じている．ハ

イエクの想定するルールは，(1) 遺伝的に受け継いだ「種としての学習」の産物としての生物的（系統的）ルール，(2) 個体発生的な学習の産物である慣習的ルール，(3) 意図的・目的合理的に構築される設計的ルール，の三つに分類され，それぞれに対応するかたちで，(1') 自然的秩序 physis，(2') 自生的秩序 cosmos，(3') 人為的秩序 taxis，という性質の異なる三つの秩序が産出される，としている．その上で，生物はそれぞれの系統的ルールにしたがって自然的秩序を産み出すという点では共通しており，また人間においても「人為的秩序 taxis」を産出する「設計的ルール thesis」の現れとしての「実定法 positive law」は，法制度の歴史（あるいはルールの進化）において派生的なものであり，「自生的秩序」の生成に関わる「慣習的ルール nomos」にもとづく「慣習法 common law」が，人間社会の制度としてより基底的なものであると主張している．つまりハイエクは，人間社会にみられる諸制度の基盤は，各々の社会における「慣習的ルールにもとづく自生的秩序の産出」にあると考えているのである．

　ここでハイエクが重視する「自生的秩序」は，生物主体の行為の結果として生じるという意味で「自然的」でなく，また生物主体が意図的に設計したものではないという意味で「人為的」でもなく，時間的な過程を経て形成されていく発生的な現象であるという意味で「自生的 spontaneous」なものである．そして，こうして自生的に形成されていった秩序は，個体発生的な学習を通して社会的に共有されることで「慣習 convention」となり，その慣習的規則性を認知し次なる行為に利用することで，社会的な秩序が徐々に形成されていくことになる．このとき，個体が認知・行為の前提とする社会的環境の規則性である「慣習 convention」は，個体発生に先立って成立している（歴史がある）という意味で，個体にとっては「先験的」「必然的」なものとなっている．そして，その慣習を学習によって身につけ，慣習的に行為できるようになっていったとき，個体の経験に先立って成立していた慣習は地平化して意識されなくなる．これは，M・ポランニーが「暗黙知」と名づけたものであり，ハイエクの自生的秩序論においても個体が学習した慣習的ルールに対応するものとして特に重視されているものである．このとき，生物個体は社会的な秩序（慣習的ルール）を学習することを通して，同様な状況において（意識することなく）繰り返し同じ行為を規則的に産出することができるようになり，また個体が一定の規則性のある行為を（意識することなく）繰り返すことによって，社会的な場面に結果的に一定の秩序が産出される，という意味で，個体の認知・行為（の規則性）と社会的秩序（慣習）との間で，循環論的（再帰的）支持関係が成立していくことになる．

　ハイエクの議論において，自生的秩序にもとづく「制度」（の初発）は，この社会

的秩序と個体の認知・行為の循環論的支持構造の成立を指している（森田 2009）．このような循環論的（再帰的）構造として制度が成立したとき，「ある事柄について社会の構成員の大多数の間で『判断が一致』している状況が個々人のレベルでは判断停止を担保しつつ，逆に判断停止した人々の行為が集合して，まさにその状況を支えている状態」（森田 2009）となる．つまり，「制度」が成立したとき（「制度」がそれとして機能しているとき），生物個体は自らその「制度」にしたがって認知・行為していることを意識することなく，またその他の認知・行為の可能性（選択肢）が見えなくなった状態で，認知・行為の範囲を限定することで一定の秩序を産出しつつこれを利用できるようになる．そしてこのとき，生物個体にとっては「その他の認知・行為の可能性（選択肢）が見えなくなっている」という意味において，その認知・行為のしかたが「必然的」なものになっており，「いつもみんながそうしているから」というだけの「慣習にもとづく根拠」しか持っていなかったはずの「規則性＝秩序」が，あたかもそれにしたがうことが「必然」であるかのように，認知・行為の幅を限定・制約する「規則」となる．このようにして，生物は環境についての情報を完全に正確に認知することなく，行為の目的合理性を追求することで逆に行為不可能になるようなジレンマに陥ることもなく，なおかつ「慣習」にしたがって行為することで一定の秩序を産出することによって，（自然的／社会的）環境との間に安定的な関係を維持し生き続けることが可能になっていると考えられるのである．

　ここで取り上げたハイエクの議論が，本章で論じてきたチンパンジー社会における「慣習的行為の利用による秩序形成」という問題に直接関わっていることは明らかだろう．本章でこれまでみてきたようなチンパンジーの社会的な相互行為に現れる規則性（秩序）は，「彼らの行為の結果ではあるが意図的に設計されたものではない」という意味で「自生的」なものであると想定できる．たとえば，出会いの場面で「定型化した行為の形式を用いて互いの関係づけをおこなう（例：一方がパントグラントする）」ことは，そのようなルールがたとえば「過剰な敵対的交渉を避ける目的」にしたがって彼らによって目的合理的に設計された「人為的な」ものだとは考えられず，またたとえば「優劣関係を常に参照・確認するような認知や行為を指定する遺伝的基盤」のようなものによって完全に固定された「自然的」なものだとも考えられない．チンパンジーの社会的な出会いの場面において「定型化した行為の形式を利用して互いの関係づけをおこなう」ことが可能になっているのは，「これまでそのようにしてきたから」という「底の抜けた根拠」（つまり行為・認知と秩序の循環論的支持構造の「外」に基礎づけることができないという意味で「無根拠」）によっているのであり，これは結局「これまでそのようにしてきた結果，大きな不都

合が起こらなかったから」という「消極的な根拠（弱い意味での「適応」）」によって支えられてきたと考えられる．そして，この「底の抜けた根拠」によって支えられた行為は，「そのようである必然性がない」という意味で「恣意的な」ものとなる可能性があるが，このことは，パントグラントや突撃ディスプレイ，毛づくろいといった相互行為がある種の「記号」となり，「儀礼的」な行為となっている，という上述の議論とも接続しているのである．

　以上の議論をまとめると，チンパンジー社会における「順位」をめぐる相互行為のやり方は，「これまでいつもそのようにしてきたから」という「慣習」にもとづいた彼らなりの「制度」に支えられながら，また同時にその「慣習」にもとづく「制度」を創り出していくような，社会的・歴史的な行為実践となっている．その「彼らなりの制度」は，法文があるわけでもなければ誰かが設計したものでもなく，逸脱が起こったからといって必ずしも制裁を受けるようなものではないが，相手との不適切でない関係づけの秩序をその都度の共在の場面に創り出し，またその秩序にしたがって認知・行為することで他者との共在の場面に不可避的に随伴する不確定性を探索的に乗り越えることを可能にし，彼らの社会に一定の秩序を自生的に生み出すような「制度」となっている．そして私たち人間の観察者は，この「彼らなりの制度」を全的に見渡せるような場所にいるわけではなく，パントグラントや敵対的交渉といった個々の相互行為と「優劣関係にもとづいた互いの関係づけ」との循環論的支持関係を「定義」として採用することで，同じ「制度」のなかに巻き込まれつつ，その場その場に彼らが創り出す「社会的な秩序」の痕跡を観察することになっているのである．

5 ●「制度」の進化論へ向けて

　不確定な状況への対処のしかたとして，慣習的行為による探索とそれへの反応を重ね合わせることによって一定の秩序を産出する，というやりかたは，本章で論じてきたようなチンパンジーの社会的相互行為の場面に限らず，動物の生きる世界に幅広く見出すことができる．たとえば，動物は常に環境との適切な関係づけをおこないつつ，その生活を維持していくが，このときおこなわれている環境との関係づけにおいては，それ自体としてはあまりに複雑な環境情報について，自らの行為選択の幅に対応するものを探索的に選別・認知していく過程が基本的なものとしてある．これは生物がその生活環境内にアフォーダンスを探索・検知することと対応しているといえるし（第11章北村論文），また生物が環境中に適切なニッチを構築す

る営為と対応しているという意味で，生物の「生態」(環境との関係づけ) 全般においてその基盤を見出すことができる (第12章足立論文).

さらに，相互行為場面において「形式」に依存した行為が「過剰な」かたちでみられる，という現象は，動物のコミュニケーションにおける「儀式化 ritualization」として古くから知られている．一般に「儀式化」とは，信号としての機能をもたない行動がディスプレイへと進化的に変質すること (およびその過程) をさし，このとき共通してみられる特徴として，行動に誇張や反復がともなうこと，同じ強度に固定されること，紋切型で単純化すること，などが知られている (櫻井 2000)．つまり，本章で論じたような相互行為における「形式」の利用は，人類の進化に限らず「社会性」をもつ幅広い系統群でみられるものであり，その意味では人間社会の制度と他の動物における「儀式化」は，共通の進化史的基盤から系統発生した異なる表現型だと考えることができる．

本章で論じたチンパンジー社会における「記号的＝儀礼的」相互行為は，人間の社会においては典型的には「儀礼」として現れるものであり (第3章田中論文；第11章北村論文；船曳 1985, 1987；内堀 1989；浜本 2001)，その意味では，人間の社会に見られる制度と，チンパンジー社会における「記号的＝儀礼的」相互行為の形式は，その進化史的基盤を共有したものであるといえるだろう．その共有する「制度」の進化史的基盤とは，すでに論じたように，「認知・行為と秩序 (慣習) との循環論的関係」であり，この関係が成立したときに，生物は「制度」を意識することなくその生活を安定的に維持し，行為の「形式」を利用することで状況に安定的な秩序を産出し，自生的な秩序にもとづいた慣習を頼りにして行為選択の幅を限定しつつ，不確定な状況に直面してもその都度手がかりを探索しつつ秩序を産出して生き続けることが可能になっているのである．

このように，生物は自然環境との絶えざる相互作用を基盤としつつ，さらに同種他個体との社会的なやりとりを維持・生成し続けるなかで，そこに自生的な秩序を産出し，また産出された秩序を慣習として次なる行為選択に利用しながら，その生きる世界に「制度」を現出させ，またその「制度」を繰り返し生き続けている．チンパンジーの「制度」は，人間のそれとは確かに異なるが，これはそれぞれが異なるやり方で集団を形成し，それぞれ異なる秩序を産出し，その慣習にしたがって相互の社会的な関係づけを組織化したときに，結果として現れた「社会」の違いである．その意味では，チンパンジー社会の「制度」は，人間社会の制度の進化史的基盤そのものではありえないし，共通の基盤から分岐してそれぞれが長い進化の歴史を歩んだ末に各々の社会に沈殿させることになった，進化史的な時間の厚みをもった「先験的慣習」の違いとして理解されるべきものであるだろう．

注

1）西田ら（Nishida et al. 1999）によるパントグラントの定義：Pant-grunt: Goodall (1989): "A series of soft or loud grunts functioning as a token of respect given during greeting by submissive chimpanzees and during submissive interactions... A highly fearful individual may utter frenzied pant barks that may be labeled pant-screams." At Mahale, while pant-grunting adult females may <present> to adult males, who may mount the females and show thrusting. In response to pant-grunting by young adult and adolescent males, alpha males may jump on or attack them without being appeased. このように，行動パターンとしての「パントグラントの意味」と，社会関係としての「順位（優位／劣位）関係」は，互いに循環的に定義されていることに注意が必要である．この点についてはのちにあらためて論じる．

2）チンパンジーのアルファオスが集団の多くの個体から離れて単独で遊動し，順位の交代が起こった事例は，これまでタンザニアのマハレ（西田 1981；上原 1994；保坂・西田 2002）やゴンベ（Goodall 1986）などで詳細に報告されており，本章の事例はまったくの新奇な事例というわけではないが，その頻度はせいぜい数年に1回程度であり，日常的に頻繁に起こることでもないということは，のちの分析に関係する事実として記しておく．

3）水谷（2005）は，ジンメルの『社会学の根本問題』における「社交（会話・相互行為）における形式の優位性（＝遊戯形式 Spielform）」の指摘にもとづいて，「会話において現れる社交の純粋な諸形式は，相互行為における内容を一切捨象した上でも残るものであり，その意味では，相互行為一般の可能性の条件を形成している」と述べている．本章における「不確定な社会的状況における相互行為の形式の利用」についての指摘は，この水谷の主張に対応したものであると考えられる．

4）内堀（1989）は，タンバイアの「儀礼の内旋 involution」の議論に依拠しつつ，儀礼の表現形式の特徴として「繰り返しの過剰」を挙げている．つまり，「儀礼は本来的に何らかの繰り返しを組み込んでいる行為系」であり，「その本質からして内旋への可能性を常に内在化させている」が，その繰り返しが過剰になり，「儀礼がより一層儀礼らしくなりすぎること」が「儀礼の内旋」なのだとしている．内堀の議論は，人間社会において見られる諸々の行為を含んだ「儀礼」についてだが，この指摘は，本章における「儀礼的相互行為（「過剰な」毛づくろいやパントグラント）」についても同様にあてはまると考えられる．

5）もちろん「特殊な出会い」に直面した興奮によって，行為がエスカレートして「大げさな」ものになっている，という側面はあるが，むしろここで強調したいのは，そのような興奮・恐慌状態にあってなお（そのような不確定な状況に直面してなお），「なじみのあるやり方」を繰り返し「演じて」しまうような，その定型的な行動パターンの安定性とそれへの強い依存を可能にしているものは何か，という論点である．

謝辞

本章の執筆にあたって，制度論をハイエクの自生的秩序論から再検討するという構想は，水谷雅彦氏（京都大学）からご教示をいただいた．氏には草稿にも目を通していただき，多くの有益なコメントもいただいた．氏に深く感謝するとともに，記述に何らかの不十分な点があるとすれば，それは著者自身の問題として，

ご寛恕いただきたい．

参考文献

de Waal, F.B.M. (1982) *Chimpanzee Politics: Power and Sex among Apes*. Jonathan Cape.（F. ドゥ・ヴァール（1984）『政治をするサル』西田利貞（訳），どうぶつ社．）

船曳建夫（1985）「非文字コミュニケーションの場としての儀礼」『文化人類学』1：40-47.

船曳建夫（1987）「儀礼における場と構造」伊藤亜人・関本照夫・船曳建夫編『現代の社会人類学　第2巻：儀礼と交換の行為』東京大学出版会，3-29頁．

浜本満（2001）『秩序の方法－ケニア海岸地方の日常生活における儀礼的実践と語り』弘文堂．

早木仁成（1990）『チンパンジーのなかのヒト』裳書房．

Goodall, J. (1986) *The Chimpanzees of Gombe: Patterns of Behavior*. Harvard University Press.（ジェーン・グドール（1990）『野生チンパンジーの世界』杉山幸丸，松沢哲郎（監訳），ミネルヴァ書房．）

Hayek, F.A. (1967a) The result of human action but not of human design. In F.A. Hayek: *Studies in Phylosophy, Politics, and Economics*. Routledge and Kegan Paul Ltd.（ハイエク FA (2009) 行為の結果ではあるが，設計の結果ではないもの．『思想史論集』（ハイエク全集第Ⅱ期第7巻）八木紀一郎（監訳），中山智香子，太子堂正称，吉野裕介（訳），春秋社．5-20頁．）

Hayek, F.A. (1967b) Dr. Bernard Mandeville. *Proceedings of British Academy*, vol. 52, 125-141.（ハイエク FA (2009) 医学博士バーナード・マンデヴィル．『思想史論集』（ハイエク全集第Ⅱ期第7巻）八木紀一郎（監訳），中山智香子，太子堂正称，吉野裕介（訳），春秋社．49-76頁．）

Hayek, F.A. (1969) The primacy of the abstract. In A. Koestler and J.R. Smythies (eds.): *Beyond Reductionism: the Alpbach Symposium*. Hutchinson.（ハイエク FA (2009) 抽象的なるものの先行性．『哲学論集』（ハイエク全集第Ⅱ期第4巻）嶋津格（監訳），長谷川みゆき，中村隆文，丸祐一，野崎亜紀子，望月由紀，杉田秀一，向後裕美子，登尾章，田中愼（訳），春秋社．155-176頁．）

Hayek, F.A. (1973) *Law, Legislation and Liberty, Volume 1: Rules and Order*. The University of Chicago Press.（ハイエク FA (2007)『法と立法と自由Ⅰ：ルールと秩序』（新版ハイエク全集第Ⅰ期第8巻）矢島鈞次，水吉俊彦（訳），春秋社．）

Hinde, R.A. (1974) *Biological Bases of Human Social Behaviour*. McGraw-Hill.（ハインド RA (1977)『行動生物学（下）：ヒトの社会行動の基礎』桑原万寿太郎，平井久（監訳），講談社．）

Hayaki, H., M.A. Huffman, and T. Nishida (1989) Dominance among male chimpanzees in the Mahale Mountains National Park, Tanzania: A preliminary study. *Primates* 30: 187-197.

保坂和彦・西田利貞（2002）「オストラシズム－アルファオス，村八分からの復権」西田利貞・上原重男・川中健二編『マハレのチンパンジー－《パンスロポロジー》の37年』京都大学学術出版会，439-471頁．

伊谷純一郎（1973）『高崎山のサル』講談社．

川中健二（1991）「父系集団のオスたち－チンパンジーのオスの社会的成長」西田利貞・伊沢紘生・加納隆至編著『サルの文化誌』平凡社，217-239頁．

北村光二（1986）「ピグミーチンパンジー－集まりにおける「仮」の世界」伊谷純一郎・田中

二郎編著『自然社会の人類学－アフリカに生きる』アカデミア出版会，43-70 頁．
北村光二（2008）「「社会的なるもの」とはなにか？ －他者との関係づけにおける「決定不可能性」と「創造的対処」」『霊長類研究』24：109-120．
北村光二（2009）「人間の共同性はどこから来るのか？ －集団現象における循環的決定と表象による他者分類」河合香吏編『集団－人類社会の進化』東京外国語大学アジア・アフリカ言語文化研究所，39-56 頁．
黒田末寿（1999）『人類進化再考－社会生成の考古学』以文社．
黒田末寿（2009）「集団的興奮と原始的戦争－平等原則とは何ものか？」河合香吏編『集団－人類社会の進化』東京外国語大学アジア・アフリカ言語文化研究所，255-274 頁．
水原洋城（1986）『サル学再考』群羊社．
水谷雅彦（2005）「コミュニケーションと倫理学（下）」『哲学研究』580：109-129．
森田雅憲（2009）『ハイエクの社会理論－自生的秩序論の構造』日本経済評論社．
Nishida, T. (1970) Social behavior and relationship among wild chimpanzees of the Mahali Mountains. *Primates* 11: 47-87.
西田利貞（1977）「マハレ山塊のチンパンジー（Ⅰ）－生態と単位集団の構造」伊谷純一郎編著『チンパンジー記』講談社，543-638 頁．
西田利貞（1981）『野生チンパンジー観察記』中央公論社．
Nishida, T., T. Kano, J. Goodall, W.C. McGrew and M. Nakamura (1999) Ethogram and ethnography of Mahale chimpanzees. *Anthropological Science* 107: 141-188.
坂巻哲也（2005）「野生チンパンジーの服従的発声行動，パントグラントの研究」京都大学博士論文．
櫻井一彦（2000）「ディスプレーとコミュニケーション」日高敏隆編著『新版 動物の行動と社会』放送大学教育振興会，37-49 頁．
内堀基光（1989）「儀礼の変質－内旋とイベント化」『一橋論叢』101：182-197．
上原重男（1994）「マハレ山塊国立公園で観察されたチンパンジーの雄の単独生活」『霊長類研究』10：281-288．

第7章 | 共存の様態と行為選択の二重の環
チンパンジーの集団と制度的なるものの生成

伊藤 詞子

◉ Keyword ◉
「みんな」/「私たち」, 問題, 行為選択, 共存の様態, social 集団, 「そうするもの」

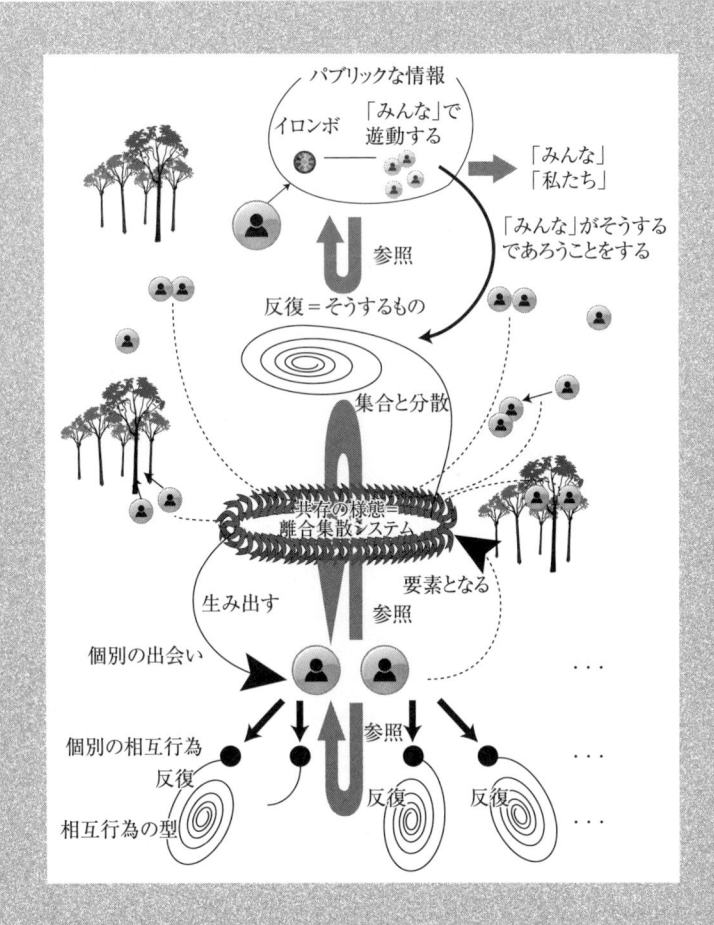

すべては共存の様態とともにある．共存の様態抜きに，「そうするもの」も「みんな」も「あなた」も，そして「わたし」すら存在しない．

文化と自然の区別は，文化が自然に対して自由に意味を『押しつけ』，それによって自然を自分の思うがままに利用できる《他者》にかえ，シニフィアンの観念性と，支配の様態とをとる意味づけの構造を温存する階層秩序を促進するものである（バトラー 2009: 80）

　いっそう重要なのは，その（閉じ込めの）装置が監獄を介して一方では法律上の懲罰と，他方では規律・訓練上の機構として等質化された点である．（中略）行刑技術を規律・訓練の施設のなかでも最も悪意のない施設にまで普及させる大いなる監禁連続体が組み立てられようとし，規律・訓練面の諸規格は刑罰制度の核心に伝えられ，どんなに些細な違法行為でも，どんなに僅かな不正でも，逸脱や異常もが非行性ではないかと恐れられる．（フーコー 2010: 297-298）

　本書の前身となった『集団‒人類社会の進化』（河合 2009）では，多くの場合所与とされてしまう集団の，そこに生きる者が具体的な相互行為を通して生成していく側面の重要性が指摘されている．同書終章で黒田末寿が述べている通り，この具体相としての集団とは，人であれ動物であれ，「生物社会の共存の様態」（同書 309 頁）そのものである．黒田はこれを構造化された society と区別して，social（社会的絆）集団と呼んでいる（同 308 頁）．social 抜きに society は存在し得ないという意味で，social 集団は基底的である．

　本章はこの social 集団に着目し，これを起点にマハレ（タンザニア）の野生チンパンジー（*Pan troglodytes*）が，集団レベルおよび相互行為レベルで，次の行為を選択する場面に焦点を当てる．本書の多くの章で，「みんながそうするもの」といった慣習が相互行為レベルの行為選択の際に重要な役割を果たしていることが指摘されている．この章では，チンパンジーにとって「みんな」とはどのようなものなのか，そして「そうするもの」という慣習が，集団レベルで生成する現象を取りあげる（2節）．相互行為レベルの行為選択については，他の章（第1章曽我論文，第4章早木論文，第6章西江論文，第8章花村論文，第11章北村論文）でも詳細に論じられているが，ここではチンパンジーにとって選択がなぜ問題となるのか，彼らの共存の様態に立ち戻って検討したい（3節）．このようにして，本章では制度を外挿された何かではなく，共存の様態として捉え直すことを試みたいと思う．

1 ●共存の様態 —— 離合集散システム[1]

　チンパンジーは朝起きてから夜眠るまで，食べたり休んだりを繰り返しながらあちこち移動して回る．眠る場所もその時々で異なり，樹上に葉付きの木の枝を折り畳んで簡単なベッドをこしらえて眠る．日中は，一人で過ごしたり，誰かがやってきてしばらく一緒に過ごしたり，その間にまた別の個体も往来したりする．誰かに出会っても，ずっと一緒にいるわけではなく，一緒にいる相手は次々と変わっていく．こうした離合集散は，複数のまとまりがくっついたり離れたりを繰り返すのではなく，個体レベルで起こる．チンパンジーの共存の様態は，こうした個体レベルの出会いと別れが次々に，あちこちで連なり続けることで成立する．

　観察をする際に，ターゲットとなる個体を追跡しながら，いつ誰と一緒に居たかを記録していくと，ターゲット個体を含め，年間を通して常に平均4〜5頭程度（アカンボウとコドモを除く）で過ごしていることがわかる．もちろん単独で過ごしていることも多々ある．4〜5頭という平均値は，現在までに調べられているどこのチンパンジー調査地でも同程度である．この4〜5頭の互いに見える状態にあるまとまりは，ターゲット個体が同様の別のまとまりに合流したり，他の個体がやってきたり，と予測不能な形でメンバー構成を変え続ける．

　こうした変幻自在の離合集散の場面や，少数の個体だけで過ごしている場面を見ていると，彼らが集団を形成しているとはなかなかわからないものである．今日は誰に会った，昨日は誰に会った，という記録を積み重ねていったとき，ようやく彼らが常に行動を共にしているわけではないものの，一定のメンバーとだけつきあっているということがわかるのである．つきあうということの中身は，明示的な社会交渉を行う場合から，ただ単にその場に居合わせるという場合まで様々である．この漠然とした集団は，マハレでは少なくとも50年近くは継続している．この集団をチンパンジーの場合は特別に「単位集団」と呼ぶ．マハレのM集団の場合，この継続的な離合集散に参加するメンバーは，様々な年齢のオスとメスすべてひっくるめて60頭前後にまで達する．しかし，彼らも観察者である我々も，実際にこの単位集団の全容を目にすることはほぼないと言ってよい．チンパンジーたちの日々の離合集散の繰り返しとその継続こそが共存の様態なのである．では，チンパンジーにとって，この現実に見ることのない集団は，自身を含むなんらかの一つの集合体として意味を持っているのだろうか．次節ではこの点について検討する．

2 ●みんながそうすること[2]

　マハレで1年以上調査をした者は，チンパンジーがいつ頃よく見られるのかを予測している．よく見られるという表現には，発見効率のよさ，たくさんの個体に会えるということ，そしてほぼ毎日チンパンジーに会える，といったさまざまな事柄が含まれるが，ともかくも集まっていることはわかるのである．裏を返せば，あまり見られない時期もあるということでもある．一日がかりで広い範囲を探し回って，ようやく発見したとしても少数の個体，場合によっては1頭にしか会えないこともあるのだ．もちろん，全く発見できないこともある．こうした，どんな時期によく見られる，あるいは見られないのかといった予測を補強するのは，現地でイロンボと呼ばれる果実のなり具合である．

　この節の話は，研究者たちが持っているこうした印象を裏付けるものでもあるのだが，よく考えると不思議な点がある．別にいつでもバラバラに過していたらいいじゃないかという疑問，そしてバラバラに散らばっていたチンパンジーがどのようにして集まることが可能なのかという疑問である．

　本題に入る前に，関連するチンパンジーの食について少し解説しておこう．チンパンジーの主な食べ物は果実だが，花や樹皮など植物のほとんどの部位を利用するし，哺乳類や鳥などの肉やシロアリなどの昆虫を食べることもある．これまでにマハレでわかっている植物性食物の種類数は，198種，328品目に及ぶ（中村他 1999）．植物は種や個体ごとに，果実・花・若葉などの生産に季節性や周期を持っている．したがって，チンパンジーはそうした植物の成長動態に合わせて，生息地内を転々としながらあちらでは果実A，こちらでは果実B，また別の所で果実A，といったように不均一に分布する食物を探し，単独もしくは少数のメンバーで食べる．

　写真1の果実は先に述べた木本のツル植物，イロンボの果実である．マハレのチンパンジーは，熟すとソフトボール大になり，黄色く色づくこの果実を非常によく食べる．最もよく食べられる食物となり得ているのは，この植物が他の植物に比べて分布域が広く密度も高いこと，といった特徴に支えられている．また，1997～2001年までの資料を見る限り，他の果実食物に比べて果期が長く，その上，毎年安定した密度と周期で結実する．

　チンパンジーは，実を付けたイロンボの密度が大きく増える直前の，まだ量的には少ない8月にはすでに集中してこの植物を利用し始めている（図1）．この集中的な利用はイロンボがなくなるまで続く．こうした食べ方は他の果実食物では見られ

写真1 ●イロンボの果実

ない．もちろんイロンボの実ばかりを食べているわけではないので，イロンボの結実期間中に他の食物にシフトすることもある（例えば，図1の10月）．しかし，1年を単位に見れば，最もよく食べられる食物であることには変わりない．

　ここで少し視点を変えて，チンパンジーの土地利用をみてみよう．中村ら（Nakamura et al 2013）は，16年に及ぶM集団の遊動データをもとに，彼らの土地利用のパターンを分析している．これによると，イロンボの果実を食べ始める時期に一致する8月に最も広い範囲を動いている．イロンボの果実をめぐるこうした遊動範囲の拡大は，以前から知られている（Nishida 1968）．総合すると，チンパンジーたちはまだ少ないイロンボの果実を，広い範囲を歩いて探し出しながら食べているのである．

　ここまでは，食べ方も土地利用も，密度が高くどこにでもあるイロンボを個々の個体が効率的に利用しているだけとも取れる．ただし，これは果実生産が始まったとたんに探し出して食べているという点を除けばの話である．この環境変化の「兆し」を引き金に生起する集団的現象こそが本節の主題である．

第7章　共存の様態と行為選択の二重の環

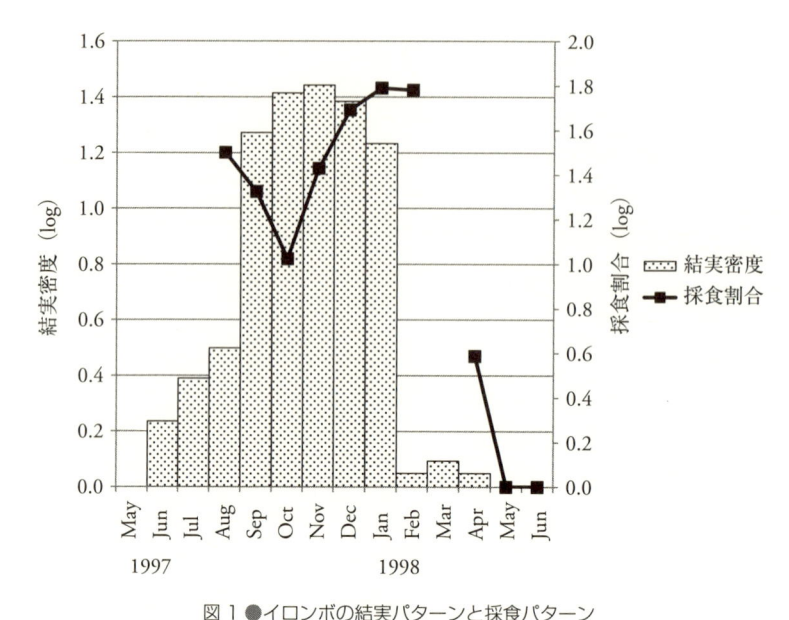

図 1 ●イロンボの結実パターンと採食パターン
注：採食行動の資料については，8月からのみ．3月は資料が少なかったので割愛した．採食割合は，植物性食物の採食にかけた時間全体に対する，イロンボの果実を採食していた時間の割合を示す．

2-1 集合と分散

　M集団は季節的に，単位集団のほぼ全員がゆるやかにまとまって遊動し，それが数カ月に渡って継続することが知られている．1節で述べたように，チンパンジーは離合集散しながら互いに見える状態にある一時的まとまりを形成するのだが，それと同時に，頻繁に離合集散しあうことを通して，その全貌を目で見ることはできないものの，より大きなゆるやかなまとまり（以下，遊動集団）を創り出すのである．西田利貞は「これを鳥瞰することが出来るならば，さながらアメーバーのようであろう」と記している（Nishida 1990）．個々のチンパンジーたちは，一直線に移動しているわけではなく，縦横無尽に時に行きつ戻りつしながら，互いに頻繁に離合集散しつつその一日を皆である一定の方向に遊動するのである．確かに伸び縮みしながらうごめくアメーバーのように見えるかもしれない．こうした集合季と異なり，分散季にはチンパンジーたちは広い範囲に分散し，離合集散の頻度も下がる．後述するように，この対面レベルでの離合集散とは異なる，集合・分散現象はM集団の特徴でもある．

　この集合・分散現象と果実生産動態の関係について，4年間の資料を分析したと

ころ，強い正の相関関係があることがわかった．先述のとおり，他の果実食物の生産量（密度）は年によって大きく変動するのに対し，イロンボの結実は年によらず季節周期も量も安定している．つまり，集合・分散現象は果実一般というよりも，イロンボの果実生産動態に強く影響を受けていると言える．この集合の時期こそがこの節の初めに述べた，チンパンジーがよく見られる時期であり，分散季にはどうがんばってもチンパンジーはなかなか見つからないのである．一定の地域にチンパンジーたちが凝集していれば，方々探し回らずともちょっと足を伸ばせば次々にいろんな個体を発見できるが，分散しているチンパンジーを発見するのは至難の業なのである．

結実したイロンボの密度と，集合の度合いの間の正の相関関係は，食べ物が多ければ個体間で競い合わずに食べることができるので集まることが可能だ，とする採食理論によって部分的に説明できる．しかし，これは集まることが可能だというだけで，実際に集ることを直接説明しているわけではない．しかも，実際に食べる際には他の季節同様，4～5頭の一時的まとまりのメンバーとだけで食べているのだから，多くの個体がゆるやかにまとまりながら共に遊動するのは不思議と言えば不思議な話である．

2-2　環境の情報と「みんな」

ここまでの情報 —— イロンボの結実の特徴，イロンボが採食される際の特徴，集合・分散現象 —— を総合してチンパンジーが何をしているのかを検討してみよう．

まずは食べ始めのタイミングで起きていることから見ていこう．イロンボが実りだしたのでこれを食べ始めるというのは，一見当たり前のように見える．しかし，実りだしたイロンボはまだ量的には少ないので，これを集中して食べるというのは，単純な環境変化への反応とは考えにくい．

同じ場所でみんなで食べるわけではないにも関わらず，わざわざ一緒に遊動している理由もよくわからない．同じタイミングで，広い範囲を利用するという特徴もあった．通常，移動距離が長くなるのは，集団のサイズに対して食物量が少ない，あるいは，小さな食物パッチが点在する場合とされる（Wrangham et al. 1993; Chapman et al. 1995）．とすれば，広い範囲を動くことになっているのは，集まったせいだということになるので，効率としては悪いことをやっていることになる．

採食場面における他個体の存在を，単なる競合相手としてだけでなく捉える研究も多数ある．足立薫は食べるという行動を，社会システムを生成する継続的なコミュ

ニケーションと捉えている（足立 2003）．すなわち，「変動し続ける環境にあって」個々の個体が次の行為選択を行うにあたり，「他個体の遊動パターン，採食行動，音声コミュニケーションなどを観察することによって，食物のありかや，そこに期待される食物の量，避けるべき場所の存在」を知ることが実際に重要な位置を占めているのである（同 221 頁）．自らの認知に基づく情報はプライベートな情報と呼ばれ，この他個体の認知に基づく情報は，パブリックな情報と呼ばれる．

　他個体の行動がパブリックな情報として機能するには，相手が見えていることが肝要である．ところが，今扱おうとしているのは，散らばって過ごしていたチンパンジーたちが，具体的にいつ誰がどこで何を食べているのかを直接観察できない状況下で，同じものを食べ，共に遊動するという現象が出現するプロセスだ．しかも，食物量という点ではマイナスに働いてもいい状況で，である．

　先に述べたように，イロンボは結実の周期に入ると，毎年安定して生産量を増やしていく傾向がある．イロンボの実り初めという環境変化の「兆し」は，「これからもっと増えるだろう」という情報として利用可能なほどに安定していると考えられるのだ．イロンボを毎年よく利用するチンパンジーにとっても，「予測」可能だと考えられる．他個体の認知を利用していないという点で，これはパブリックではなく，プライベートな情報という区分になるだろう．ただし，このプライベートな情報だけでは，実際に行われている個体の行動は決められない．その行動とは，まだ少ないイロンボを集中して食べることと，広い範囲を動くことと，みんなでそれをやることの 3 点に関わる．しかし，上記のプライベートな情報が，「みんなで遊動して食べる」ことと結び合わされているとすればどうだろうか．

　これまで見てきたイロンボの実り初めの時期ではなく，実際にイロンボの果実がたくさんある時期は，その必然性はないとしても，大きな遊動集団を形成してイロンボを食べ歩くことを可能にする条件を満たしている．もし，この「イロンボの季節はみんなで遊動する」という経験が繰り返され，「そうするもの」として蓄積されてきたとすれば，イロンボが実りだしたという環境の変化を引き金に，繰り返し同様の状況を生み出すような行動を取るようになることはそれほど突飛な発想ではないと思われる．例えば飼育下のチンパンジーは，繰り返し行なわれる行事（例えば，実験）について，現れる人の組み合わせや，使用される機材の一式，場所などから，実際にそれが行われる前に自分が何をするのかを「推測」しているように行動する[3]．毎年安定した結実のパターンを示すイロンボと，それにともなってみんなが同じようなパターンで行動することが繰り返されたとき，個体のプライベートな情報と，他の個体もそうするであろうという「予測」が重なり合い，そしてそのとき，「イロンボがなり始めた」という情報は，他個体の行動は目に見えないという意味

> **用語の定義**
> ・視覚的接触：ターゲットとなる追跡個体の視界内に他の個体が現れた時点．1分以上相手が見えない状態が続いた時点で，接触の終了とした．
> ・エピソード：ターゲットとなった個体が，単独であれ他の個体と視覚的に接触している場合であれ，その構成が一切変化しない限り一例として扱った．メンバーが1頭でも変わればその時点で新たなエピソードの開始とした．本章第1節の一時的なまとまりに同じ．
> ・注1：コドモやアカンボウの動きは追えないことも多々あるため，オトナとワカモノ個体のみを扱っている．
> ・注2：エピソードは開始から終了までを確認できたもののみをここでは扱った．

では特殊ではあるが，パブリックな情報となりうるのではないだろうか．

　このことをさらに補強する材料として，2点付け加えておこう．M集団ほどの巨大な遊動集団が，何カ月にもわたって継続的に形成される現象は，他地域では見られていない．そもそも，こうした大きな遊動集団という現象そのものがほとんど報告されていない．これは，イロンボもしくはそれに匹敵する果実食物がないこととも関係しているだろう．M集団の生活圏ではイロンボが非常に多いが，隣の集団の生活圏ではそれほど多くなく，まだ不明な点は多いものの遊動のパターンも異なるようである．したがって，ここで言うM集団のパブリックな情報とは，ここで生活している者にとってのものだということである．他の単位集団からM集団に移籍してきたメスは，しばらくの間，誰かに追随して行動している（伊藤 2009）のだが，それはこうしたパブリックな情報が集団によって異なり，それは経験することによってしか知りえず，それを知ることなしに，M集団での暮らしは成り立たないからではないだろうか．

　「みんな」というのは必ずしも「全員」を意味する必要はない．実際，単位集団の全員が見える範囲に集まるわけではないし，オスとメスが2頭だけでみんなから離れて遊動していることもあれば，会わない間に死んだ者，産まれた者，そして新たに別の単位集団から移籍してくる者などを考えれば，端から端まで特定することなど不可能である．それでも，広い範囲に分散して過ごしている多くのチンパンジーたちが，目に見えない「みんな」もそうするであろうという「予測」に依存して行為選択を行うということは，離合集散という具体的行為を通して作り上げるsocial集団とともに，彼らにとっての「みんな」，あるいは「私たち」というイメージと

してのsocial集団があることを示していると思うのである．

3 ●チンパンジーが出会うとき

1，2節で見てきたように，M集団のチンパンジーたちは互いに離合集散し合ったり，「みんな」がこう行動するであろうという「予測」に基づいて集合したり，あるいは分散したまま過ごしたりといった様々な行為選択を行う．何度見ても，「せっかく集まったのはきっとみんなといろいろ関わりたいに違いない」とか，「分散していて久しぶりに出会ったのだから，いろいろつもる話，もとい，つもる毛づくろいもあるだろう」といった我々観察者の思いと，チンパンジーの実際の行動にはどうも温度差がある．喜んで近づいたかのように見えて，その後特に何かするでもなかったり，そのままパッと別れてしまったり，淡泊というのか，どっちつかずというのか，今ひとつよくわからないのである．それは，具体的な出会いにおける行為選択の際の方向性のなさとも言い換えることが出来るかもしれない．そしてそれは，離れる／近づくという両極を許容する彼らの共存の様態に根源があるのではないかと考えている．この節では，この方向性のなさを具体的に示しつつ，それを再度共存の様態に差し戻すことで，チンパンジーにとって行為選択がなぜ問題となるのかを探ってみようと思う．具体的に扱う場面は出会いの場面である．相互行為のレベルの研究は，実際に起こった明示的な社会交渉を扱うのが普通である．しかし，ここでは何が社会的な交渉なのかということにとらわれずに検討していきたい．なお，分析に使用した用語の定義については，前頁の「用語の定義」を参照されたい．

3-1 出会いの複雑性，予測不能性と非平衡性

他の章でも紹介されているように，チンパンジーでは，遊び，毛づくろい，挨拶，音声コミュニケーションをはじめ，食物分配，のぞき込み，喧嘩やディスプレイなど様々な社会交渉が，オトナからアカンボウまで含めて様々な組み合わせで行われることが知られている（写真2）．しかし，こうした明示的な交渉は実際にはなかなか起こらない．図2はこの事態を端的に示すものである．134のエピソードで，のべ115頭，76頭のメンバーと新たに，もしくは再び視覚的に接触している．合計556分間の間に，毛づくろい，それ以外の身体接触，のぞき込み，ベギング，音声，喧嘩といった交渉のバリエーションが見られたが，量的には社会交渉はほと

写真2 ● さまざまな社会交渉.
上から,毛づくろい,の
ぞき込み,肉分配.

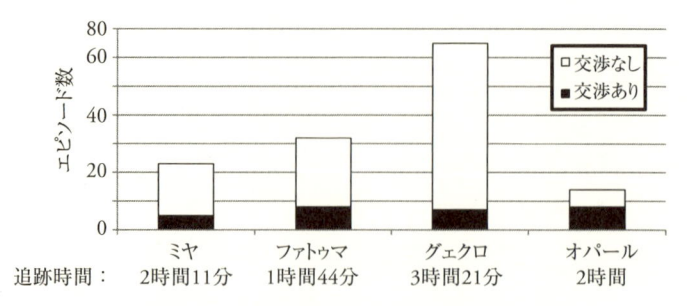

図2 ●追跡個体ごとのエピソードの内訳（交渉ありとなし）
注：1997年10月の1時間以上連続追跡ができた，オトナメス4頭の資料．

んど見られていない．オパールは他のメスたちに比べて交渉が多いが，これはほとんどが音声によるもので，周囲の個体も頻繁に音声を発していた時の「大騒ぎ」に全体の傾向が引きずられている[4]．

　そもそも操作的な定義とはいえエピソードも長くは続かない．エピソードに関わるメンバー数が1～3頭までの小さなまとまりは長く持続する傾向がある．だが，ここで個体数が少ないからエピソードが長く続きやすいと考えるのは早計である．

　最も長く続いた4例のうち3例は，ターゲットとなった個体が単独（もしくはアカンボウ，コドモと一緒）で過ごしていたものであった（80～100分程度）．残り1例は，あるオトナオス（ドグラ）を追跡中に，そのオトナオスが他の2頭のオトナオス（ハンビー，ファナナ）と合流して過ごしていたときのものである．

　この例では午後1時から3時までの100分間ほど，この3頭で過ごしていた．ドグラが移動中に，まずハンビーそしてその1分後にファナナが合流してきた．3頭になったところで，長距離音声とも呼ばれるパントフートを3頭で合唱し，移動を継続した．9分後にはファナナが道すがら灌木の葉を食べ始め，先に行ったドグラとハンビーは木に登り始めた．3分後，また3頭でパントフートの合唱を行ったが，樹上の2頭はそのままフードグラントと呼ばれる大きな声に移行して，果実を食べ始めた．この音声は，その機能はよくわかっていないが，発するのは食べる場面であること，そして，いかにも喜んでいるように見えることから，「喜びの音声」と現地では呼ばれる．1分ほど遅れて，ファナナも同じ木に登り，3頭でフードグラントを上げながら騒がしい食事となった．15分ほどで食事を終え，3分ほど移動して別の果樹で食べ始めた．今度も16分ほどで移動し始め，途中2度ほど3頭でパントフートの合唱をし，13分後にようやく落ち着いて毛づくろいを始めた．40分間の毛づくろいの後，まずファナナが立ち去り，ハンビーがこれに追随して

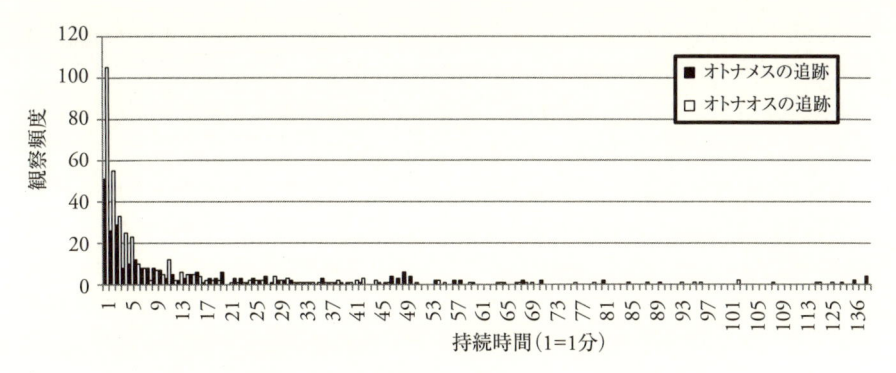

図3 ●追跡個体と視覚的に接触した相手が一緒にいた時間の頻度分布

エピソードは終了した．

この事例からは以下の特徴が読み取れる．一つは，時間の経過に従って，移動，採食，休息といった複数の活動が混在するということである．場所も様々である．うるさいほど互いに声を上げているのも特徴的である．少ないメンバー同士でも長く一緒に行動し続けるのは，このように活動の重ね合わせ，そのタイミングや場所の重ね合わせ，今回の例では発声の重ね合わせなど，様々なある程の「努力」を要するのである．

なぜ，このようなことになるのだろうか．なかなか明示的な社会交渉が起きないだけでなく，彼らは「せっかく」（と思うのは観察者だけだろうが）誰かに出会っても，とにかくすぐに離れてしまうのである．図3は1997年からの1年間に追跡したオトナの雌雄22個体が，視覚的に接触した相手とどれくらいの時間その状態を維持していたかを示す．多くが1～2分で終わっていることがわかるだろう．上述のドグラの例でも，その後3時間ほどドグラを追跡している中でファナナとは2度，ハンビーとは1度再会するが，ファナナとの最初の再会（前に別れてから1時間後）で34分間ほど果実を一緒に食べたり移動したりした以外は，1分以上一緒に過ごすことはなかった．

どんなに多くの個体と視覚的に接触しても，次々と離れ合うことは，その反対側では次々と他の個体が現れるという事態を招く．それこそが，彼らの共存の様態なのであるが，具体的な個々の場では，これが単独の場合も含めてメンバー構成の持続や，明示的な社会交渉を行う際に，予測不能性や非平衡性をもたらすという意味で大きな攪乱要因にもなっている．

こうした攪乱が，時にメンバー数が増えていく，という一定の平衡状態に傾くこともある．そうした状況は頻繁に起こるわけではないが，たくさんのメンバーが一

堂に会し，1時間，2時間と長く続くことがあるのである．多少のメンバー変動は起こるので，メンバー構成が同一であるというエピソードの定義には当てはまらないが，チンパンジーにとってその場に留まることがどんなことなのかを知る上では重要な点なので，以下に検討してみよう．

最も多くの個体が集まったのはあるオトナメス（グエクロ）の追跡時の例である．2時間以上にわたって同じ場所に滞在していたのだが，大きな果樹に到着すると同時に，他のメンバーもあちこちからそこに集まり，結果的に単位集団のほとんどすべてのメンバーが集まったというものである．実際に食べていたのはそれほど長くなく，グエクロは30分ほど食べただけで，後は特に誰かと何かするわけでもなく，果実のついた枝を一枝抱えて寝転んでいた．他の個体も似たりよったりで，大きな果樹を中心に，休んだり，少し離れてはまた戻ったり，隣接する2種類の果樹に移って食べたりして，「なんとなく」皆その場に留まっていた．

肉食場面もそれに先立つ狩猟の段階から，あちこちからチンパンジーが集まってくる傾向がある（保坂1997）．狩猟に直接参加するわけではないものの，大声を一緒にあげたり動向を見守ったりといろいろやることがある．直接肉片を分配してもらえない場合でも，肉をちぎる時に落ちる小さな肉や骨の破片はよく探すと見つかるものである．狩猟の時と同様に特に分配に与ろうとするでもなく，そこに留まるチンパンジーもいる．

これら以外にも，毛づくろいが行われている場所に，次々と他の個体が集まってくる現象も知られている（Nakamura 2003）．この場合も，すべての個体が熱心に毛づくろいしているというわけではなく，半分寝ていたり，時々手を休めたりしつつ過ごしている．

3-2 攪乱と問題の識別

そもそも，離合集散という共存の様態は，同じメンバーで一緒に居続けたり，一カ所に皆で集まって過ごしたりすることとは初めから矛盾している．それでも，「みんな」で集まったり（2節），活動や発声の重ね合わせを繰り返しながらも一緒に居続けたりしている様子を見ていると，いつも離れ合おうとしているわけでもないように思える．

少数のメンバーで長時間継続して一緒にいたときに見られた活動の重ね合わせは，大きな集まりとなる狩猟・肉食や複雑で大きな採食パッチ，あるいは毛づくろいの場でも見られた．このことは，そこに参加する空間的・行動的な余地があることと同時に，そこで何をするかはっきりしているかどうかが，チンパンジーにとっ

て，そこに関わろうとする行為選択（積極的に関わらないという選択も含まれるだろう）の際の重要な目の付け所となっている可能性を示唆する．突然出会った相手がそこで何をしているのかよくわからない状況というのは，人間にとっても気まずいものである．何の気なしに開けた部屋のドアの向こうで，静かに人びとが集まっていたら，そっと扉を閉めたくなるものである．チンパンジーにとっても，ちょっと見て様子がわからない，そんな時はそっとその場を立ち去りたくなるのかもしれない．以下では，「そこで何をするか」がはっきりしていることを，コンテクストの明瞭性という言葉で表すことにする．

　「せっかく」誰かと出会っても，なかなか直接的な交渉が起こらない傾向も見られた．より詳細な分析が必要であるが，彼らは誰かと出会った際に一足飛びに相手に近づいたり，通過したりしているわけではないようである．チンパンジーにとって，何の保証もない「みんな」がそうするであろうことに依存して自身の行為を投げ出せる，そんな相手ではあるものの，いきなり近づいて毛づくろいを始めるわけではない．そこにはある種の躊躇が見られるのである．いつでもどこでも直接的な交渉を開始することはたやすいことではないのだ．

　こうしたことは上述のコンテクストの明瞭性という問題とも繋がっていると思われるが，同時に，相互行為研究がかかえる課題でもある．相互行為が開始された後の規則性や行為の形式については様々に議論されてきた．しかし，「相互行為を開始するかどうか」に，そうした規則性や形式は役に立たない．相互行為が始まるかどうかは，そこに居合わせる者の行為選択に委ねられているのである．チンパンジーの場合，相互行為が開始するにせよ，しないにせよ，そもそも行為選択が問題となるような，その問題の識別の日常的源泉は，出会いの場面から見れば攪乱とでも呼びたくなる共存の様態にある．いつ，どこで，誰がやって来たり去ったりするのかわからないという出会いの予測不能性や，その出会いの場で近づくことにも離れることにも方向付けられている非平衡性が，出会いの場面を複雑にすると同時に，そこに行為選択が問題となる問題が識別されるのである．

　これらの特徴を重ね合わせて考えると，すでに他のメンバーが関わりを開始しているようなその場のコンテクストの明瞭性は，活動の重ね合わせという間接的な関わり方や（例えば，食べること），それらを基盤に直接的交渉を開始する重要な足がかりとなっているものと思われる．特に，大きな遊動集団を形成している時の離散と集合の頻度は非常に高い．だが，何度も出会う，あるいは出会うであろう相手に，その度ごとに様々な交渉を行うというのは，他の個体たちが次々とやってくるということを考慮すれば，あまり現実的ではないように思われる．その一方で，チンパンジーにとって「そうする必要はない」はずの採食や移動といった活動の重ね合わ

せは，そうする必要がないからこそ直接的な交渉と連続的かつ大切なコミュニケーションとなっているように思う．

　最後にもう一度確認しておこう．個々のチンパンジーは，彼らが直面する予測不能な個別具体的な出会いの場面において，直接的・間接的に相手と関わることにある種の「努力」をする．しかし，彼らの共存の様態は常にそうして関わることを方向付けているわけではない．近づくことにも離れることにも方向付けられている離合集散という彼らの共存の様態は，だからこそ，出会いの場面で行為選択を迫るような活性剤となっているのである．行為選択が迫られるということを別の角度から言えば，そこに問題が識別されていることでもある．

4 ●ごちゃまぜの世界

4-1　制度のイメージ

　制度と聞いて思い浮かべるイメージは，国家の法律とか，会社や大学の組織といった，端から端まで詳細にはわからない顔の見えない何か大きな集合体内部を管理する，これまた顔の見えない規範や規則といったことではないだろうか．さらに，こうした規範や規則に違反した場合のなんらかの制裁も連想される．というより，制裁はこうした規則や規範に組み込まれているというイメージだろうか．このイメージから行けば，制度は集合体に整然とした秩序をもたらすはずである．

　このイメージは裏を返せば，そうした規則や規範がなければ無秩序になってしまう，ということでもある．放っておくと無秩序になるので，そうした危険な出会いを調整するために，人間同士の関係は優劣や順位といった規則によって調整することが必要だと考えられたのである．この裏のイメージは，動物の研究と人間の研究とが手に手を取り合って発展させてきたものでもある（ハラウェイ 2000）．

　同型の考え方はコミュニケーション研究にも見られる．水谷（1997）は，コミュニケーション研究について概観しつつ，その多くが「マナーブック」化していることを指摘している．このマナーブックと称しているものの実体は，大雑把にはコミュニケーション現象に見られる詳細な規則や，（構成的）規則の体系としての制度を指す．そうした制度に従うことで，スムーズなコミュニケーションが成立していると考えられたのである．

4-2 共存の様態としての social 集団

　しかし，制度の実態はそれほど整然としたものではないし必ずしも良きものですらない[5]．近代ヨーロッパの制度の系譜を辿ることで明らかになったことの一つは，そこに単一の起源があるわけではなく，様々な時代と場所にあった慣習や，作られた規則などの寄せ集めという実態だった（重田 2011）．また，それぞれの慣習や規則は些末なものだったり，ときには悪意に満ちた意図から産まれたものでさえあったのである（同書）．制度の隅々まで熟知している人などほとんどいないにも関わらず，人びとが特に問題なく過ごすことが可能なのは，なぜそうするのかも，そうしているということを意識すらできないレベルでの慣習が，そもそも制度のベースにあるからだろう．

　コミュニケーションについても同様である．水谷（1997）は規則の体系としての制度という考えと，言語ゲームの諸規則の集合としての生活形式（ヴィトゲンシュタイン）という概念を対比させながら，日常的なコミュニケーションには一義的な目的や目標など設定不能もしくは存在しないことを指摘している．そして，その「外部に設定された倫理的，目的論的理念によって統制されている」（同書：24）コミュニケーションモデルからは，「たんなるおしゃべり」のすべてではないだろうが，その多くが排除されてしまうと指摘する．こうしたコミュニケーションは，我々の日常においてはそのごく一部分でしかない会議での合意形成などのコミュニケーション場面とは異なり，コミュニケーションの外部に目的が設定されておらず，楽しいからコミュニケートするとしか言いようのない，「自己目的的なコミュニケーション」（同書 24 頁）なのである．水谷はこうしたコミュニケーションを，「会話の可能性のないところには討議はありえないが，討議の可能性のないところでも会話は存在しうる」（同書 26 頁）という意味でコミュニケーションにとって基底的であると述べている．

　この水谷の議論において肝要なのは，一見規則にのっとって行われ，そうした規則がなければ秩序だった社会生活やコミュニケーションが成立しないかのように見えても，実際に我々が他者に対して行っているのは，規則に従うという，外部から統制された行為ではないということである．むしろ，ヴィトゲンシュタインの言語ゲームや，オースティンの慣習と呼ばれるような，もっと不明瞭な，しかし他者と関わることを継続することそのものから発生する，時には，そうすることによって新たな規則性を創り出すような現象だということである．

　こうしてみると，制度的な現象というのは，共存の様態としての social 集団とほとんど区別がつかない地続きのものであることがわかる．制度という何ものかだけ

を切り離して取り出すことなどできないのだ．しかし，この共存の様態から切り離し得ないものでありつつ，それとも少し違うような「もやもや感」がある．この点について，本章をまとめつつ整理することで，結びとしたい．

4-3 共存の様態と外部化

　共存の様態はその様態が実行されることが重要だが，制度は制度からはずれる可能性が重要である．すなわち，実行されることで成立するsocial集団は，実行されなければ消滅するだけで，それ自体に存立理由も意味もない．しかし，制度は実際にそれが履行されなかった場合に，ただ消滅するわけにはいかない。言い換えると，制度は履行されない，あるいはその可能性があるというだけで，その存在が言及され，そのことによってはじめて存在理由を持つ．この否定形それ自体は，本章の制度を考える上での焦点ではない（詳しくは，第12章足立論文）．ここで考えたいのは，この否定形が成り立つ基盤である．最も手っ取り早い方法は，すでに行われている共存の様態としての慣習の言語化である．ここで行われている言語化とは，共存の様態が生み出す「そうするもの」という個別の慣習を形式として抽出し，それを参照可能にする行為，いわば慣習の外部化とでも呼びうるものであろう．

　こうした形式化に基づく外部化について，相互行為レベルでチンパンジーが行っている「そうするもの」として利用される相互行為の形式については，他の章でも論じられている（第4章早木論文，第6章西江論文，第8章花村論文，第11章北村論文）．本章では，この形式を相互行為レベルではなく，集団レベルに直結した形で現れる現象について扱うことで，「そうするもの」の異なる生成ルートの可能性を探った．

　2節では，チンパンジーが一人で生きていてたまたま同じ地域を利用している他の個体とたまたま一緒になっているわけではなく，人間（観察者）が抽出し概念化した単位集団と同じである必要はないが，自分が関わっている「集団」のイメージがあることを示そうとした．それは，繰り返される環境の変化と他個体との動きの経験が重なり合い，一つの（特殊な）パブリックな情報として「イロンボが実り始める」という変化に集約されている可能性から推測したものである．もしこれが妥当だとすれば，対面的な相互交渉の継続に依存せずとも，集団的な現象にはじめから直結した形で「みんながそうする」，そして「そうするもの」という慣習が現れうるということである．

　このことは，制度のイメージで述べた「顔の見えなさ」と繋がっている．誰かにそうするよう強制されるわけでもなく，そうしなければならないわけでもなく，ただ繰り返し集団的な現象を経験することが，行為選択のオプションとなって定着し

ていくのであれば，そこに顔など登場のしようがない．チンパンジーにとっての「みんな」とは，その範囲を具体的に確定できないし，見ることもかなわないが，共に遊動するという集合季の集団的な現象の経験に裏打ちされたものである．こうした経験の反復は，分散季においても重要な役割を果たす．すなわち，自らの行為選択の際に「みんな」がそうするであろうという「予測」と，実際にその「予測」が毎年一つの選択肢となって現れるのである．

　なぜそうするのかは，そうすることで何か「いいこと」があるからなのかもしれない．しかし，肝心要なことは，「いいこと」があったとしてもそれはみんなが同じように行為することでしか得られない，つまり，「いいこと」があったとしても，それは私たちが会話することで得られる楽しさ（水谷 1997）同様に，みんなでそうすることによって初めて得られることなのだということである．

　これが選択であるということや，「いいこと」である必要もないことは，必ず実現される確かなこととは言えないということも意味する．M集団のみんなで遊動するという集団現象においては，そうしないという選択，すなわちみんなから離れて別行動を取ることも可能であるし，実際そうした行動は観察されている．そうしないという選択（＝別行動する）も通常のこととして成立するという意味で，なんの保証もないところで皆がそうするであろうことに依存して自分の行為を投げ出すことで成立する現象の側から見れば，そこにその現象の自己目的性を見出すことはそれほどおかしな話ではないだろう．この点については，後述する「問題」という点との関連で再び触れることにする．

　繰り返される経験から「そうするもの」への変換は，経験の身体化と言い換えることもできるだろう．こうしたチンパンジーの言葉によらない「みんなそうするもの」としての経験は，重田（2011）が，フーコーの『監獄の誕生』（2010＝1977）を読み解いていく中で，「規律型の権力に馴らされた人間は，身体の細部に至るまで生産性を高める訓練を受け，その意味では高い能力を身につける．だがそれは同時に，命令への服従，秩序への半ば無意識の従属を受け容れている．上官のかけ声一つで定型化された動作を繰り返す兵士，教室で一心不乱にノートを取る生徒，私語もなく流れ作業に従事する労働者などを思い浮かべるとよい．」（同書106頁），と述べていることとも重なる．本章のテーマにさらに引きつけるとすれば，この主張の重点は，私たちが喜んで，あるいは無心でそうした作業に身を投じている点にある．みんなで何かをするという経験の反復は，同様の状況への無意識の身体的反応を促進するのである．兵士，生徒，労働者だけでなく，忍耐強く待つ行列に並ぶ人びとも，一喜一憂するスポーツの観客も，それぞれに目的があってそうしているにせよ，自然と自ら周囲の行為に身を投じているのである．こうした「みんなの行為と共にあ

る自己の行為」という経験ぬきに，逸脱への恐れは産まれようがないのではないだろうか．

　私たち人間は，言葉によって「どうすべきか」を教えられると思うかもしれない．しかし，「そうすべきこと」の習得は，上述のように繰り返し同じ行動を取る，あるいは取らされることで，私たち人間もまた知らないうちに飼い慣らされることで行っているのであって，言葉で説明してその通り行動させることなど不可能である．膨大で詳細なマニュアルが，結果的に次の行為選択を破綻させてしまうことを考えれば当たり前の話である．同じ事が，儀礼などにも当てはまるだろう（福島 2001）し，生物の様々な相互行為の形式も同様だろう．

4-4　対処される問題

　「そうするもの」としての相互行為の形式が，対面状況下における問題への対処として利用される点については，西江仁徳（第6章），北村光二（第11章）らが詳しく論じている．ここで重要な鍵となっていたのは，「対処すべき問題」である．対処すべき問題を観察者が予め特定することで，「底の抜けた根拠」（第6章西江論文）に支えられた相互行為の形式が利用可能なものとして参照される様子をうまく抽出することができたわけだ．3節ではそうした問題がそもそもチンパンジーによってどのように識別されるのかを探ろうと試みた．

　チンパンジーはいつでもどこでもすぐに相互行為を始められるわけでもなく，そこに留まることすら簡単なことではなかった．まだ起きていない「みんながそうする」ということに依存して行為選択を行ったり，「みんながそうする」と参照可能な相互行為の形式があったりしたとしても，それが実際に相互行為を行うことを保証しているわけではないのである．さらに，出会いは次々と起こる．しかも，この出会いは，近づくことも離れることもどちらも選べるが，どちらか一方への方向付けはない，という彼らの共存の様態の持つ融通無碍さに満たされている．個々のチンパンジーにとって，出会いの場面とは常に行為選択を迫られる場面なのである．行為選択が迫られるということは，「問題」が識別されるということであり，その意味で，「問題」は日常的に普通にあることで，何か特別なことである必要はないのである．これらの「問題」は対処が必要な問題と言うには，あまりにささやかな問題である．それは，2節の「みんな」で遊動するという行為選択の際の問題も同様である．

　考えてみれば，私たちの身の回りにある慣習も，その多くはかなりどうでもよいものである．例えば，知人に出会うと挨拶するが，それが何か大問題を解決してい

るわけでもないし，挨拶しなかったからといって取って食われるわけでもない．それでも，我々はなぜか，挨拶するかどうか，どのタイミングで挨拶するのか，どんな挨拶をするのか，といったことに悩まされたりもする．近代医学の最先端である手術室でも似たようなことが起きている．完全消毒されている入れ物なのに，清潔なのは内側の下から三分の二までで，それ以外は特に根拠なく不潔と考えられているらしい．そして，実際にそうした部分に手術用具が触れようものならその用具はもはや手術には使えなくなるそうだ (美馬 2012)．こうしたどうでもよさは，そうであるがゆえに慣習の文化的多様性をも産み出すのだろう．

　しかし，ささやかな問題であったとしても，そこに行為選択がある＝問題が識別されるということそれ自体こそが重要である．チンパンジーの日常生活で起こるささやかな問題は，チンパンジーの離合集散という共存の様態そのものに由来する．一方で共存の様態は出会いの反復によって生成されるので，共存の様態と問題の生成は互いに互いを成立基盤とする環状の関係にあることになる．反復される出会いは，共存の様態を生成し続ける限りにおいて，そこに相互行為が起きていることを示す．しかし，共存の様態にあることと，反復される個別具体的な出会いにおいてどうするかは，チンパンジーにとって異なる問題として識別されるのである．例えば，「みんな」で遊動するという共存の様態の特別な形での経験に身を投じていれば誰かに出会うであろうことは予測される．しかし，出会ってしまったら行為選択に迫られる＝問題として識別される．この2つが同時的に起きているのだが，それは外部の視点からは八百長とでも言いたくなるような馬鹿馬鹿しさがある．しかし，この反復される出会いによって生成する共存の様態と，共存の様態によって行為選択が迫られる個別の出会いの差異の経験は我々が常識的に想定する制度と集団の関係について異なる視点を与えてくれるだろう．

　環状の関係にありながらそこに差異が日々具体的に経験されることは，共存の様態を外部から制御できるような錯覚を産む．慣習や規則を言語化して取り出し，その束として成文化した場合，この錯覚はリアルさを増す．しかし，錯覚は錯覚である．むしろ，こうした制度が，具体的な共存の様態というレベルでは，問題への対処に逆に邪魔になったり，対処不能になる要因となることは多々ある．だからこそ，具体的な状況に合わせて制度の書き換えの必要性も出てくるのである．制度と共存の様態が不可分でありつつ，同一ではないように思えてしまう「もやもや感」は，共存の様態によって問題は産み出され，その対処の形式も共存の様態によって産み出されるにも関わらず，行為選択という形で問題が改めて識別されることで，差異が経験されたり，はたまた両者がまったくの別物であるかのように錯覚されたりするところに由来するのではないだろうか．

最後に,「みんな」,「そうするもの」,問題の識別,といったここまでの議論をまとめておこう．共存の様態と制度が切り離し得ないのは,制度を根底で支えているのが共存の様態であり,さらに,制度の中身が共存の様態によって産み出される様々な,「そうするもの」としての慣習に裏打ちされているからでもある．

繰り返されることによって「みんながそうするもの」になった慣習は,実際にみんながそうすることで結果的に維持されるものである．そこに必然性は大して重要な問題でもないし,必ずそうしなければならないものでもない．そうしないという選択が常にあるところでかろうじて成立しているのである．

以上のことは,以下のように言い換えられる．制度的な現象は,秩序をもたらす対象と対峙する形で,外部からその対象の秩序を維持するように働く何かがあるように見える．しかし,実際には秩序をもたらすべき対象それ自体が秩序と呼んでいるものの実態なのであり,制度だけが棲まう世界などこの世に存在しないのである．従って,燦然と輝く制度誕生の瞬間を探る試みは徒労に終わるだろう．それは,フーコー(2010)が規律の系譜を追う中ですでに示したことでもある．

制度と共存の様態との不可分な関係を切り離して論じることは,言葉を持たない動物では困難だと当初は考えていた．しかし,この不可分な関係の探求は人間の制度を考える上でも大事なことなのかもしれない．外部からの制御という錯覚は,秩序や安全ではなく,時に悪夢を生み出すことを,私たちは過去の歴史から知っているし,3.11以降嫌というほど思い知らされたはずである．制度が一人歩きしている世界ほど,生きにくい世界はないのである．

注

1) 詳しくは,伊藤 (2003).
2) 本節は,特に引用がない限り,植物の特徴や採食については伊藤 (2002, 2004) を,遊動に関連する事項については伊藤 (2003), Itoh & Nishida (2007) の資料をもとにしている．
3) さらに驚くべき例は,ここ数年お世話になっている林原類人猿研究センターで繰り広げられていた．人とチンパンジーが直接対面して,月に4回程度,異なる形態計測を行っているのだが,このとき,計測だけが行われているわけではなく,その後,遊びの時間がある．チンパンジーは,この遊びの時間と計測の時間を区別して行動している．つまり,人間の組み合わせ,使用される機材の一式,場所といった最初の環境条件は変わっていないにもかかわらず,この実験全体の中に遊びの始まりを予測しているのである．
4) 音声のやり取りの詳細については第8章花村論文を参照．
5) 第9章床呂論文も参照されたい．

参考文献

足立薫（2003）「混群という社会」西田正規・北村光二・山極寿一（編著）『人間性の起源と進化』照和堂．204-232頁．

バトラー，J.（2009）『ジェンダー・トラブル－フェミニズムとアイデンティティの攪乱』（竹村和子訳）青土社．

Chapman, C.A., R.W. Wrangham and L.J. Chapman (1995) Ecological constraints on group size: an analysis of spider monkey and chimpanzee subgroups. *Behav. Ecol. Sociobiol.* 36: 59-70.

フーコー，M.（2010）『監獄の誕生－監視と処罰』（田村俶訳）新潮社．

福島真人（2001）『暗黙知の解剖－認知と社会のインターフェイス』金子書房．

ハラウェイ，D.（2000）『猿と女とサイボーグ－自然の再発明』（高橋さきの訳）青土社．

保坂和彦（1997）『マハレ山塊に棲息するチンパンジーの狩猟肉食行動』京都大学博士論文．

伊藤詞子（2002）「森の中の食べもの－チンパンジーの食物密度と空間分布」西田利貞・上原重男・川中健二編著『マハレのチンパンジー－《パンスロポロジー》の三七年』京都大学学術出版会．77-100頁．

伊藤詞子（2003）「まとまることのメカニズム」西田正規・北村光二・山極寿一編著『人間性の起源と進化』昭和堂．233-262頁．

伊藤詞子（2004）「マハレ山塊国立公園（タンザニア）におけるチンパンジーの離合集散性」京都大学博士論文．

伊藤詞子（2009）「チンパンジーの集団：メスから見た世界」河合香吏（編）『集団－人類社会の進化』京都大学学術出版会．89-97頁．

伊藤詞子（2010）「群れの移動はどのようにして始まるのか？」木村大治・中村美知夫・高梨克也編『インタラクションの境界と接続－サル・人・会話研究から』昭和堂．275-293頁．

Itoh, N. and T. Nishida (2007) Chimpanzee grouping patterns and food availability in Mahale Mountains National Park, Tanzania. *Primates* 48(2): 87-96.

河合香吏（編）（2009）『集団－人類社会の進化』京都大学学術出版会．

美馬達哉（2012）『リスク化される身体』青土社．

水谷雅彦（1997）「伝達・対話・会話」谷 泰 編著『コミュニケーションの自然誌』新潮社．5-30頁．

中村美知夫・伊藤詞子・坂巻哲也（1999）「調査地紹介－マハレ山塊国立公園（タンザニア連合共和国）」『霊長類研究』15(2): 93-99.

Nakamura M. (2003) 'Gatherings' of social grooming among wild chimpanzees: implications for evolution of sociality. *J. Hum. Evol.* 44: 59-71.

Nakamura M, N. Corp, M. Fujimoto, S. Fujita, S. Hanamura, H. Hayaki, K. Hosaka, M.A. Huffman, A. Inaba, E. Inoue, N. Itoh, N. Kutsukake, M. Kiyono-Fuse, T. Kooriyma, L.F. Marchant, A. Matsumoto-Oda, T. Matsusaka, W.C. McGrew, J.C. Mitani, H. Nishie, K. Norikoshi, T. Ssakamai, M. Shimada, L.A. Turner, J.V. Wakibara, K. Zamma, 2013. Home range of Mahale Chimpanzees: From 16 years' data. *Primates* DOI: 10.1007/s 10329-012-0337-2.

Nishida T. (1968) The social group of wild chimpanzees in the Mahali Mountains. *Primates* 9: 167-

224.

Nishida T. (1990) A quater century of research in the Mahale Mountains: An overview. In: Nishida T (ed.) *The Chimpanzees of the Mahale Mountains*. University of Tokyo Press. pp. 3–35.

重田園江（2011）『ミシェル・フーコー－近代を裏から読む』筑摩書房.

Wrangham, R.W., J.L. Gittleman and C.A. Chapman (1993) Constraints on group size in primates and carnivores: population density and day-range as assays of exploitation competition. *Behav. Ecol. Sociobiol.* 32: 199–209.

第8章 見えない他者の声に耳を澄ませるとき

チンパンジーのプロセス志向的な慣習と制度の可能態

花村俊吉

◉ Keyword ◉
離合集散，長距離音声，行為接続のパターン，慣習，場，プロセス志向

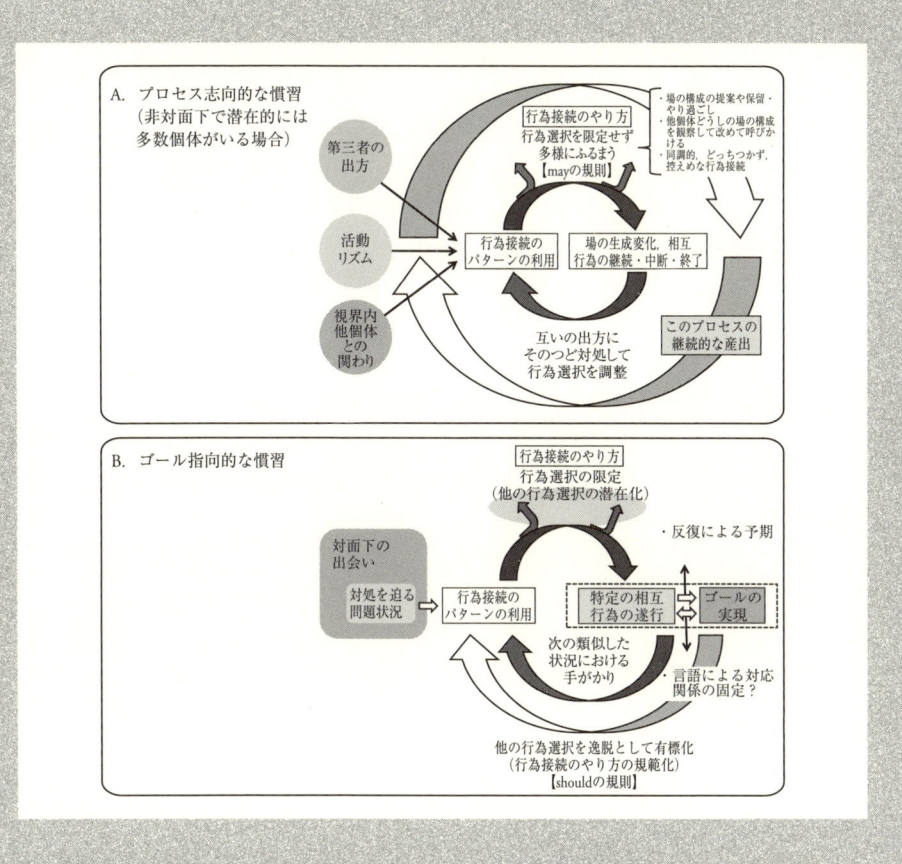

A. プロセス志向的な慣習
（非対面下で潜在的には多数個体がいる場合）

- 第三者の出方
- 活動リズム
- 視界内他個体との関わり

→ 行為接続のパターンの利用

行為接続のやり方
行為選択を限定せず多様にふるまう
【mayの規則】

・場の構成の提案や保留・やり過ごし
・他個体どうしの場の構成を観察して改めて呼びかける
・同調的，どっちつかず，控えめな行為接続

場の生成変化，相互行為の継続・中断・終了

このプロセスの継続的な産出

互いの出方にそのつど対処して行為選択を調整

B. ゴール指向的な慣習

対面下の出会い
対処を迫る問題状況

→ 行為接続のパターンの利用

行為接続のやり方
行為選択の限定
（他の行為選択の潜在化）

特定の相互行為の遂行 ⇔ ゴールの実現

・反復による予期
・言語による対応関係の固定？

次の類似した状況における手がかり

他の行為選択を逸脱として有標化
（行為接続のやり方の規範化）
【shouldの規則】

　離合集散しながら集団生活を営むチンパンジーたちは，長距離音声を用いて鳴き交わすことがある．彼らは鳴き交わしを「呼びかけ―応答」の行為接続のパターンとして利用することで非対面下の出会いを達成し，そのあとさらに相互行為を続けることが可能な状態（場）を創り出す．そして互いの出方にそのつど対処して行為選択を調整し，状況に応じて多様にふるまう．そのため様々な個体たちのあいだで場が生成変化し，相互行為が中断を挟んで継続したり終了したりする．こうしたプロセスの継続を産み出すプロセス志向的な慣習（A）は，人間のゴール指向的な慣習（B）とは別様な制度の可能態として位置づけることができる．

1 ●言語のない世界における慣習

　本章では，集団生活を形づくり，他者との付き合い方を調整する「制度（institution）」の基底的な現象として，集団生活を営む個体たちが互いの行為を理解可能にしながら行為を接続する「仕掛け」と，それによって産出される相互行為の動態について考察する．一般的には，制度とは人間のそれであり，言語によって支えられていると考えられている．しかし，言語もひとつの制度であるため，制度的現象について考えを深めるには，言語のない世界における制度の可能性を探ることも重要だろう（黒田 1999；第 18 章黒田論文）．

　2 頭の動物が，互いに「相手が自分に気づいていること」に気づいている状態をここでは「出会い」と呼ぶ．そこで相手に対してどのように行為を接続するかには，論理的には無限の可能性があるため，自分が特定の行為を選択したり，相手の特定の行為選択を期待したりすることは不可能であるようにすら思える．しかし現実には，集団生活を営む個体たちのあいだで，どのように行為を接続するかがパターン化しており，その「行為接続のパターン」を利用して行為選択の幅を狭めることが可能になっている．行為接続のパターンは，繰り返し利用されることで「自分だけでなく皆が利用するもの」としてその個体たちのあいだで共有され，慣習化していく．そしてそのパターンを利用した相互行為は，その相互行為を見たり聴いたりしている個体も含めて，誰にとってもいつでも同一の相互行為を意味するようになると考えられる．

　人間は主に対面下で，様々な行為接続のパターンを利用して互いの行為を理解可能にしている．たとえば日本人にとって，「おじぎをし合う」というパターンを利用した相互行為は，誰にとってもいつでも「挨拶」を意味する．言語を持たないチンパンジーも，対面下で「パントグラント」（第 6 章西江論文）や「対角毛づくろい」（第 11 章北村論文）といったパターンを利用した相互行為をおこなうことがある．

　人間やチンパンジーのこうした行為接続のパターンは，それぞれの集団生活から切り離されて独立に存在するわけではない．ある特定のパターンを利用して「いつ誰がどの行為を選択するか」は，状況や立場に応じて変わりうる．たとえば人間の挨拶でも，同じ二人が挨拶するときとしないときがあるし，複数の人びとがいる場面で特定の二者が挨拶して残りは挨拶せずにいることがある．このような，パターンを利用して行為選択を調整するやり方のことを，以下では「行為接続のやり方」と呼ぶことにしよう．

　少なくとも人間は，「こういうときは皆そうするものだ」と互いに期待しつつ，

行為接続のパターンを特定のやり方で利用して行為選択を調整し合うことで，特定の相互行為を安定的に産出している．たとえば「挨拶」の場合，出会ったときに双方がともにそうすべきものとしてそのパターンを利用した相互行為を遂行して，その場に一定の秩序（「ゴール」）をもたらす．子どもの「遊び」（第4章早木論文）の場合，参加者は「追う−追われる」，「隠れる−探す」といったパターンを利用してその相互行為を繰り返す「プロセス」を楽しむ（詳細については第6節を参照）．このような，互いにそのやり方で行為選択を調整するということを前提にし合うような行為接続のやり方のことを，「慣習」（convention）と呼ぶことができるだろう．つまり，行為接続のパターンが慣習化するとき，同時にそのパターンを利用するやり方も慣習化しているはずであり，人間はそうした慣習によって様々な相互行為を安定的に産出している．

　本章では，こうした慣習を制度の基底的な現象として捉え，言語を持たない野生チンパンジーの慣習の実態に着目する．具体的には，チンパンジーの長距離音声を介した行為接続のやり方と，それによって産出される相互行為の動態について分析する．ただし，共通祖先が種分化したあと，チンパンジーと人間はそれぞれ異なる社会を生成してきた．また，次節で紹介するように，長距離音声を介した相互行為は，非対面下で潜在的には多数個体がいるなかでおこなわれる．そのため，チンパンジーの社会に言語以前の人間の制度の萌芽を探るというよりは，チンパンジーと人間の慣習の共通点（進化史的基盤）や，人間の制度とは別様なチンパンジーの制度の可能態を探ることになるだろう．

2 ●チンパンジーの長距離音声・パントフートと離合集散

　チンパンジーは，個体の生死や移出入を除くと構成個体が変わらない持続的な集団（「単位集団」）を形成するが，集団を構成する個体たちが離合集散を繰り返す（第7章伊藤論文）．チンパンジー1個体を追跡すると，視界内には平均3〜4頭の他個体がいるのだが，その他個体の顔ぶれは流動的であり，追跡個体がいつどこで誰と視覚的に出会い，また別れるかは予測がつかない．別れた個体どうしが数時間後に再会することもあれば，数週間に渡って再会しないこともある．

　私が調査してきたタンザニアのマハレM集団（約60頭）の遊動域は30平方キロメートル近くあり，見通しの効かない森のなかを歩き回ってもなかなかチンパンジーを発見できない．そんなとき，頼りになるのがチンパンジーの声である．とくに，パントフート（pant hoot，以下，PH）と呼ばれる長距離音声は，条件がよければ

1〜2キロ離れていても聴こえる．PHは，5〜15秒ほど続く呼気音と吸気音の繰り返しからなる定型的な音声で，たいてい音量の小さなイントロダクションから始まり，そのあとビルドアップが続き，クライマックスで音量が最大になる．また，PHは，移動中や移動の開始時，採食中や採食樹への到着時，夜に樹上でベッドを作成しているとき，他個体との視覚的な出会いの際など，多様な場面で発声される（Goodall 1986）．ただし，ソナグラムで解析したPHの音響特性には場面ごとに一貫した違いはほとんどなく（Notman and Rendall 2005），視界外から聴こえてくるPHの発声場面がわかるわけではない．

　チンパンジーは離合集散するため，PHを頼りにチンパンジーを発見したとしても，そこにいるのは集団の一部個体だけである．そしてチンパンジーを観察していても，視界外からPHがコンスタントに聴こえてくることはなく，数分間にあちこちから何度もPHが聴こえてくることもあれば，数日間何の声も聴こえてこないこともある．彼らは常にPHを発声して互いの声が聴こえる範囲でまとまっているわけではなく，PHが聴こえないほど離れていたり，近くにいても気づかずにすれ違ったりしている．他の個体たちがいまどこにいるかは，ばったり視覚的に出くわすか，PHなどの声を聴かない限り，チンパンジーにとってもわからないだろう．

　このような集団生活を営むチンパンジーたちが，PHを用いて，視界内の個体どうしでコーラスをしたり，それに対して視界外の個体たちが鳴き返したりすることがある．そのため，互いに離れていて見えない個体たちのあいだで，PHを介して何らかの相互行為がおこなわれていると考えられる．次節ではまず，チンパンジーの鳴き交わしにパターンがあることを紹介し，彼らがその「行為接続のパターン」をどのような意味を帯びたものとして利用しているかについて検討しよう．

　なお，私は，聴き慣れてくると視界外のPHの発声個体やその性年齢を識別できることがあった．飼育下の実験において，録音された仲間のPHを聴いて発声個体の写真を選ぶように訓練された個体がいるので，チンパンジーも声による個体の識別が可能だと考えられる（Kojima et al. 2003）．しかし野生下では，距離が遠かったり多数個体のコーラスや他の音声との混声だったりするので，チンパンジーも私と同様に，いつも発声個体を識別できているわけではないだろう[1]．

3 ●「呼びかけ－応答」の意味を帯びた
　　鳴き交わしのパターンと非対面下の出会い

　チンパンジーは，視界外からPHが聴こえてきても鳴き返さずに過ごすことが多

写真1　視界外からパントフートが聴こえてきて振り返るオトナメスのゾラと娘のズフラ

い．しかし，M集団の様々なチンパンジーを個体追跡して，視界外からPHが聴こえてきたあと1分以内に追跡個体がPHを鳴き返したタイミングを調べたところ，その9割近くが聴取終了後10秒以内に集中していた．つまり，離れていて見えない個体どうしのPHの鳴き交わしは，10秒以内に生じることが多いのである．

そして，視界外のPHに鳴き返すのではなく最初にPHを発声する個体が，発声し終えたあと10秒ほどじっと動かずにいることがある．鳴き交わしの多くが10秒以内に生じることを踏まえると，この「発声終了直後の沈黙」は，発声個体が自分の声に対する他個体の「応答」に耳を澄ませるふるまいだと解釈できる．こうした沈黙を示す発声個体は，他個体への「呼びかけ」としてPHを発しているのだと考えられる．

また，視界外からPHが聴こえてきたときに，移動や採食などを中断したり声の方に振り向いたりする個体が，その声が聴こえなくなったあともそのまま10秒ほどじっと動かずにいることがある．この「聴取終了後も続く沈黙」は，聴取個体が他個体の声に対する別の個体の「応答」に耳を澄ませるふるまいだと解釈できる．こうした沈黙を示す聴取個体は，他個体どうしの鳴き交わしを「呼びかけ」と「応答」というひとつのまとまりとして聴いているのだと考えられる．

第8章　見えない他者の声に耳を澄ませるとき　171

このような発声・聴取後の沈黙は，いつも観察されるわけではないが，多くの個体で確認されている．そのため，PHの10秒以内の鳴き交わしは，M集団のチンパンジーたちに，鳴き返す聴き手だけでなく，発し手や鳴き返さずにいる聴き手も含めて，「呼びかけ－応答」の意味を帯びた行為接続のパターンとして利用されているのだと考えられる．言い換えれば，少なくともM集団では，このパターンを利用してPHを発声・聴取することが慣習化しており，そのパターンが「自分だけでなく皆が利用するもの」となっているからこそ，発し手が他個体の応答に耳を澄ませたり，聴き手が他個体どうしの鳴き交わしに耳を澄ませたりすることが可能になるのである．

　チンパンジーたちは，このパターンを利用して鳴き交わすことで「非対面下の出会い」を達成し，他個体どうしの鳴き交わしを聴いている個体も含めて，「いま誰と誰が相互行為しているか」ということを互いに理解可能にしているのだと考えられる．しかし第1節で述べたように，行為接続のパターンを利用した相互行為は，そのときの状況やそれぞれの個体が置かれた立場に応じて行為選択を調整するやり方と合わせて分析する必要がある．以下では，チンパンジーのPHを介した「行為接続のやり方」と，それによって産出される相互行為の動態について検討していこう．

4 ●相互行為を試みる際の行為接続のやり方

4-1　場の構成の提案と相手の出方次第で継続する相互行為

　チンパンジーは，それまで関わりを持っていなかった視界外他個体と，鳴き交わしのパターンを利用してどのように非対面下の出会いを達成し，また相互行為を継続するのだろうか．【事例1】を通じて，その典型的なやり方を紹介しよう．

　【事例1】（2006年4月4日）
　私は朝から何度か場所を変えながらチンパンジーの声待ちをしていたが，声を聴くことはなかった．13時50分にダーウィン（オトナオス）とクリスマス（ワカオス）を発見．2頭は採食を挟みつつ観察路をゆっくり西へと向かう．15時3分，2頭は南北に走る別の観察路との交差点に出て休息するが，やがて移動を再開し，観察路沿いに採食しながらゆっくり南へと向かう．

　15：56：00　500メートルほど東からPHコーラス（オトナオス1頭とメス複数頭

の声と推測)．2頭は立ち止まり，ダーウィンは顔を，クリスマスは耳を東に傾けてじっと動かずにいる．

15:56:10　2頭は声が聴こえなくなったあと数秒後に PH をコーラスしながら［応答］南へと走り出す．

15:56:20　発声し終えた2頭は，そのまま少し移動したあと観察路上に座り込む．

15:56:45　2頭は移動を再開するが，それぞれ異なるタイミングで突然立ち止まり，顔を前方や下に向けたまま5秒ほどじっと動かずにいるということを繰り返す．

15:57:05　東の先ほどと同じ場所から1頭の PH（オトナオスのピムの声と推測）．2頭は同時に立ち止まってじっと動かずにいる．

15:57:10　2頭は声が聴こえなくなる少し前に PH をコーラスしながら［応答］駆け出し，そのまま足早に南へと向かう．

15:58:50　東西に延びる別の観察路との交差点に出ると，2頭は立ち止まらずに東へと向かう．

15:59:10　2頭は観察路上に座り込む．

15:59:45　2頭は PH をコーラスしながら東へと走り出す．

15:59:55　2頭は発声し終えると立ち止まり，10秒ほどじっと動かずにいたのちに［発声終了直後の沈黙］移動を再開して東へと向かう．

16:01:25　丘の上に出て倒木に登った2頭は，東を向いて座り込む．

16:03:15　2頭は倒木から降りて移動を再開し，観察路から外れて獣道伝いに採食しながらゆっくり東へと向かう．

16:18:00　獣道から南北に伸びるまた別の観察路に出たところで，2頭とも座り込む．

16:18:25　クリスマスが北に向かい始めると，北（15時56分と57分に聴こえた PH と同じ辺りだが，2頭が東南東に移動したので北から聴こえる）の近くから PH コーラス．声が聴こえなくなる少し前にクリスマスが PH を発声しながら［応答］北へと駆け出すと，南へと向かい始めていたダーウィンも遅れてそのあとを追う．

16時21分，2頭は，ピムと，オトナメスのアコ，イコチャ，エフィー，トッツィー，サリーとその子どもたち，ワカメスのジッダが樹上で採食しているところに合流．イコチャが2頭に向けてパントグラントを発するがそれ以外に目立った交渉はなく，2頭は1時間ほど付近で採食したあとその個体たちと別れて東へと

去る.

【事例1】では,東でPHがあがるまで,ダーウィンとクリスマスは少なくとも2時間以上,何の声も発しておらず,誰とも視覚的に出会っていない.そのため東の発声個体にとって,2頭がここにいることは知りようがなかっただろう.第2節で述べた通り,PHは様々な場面で発声される.第5-2項で詳しく分析するが,とくに応答を期待せずに発声されていると考えられる場合もある.その一方,この2頭(とその観察者である私)のような視界外の聴き手にとって,発し手の様子は見えないため,聴こえたPHの発声場面だけでなく,それが誰かの応答を期待した呼びかけであったかどうかさえはっきりしない.そして聴き手は,応答しても相手が自分の声を聴いていたこと(相手が自分に気づいていること)を確認(視認)することはできない.

そうした状況で2頭は,突然聴こえてきたその東のPHに立ち止まって顔や耳を傾け,声が聴こえなくなったあと数秒後に応答している.応答したあと2頭は,座り込んでじっと動かずにいたり,移動を再開したあとも立ち止まってじっと動かずにいるということを繰り返したりしている.そして同じ場所(東)で2度目のPHがあがると,応答するまでに間があった1度目とは異なり,2頭は相手の声に少し重ねるような形ですかさず応答しつつ,興奮して駆け出している.これらのふるまいから,2頭が,1度目の応答によって「相手が自分に気づいていること」──すなわち「相手と自分が出会っていること」──を期待しており,自分の応答を契機に相手が再びPHをあげるかどうかに耳を澄ませ,同じ場所から聴こえてきた2度目のPHを自分に宛てられた声であるかのように聴いている様子がみてとれる.

この2頭が1度目に応答したあとの,相手の次の声を待機するふるまいが示すように,チンパンジーは,それまで関わりを持っていなかった視界外他個体のPHに応答することで,その相手との非対面下の出会いを達成し,そのあとさらに相互行為を続けることが可能な状態(以下,適宜略して「相互行為の場」ないし「場」と呼ぶ)を創り出しているのだと考えられる.つまり【事例1】の2頭の1度目の応答とそのあとの待機は,そのような場をいわば「でっちあげ」て,すなわち相手が応答を期待しているかどうかわからない状況で相手に場の構成を提案して,相手の出方を探る試みとして位置づけることができる.

【事例1】では,2頭が応答したあと,同じ場所で1頭の個体が再度PHを発し,2頭が再び応答するという形で,双方が場の構成に同調的にふるまうことで相互行為が継続していた.そして2度目の応答のあと,2頭は声の聴こえた東へと延びる観察路に直行し,少し東へ移動してから座り込んでいる.しかし東からそれ以上

PHが聴こえてくることはなく，2頭は自ら呼びかけを試みている．しかしこの呼びかけに対する応答もない．そのあと2頭は声の聴こえやすい丘に移動して東を向いて座り込んでいる．しかしそこでも声は聴こえてこず，2頭は観察路を外れて採食を再開し，少しずつ東へと移動している．そして，最初の鳴き交わしから20分ほど経ったところでその相手がいた辺りから再度PHが聴こえてくると，クリスマスはすかさず応答して駆け出し，ダーウィンは応答せずにそのあとを追い，最初に2度鳴き交わした相手の少なくとも一部と推測される個体たち（ピムとメス複数頭）と視覚的に出会っている．

このように，視界外他個体のPHに応答することでその相手とのさらなる相互行為の可能性が生じるものの，そのあと実際に相互行為が継続するかどうかは相手の出方次第である．そして【事例1】の2頭も，2度の鳴き交わしに興奮していたものの，躍起になって相互行為を試みていたわけではない．そもそも2頭は，視界外からPHが聴こえてきたことで場の構成を提案したのであり，それ以前に自ら呼びかけてはいなかった．そして相手が呼びかけに応じず，しばらく声をあげることもなかったが，2頭は呼びかけを繰り返したりはせず，何事もなかったかのようにそれまでと同様な採食を再開していた．そのあと再度声があがって相互行為の継続が可能になったが，それまでの2頭の一連のふるまいから，2頭が，相手が呼びかけに応じなくてもとくに問題なし，相手が再び声をあげるのを待機してはいるものの声がなければそれはそれ，という態度で，相手の行為の偶有性（呼びかけに応じたり，再び声をあげたりする可能性はあるがその必然性はない）を受容しつつ，相手の出方にそのつど対処して行為選択を調整している様子がみてとれる．

以上をまとめると，チンパンジーは，視界外他個体との相互行為を試みる際，応答して場の構成を提案し，相手の次の声を待機したり声がなければ自ら呼びかけたりして探索的に働きかけ，相手の出方にそのつど対処して行為選択を調整することがある．その結果，相手の出方次第で相互行為が一時的に盛り上がったり，中断を挟んで再開されたりすることになる．こうしたPHを介した相互行為には，たとえば鳴き交わしを繰り返して移動方向を合わせるとか，視覚的に出会って何らかの対面相互行為をおこなうといった，あらかじめ目指すべき共通の「ゴール」があるとは考えにくい．実際，【事例1】の2頭は，鳴き交わした相手の少なくとも一部と推測される個体たちと視覚的に出会ってはいるが，そこでも「挨拶行動」として解釈されることのあるパントグラント（早木 1990）が1度生じたのみで，その個体たちと毛づくろいやケンカなどの目立った交渉をするわけでもなく，同所的に採食をしたあと再び別れている．また，一時的に盛り上がってはいるものの，鳴き交わしを繰り返す「プロセス」を楽しんでいると言うにはあまりにも間延びしている．

4-2　他個体どうしの場の構成を観察して改めて呼びかける

　次の【事例2】(花村 (2010b) より一部改編・追記) では，チンパンジーが，視界外他個体との相互行為を試みる際のもうひとつのやり方を紹介しよう．その舞台は【事例1】とは異なり，視界外の複数ヵ所に他個体がいることが顕在化している状況である．

【事例2】(2006年4月5日)
　チンパンジーの声待ちをしていた私は，8時30分前後に3ヵ所からそれぞれ応答の伴わない PH を聴く．8時35分にまた別の場所で PH コーラスがあがり (うち1頭はオトナオスのアロフの声と推測)，そこに向かう．さらに別の場所でも PH があがるがそこへは寄らず，8時51分に観察路に座っているアロフ，カルンデ (オトナオス)，ンコンボ (オトナメス) を発見．

08: 54: 55　それまでに声は聴こえていなかった東の山から複数頭の騒ぎ声が聴こえる．3頭は東に振り向き，すぐに観察路を東へと移動し始める．

08: 57: 30　東の先ほどと同じ場所から PH コーラス．3頭ともほぼ同時に後ろ足の片方をあげたまま立ち止まる．

08: 57: 35　東の声が聴こえなくなったあとも3頭はそのままの姿勢でじっと動かずにいる [聴取終了後も続く沈黙]．5秒ほどして別の場所 (北東) から PH コーラス [東の PH に対する応答]．3頭はこの北東の声が聴こえなくなるとすぐに移動を再開．

　8時59分前後に2度，東の先ほどから声があがっている同じ場所で騒ぎ声とともに PH があがる．3頭はそのたびに立ち止まり，声が聴こえなくなったあとも10秒ほどじっと動かずにいたのちに [聴取終了後も続く沈黙] 移動を再開する．

08: 59: 45　3頭が PH をコーラスしながら走り出す．

09: 00: 00　3頭は発声し終えると立ち止まり，10秒ほどじっと動かずにいたのちに [発声終了直後の沈黙] 移動を再開して東へと向かう．

09: 03: 10　3頭が再度 PH をコーラスして走り出す．

09: 03: 20　3頭は発声し終えると立ち止まってじっと動かない [発声終了直後の沈黙]．5秒ほどして東の先ほどと同じ場所から PH コーラス [3頭に対する応答]．3頭はこの声が聴こえなくなる前後に移動を再開して東へと駆け出す．

9時4分，ンコンボは樹に登って採食を始めるが，アロフとカルンデはそのまま観察路を東へと向かう．途中，2頭は突然立ち止まって5秒ほどじっと動かずにいるということを繰り返す．9時6分には別のオス3頭がパントグラントしつつ接近してくるが，2頭は立ち止まらずに移動を続け，9時8分に南北に延びる別の観察路とのT字路に出たところで東を向いて座り込む．その先は藪の濃い急斜面（東の山）である．9時9分に先ほどすれ違ったオス3頭がやって来て近くで毛づくろいを始めるが，アロフとカルンデは，少なくとも私がンコンボを観察しに引き返した9時11分までその場にじっと座っていた．

【事例2】の最初の場面で，アロフ，カルンデ，ンコンボの3頭を発見する少し前に聴こえたPHの少なくとも一部は，3頭にも聴こえる場所で発声されていた．そのためこの3頭には，すでに視界外に他個体がいることが顕在化していたと考えられる．そして，東の山で騒ぎ声があがるとすぐに東へと移動を開始していることから，3頭がこの東の声を聴いてそこにも他個体がいることを知り，その個体たちとの関わりを志向し始めた様子がみてとれる．

こうした状況で，その約3分後に東の同じ場所でPHがあがると，3頭は立ち止まって「聴取終了後も続く沈黙」を示し，北東の個体たちが応答するのを聴いている．その応答を聴き終えると3頭は東へと移動を再開し，途中，再び東の同じ場所で騒ぎ声とともにPHが2度あがるが，3頭はいずれに対しても「聴取終了後も続く沈黙」を示し，別の個体が応答するかどうかに耳を澄ませている．

このようにチンパンジーは，関わりを志向している相手のPHが繰り返し聴こえてきたとしても，とくに別の個体の声も聴いていたり相手が別の個体と鳴き交わすのを聴いていたりする状況では，相手と別の個体が鳴き交わして相互行為の場を構成したりそのあと鳴き交わしを継続したりするかどうかを（聴覚的に）観察することがある．【事例2】では，1度目は応答があったがそのあとは応答の伴わなかった相手（東の個体たち）のPHを2度聴いたのちに，3頭は呼びかけを試みている．しかし応答はなく，東へと移動を再開した約3分後に，3頭は再度呼びかけを試みている．そこで東の個体たちから応答を受け，その声を聴き終えるやいなや興奮して東へと駆け出している．

【事例2】の3頭の，応答を受けるまでのふるまいをまとめると，3頭は，声を聴くことで居場所を知った個体たちとの関わりを志向しつつも，そこから聴こえてきたPHに応答するのではなく，相手と別の個体の相互行為の様子を窺いつつ，「改めて呼びかけ」て相手の応答を待っていた，ということになる．つまりチンパンジーは，PHを介して視界外他個体との相互行為を試みる際，相手の声に自分と同じよ

うに応答する可能性のある別の個体（第三者）── 二者関係を超えて拡がる仲間 ── がいることを理解しており，そうした第三者の出方も踏まえつつ抑制的に働きかけ，相手の出方にそのつど対処して行為選択を調整することがある．

そのため，三者以上の個体たちがPHを介して相互行為を試みる場合，それぞれが互いの出方を踏まえつつ「改めて呼びかける」という形で抑制的に働きかけたり，【事例1】の2頭のように応答して探索的に働きかけたりすることになっていると考えられる．【事例2】でも，3頭は応答の伴わない相手のPHを2度聴いてから呼びかけを試みていたが，【事例2】の最初に応答を受けて北東の個体たちとの相互行為の場が構成されることになっていたと考えられる東の個体たちが，3頭の2度目のPHに応答していた．こうしてこの事例では，3頭は関わりを志向していた相手との非対面下の出会いを達成している．そして【事例2】の最後の場面の応答を受けたあとのオス2頭のふるまいから，【事例1】の2頭と同様，このオス2頭も鳴き交わした相手が次に声をあげるのを待機している様子がみてとれる．PHを介した相互行為にはあらかじめ目指すべき共通の「ゴール」はなく，応答して場の構成を提案したとしても，応答を受けて場の構成が提案されたとしても，そのあとどのような相互行為が続くかは互いの出方次第なのである．

5 ●場の構成に続く行為接続のやり方の多様性

これまで主に，チンパンジーがPHを介して視界外他個体との場の構成を試みる場面に着目してきた．しかし【事例2】のあと，私は9時14分にアロフ・カルンデと別れた場所でまだ採食を続けていたンコンボの元に戻っているのだが，ンコンボは，アロフ・カルンデ（調査助手が視認）や東の個体たちのPHが断続的に聴こえるなか，採食しながらそれらの声がする方向とは反対の西へと向かった（花村 2010b）．つまりチンパンジーは，鳴き交わしを通じて相互行為の場が構成されることになったとしても，採食や移動・休息などの活動リズムに応じて途中でその相手との相互行為の継続に「関心を失っていく」ことがある．【事例1】のダーウィンも，最後のPHには応答していなかった．そして，応答して駆け出したクリスマスに引きずられるようについて行ったダーウィンのふるまいが示すように，視界外他個体に対する行為選択は，視界内他個体との関わりのなかで生じるということもある．

そのため，視界外他個体の出方だけでなく，活動リズムや視界内他個体との関わりに応じて行為選択を調整するという側面にも目を向けて，チンパンジーのPHを

介した視界外他個体との行為接続のやり方を検討する必要がある．以下では，場の構成に続く行為選択の揺れや変化について，もう少し長い文脈のなかで分析していこう．

5-1 冗長に継続する相互行為と場の消失

【事例3】は，オトナメスのファトゥマの半日の記録を，視界内と視界外のできごとに分けて時系列に沿って記述したものである．長い事例であるため，視界外他個体との行為接続のやり方の変化に応じて3つに区別した《シーン》ごとに分析を進める．

《シーン1》の最初，ファトゥマは，すでに視覚的に出会っていた息子のピムを含むオスたちとコーラスをして視界外のPHに応答し（①），その視界外発声個体であるオス（ボノボ）とも視覚的に出会っている．そしてオスたち（以下，ピムたち）が去り，別れた約5分後と約10分後にピムたちが視界外でPHを発声すると，ファトゥマはコーラスのように一部重ねて応答したり，応答しつつそちらに移動してピムたちと再会したりしている（②③）．そのあとファトゥマは再びピムたちと別れ，川で水を飲んだあと樹上で休息し始めるが，別れてから約10分後に聴こえてきたピムたちのPHに，振り返ることもなく一部重ねて応答している（④）．

この場面（④）でファトゥマは，【事例1】の2頭が最初にPHを聴いたときのような，応答する前にその方向に顔や耳を傾けるといったふるまいや，【事例2】の3頭のような「聴取終了後も続く沈黙」は示しておらず，自分が応答することが当然のことであるかのようにすかさず応答している．相手の声を自分に宛てられた声であるかのように聴いているという意味で，ファトゥマにとってピムたちとの相互行為の場が，それまでに繰り返してきた鳴き交わしを通じてすでに構成されていたと言ってよいだろう．しかしファトゥマは，応答したあと採食を開始しており，【事例1】の2頭が2度目に応答したあととは異なり，興奮して声の方に駆け出したり自ら呼びかけを試みたりはしていない．約10分後にはピムたちからさらに離れる方向に移動し，娘への毛づくろいを始めている．

そのあとファトゥマは，再び聴こえてきたピムたちの声と推測されるPHに毛づくろいを中断して振り返りはするものの，応答せずにすぐ毛づくろいを再開している（⑤）．やがて娘たちが遊び始め，そうしたなかファトゥマはピムたちのいた方向に足早に向かうオス2頭とすれ違っている．その直後に先ほどと同じ場所から聴こえてきたPHには，じっと座ったまま応答せずにいたり（⑥），再び振り返ることもなく応答したりと（⑦）どっちつかずなふるまいを示しつつ，娘への毛づくろい

を再開している．

　以上《シーン1》のファトゥマの一連のふるまいから，ファトゥマが鳴き交わしを繰り返してきたピムたちの声に，そのときの活動や視界内他個体との関わりを継続しつつも同調して応答したり，応答せずにそのときの活動や視界内他個体との関わりをそのまま継続したりしている様子がみてとれる．こうしてファトゥマは，ピムたちと視覚的に出会わなくなって別々の活動を始めたあとも，約30分に渡って中断を挟みつつ冗長に相互行為を継続している．

　ところが《シーン2》では，これまでとは別の場所でPHがあがり，ファトゥマはその声に対してピムたちと思しき（声から推測できたのは《シーン1》でピムとともにいたボノボの声）個体たちが応答するのを聴いている（⑧）．ここでファトゥマは，それまで相互行為を継続してきた相手の少なくとも一部と推測される個体たちが，別の個体と相互行為の場を構成するのを観察したことになる．そしてそのすぐあとに再度ピムたちの声と推測されるPHが聴こえているが，ファトゥマは【事例2】の3頭のように，「聴取終了後も続く沈黙」を示して別の個体の応答の有無を聴くようになっている（⑨）．相手の声を自分に宛てられた声としてではなく，別の個体が応答する可能性のある声として聴いているという意味で，ファトゥマにとってピムたちとの相互行為の場が不確かになっていると言ってよいだろう．

　そのあとも自ら呼びかけを試みてはいないものの，ピムたちと別れた場所（そこで声があがり続けていた）まで戻っていることから，ファトゥマはピムたちとの相互行為の継続に「関心を失っていた」わけではないと考えられる．ところが，ファトゥマがピムたちのいた場所に戻るとピムたちはすでにそこにおらず，ファトゥマは辺りを見回してから北東へと向かっている．そこで西の近くからPHが聴こえてくると，ファトゥマは「聴取終了後も続く沈黙」を示したあと1分ほど座り込んだり（⑩），北東への移動を再開したあとも何度も立ち止まったりしていたが（⑪），西へは向かわなかった．そして再び西の同じ場所から聴こえてきたPHには振り返らず，そのまま移動を続けて採食を始めている（⑫）．採食中に再度西の同じ場所からピムたちの声と推測されるPHが聴こえてきたときにはPHを発してはいるが，イントロダクションのみで発声を終え，相手に聴こえるような応答にはならなかった（⑬）．

　そして《シーン3》では，ピムたちとは異なる個体たち（ピンキー，パフィー，グェクロ）との視覚的な出会いが生じ，ファトゥマはその個体たちとともに採食を継続することになる．そこで再度，西の先ほどと同じ場所からPHが聴こえているが（⑭），ファトゥマは採食を継続するのみで，声の方向に移動するようなことはなかった．そしてそのあとは，PHが聴こえてくることもなく，ファトゥマたちがPHを

【事例3】と【事例4】（2006年3月12日）
追跡個体：ファトゥマ（推定43歳のオトナメスで，7歳の娘フラヴィアと2歳の娘フィンビを連れている）
矢印の凡例：
- ⟶ 追跡個体のPHの発声
- ⋯▶ 視界内他個体のPHの発声
- ⟹ 追跡個体と視界内他個体とのPHコーラス
- ⟵ 視界外のPH（発声個体の識別結果に関しては本文注1を参照）
- ⤢ 視界外のPHに対する追跡個体の応答（先行するPH終了後10秒以内のPHの発声）

視界内のできごと	視界外のできごと

【事例3】
《シーン1》
8時30分，ファトゥマがピム（オトナオス，ファトゥマの息子）を毛づくろいしているところを発見．マスディ（オトナオス）とオリオン（ワカオス）もすぐ近くにいる．

08:43:05	ファトゥマ，毛づくろいを中断して東に振り返る． ⟵	08:43:05	東のすぐ近くから1頭のPH（オトナオスのボノボ，調査助手が視認）．
08:43:15	オス3頭とファトゥマがPHをコーラス［応答］①．		
08:43:40	ボノボが走って現れファトゥマがパントグラント．		
08:44:15	オス4頭がPHをコーラスしつつ辺りを走り回り始めると，ファトゥマはオスたちを振り返りつつフィンビを腹に抱いて樹上へ移動． ⋯▶		
08:45:05	オス4頭は枝を引きずりながら四方に去っていく．	08:45:05	オスたちが枝を引きずる音が遠ざかっていく．
08:51:20	ファトゥマ，樹上で立ち上がって，相手の声の後半に重ねるようにPHを発声［応答］②． ⟵	08:51:15	東のすぐ近くから1頭のPH（少し前に去って行ったボノボ，調査助手が視認）．
08:53:20	ファトゥマ，樹から降りて移動していたが，相手の声の後半に重ねるようにPHを発しつつ［応答］，ゆっくりその声の方（南）へと向かう③． ⟵	08:53:15	南のすぐ近くから，PHコーラス（少し前に去って行ったピムとマスディ，調査助手が視認）．

（次頁へつづく）

発することもなかった.

　このように，チンパンジーの視界外に拡がる相互行為の場は，PH の鳴き交わしを繰り返さない限り，いずれ消失していく儚い場である．相互行為の継続に「関心があった」としても，相手も常に移動しており，相手にも自分にも別の個体（第三者）との出会いが生じるかもしれない．しかしファトゥマは，相手（別れた場所に戻ったがいなかった）や第三者（別の個体が PH を発して相手がそれに応答する）の行為の偶有性を受容しつつ，自身の活動リズム（水を飲む，休息する，移動する，採食するなど）や視界内他個体との関わり（娘を毛づくろい，他個体と採食をともにするなど）にも応じて，相手の出方にそのつど対処して行為選択を調整していた．

　以上をまとめると，チンパンジーは，鳴き交わしを通じて相互行為の場が構成されているとき，そのときの活動や視界内他個体との関わりを継続しつつも相手の声があれば応答を繰り返すような，相手の行為に対する「同調性」を発揮することがある．その一方で，相手から離れる方向に移動したり，相手の声に振り返りもせずにそのときの活動や視界内他個体との関わりをそのまま継続して過ごしたりするような，相手の行為に拘束されない「自律性」（ただし，視界内他個体に対する同調性の裏返しであることも多い）も合わせ持っていると考えられる．そのため鳴き交わした相手の声が続いていても，応答したりしなかったりと「どっちつかず」なやり方で行為接続することがある（シーン 1）．また，第三者や相手の出方次第で自分と相手の相互行為の場が不確かになるに任せて，積極的に相互行為の継続を試みるわけでもないが，かといって相互行為の継続に「関心を失う」わけでもなく，声を聴いて相手がいる方向に近づいたりその付近に留まったりと「控えめ」なやり方で行為接続しつつ，平行してそのときの活動や視界内他個体との関わりを継続することもある（シーン 2，3）．【事例 3】のファトゥマは，そのつどの状況に応じて，同調性と自律性のあいだで揺れつつ多様にふるまっていたと言うことができるだろう．

5-2　相互行為の可能性の保留とやり過ごし

　【事例 3】の《シーン 3》では，新たな視覚的な出会いが生じていた．最後に【事例 4】（【事例 3】のつづき）を通じて，そうした出会いがまた別の視界外他個体との非対面下の（聴覚的な）出会いを生む契機にもなるということと，かといってそこで相互行為が継続するとは限らないということを確認したうえで，そのときの行為接続のやり方を検討しよう．

　第 2 節でも述べた通り，PH は視界内個体どうしの相互行為を契機に発声されることがある．【事例 4】の最初の場面では，視界内の他個体たちがケンカを始め，そ

| 視界内のできごと | 視界外のできごと |

(シーン1のつづき)
- 08:54:45　ファトゥマ, 樹上にいるピム・マスディと再会.
- 08:55:20　再びボノボが現れる.
- 08:58:45　ファトゥマ, オス3頭とは別れ, さらに南へ移動. フラヴィアは残る. ファトゥマはそこから100メートルほど離れた川で水を飲み, 樹上で休息する.
- 09:06:20　樹上で振り返ることもなく, 相手の声に一部重ねるようにPHを発声し［応答］, 採食を開始④.　　←── 09:06:15　ピムたちがいた場所（ファトゥマは南下したので北から聴こえる）からPHコーラス（フラヴィアと一緒に残った調査助手がピムとボノボを視認）.
- 09:07:25　フラヴィア（と調査助手）が現れる.
- 09:15:15　採食を終えて樹から降り, 南東へとさらに100メートルほど移動したあと, 観察路上で休息し, フィンビを毛づくろい始める.
- 09:19:50　毛づくろいを中断して北西に振り返るが, すぐに毛づくろいを再開⑤.　　←── 09:19:50　ピムたちがいた場所（ファトゥマは南東に向かったので北西から聴こえる）からPHコーラス（うち1頭はピムの声と推測）.
- 09:24:35　フィンビとフラビアが遊び始める.
- 09:26:10　観察路上で, ファトゥマとは逆に北西へと足早に向かうピムたちとは別のオス2頭とすれ違う.
- 09:28:15　地上に座ったまま動かない⑥.　　←── 09:28:15　先ほどと同じ場所（北西）から悲鳴とPH.
- 　　　　　　　　　　　　　　　　　　　　　　　　　　　　←── 09:30:30　先ほどと同じ場所（北西）からPHコーラス.
- 09:30:40　振り返らずにPHを発声し［応答］, 休息を継続⑦.
- 09:31:10　再びフィンビを毛づくろい始める.

《シーン2》
- 09:32:45　毛づくろいを中断して東に振り返り, 東の声が聴こえなくなったあともそのまま動かずおり［聴取終了後の沈黙］, 北西の声を聴き終えたあと毛づくろいを再開⑧.　　←── 09:32:45　これまでとは別の場所（東）からPHコーラス. その直後に再びこれまでと同じ場所（北西）からもPHコーラス（うち1頭はボノボの声と推測）［東のPHに対する応答］.

(次頁へつづく)

第8章　見えない他者の声に耳を澄ませるとき　183

の悲鳴や吠え声とともにファトゥマとマスディ（【事例3】の最後にファトゥマたちのいる採食樹に1頭で現れた）が2度 PH をコーラスしている．そのあとファトゥマとマスディがグェクロと再会する場面でも，PH のコーラスが生じている（⑮）．そしてその再会の場面では，3頭はコーラスをしたあとすぐに採食を再開ないし開始しており，【事例1】や【事例2】で呼びかけを試みていた個体たちのような「発声終了直後の沈黙」を示していない（⑯）．したがって，この場面で3頭は，自分たちの声に対する他個体の応答をとくに期待してはいなかったのだと考えられる．

しかし，その声に東から応答がある（⑰）．視界外に聴こえ渡る PH は，その声の発声場面にかかわらず，聴き手には「呼びかけ－応答」に利用可能な声として聴かれており，【事例1】でも確認したように，聴き手はいつでも応答することが可能なのである．そして応答を受けたことで，この3頭の PH も遡及的に呼びかけとしての意味を帯びる．つまりこの場面（⑰）でファトゥマは，それまで関わりを持っていなかった視界外他個体に唐突に場の構成を提案され，その相手とのさらなる相互行為の可能性が生じたことになる．しかしファトゥマは，その声の方向を少し見たあと何事もなかったかのようにそれまでと同様な採食を再開している（⑱）．【事例2】で呼びかけを試みていた3頭とは異なり，応答を受けたあとその声の方向に駆け出したりはしていない．その約4分後に，東の先ほどより近くから同じ個体の声と推測される PH が聴こえた場面でも（⑲），ファトゥマはその声に振り向いてはいるもののすぐに採食を再開している（⑳）．

この2度の視界外 PH は，私がダーウィンの声と識別したのだが，その声の特徴が明瞭に聴こえる1頭の声であったため，ファトゥマも識別できていただろう．そして2度目の PH は，応答として発声された1度目の PH のすぐあとに同じ方向から聴こえている．そのため2度目の PH は，【事例2】で応答を受けたあとのオス2頭が相手の次の声を待機することが可能であったように，ファトゥマにも，1度目に応答してきた個体が自分に宛てて発した声であるかのように聴くことが可能であったと考えられる．こうしたさらなる相互行為の可能性を創り出すという場の働きが期待できなければ，【事例1】のオス2頭の場の「でっちあげ」や待機したあとの呼びかけも意味をなさないだろう．

しかしファトゥマは，そうした場の働きに捉われることなく採食を継続していた．第5-1項の結果を踏まえると，ファトゥマは活動リズムや視界内他個体との関わりに応じて，鳴き交わした相手の行為に同調せずにいた，ということになる．

ただし，ファトゥマは相手の声に振り返ったりはしており，2度目の PH の約5分後に，相手が声をあげていた東に移動して採食を再開し，そこに留まっていた．相手が再び声をあげたり，相手がこちらにやって来たりといった，場の構成に続く

| 視界内のできごと | 視界外のできごと |

(シーン2のつづき)

09:34:20 北西に振り返り，声が聴こえなくなったあとも5秒ほどそちらを見続けたのちに［聴取終了後も続く沈黙］顔の位置を元に戻す⑨．	09:34:20 これまでと同じ場所（北西）からPHコーラス（うち1頭はピムの声と推測）．
09:34:50 やって来た観察路を北西へと戻り始める．	
09:45:20 ピムたちと別れた場所に戻ってくるが誰もいない．辺りを見回したあと，別の観察路を北東へと向かう．	
09:47:10 立ち止まって西に振り返り，声が聴こえなくなったあとも10秒ほどじっと動かずにいたのちに［聴取終了後も続く沈黙］座り込む⑩．	09:47:10 西の近くからPHコーラス．
09:48:10 北東へと移動を再開．途中，立ち止まってじっと動かずにいるということを3回繰り返す⑪．	
09:51:40 声に振り返らず移動を継続し，樹上で採食開始⑫．	09:51:40 西の同じ場所からパントグラントとPH．
	09:54:50 西の同じ場所からPHコーラス（うち1頭はピムの声と推測）．
09:54:55 果実を口にしたままPHを発声するが，イントロダクションのみで発声を終え，採食を再開⑬．	

《シーン3》
ファトゥマが採食を続けていると，10時12分に，ピンキー（オトナメス，6歳の娘パフィーを連れている），グェクロ（オトナメス）が東からやって来て，ファトゥマと同じ採食樹で採食を始める．

10:28:00 ファトゥマ，樹上を移動して少し古いチンパンジーのベッドに入る．そこから手を出して採食再開．	
10:32:00 ベッドの中で採食継続⑭．	10:32:00 西の先ほどと同じ場所からPHコーラス．

ファトゥマ，ピンキー，グェクロは採食を続け，昼過ぎに連れ立って別の採食樹に到着．12時46分，その採食樹にマスディが現れ，3頭がパントグラント．そのあと4頭は休息を繰り返しつつ南西へ移動．
（事例3おわり）

相互行為の可能性が消失したわけではない．場合によってはファトゥマたちがまたPHを発するかもしれない．そのため，【事例4】のファトゥマは，鳴き交わした相手との相互行為の継続に「関心がなかった」わけでもないが，かといって積極的に相互行為の継続を試みるわけでもなく，その相手との相互行為の可能性を「保留」して未決定なままにしていたと言うことができるだろう．また，西へ去ったマスディや南へ去ったグェクロのふるまいが示すように，チンパンジーは，鳴き交わした相手の声の方向に移動したりそこに留まったりはせずに，その相手との相互行為の可能性を「やり過ごす」ようにふるまうこともある．

　ちなみに【事例4】のあと，ファトゥマが東に移動して採食を再開した約20分後に，鳴き交わした相手と推測されるダーウィンが東からやって来ており，夜に樹上でベッドを作って寝る直前までファトゥマはダーウィンと遊動をともにしている．もちろん，「保留」したからと言って鳴き交わした相手と視覚的に出会うとは限らず，「やり過ごし」たからと言ってその先で鳴き交わした相手とばったり出くわす偶然がないわけではない．そしてさらに重要な点は，【事例2】のあとのンコンボや，【事例1】の最後のPHを聴いて，クリスマスがいなければそちらに向かわなかったかもしれないダーウィンのふるまいから確認しておいたように，「保留」や「やり過ごし」は，自ら場の構成や相互行為の継続を試みていた個体にとっても可能な行為接続のやり方のひとつだという点である．【事例3】のファトゥマが鳴き交わしを継続してきた相手の声に応答せずにいた場面も，「保留」や「やり過ごし」として捉えることができるだろう．

6 ●プロセス志向的な慣習と場の生成変化

　以上，チンパンジーのPHを介した行為接続のやり方と，それによって産出される相互行為の動態について分析してきた．本節ではそれぞれの事例分析を通じて得られた結果をまとめつつ，第1節で触れたチンパンジーの対面下の相互行為や，以下で例示する人間の慣習や制度（規則）との差異や連続性について考察しよう．
　チンパンジーのPHを介した相互行為には，慣習化した鳴き交わしのパターンがあり，チンパンジーはそのパターンを利用することで，他個体どうしの鳴き交わしを聴いている個体も含めて，互いの行為を理解可能にしながら行為を接続していた．各事例でみてきたように，この行為接続のパターンを利用した相互行為は，誰にとってもいつでも「呼びかけ−応答」という同一の意味を帯びていると言うことができるだろう．

視界内のできごと	視界外のできごと

【事例4】
14時2分,パフィーの悲鳴をきっかけに,ピンキー・グェクロとマスディがケンカを始め,その悲鳴や吠え声とともに,ファトゥマとマスディが2度PHをコーラス.14時30分頃にピンキーが去り,15時30分頃にはグェクロも去る.

16:18:20　ファトゥマとマスディが樹上で採食中,再びグェクロが現れPHを発声しながらその樹に登ってくる.ファトゥマとマスディもそれに合わせてPHをコーラス⑮.2頭は発声し終えるとすぐに採食再開.グェクロもすぐに採食開始⑯.

16:18:30　ファトゥマ,東に振り返るがすぐに採食再開⑱.　　16:18:30　東から1頭のPH［応答］（オトナオスのダーウィンの声と推測）⑰.

16:19:10　マスディ,PHを発声するがイントロダクションのみで発声を終える.

16:21:15　マスディ,樹から降りて観察路を西へと去る.ファトゥマとグェクロはそのまま採食継続.

16:22:45　ファトゥマ,振り返って東を見たあと採食継続⑳.　　16:22:45　東の先ほどより近くから1頭のPH（ダーウィンの声と推測）⑲.

16時27分,ファトゥマは樹から降りて観察路をゆっくり東へと向かう.グェクロも少し遅れてついてくる.16時34分に南北に延びる別の観察路との交差点に出てしばらく休息したあと少し南に移動するが,16時39分にファトゥマが観察路を外れて東の藪の中で採食を始めると,グェクロはそのまま南へと去る.

第8章　見えない他者の声に耳を澄ませるとき　　187

この非対面下で利用される行為接続のパターンは，対面下で利用されるチンパンジーの他の行為接続のパターンとは異なる特徴を持っている．対面下では，パターンを利用した相互行為をすることなく出会いが生じる（第7章伊藤論文）．そして「パントグラント」（第6章西江論文）や「対角毛づくろい」（第11章北村論文）は，対面下で出会ったあと，どのように対処してよいかわからないという状況で探索的に一定の秩序をもたらそうとしたり，何もしないわけにはいかないという状況で双方が一定の秩序を目指したりして「何かをする」ときに使える「手」だと考えられている．それに対してPHの鳴き交わしは，非対面下の出会いを達成し，さらなる相互行為の可能性を創り出すときに使える「手」なのである．言い換えれば，出会ったあと，何らかの問題に対処して共通の「ゴール」を探索したり目指したりして「何かをする」というよりは，互いに相手が見えない状態でまずは出会いを産み出す「仕掛け」であり，それぞれが離れて生活することの可能なチンパンジーたちが，視界外他個体との相互行為を可能にする場それ自体を創り出す方法なのである．

　そのためこのPHを介した相互行為には，「誰と誰が出会い」，そのあと「誰がどうするか」といった，行為選択をあらかじめ方向づけるような力はほとんど働いていなかった．行為接続のパターンを利用していたとしても，こういうときはその個体がその行為を選択するというように（たとえば，ある状況ではその個体が応答するべきでありそうでなければその個体は応答するべきではないなど），「いつ誰がどの行為を選択するか」が限定されることはないのである．それゆえ様々な個体たちのあいだで場が生成しては消失するのみで，個々の場面を切り出せば，「どういうときにどうしたってよい」ようにみえる．しかしそこには，彼ら独特の行為接続のやり方があり，無秩序（行為選択に困難を来したり理解不可能なできごとに動揺したりすること）が到来するというわけではなかった．

　それまで関わりを持っていなかった視界外他個体のPHを聴いたとき，その個体との相互行為を試みるチンパンジーは，応答して相互行為の場を「でっちあげ」て，相手の次の声を待機したり声がなければ自ら呼びかけたりして探索的に働きかけていた（事例1）．とくに相手が第三者と場を構成するのを観察していた場合には，相手と第三者の相互行為の様子を窺いつつ，「改めて呼びかける」という形で抑制的に働きかけていた（事例2）．そして，鳴き交わした相手が呼びかけに応じず，次の声をあげなかったとしても，動揺することなく行為選択を調整していた（事例1）．その一方で，視界外他個体との行為接続のやり方には活動リズムや視界内他個体との関わりが影響しており，鳴き交わした相手の声が続いていても，同調して応答したり，応答せずにいたりと，「どっちつかず」に行為接続することがあった．そして途中で相手が第三者と鳴き交わしを始めたとしても，動揺することなく「控え

め」に行為接続していた (事例 3). また, とくに応答を期待せず発した PH にそれまで関わりを持っていなかった視界外他個体から唐突に応答を受けたときも, 動揺することなく, そのときの活動や視界内他個体との関わりをそのまま継続していた. そして鳴き交わした相手の次の声に応答せず, 相互行為の可能性を「保留」したり「やり過ごし」たりすることがあったが (事例 4), こうしたやり方は自ら場の構成や相互行為の継続を試みていたチンパンジーにも同様にみられるのであった (事例 1, 事例 2, 事例 3).

　このようにチンパンジーは, PH を介して, それぞれが互いの出方にそのつど対処して行為選択を調整しつつ, 状況に応じて多様にふるまっていた. そして, たとえば視界外他個体に探索的・抑制的に働きかけて相手の出方にそのつど対処するというやり方は, 相手が同調的にふるまったり働きかけに拘束されずに自律的にふるまったりして多様にふるまうということを前提にして可能になっていると考えられる. 相手の同調性がまったく当てにできなければ, 応答して相手の次の声を待機したり, 呼びかけて相手の応答を待ったりすることもなくなるだろう. 相手の自律性を繰り返し経験してきたからこそ, 相手が呼びかけに応じなかったり次の声をあげなかったりしても, それも普通にあることとして何事もなかったかのように過ごせるのだろう. さらに言えば, 「相手や第三者がどうするかわからない」からこそ, 待機していた相手の声に興奮して駆け出したり, 相手の声に第三者が応答するかどうかを窺ったりすることが可能になる. また, 唐突に応答したり, 鳴き交わした相手の声が続いていてもどっちつかずにふるまったり, 相手との相互行為の可能性を保留したりやり過ごしたりする多様なふるまいは, 相手がそのつど対処して行為選択を調整するということを前提にして可能になっていると考えられる. たとえば保留したりやり過ごしたりしたときに, その相手が動揺して呼びかけをひたすら続けたり自分を探し回るようなことが頻繁に起これば (チンパンジーは, ごく稀に, 応答の不在に狼狽して右往左往したり悲鳴をあげたりしながら呼びかけを繰り返すことがある (花村 2010a)), このようなやり方を取り続けにくくなるだろう.

　したがってチンパンジーは, PH を介して「相手が多様にふるまうこと」を前提にしているからこそそのつど対処して行為選択を調整することが可能になっており, 「相手がそのつど対処すること」を前提にしているからこそ多様にふるまうことが可能になっているのだと考えられる. そのため, この PH を介した行為接続のやり方は, 互いに「そうすること ── すなわち, 場合によっては第三者の出方も踏まえつつ, 相手の出方にそのつど対処して行為選択を調整し, 活動リズムや視界内他個体の関わりにも応じて多様にふるまうこと」を前提にし合っているという意味で, 「PH を介してやりとりするときは皆そうするものだ」という慣習として位

置づけることができる.

　つまり,鳴き交わしのパターンを利用して,「こうすればそうなる(鳴き交わせばさらなる相互行為の可能性が生じる)」が,彼らはそのパターンを利用して「いつ誰がどの行為を選択してもよい」という態度で行為を接続しており,「そうなったらこうすることもできる(相手の次の声を待機したり呼びかけたりして相互行為の継続を試みる)」し,「こうしてもよい(相手の声が続いていてもどっちつかずにふるまったり,相互行為の可能性を保留したりやり過ごしたりする)」のである.しかし,相手の出方にそのつど対処して次の行為を選択することで,その行為の結果がまた相手や第三者の行為選択に影響を与える.相手に影響を与えることを理解して探索的・抑制的に働きかけることもあれば,自分の預かり知らぬところで誰かが影響を受けて動き出すこともあるだろう.これは足立(第12章)が言うところの「社会的コミュニケーションの連続」である.そしてその結果,互いの出方に依存して様々な個体たちのあいだで場が生成変化し,相互行為が一時的に盛り上がったり中断を挟みつつ冗長に継続したり,途中で相手が第三者との相互行為を開始したり,そのあとの行為が接続せずに相互行為が終了したりする.チンパンジーのPHを介した行為接続の慣習は,こうしたプロセスの継続を産み出しているのだと考えられる(167頁　概念図A).そのため,以下ではこのチンパンジーの慣習を,共通の「ゴール」を目指して互いの行為選択を調整し合うのではなく,そのときの行きがかりに身をゆだねて互いの出方にそのつど対処して行為選択を調整し合うという意味で,「プロセス志向的な慣習」と呼ぶことにする.もちろんこのプロセス志向的な慣習は,チンパンジー自身が自覚しているようなものではなく,離れていて見えない様々な個体たちのあいだで繰り返し場が生成しては消失するという反復のなかで身体化した慣習だと考えられる.

　ところで,チンパンジーや人間のパターンを利用した対面下の相互行為には,繰り返し遂行されることで他の行為選択が潜在化し,場合によっては逸脱として識別されるという意味で,「いつ誰がどの行為を選択するか」があらかじめ限定されているかのように感じられるものがある.たとえば先にも触れたチンパンジーの「対角毛づくろい」は,居合わせた2個体が何もしないわけにはいかないという状況で,以前に類似の状況でその相手と対角毛づくろいをおこなったということを手がかりにして,「秩序だった共存状態」というゴールを実現するために,実際の行為接続に先立って双方がその相互行為を「する」ことを予期しつつ遂行される(第11章北村論文).そこではごく稀にではあるが,一方の対角毛づくろいを「しない」という行為選択が,他方の否定的な反応を引き出すことがあり(中村 2003),少なくとも否定的に反応した個体にとっては逸脱として識別されていると言える.人間の

「学校の授業」は，「おじぎをし合う」というパターンを利用して，一人の先生と多数の生徒が挨拶をすることで始まる．また，「ターン・テーキング」や「質問－応答－評価」というパターンを利用して，先生が発話を終えても指名されない限り生徒は発話を控える (cf. 西阪 2008)．そこでは，「一人の教えを多数が学ぶ」というゴールを実現するために，実際の行為接続に先立ってそれぞれが諸々のパターンを利用した自分の行為選択を限定し，また他者に対しても行為選択を限定することを期待している．そのため，生徒が先生に挨拶しなかったり，先生に指名されていない生徒が発話したり，先生が生徒の答えを評価せずにいたりするといった，期待されている行為から外れた行為は，それらの行為を選択した者が自らその理由を説明したり他者から注意を受けたりするという意味で，逸脱として有標化される．逸脱の有標化（行為接続のやり方の規範化）をもって制度の成立と考えるならば，「学校の授業」におけるこれらの慣習はすでに制度（規則）である．

　しかしこのように，行為接続のパターンを利用してそれぞれの行為選択を限定するチンパンジーや人間の「ゴール指向的」な慣習や制度（規則）もまた，反復によって身体化されたものだと考えられる（概念図 B）．つまり，当該相互行為の参加者はいつもその規則やゴールを意識しているわけではなく，「皆そうする」ことがあたりまえになっている（第 18 章黒田論文）．その結果を後付け的にみて「(should の) 規則にしたがって」特定の相互行為を安定的に産出していると言うのだとすれば，チンパンジーは PH を介して「may の規則[2]にしたがって」場を生成変化させ続けるというプロセスを継続的に産出していると言うことができるだろう．

　チンパンジーの PH を介した相互行為においても，実際の行為接続に先立って行為選択が方向づけられているかのようにみえる事態が生じることもある．たとえば，鳴き交わしが繰り返された場合には，相手の声に同調して，そうすることが当然のことであるかのように応答を繰り返すことがあったが（事例 1，事例 3），こうした場面では「応答する」以外の行為選択が潜在化していると言うことできるだろう．しかし，この鳴き交わしの繰り返しもそのときの行きがかりで生じているだけであり，ゴール指向的な慣習で特定の相互行為が安定的に産出されるような事態とは異なる．何らかのゴールに方向づけられた特定の相互行為が安定的に産出されるものとなるためには，複数の個体にその相互行為を繰り返させるような共同での対処を迫る問題やそこで実現するとみなされるゴールの共有が必要だろうし，その相互行為を「それ」として概念化し，ゴールとの対応関係が固定されたものであるかのように錯覚させる言語がその安定化を後押しするのかもしれない．

　その一方で，チンパンジーや人間の対面下の相互行為にも PH のプロセス志向的な慣習と似たやり方で安定的に産出される相互行為が多々ある．人間を含む霊長類

の子どもの「遊び」(第4章早木論文; 北村 1992; 西江 2010) や人間の「お喋り (外的な目的を持たない会話)」(水谷 1997) は, そこで利用される行為接続のパターンは数多くあるが, それぞれのパターンが持つ本来の遊戯性を活かした自己目的的な相互行為である. パターンがあって行為選択の「幅」が限定されているため, 相手の次の行為や発話をある程度予期することが可能になる. しかし, ゴール指向的な態度で実際の行為接続に先立ってそれぞれの行為選択を限定するのではなく, プロセス志向的な態度で行為選択に揺らぎを創り出し, そうであるがゆえに予期が一致する偶然に興奮が伴い, 予期からのズレが次の行為選択を産み出す資源となり, 当該相互行為が中断を挟んで再開されたり, 途中参加や離脱が逸脱として有標化されることなく受容されたりする. ただし,「追う-追われる」というパターンを利用した「追いかけっこ」などを考えるとわかるように,「遊び」は, 役割交替もしつつ両者がそのパターンを利用した相互行為を「する」ことを繰り返すから楽しいのであり, 相手が「しない」ことが続けば落胆するだろうし, 場合によっては逸脱として識別されうる.

　アフリカの狩猟採集民バカの歌と太鼓と踊りの儀式である「ベ」(木村 2003; 分藤 2010) は, 相手がその相互行為に「のらない (パターンを利用してその相互行為を「しない」)」ことが普通のこととしてあるという意味で, PHのプロセス志向的な慣習にさらに似ている.「ベ」は, 一部の歌い手や太鼓手が他の人びとに参加を呼びかけることで始まるのだが, 呼びかけられた方も義務感なくやり過ごすことがあり, 呼びかけた方もその期待がはずれても落胆せず, 始まったとしても中断や休止, 途中参加や離脱がしばしば起こる. この相互行為が, 夜におこなわれる, 声や音を聴くことでしか互いの出方がわからないという非対面的な音声相互行為であることは偶然ではないだろう.

　こうした人間の「遊び」,「お喋り」,「ベ」が, そのプロセス志向的な慣習によってそのつど盛り上がったり盛り下がったりするのと同様に, チンパンジーのPHを介した相互行為も, そのプロセス志向的な慣習によってそのつど盛り上がったり盛り下がったりする. そして, 水谷 (1997) が「なんらかの目的を持った種々のコミュニケーション」は「自己目的性を特徴とするような会話のなかに胚胎している」と指摘しているように, プロセス志向的な慣習は, そこからゴール指向的な慣習が析出してくる可能性を秘めた, 人間とチンパンジーに共通する制度的現象 (慣習) の進化史的基盤として捉えることができるだろう.

　もちろん, それぞれ特定の相互行為として概念化されており, そのプロセス全体が意識されうる人間の「遊び」,「お喋り」,「ベ」とは異なり, チンパンジーのPHを介した相互行為は, 当事者がそのプロセス全体を意識していると考える根拠はな

い，PHを介して場を生成変化させつつ離合集散を続けるその状態が，彼らにとっての常態なのである[3]．しかし，長い進化の過程においてなのか，M集団の歴史においてなのかはわからないが，それぞれが離れて生活することの可能な個体たちの互いに対する「関心」が，「呼びかけ－応答」のパターンを創り出したのだと考えられる．そしてそのパターンを利用した彼ら独特の慣習は，声さえ届くならば誰もがいつでも提案したり保留したりすることの可能な相互行為の場を繰り返し産み出している．離れていて見えない個体たちが，それぞれの事情を窺いつつ場の構成を試みたり，互いの出方に依存して相互行為を継続したりすることを可能にすると同時に，それぞれの事情に応じて相互行為を中断したり，行為を接続せずにそのまま別々に過ごしたりすることもまた可能にしている．こうしてチンパンジーのPHを介した慣習が，離合集散しながら営む彼らの集団生活を形づくり，他者との付き合い方を調整する「仕掛け」であるのだとすれば，このプロセス志向的な慣習を，人間のゴール指向的な制度（規則）とは別様な制度のひとつの可能態として位置づけることもできるのではないだろうか[4]．

注

1) 第4節と第5節の事例では，視界外PHの発声個体や性年齢に関する私の識別結果を以下のように記載し，連続的に聴こえてきたPHの発声個体の異同やそのあとに視覚的に出会った個体との異同，観察しているチンパンジーが発声個体をどの程度識別できていたかを分析する際の参考にする．私か識別能力の高い調査助手のいずれかが識別できた場合には「推測」としてその発声個体や性年齢を記載し，両者の識別結果が一致しなかった場合や両者とも識別できなかった場合は何も記載しない．また，連続的に聴こえてきたPHの発声場所や方向も，発声個体の異同を判断する際の参考にする．
2) 菅原（2004）は，アフリカの狩猟採集民ブッシュマンが，会話の「ターン・テーキング」のパターンを，認知的な必要性がなければ同時発話してもよいという態度で利用していることを指してこの用語を使っている．鳴き交わしのパターンを利用して「いつ誰がどの行為を選択してもよい」という本章での用法とは一致しない．
3) ただし，マハレM集団では，多数個体が頻繁に離合集散しながら大まかに遊動方向を同調させる集合期と，あまり離合集散せず広い範囲に分散して遊動する分散期とがある．本章の事例はいずれも分散期のものであるが，伊藤（第7章）は，集合期の「集まる」という現象がイロンボという果実の実りをきっかけに毎年反復されており，彼らが「こういうときは皆集まる」と互いに予期しつつそうした集まりを繰り返し産出している可能性を示唆している．集合期にはPHの発声・聴取頻度も高く，鳴き交わしも様々な個体たちのあいだで生じる．そうした状況では，PHを介した相互行為においても，そのときの行きがかりを超えて「こういうときは皆鳴き交わすものだ」と互いに予期しつつ呼びかけや応答を繰り返すような現象が生じているかもしれない．

参考文献

分藤大翼 (2010)「相互行為のポリフォニー――バカ・ピグミーの音楽実践」木村大治・中村美知夫・高梨克也編『インタラクションの境界と接続――サル・人・会話研究から』昭和堂．207-226 頁．

Goodall, J. (1986) The Chimpanzees of Gombe: Patterns of Behavior. Harvard University Press, Cambridge, MA.

花村俊吉 (2010a)「偶有性にたゆたうチンパンジー――長距離音声を介した相互行為と共在のあり方」木村大治・中村美知夫・高梨克也編『インタラクションの境界と接続――サル・人・会話研究から』昭和堂．185-204 頁．

花村俊吉 (2010b)「チンパンジーの長距離音声を介した行為接続のやり方と視界外に拡がる場の様態」『霊長類研究』26: 159-176．

早木仁成 (1990)『チンパンジーのなかのヒト』裳華房．

木村大治 (2003)『共在感覚――アフリカの二つの社会における言語的相互行為から』京都大学学術出版会．

北村光二 (1992)「「繰り返し」をめぐって――「関係」をテーマとするコミュニケーション」『弘前大学人文学部文経論叢』27: 23-51．

Kojima, S., A. Izumi and M. Ceugniet (2003) Identification of vocalizers by pant hoots, pant grunts and screams in a chimpanzee. *Primates* 44: 225-230.

黒田末寿 (1999)『人類進化再考――社会生成の考古学』以文社．

水谷雅彦 (1997)「伝達・対話・会話――コミュニケーションのメタ自然誌へむけて」谷泰編『コミュニケーションの自然誌』新曜社．5-30 頁．

中村美知夫 (2003)「同時に「する」毛づくろい――チンパンジーの相互行為からみる社会と文化」西田正規・北村光二・山極寿一編『人間性の起源と進化』264-292 頁．昭和堂．

西江仁徳 (2010)「相互行為は終わらない――野生チンパンジーの「冗長な」やりとり」木村大治・中村美知夫・高梨克也編『インタラクションの境界と接続――サル・人・会話研究から』昭和堂．378-396 頁．

西阪仰 (2008)『分散する身体――エスノメソドロジー的相互行為分析の展開』勁草書房．

Notman, H. and D. Rendall (2005) Contextual variation in chimpanzee pant hoots and its implications for referential communication. *Animal Behaviour* 70: 177-190.

菅原和孝 (2004)『ブッシュマンとして生きる――原野で考えることばと身体』中公新書．

第9章　野生の平和構築
スールーにおける紛争と平和の事例から制度を考える

床呂郁哉

◉ **Keyword** ◉
制度Ⅰ，制度Ⅱ，紛争，平和，偶有性（contingency），サマ人

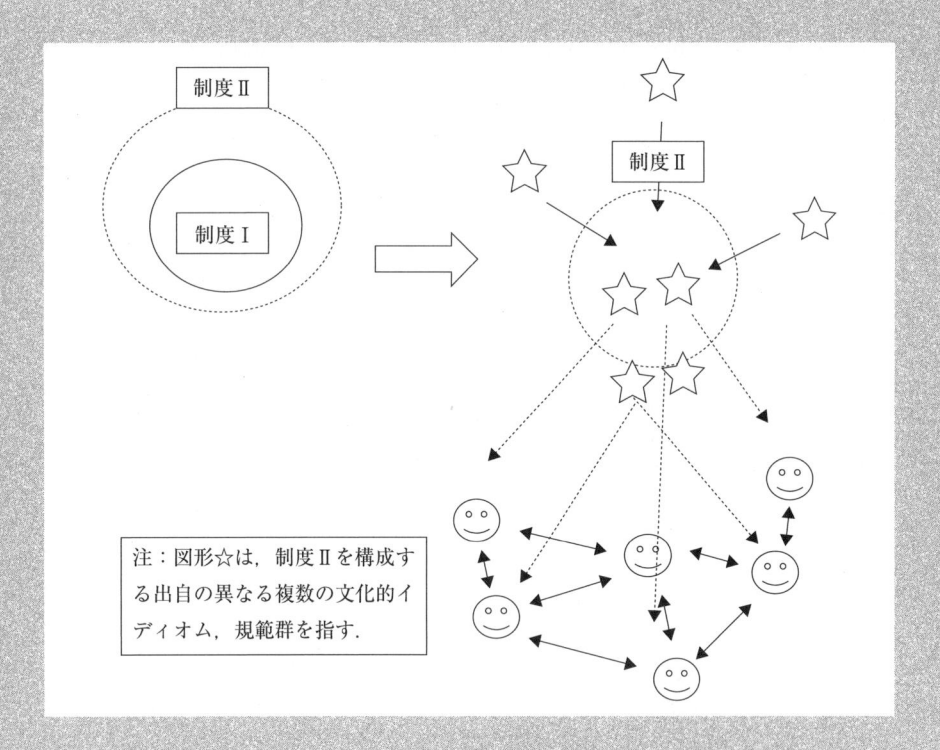

注：図形☆は，制度Ⅱを構成する出自の異なる複数の文化的イディオム，規範群を指す．

　輪郭の比較的，明瞭な制度Ⅰは，より輪郭が曖昧な制度Ⅱに包摂されている（図左側）が，しかし仔細に見れば，その制度Ⅱも異なる起源や由来を有する多様で複数の文化的イディオムや規範のブリコラージュから構成されており，それが状況に応じて行為者の偶有性に満ちた相互作用に応じて参照されたり，適用ないし適用除外されたりする．

1 ●近代主義的理解に束縛されない制度論へ

　本章は筆者のフィールドであるスールー海域世界（後述）における各種の紛争と紛争処理に関する民族誌的事例の検討を通じて，いわゆる日常的な語彙における狭義の「制度」概念を相対化し，通念的ないし近代主義的な制度の理解とは異なる視点から制度を再考察していくことを試みるものである．そこで，まず本章の問題意識についてその概要を述べたい．

　本書の基盤となった，制度をめぐる霊長類学と人類学の共同研究会における議論を振り返ってみれば，研究会参加メンバーのうち，霊長類学を専門とする側では，主として狭義の制度が成立する以前（ないし制度的現象の萌芽段階）の状態を想定した上で，そこから制度の問題への接近や考察を試みてきたと言えよう．これに対してヒトを対象とする研究者の側では，一見すると議論の出発段階で，ヒトにおいては既に各種の制度（言語，親族体系，法制度，国家，etc.）が厳然と成立してしまっている事実を受け入れた上で，その事実を前提としながら制度の本質に接近する傾向が存在していたと言っていいだろう．

　しかしながら，仔細に検討すれば，ヒトにおいても「制度」の存在は，決して完成された秩序や閉じられた体系のようなものではなく，実際には，制度以前的な要素であるとか，制度の機能不全，「非公式の制度」や「制度のアノマリー」などといった状態が，渾然一体と混じり合っているのではないか，という疑問を提示することができるだろう．さらに言えば，いわゆる「制度」自体も一枚岩的ではなく，むしろ幾つかのレベルからなる重層的性格を有するのではないかと考えることが可能であると筆者は考える．

　より具体的な民族誌的な水準に即して言えば，本章が扱うフィリピン南部のスールー海域世界においては，名目上はモダニティの諸制度が厳然として存在し，社会を規制・拘束している，ということになっている．しかし実際の民族誌的データの検討からは，その機能不全や例外状況が多発しており，すなわち公的な狭義の制度の失敗と，インフォーマルな広義の制度・慣習の相対的な卓越状況を指摘することができる．

　本章では以上のような社会的状況下で，それではいかにして現地において紛争や葛藤などの出来事が処理されているのかを，民族誌的資料をもとに記述し，とくに儀礼などの象徴的回路を通じた紛争処理の過程に注目して検討を行う．たとえばスールー諸島に住むサマ人のキパラットと呼ばれる和解儀礼などが，現実の物理的な暴力を象徴的に操作可能な暴力へと変換した上で，それを処理する社会的な仕掛

けとして一定の有効性を有することを具体的に検討していくこととしたい．

言い換えれば，ヒトにおいても近代主義的な制度をめぐる通念に捉われない，より広い視点から制度を記述していくことを試みたい．

1-1 制度をどう考えるか？

そもそも制度とは何だろうか？　本書が射程とする「制度」の内包や概念の広がりに関しては河合による序章に譲るとして，ここでは本章にとくに関連する制度をめぐる考え方のいくつかについて触れたい．

制度派経済学者のT・イェーガー（イェーガー 2001: 11-12）によると，制度とは「社会が人間同士の相互作用のために設けるルールであり，われわれの行動にパターンを与えることによって，人間同士の相互作用に伴う不確実性を減らす」ものであるとされる[1]．このイェーガーの制度をめぐる概念は，社会学者N・ルーマンの言う社会秩序の成立における「二重の偶有性（ダブル・コンティレジェンシー）」ないし複雑性に満ちた相互作用を前提とした上での複雑性の縮減（ルーマン 1993）といった議論にも通じる部分があると思われるが，いずれにしてもこれは制度をめぐる最広義の定義のひとつとして参照可能なものであろう．

本章でも，「制度」は必ずしも近代社会において一般に想定されるような明文化された司法制度（実定法）等だけには限定されず，人間社会における不確実性を減少させる何らかの仕組みやプロセス（たとえば慣習や習慣的枠組みなどを含む）が存在すれば，そこに制度的なものが（漠然とではあれ）存在しているとみなし得る，という立場から，考察していきたい．

1-2 制度Ⅰと制度Ⅱ

ここで議論の便宜上，本章では狭義の制度（いわば大文字の制度）と広義の制度というふたつの水準を考え，前者を「制度Ⅰ」，後者を「制度Ⅱ」と名付けることとしたい．

まず制度Ⅰは，言わば「フォーマルな制度」を意味し，典型的には近代国家や，その設定する裁判所・司法・警察・成文法による紛争処理制度などの，言わば公式の制度が代表的な存在である．制度Ⅰの成立にあたっては，典型的には国家など上位の公的な組織が当該社会で暴力を独占的に管理していることを前提とすると考えることができる．そして形式化され境界が固定された，社会の上位審級としての組織（国家，警察，法廷等）に依存し，形式化されたサンクションを（少なくとも建前上は）

伴うものとして想定できる[2]．

　この制度Ⅰに対してより広義の制度を「制度Ⅱ」と名付けたい．具体的に言えば，ここで言う制度Ⅱとは，（国家による成文法と対比した場合の）慣習等による非公式の紛争処理プロセス等を典型的な事例として挙げることができる．この制度Ⅱは，概して制度の客体化・物象化・明文化の度合いが，制度Ⅰに比べた場合には相対的に少ない制度と言うことができる．とくに国家による暴力の独占が機能していない状況下でのものが典型的である．

　この制度Ⅱは（制度Ⅰとは対照的に）形式化され境界が固定された上位審級としての組織や形式化されたサンクションを必ずしも伴わないものである[3]．

　以上の制度Ⅰと制度Ⅱの相互の関係について一言，付け加えると，この制度Ⅰ/制度Ⅱといった区分はあくまで議論のための理論的な構築物としての理念型であり，そうである以上は実際の社会的状況においては，たとえば制度Ⅰと制度Ⅱのあいだでの境界例やオーバーラップの事例が存在しうることは言うまでもない．たとえば近代国民国家における制度（制度Ⅰ）であっても，その実際の運用のプロセス等においては上記の制度Ⅱのような側面を指摘しうるであろう．本章では筆者のフィールドワークによって得られた民族誌的資料に即しながら，上記のうち特に制度Ⅰと制度Ⅱの関係をめぐって記述し，考察をしたい．

2 ●事例分析 ── スールー海域世界における紛争とその処理

　本章が対象とするスールー海域世界は，フィリピン最南部に位置し，東マレーシア・サバ州およびインドネシアとの国境地帯に広がるスールー諸島（Sulu Archipelago）とその周辺海域からなる海の世界である．人口構成上，タウスグ人（Tausug）およびサマ語系の集団（「サマ・デア（Sama Dea 陸のサマ）」および「サマ・ディラウト（Sama Dilaut 海のサマ）」）が主要な民族集団として語られることが多い[4]．本章ではこのうち主にスールー諸島のなかでも最南部，マレーシア・サバ州に近接するシタンカイ（Sitangkai）島に居住する海のサマ人（以下，サマ人と記す）の事例を中心に扱う．

　なお今日ではタウスグ人やサマ語系集団のいずれも人口の 90% 以上がムスリムであり，またいずれも伝統的には一部の農業を除くと海上交易や漁撈をはじめとする生業に従事する海の民として知られてきた．そして「弱い国家」と形容されることの多いフィリピン共和国においてもとくに周辺部に位置するスールーは中央政府からの治安・行政的統治が必ずしも実効的に及んでいるとは言えない状況下にあ

る．現地では個人の犯罪などを除いても，以下に概要を述べるように各種の集団的な暴力が頻発していることで知られる．

2-1 サマ人社会における紛争と平和

サマ人における紛争処理に関連した儀礼を検討する準備として，まずは現地における紛争と平和をめぐる背景状況について簡単に概要を述べたい．シタンカイ島を含むスールー諸島は，ミンダナオ島とならんで，1970年代から開始されたムスリム分離主義運動とそれに伴う反政府ムスリム武装勢力と政府軍の武力衝突による紛争，いわゆる「ミンダナオ内戦」の影響を強く受けた地域であり，2000年代以降に入ってもモロ民族解放戦線（MNLF），モロ・イスラーム解放戦線（MILF），アブサヤフ集団（ASG）といった反政府武装勢力の活動が活発な地域である．またそれに加えてスールー海域世界では，地方政治家の擁する私兵・民兵による自警団や各種の海賊が近年も盛んに出没し，あるいは私怨などを動機とした復讐・報復闘争（rido, magkontra, magbalos）による殺人・殺傷事件も後を絶たず，総じて治安状況は決して良いものとは言えない．

こうした殺伐とした状況のなかで，しかしシタンカイ島などに住むサマ（サマ・ディラウト）人に関しては，自他ともに例外的な「平和の民」という評価がなされることが多い．すなわちスールー海域世界では，シタンカイ島のサマ人への典型的なエスニック・ステレオタイプとして，サマ人自身の間では「平和を好む民」そして同時に，その裏返しとして他集団からは「臆病な連中」「戦うことをしないおとなしい連中」といった語り方がなされることが少なくない．

これは，たとえばタウスグ人に関しては，タウスグ自身は「勇敢」であるといった言い方，他集団からタウスグ人に対しては「好戦的」「攻撃的」「残酷」などといったステレオタイプで語られるのと極めて対照的である．こうしたエスニック・ステレオタイプは，必ずしもまったく根拠がないわけではなく，集団的暴力をめぐる実際のデータでも，ある程度，その裏付けを得ることができる．たとえば1992年6月から1994年12月までのタウィタウィ州での調査期間中，筆者が事件当事者のエスニシティなどの詳細を確認することのできた海賊事件22件のうち，その16件（約72％）でタウスグ人が事件の加害者であったのに対して，シタンカイ島のサマ（サマ・ディラウト）人が海賊事件の加害者である件数は1件も確認できなかった（なお他島のサマ・デア人が加害者に加わっているケースは6件を確認できた）．逆に，シタンカイ島のサマ人が被害者であるケースは10件を数えた．また当事者の殺傷などの深刻な身体的暴力を伴う報復闘争事件についても，同期間で確認できた17

件のうち，サマ・デア人集団同士による闘争が7件，タウスグ人同士による闘争が5件，タウスグ人とサマ・デア人の闘争が2件，サマ・デア人とヴィサヤ（ヴィサヤ諸島出身のキリスト教徒フィリピン人の総称）人の闘争が1件であったのに対して，シタンカイ島のサマ人が当事者として関わる闘争事件は1件も確認できなかった（詳しくは，床呂 2009）．

　それでは，海賊や報復などの暴力の蔓延するスールー海域世界の社会的環境のなかにあって，いかにしてサマ人は，こうした稀有な例外のようにも見える「平和の民」として知られるような状況を可能としているのだろうか．

　実際には，「平和の民」とされるサマ人の社会であっても，それは決して内部に利害の対立や摩擦・紛争のないユートピア的共同体（いわば「高貴な野蛮人」の如き）ではありえない．そのことは当事者であるサマ人自身も深く認識しており，後で見るように紛争解決の失敗は，深い敵意と亀裂を招き，それは個人はもちろん共同体全体にとっても深刻な脅威や不確実性を招く危険な状態（後に述べる「熱い」状態）に繋がるものと考えられている．

　一方で，スールー海域世界においては，近代国民国家の公式の治安維持や司法制度は，名目上は存在するものの，実際には海賊や報復闘争などの暴力事件を当局が一向に抑止・解消できていない状況からも分かるように，深刻な機能不全にあると言って良い．つまり，近代国家によるフォーマルな紛争処理の制度や装置が機能していないような状況下に，サマ人は置かれている．

　結論を先取りして言えば，こうした状況下で，サマ人はむしろ各種の慣習的な実践に準拠する形で，言わば国家の制度以外のインフォーマルな紛争処理のさまざまな実践を試みながら摩擦や紛争を処理しているのが実情である．こうしたインフォーマルな紛争処理の方法には，移動することによる衝突の回避や，第三者による仲裁，超自然的観念による自制，そして和解のための儀礼などなど複数の回路がある．このうち本章では特に儀礼など象徴的な回路を通じた紛争の処理を中心に論じるが，その前にサマ人における紛争とその処理の概要についてもう少し一般的な背景を補足しておきたい．

【敵対関係】

　シタンカイ島のサマ社会は，その「平和の民」という評判にもかかわらず，決して各種の摩擦や葛藤，紛争自体が存在しない，というわけではない．ある程度の期間シタンカイで暮らしていると，さまざまな原因によるサマ人同士の口論や諍いの現場を眼にすることは決して稀ではない．こうした諍いは深刻になると呪詛の言葉や侮辱を叫び合う事態に発展し，さほど頻度は高くないもの

の掴み合いや殴り合いにまでエスカレートすることもないではない．こうして対立が大きくなると自他ともに対立関係が認識され，その当事者同士はマグバンタ（*magbanta*「敵同士」），すなわち敵対関係にあると呼ばれ，その対立が誰の目にも認識されるようになる．

この敵対関係の当事者の間では，日常的な各種の互助的関係が一切，停止されるとともに，口をきくことさえしてはならないとされる．

2-2　各種の紛争処理の慣習

シタンカイ島のサマ人において，上で述べたような敵対関係（マグバンタ）は，そのままでは敵対する当事者やその家族だけではなく広くサマ人の共同体全体にも深刻な悪影響を及ぼしうる潜在的に危険な状態（現地のイディオムで言う「熱い」（*apasu*）状態）だと認識される．このため，さまざまな形でサマ人の「祖先のやり方」ないしアダットと総称される慣習に沿った形での各種の紛争の解決が模索されることになる．たとえば移動による紛争処理であるとか，第三者による仲裁などを挙げることができる．

このうち移動による紛争の処理とは，もっとも暫定的なものであり，敵対関係にある当事者が文字通り物理的に距離を置くことで，それ以上の衝突や紛争の深刻化を回避するといった場合が典型的である．ただし，こうして距離を取る行為は，あくまで紛争や衝突のさらなる深刻化を防ぐための暫定的な手段であることが多く，紛争自体の本格的な解決のためには，後で見るような紛争解決のための儀礼などを必要とする場合が少なくない．

また紛争の処理の仕方として一般的なものとしては，この他に第三者による仲裁を挙げることができる．たとえばサマ人の間での紛争の主要な原因のひとつとして駆け落ち（*magpole*）を挙げることができるが，この駆け落ちによるトラブルの際などには第三者，たいていはモスクのイマムや，パングリマ[5]，あるいはシャーマンなどによる仲裁が試みられることが一般的である．こうした仲裁者はフクム（*fukum*）と呼ばれる．

3 ●象徴的回路による紛争処理

シタンカイのサマ人社会における社会的秩序の維持と再生産という文脈において，「祖先のやり方」と結びついた儀礼や民間信仰などの象徴的回路を通じた紛争

の処理は，他の手段に劣らない重要な位置を占めている．ここでは特に現在のサマ人の間で実践されているマグサパ（誓いの儀礼）と称される一種の神明裁判，ならびにマグキパラットと呼ばれる和解儀礼，そしてこうした儀礼のいわば観念的な背景となる「熱さ」と「冷たさ」をめぐる信仰などを中心に記述していきたい．

3-1 誓いの儀礼による紛争処理

まずマグサパ（*magsapa*「誓いの儀礼」）と称される儀礼について述べる．雑駁に言えば，マグサパは，いわゆる神明裁判に近いものであるが，具体的には以下のような手順で実施される場合が多い．

たとえば窃盗事件をめぐるトラブルがときに当事者同士で「お前が盗んだ」「いや自分は盗んでいない」といった水掛け論になってしまうことがある．こうした際には，パングリマ（バランガイ・キャプテン）がまず双方の言い分を訊いて判断や仲裁を試みるが，それでも当事者間の水掛け論が終わらずトラブルが続いてしまうことがある．そのようなときには，次の手段としてマグサパを実施する．

マグサパの際には，パングリマの他にシャーマンやパキル（イスラームの知識に詳しいモスクの役職者）などが立ち会うことも多い．マグサパが開始されると，パングリマはクルアーンを持ち込み，クルアーンの中央のページを開く．このページの上に，紛争の当事者の二人（仮にAとBとする）は順番に右手を置き，次に左手を上に挙げる．そしてAとBが（たとえばAの保有する黄金（の装飾品）をBが盗んだという容疑が紛争の争点である場合とする）以下のように誓う．

まずAが「私はクルアーンの三十章にかけて誓う．Bが私の黄金を盗んだと」と誓う．これに対してBは逆に，「私はクルアーンの三十章にかけて誓う．私はAの黄金を盗んではいないと」と誓う．

以上の宣誓が終わるとそれだけでもう儀礼は終了となる．これ以上は人間は何も行わない．しかしクルアーンの前でどちらかは嘘を言ったのであるから，AとBのうち嘘を言ったどちらかの当事者は将来，必ず病気になることと信じられている．この病気は，たいていは腹が膨れていく奇病というのが多いとされる．マグサパの結果としてこうした病気に罹ることを「誓いに当たった（*taluwa sapa*）」という．

【シタンカイ島におけるマグサパの事例】

シタンカイ島でサマ人のAという女が最初にBという男と交際し，その後にCという別の男と交際しほどなくして妊娠した．しかしCは自分が妊娠させたのではないと言い張り，Aと結婚するのを拒んだ．この話はこじれたため，

イマムの立ち会いの下でマグサパが実施された．この後，Cはいつも病気がちになった．

　概してマグサパは，モスクか，あるいは島のはずれの辺鄙な土地など余計な人目につかない場所で実施されることが多い．またモスクで実施する場合においても，紛争の直接の当事者ないしその代理（代表）者とフクムを除けば，マグサパは無関係な一般の村人にはなるべく知られないように配慮される．

　シタンカイ島では，もしモスクの外でマグサパを行うと，結果的には紛争当事者本人たちだけではなく，シタンカイ島の土地全体に神罰が下って，ヤシが枯れたりするなどの災いが島に訪れる可能性もある，と語られる場合もある．一般にサマ人の間では，紛争はその直接の当事者だけではなく，その親族や場合によっては無関係な村人にまで害が及ぶという観念を認めることができる．特にマグサパを実施しても紛争の当事者のいずれにも病気などの不幸が訪れない場合には，むしろ無関係な者や共同体全体に災禍が及ぶという信仰が，潜在的に存在している．

　たとえば，シタンカイ島に隣接する無人の小島シタンカイ・マリキではかつて美しいココヤシの木が立ち並ぶ浜辺があったが，1990年代前半までにココヤシは全て枯れ，また浜辺の白い砂も大半が消失してしまうという事態が発生していた．これは多くの村人にとっては，その数年前に実施したマグサパの結果としてもたらされた災禍であると信じられている．

　このように，もし紛争当事者の双方に悪いことが起きない場合は，コミュニティの住む土地全体や，当事者の子孫や親族に良くないことが起きるという信仰は，シタンカイ島だけでなくシムヌル島などでも確認することができる．こうしたサマ人の信仰は，次に述べる「熱さ」と「冷たさ」をめぐる超自然的観念と深く関連している．

3-2　「熱さ」と「冷たさ」

　ここで「熱さ」と「冷たさ」の観念について，その内容を検討してみたい．シタンカイ島のサマ人の間では，アダット（伝統・慣習）ないし「祖先のやり方」に違反するような行為は，概して「熱い（*apasu*）」行為であるとされる．そのため違反行為は「熱さ（*pasu*）」による危険性を，当事者以外の人間や，潜在的には村落全体にも波及させてしまうことになる．この「熱い」状態の対立概念が「冷たい（*adigin*）」状態である．「冷たい」状態とは，「熱い」状態のちょうど逆であり，人びとが，かつての「祖先の時代」における「祖先のやり方」に則って暮らし，社会の秩序や平

穏が保たれているような状態を指す．

アダットへの不敬と看做される行為，たとえばインセストタブーに抵触するような性関係や，神やジン（精霊），スマガットやンボなど各種の霊的存在などへの不信仰，儀礼の不実行・不参加などはいずれも「熱い」行為であり，それは道徳的な罪（*dusa*）を伴う行為でもある．

そうした「熱い」行為は，その行為を犯した当事者本人だけではなく家族や親族さらには村落全体にも「熱さ」を波及するとされる．この「熱さ」は自然と人間の間の関係へ悪影響を及ぼし，疫病や干ばつなどの災害を招くとされる．特に共同体内での争いや不和・紛争は，ことさら「熱い」出来事であるとされ，共同体にとって大きな脅威を有するとされる．たとえば親族や村人同士の紛争など「熱い」状態が続くと，紛争の当事者以外の不特定の第三者にも病気や死，不漁や事故などの不幸をもたらしかねないとされる．

実際，親族同士の不和や紛争から生じた「熱さ」によって，紛争には直接関係のない者が病気になったり，場合によっては死んでしまった，といった類の語りはシタンカイ島のサマ人の間で珍しいものではない．こうして「熱さ」によって病気や死などの不幸な出来事に襲われることを，サマ語では「熱さに当たる（*taluwa pasu*）」と表現する．

以下に挙げるのは，そのような「熱さに当たった」事例である．

【親族の対立による「熱さ」がもたらした赤ん坊の死の事例】

　シタンカイで交易商をしているサマ人のハッジ・アブドルと，実の妹のブラワンは10年以上もの間，対立していた．これはハッジ・アブドルの妻の側の親族と，ハッジ・アブドルの妹や父との間のささいな諍いが発端だった．この諍いで結果的にハッジ・アブドルは自分の妻の親族の側に味方し，実の父や妹，オジらと対立することとなり，ハッジ・アブドルは実の父や妹と口も利かない断絶状態が続いた．ハッジ・アブドルの弟のハッジ・ユノスはこの対立自体に巻き込まれるのを嫌い，ハッジ・アブドルの側にもブラワンの側にもつくことをせず，両方の家族と等しくつきあっていた．しかしハッジ・アブドルとブラワン（そして両者の家族）の敵対関係はその後も続いた．それが和解状態（*maghap*）に至ったのは次のような事情からだった．

　この敵対関係が続いているさなかに，ハッジ・ユノスはマレーシアのサバに出稼ぎに行った．ハッジ・ユノスが出稼ぎにいっている途中で，彼が妻とともにシタンカイに残していた，当時はまだ1歳の赤ん坊が病死してしまうという出来事が起きた．その赤ん坊は，それまでいたって健康で何ら病気の兆候もな

かったにもかかわらず，突然死んでしまった．この出来事にはハッジ・ユノスと妻はもとより，兄であるハッジ・アブドルや妹のブラワンを含め親族は大いに嘆き悲しんだ．そして赤ん坊の死のすぐ後から，この死は「熱にあたった (taluwa pasu)」ための死だとされた．つまり，ハッジ・アブドルとブラワンという，同じキョウダイや親族内での敵対関係によって生じた「熱さ (pasu)」が原因で赤ん坊は病気になって死んだのだとされた．シタンカイのサマ人同士，とりわけ家族や親族内で対立や諍いがあるのは，アダットに反する罪 (dusa) を伴う行為であり，この行為によって生じる「熱さ」は，人びとに対してその罪を償うために親族内に病死者を出させるのだという．そして，この赤ん坊の突然の死という出来事後，状況は大きく動いた．すなわち，それまで敵対関係にあった当事者のハッジ・アブドルとブラワンを含む関係する親族全員が集まって「われわれの対立のせいでこの赤ん坊は死んでしまった」と今までの敵・味方が無垢な赤ん坊の死をもたらしたことを悔い，ハッジ・アブドルとブラワンは互いを許し合い，抱き合って泣いた．こうして再びハッジ・アブドルの親族は和解し，ひとつになる (magdakayu) ことができた．

この事例にも現れているように，「熱い」状態が続くような場合には，その「熱さ」が，必ずしも紛争の直接の当事者でない人間にまで病気や死などの不幸な出来事をもたらす可能性があると観念されている．このため「熱さ」が続く場合には，その危険を取り除くため，何らかの形で「熱い」状態を「冷たく」する必要が生じる．「冷たく」する手段のひとつとして，「熱さを取り除く (nilaanan pasu)」儀礼が必要に応じて実施されることがある．典型的には，アダットに抵触する「熱い」結婚を当事者が望む場合に，その結婚を認める代わりに「熱さを取り除く」儀礼を実施するといったものである．

たとえばシタンカイ島のサマ人の間では，父方平行イトコの関係にある男女の結婚はアダットの面からすれば不適切で「熱い」結婚であるとされる．これはサマ人においては「血 (laha)」が父系で継承されるため，父方の平行イトコ（特に父方平行第一イトコ）は自分と同じ血を引く者同士であり，ゆえにその結婚は，キョウダイ間での結婚にも（程度は劣るものの）似たある種のインセスト (sumbang) 的要素を孕むと観念されるためである．このため父方平行イトコは，アダットの観点からすれば，そもそも適切な配偶者としての選択肢からは除外される．しかし実際には，数は少ないものの父方平行イトコ同士でも当事者が（家族・親族の反対にあっても）結婚を強く望む場合もないではない．

そのような場合には，結婚に当たって「熱さを取り除く」儀礼を実施することに

よって，当該の結婚が孕む潜在的な「熱さ」を取り除くという象徴的な解決が図られる．こうした結婚にまつわる「熱さ」を取り除くには，具体的にはカップルが用意した皿を浜辺などで割る行為を実施することで「熱さ」を除去するとされる．サマ人の間では，この他に，「熱さ」の原因である紛争それ自体の解消と和解に関わる儀礼も存在する．それが次に紹介するマグキパラットと呼ばれる儀礼である．

3-3　マグキパラットないし和解儀礼

　マグキパラット (*magkiparat*) とは，サマ語の原義としては紛争による罪や熱さを「償う (*kiparat*)」ことを含意するが，通常の文脈では主に紛争・敵対関係や不和への和解の儀礼を指す．この儀礼は，典型的には，人びとの間で紛争やトラブルが起き，とくにそれが深刻な敵対関係として継続され，その「熱さ」のために病気などの不幸な出来事が起きた場合などに，当該の患者の治癒とともに敵対する当事者同士の和解を実現するために実施する儀礼である．

　少し細かく言えば，シタンカイのサマ人の間では，マグキパラットの下位分類としてマグキパラット・マタ (*magkiparat mata* すなわち「生のキパラット」) と呼ばれる儀礼と，マグキパラット・タハック (*magkiparat tahak* すなわち「料理されたキパラット」)，そしてマグキパラット・ドゥワア (*magkiparat duwaa* すなわち「祈祷のキパラット」：後述) と呼ばれる儀礼の3種類が区別される．

　このうち最初のマグキパラット・マタは，儀礼での供物のひとつとして卵を使うものであるが，紛争による「熱さ」で病気になった者が出た際には，紛争の和解と「熱さ」を取り除いてその患者を治癒するために，まずはこのマグキパラット・マタ儀礼を実施する．この儀礼では，その場に敵対関係 (マグバンタ) にある双方の当事者の代表やその家族らが参加して，それまでの敵対関係を解消し，和解しあうことが仲裁者 (フクム) らの立ち会いの下で公式に宣言される．そして紛争の当事者は，アダットに反して紛争状態を引き起こした罪への許しを願い，同時にその紛争の「熱さ」に当たって病気になってしまった患者の治癒を祈祷する．これで儀礼は終了となり，この後，患者の容態が改善されれば，敵対関係とその「熱さ」は最終的に取り除かれ「冷たさ」が回復したとされる．

　しかし，中には，このマグキパラット・マタ儀礼を実施したにもかかわらず，何カ月たっても患者の容態が一向に改善されないといった場合も存在する．こうした場合には，マグキパラット・タハック，すなわち「料理されたキパラット」と呼ばれる儀礼を実施するべきだとされる．一般にこの「料理されたキパラット」儀礼の方が，最初に実施する「生のキパラット」儀礼よりも規模が大がかりであり，儀礼

写真●和解儀礼の様子．敵対関係にあった者同士が互いに許しを乞う場面．（1993年1月，フィリピン最南部のシタンカイ島にて撮影）

に招待される参加者の範囲も直接の関係者を越えた村人を含み，そのためコストが大きい．また儀礼での供物には「生のキパラット」では卵を使用するのに対して，「料理されたキパラット」では必ず調理された鶏の肉を供物として奉げるという違いがある．

なお儀礼の手順や，その場で話される講話の内容などは，紛争の状況に応じて違いも少なくない．ただし，いずれにしても敵対・対立関係にある双方の当事者とその家族，「熱さ」で病気となった患者本人，そして仲裁者らが参加して，それまでの敵対関係に終止符を打ち，アダットに違反して罪を犯したことへ許しを乞うという点では，和解儀礼の趣旨はほぼ共通している．

家族や親族内での悪口（*ling sangka*）や，年長者などへ敬意を欠いた言葉は総じて「熱い言葉」だとされ，そうした「熱い言葉」の発話はしばしば発話者本人やその家族などに不幸な出来事をもたらすとされる．こうした悪口はそのまま神への悪口（*ling sangka ma Tuhan*）であると語られることもある．特に「お前はもう私の子じゃない」「あんたも親じゃない」など親族関係の断絶を意味するような言葉を含む悪口のときなどには，先述のマグキパラット・マタやマグキパラット・タハックでは効果が薄く，マグキパラット・ドゥワア（すなわち「祈祷のマグキパラット」）儀礼を実

第9章　野生の平和構築　207

施するべきだとされる．このマグキパラット・ドゥワア儀礼では3ガンタ（1ガンタは1.5キロ）の米，3個のココナツの実，3個の卵，そしてときにはヤギが供物として必要だとされる．このヤギは，パキルがアラビア語の文句を唱えて首を切って料理し，供物として提供される．そしてさらに深刻な対立・敵対関係の場合は7ガンタの米，7個のココナツの実，さらに深刻な場合は9ガンタの米，9個のココナツが準備される．この儀礼で供物を奇数個ずつ供えるのは，もし偶数であると対立・敵対する二つの陣営を連想させるからだと語られることもある．こうして，「熱さ」と「冷たさ」をめぐる観念を背景に，「熱さ」を伴う出来事，特に不和や紛争など潜在的に危険な事態を解決するための象徴的回路として和解儀礼を位置づけることができるだろう．

しかしながら注意すべきなのは，こうした象徴的回路の存在は，実際には，必ずしも現実に生起する不和や葛藤を自動的に解消するアルゴリズムのようなものではないという事実である．現実の事態はさらに複雑であり，実際の社会過程ではさまざまな紆余曲折や，微視的な水準での各種の差異や亀裂の生成を伴いながら社会的秩序の再生産が進行していく場合が稀ではない．次節では，こうした事情をより具体的な民族誌的記述を通じて検討してみたい．

4 ●出来事の民族誌 —— 駆け落ち，紛争，病と死

4-1　駆け落ちをめぐる出来事

ここまでサマ人の間で，各種の伝統的信仰や儀礼的実践などの枠組みが，現実社会における摩擦や葛藤・紛争の処理にいかに関与しているかについて概要を述べた．そして，こうした儀礼的実践はサマ人の間で現実の社会生活の営みのなかで不可避に生じる摩擦や偶有性による「熱さ」を取り除き，社会を再び「冷たく」する象徴的な回路のようなものとして捉えられうることを示唆した．しかし，それは同時に，必ずしもその目論見どおりに望ましい社会的秩序の同一性の回復（すなわち「冷たさ」の維持・回復）を予定調和的に達成できるとは限らない．ここでは筆者がシタンカイ島で遭遇したある駆け落ち事件と，それをめぐる親族内での敵対関係の持続や，その緊張状態のなかで生じた関係者の親族の死，という一連の出来事の経過をめぐって検討していきたい．

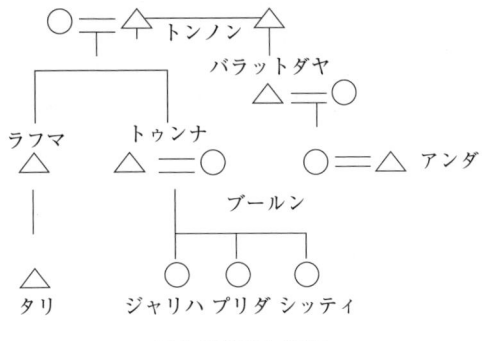

図1 ●関係図（仮名）

【ジャリハとタリの駆け落ち事件】
駆け落ちの経緯

1992年10月16日，筆者がシタンカイ島で長期調査の拠点としていたH氏の家にいたときのこと，次のようなニュースが飛び込んできた．なんでも昨晩，H氏の親戚の女性にあたるシッティの妹ジャリハが，タリという男と駆け落ち（*magpole*）したというのだ．ジャリハの父トゥンナとタリの父ラフマは兄弟であり（トゥンナが兄，ラフマが弟），つまりジャリハとタリは父方の平行第一イトコ同士という関係になる（図7-1参照：登場人物は仮名）．

シタンカイ島のサマ人の間では父方平行第一イトコ同士の結婚は「熱い」結婚であるとされ，一種の近親相姦的な関係として一般的には忌避されている．このため，もしカップルが恋仲になったときには，こうした駆け落ちのような例外的な方法でない限りは結婚できないことが多い．

タリとジャリハのカップルは，シタンカイ島のフクム（仲裁役）の一人であるバランガイ・キャプテンの家に駆け込んでそこで駆け落ちの意向を宣言した．そしてバランガイ・キャプテンは，慣習に則ってタリとジャリハの双方の家族にこの駆け落ちを知らせたという．

ジャリハとタリの結婚には特にジャリハの母のブールンが強く反対していた．ブールンがタリとジャリハの結婚に強く反対したのは，この結婚が第一イトコ同士の「熱い」結婚であるという理由もさることながら，他にも理由があった．

というのは，ジャリハと駆け落ちする前に，実はタリはトゥンナ宅で実の家族同様に暮らしていた．そのうちにタリとジャリハには恋愛感情が芽生え，あ

第9章　野生の平和構築　209

るとき，タリは正式にジャリハの両親（トゥンナとブールン）に，ジャリハとの結婚を認めてくれるように求婚したが断られた．ジャリハの両親が拒否した理由は，もし結婚を認めたら，既に結婚前から二人は一緒に住んでいたので，婚前交渉がトゥンナの家で行われていたに違いないと周囲の人間に思われ，これは恥ずべきことだというものだった．またタリは，結婚を断られた直後にトゥンナの家を出てセンポルナに行き，そこに住む親戚筋の間で，トゥンナや家族の悪口を触れ回っていたという．それが今度はトゥンナらの家族の耳に入って怒りをますます大きくした．こうしてトゥンナの家族の態度がさらに硬化したのでタリはジャリハと駆け落ちを決意し実行した．

　さて，この駆け落ち事件の翌日，タリとジャリハの件はフクムであるバランガイ・キャプテンの仲裁により，親族間で話し合われることとなった．話合いの場でタリの側の家族は結婚に賛成したが，ジャリハ側の家族は反対した．このためフクムはすぐの結婚は見合わせるように言った．そしてこの問題が解決されるまで，タリとジャリハはバランガイ・キャプテン宅に泊め置かれることとなった．その後，11月にはフクムによる仲裁の結果，タリとジャリハはブールンらの反対を押し切る形で，なんとか結婚にこぎ着けた．しかし，駆け落ち事件のしこりは残ったままで，とくにジャリハの母ブールンはこの件でタリやその父ラフマを恨むという状態のままであった．ジャリハの父でありブールンの夫でもあるトゥンナが以下のように突然，病に襲われたのは，こうした状況下においてであった．

トゥンナの病と死

　それは1993年1月7日の午後のことだった．シタンカイ島のH氏の自宅にいた筆者のもとへ，トゥンナの長女であるシッティ（ジャリハの姉）が慌てた様子でやって来て，トゥンナが胸に痛みを覚えていると知らせに来た．筆者は市販の痛み止めの錠剤をトゥンナに与え，持っていた体温計で彼を測ると38度の高熱だった．一瞬，心臓病か何かではないかと疑うが，所詮，素人である筆者に正確な病状が判りようもなく，シタンカイ島のクリニックの医師が当時不在だったため，島で産婆を兼ねていた看護師を呼び，午後5時頃に看護師がきた．それまで激痛のなか低い声で「ラーイラーハイッラッラー」とトゥンナが呟いているのがかすかに聞き取れた．

　H氏の自宅にはH氏の兄弟を含む親戚らが多数，集まってくる．H氏は冗談を言ったり，親戚の女性も笑っていたり，筆者はやや奇妙な印象も持った．それは一見すると病人に対して「冷たい」ないし失礼という印象さえ与えた

が，しかし場がどんどん深刻になりエスカレートするのを敢えて緩和させているようにも思えた．そうした雰囲気のなかで，トゥンナの姻戚にあたるアンダという男が，突然「ウイ」という声を出した．見ると彼は，苦しそうな表情で片手を出したり引っ込めたりしながらうめき声をあげている．

これはアンダに何かが憑依してトランスになったものであった．サマ人の間では，ある人が病気の際に，シャーマンではなくとも親戚の者などがトランスになることがある．アンダには，トゥンナの父方平行第一イトコであるバラットダヤという亡くなった有名なシャーマンのリーダーのスマガット（死霊）が憑依したのだった．バラットダヤはアンダにとっては義理の父に当たる．

トランス状態になったアンダの言葉は，バラットダヤの霊は，レパ（家船の一種）の製作にかかりきりでアンダの小屋作りを手伝わないトゥンナを叱ってトゥンナに痛みの発作を与えたのだと解釈された．

しかしこの解釈は，その場にいる人びとには受容されず，次にトゥンナの別の姻戚（その人の妻がトゥンナの姪にあたる）のミジャルという男が黄金製の指輪を糸で吊し，水を入れた白い器の上に垂らした．ミジャルは腕は静止させておき，そこへ別の男ブワスが，病気の原因に当たりそうな出来事を挙げていく．この黄金製の指輪（*sinsin*）による診断をパンダアン（*pangdaan*）という．

そして周りの人びとが見守るなかで，パンダアンが開始された．まずブワスが「トゥンナがアンダの小屋造りを手伝わなかったからですか」と訊くが，ミジャルが垂らした指輪は微動だにしない．「トゥンナが自分のレパ製作を優先させてジンのテンペル（家船の一種）製作を遅らせたからですか」とブワスは続けるが，これでも動かない．そして最後に「自分の娘達を不幸にした（娘ジャリハが駆け落ちし，それが原因で親族内で不和になった出来事を指す）ことでトゥンナの父トノンのスマガットが怒っているからですか」とブワスが訊いた途端に，指輪は大きく回り始め，これこそがトゥンナの病気の原因だとされた．

そうこうするうちに，このトゥンナの病気の場にトゥンナの弟のラフマが見舞いに駆けつけた．するとラフマの顔を見るなり，トゥンナの妻ブールンがラフマに飛びかかった．それをシッティが必死で「止めて！　お母さん！」と引き離した．ラフマは結局，トゥンナの家にも入れず見舞いをあきらめて帰ることとなった．ブールンがラフマに飛びかかったのは，ひとつには駆け落ち事件の恨みからであり，もうひとつは今回のトゥンナの病もその駆け落ちの「熱さ」ゆえに病になったと信じるからであった．

これに対して周囲にいたH氏の妻に言わせると「（トゥンナとラフマの）兄弟（の家族）が和解しないと駄目なのよ．和解しないからトゥンナたち兄弟の父ト

ンノン（故人）の霊が子供らの紛争を罰するために病にしたのよ」という理由であった．

その翌日，トゥンナの妻や親族はトンノン（トゥンナの父）の墓そしてバラットダヤ（トゥンナの父方平行第一イトコ）の墓に墓参りして，故人の好物だったタバコに火をつけて，お香を焚き，緑の香水をかけて許しを乞う儀礼をした（マグパカン・スマガット儀礼の一種）．このうちトンノンは先の指輪による占いで，バラットダヤはジンのお告げで，それぞれトゥンナの病を起こした原因とされる者たちである．

墓では「（トゥンナの）体を強くしておくれ (*Akosogin baran na.*).」「彼の身体を治しておくれ (*Pahapin baran na.*)」などとトゥンナの妻ブールンおよび，義理の母ランカが呼びかける．またトゥンナの子どもらも墓の雑草を抜いたりする．こうして次に他の親戚を含め計7人の墓を訪問し敬意を奉げた．それらはいずれもトゥンナの親戚やナクラ・ジンだった者たちの墓である．いずれもやはり「体を強くしておくれ」などと呼びかける．

そしてトゥンナはその後，H氏による薦めもあり，家族に付き添われてボンガオ島の病院へ行って検査をした．そこで入院検査の結果，末期の肺がんであることが判明し，最初に痛みの発作を訴えてから1カ月も経たない1月24日，トゥンナは突然とも言えるような形で病院で死亡した．

4-2 出来事と生成する物語群

以上がトゥンナの病気から死に至る経緯であるが，トゥンナの病気（そして死）は，こうして特定の個人の身体上に生起した生理的・医学的出来事であるだけでなくて，それを超えて関係する人びとや他の出来事を巻き込みながら進行していく．より具体的に言えば，トゥンナの病は，まずアンダのトランスという出来事に示されるように共振する他者の身体を喚起し，また病気は親族内での駆け落ち事件であるとか，それをめぐる親族内での敵対関係という別の出来事の文脈とも関連づけられながら，いくつかの物語のバージョンの生成を伴いつつ展開していった．あるバージョンでは病気に関して複数のありうる病因の候補のうち，特定の出来事（たとえばトゥンナとラフマのという親族内の紛争）が焦点化され，特定されて「原因」と解釈され，その解釈が流通していくが，また別のバージョンでは，また別の出来事（たとえばジャリハとタリの「熱い」結婚それ自体）が関連づけられて文脈化されるという具合である．

たとえばトゥンナの死後の経過であるが，トゥンナが病死した後も妻ブールンは

ラフマとその家族，タリへの恨みが消えることはなく，むしろ夫の死でいっそう増幅されたかのようであり，ブールンとラフマの家族との敵対関係は持続した．というのも，ブールンは夫トゥンナの死を，ジャリハとタリの「熱い」結婚によって引き起こされた出来事だと信じており，ブールンの親族内にはそういう解釈をする者が他にも少なくなかった．このしこりは，トゥンナの突然のような死という出来事の後も長く残り，ブールンはタリやその家族そして駆け落ちした実の娘ジャリハをも恨むようになった．またジャリハの姉のプリダも妹ジャリハの駆け落ちを密かに助けたと知り，ブールンはもうひとりの実の娘であるプリダも憎んでいると村人の間で噂された．

　つまりここでは，「熱さ」と「冷たさ」をめぐる信仰の存在にも関わらず（むしろ，それゆえにこそ），出来事の衝撃や「熱さ」を取り除いて，それを再び安定的で望ましい（すなわちアダットに適った「冷たい」）社会の秩序や同一の文化的な解釈枠組み（物語）に回収することができずにいる．

　何よりトゥンナの病気とその突然の死をめぐっては，その原因をめぐる解釈それ自体も関係する人びとの間では複数の語りへと分岐したまま統一されていない．すなわちトゥンナの病気と死をめぐっては，(A)「アンダの小屋製作をトゥンナが怠ったからバラットダヤのスマガットが祟って病気になった」，(B)「トゥンナとラフマが和解せずに娘を不幸にしたからトゥンナの父のスマガットによって病気になった」，(C)「そもそもタリとジャリハの駆け落ちと「熱い」結婚それ自体が病気と死を招いた」，という少なくとも三つの語りが当事者やその親族など関係者のあいだで流通している．

　とくに(B)と(C)では，トゥンナと娘ジャリハは不幸に関する「加害/被害」の責任主体としては逆転している．すなわち(B)ではトゥンナは今回の不幸な出来事の責任はトゥンナ自身であり，ジャリハはむしろその被害者的な立場にあるという解釈である．これに対して(C)のバージョンでは，ジャリハはタリとともにそのイトコ婚による「熱さ」を招いたとして，トゥンナの不幸に関して言わば責任者的な位置にあると言える．

　さらにトゥンナの死から，5年後に筆者がシタンカイを再訪した際には，トゥンナの病気と死に関してさらに新しい解釈のバージョン(D)が出来ていたことを知った．それは(D)「トゥンナの直接の死因は，3カ月前に家からレパに落ちて背中を強打したことによる出血が原因であるが，その事故はサイタンによるもの」という解釈であった．

　こうして出来事を関連付ける物語化では，複数の物語（解釈）が次々に分岐する形で生成していくことを垣間見ることができる．こうして衝撃的な出来事は，微視

的に見ると，必ずしも象徴的回路を通じて再び望ましい安定的な社会秩序や，同一的で共有された文化的な物語（解釈枠組み）に回収されていくという図式では捉えきれない状況が存在しうることを確認できる．

むしろ，実際には，ここで検討したように制度Ⅱの水準においても，象徴的な回路などを含む慣習的な制度的装置は，行為者の行動を自動的に決定するアルゴリズムというよりは，行為者が，それぞれの立ち位置に応じて異なる，（ときには互いに共役不可能な）物語を紡ぎ出してゆくための複数の文化的イディオム（たとえば「熱さ」なり「スマガット」なり）を提供しているものと理解すべきであろう．

このような視点からすれば，儀礼などを通じた和解や平和達成のプロセスも，必ずしも予定調和的で自動的な過程ではなく，むしろ極めて複雑な相互交渉や，何段階にも分かれて進むダイナミックなプロセスであることが分かる．

こうしてここで取り上げたような出来事は，いわゆる伝統的社会においても，行為者は必ずしも文化的規範や価値観，伝統など（本章の用語で言えば制度Ⅱの水準）によって規定された行為をなぞるオートマトンのような存在ではないことを，可視化された形で示すと同時に，その出来事自体が，また社会や文化的枠組みに対して，たとえ微視的な水準であるとは言え，ときには不可逆的で修復しがたい変化を及ぼしうる潜在的な可能性を含んでいることを示している．

5 ●偶有的プロセスの集積としての制度

さて，再びここでより抽象的なレベルに立ち戻った時，本章で検討してきた事例は何を示唆していると言えるだろうか．一つには，フィリピン南部スールー海域世界においては，名目上は本章で言う制度Ⅰすなわち近代国家，成文法の体系といったモダニティの諸制度が存在し，社会を規制・拘束している（筈）ということになっている．しかし，より仔細に民族誌的な水準で見た場合には，現地での各種の暴力や紛争状況の蔓延と国家の治安維持ないし司法的手段による解決の困難さに見られるように，狭義の公的制度は事実上，程度の差はあれ総じて機能不全や例外状況にあると言っても過言ではない．そしてその公的な制度の機能不全や事実上の空白を埋めるように，儀礼など象徴的回路による解決を含む各種の慣習的な紛争処理が一定の作用を及ぼしていることを本章では確認した．

すなわち，現地では本章の言う制度Ⅰの失敗と，その裏返しとしてのインフォーマルな広義の制度・慣習，すなわち制度Ⅱの相対的前景化という状況をまずは確認することができると言って良いだろう．この制度Ⅱのなかには物理的な移動による

葛藤の回避から第三者による仲介,仲裁や儀礼などの象徴的回路を通じた紛争処理に至るまでさまざまなグラデーションや多様性があることも確認した.特に本章では儀礼的実践を通じた紛争処理,あるいは「熱さ」と「冷たさ」をめぐる信仰などを詳しく紹介したが,この他にも現地では,たとえば結婚や財産の相続をめぐる紛争処理などの場合には,現地で影響力を増しつつあるイスラーム的法規範(シャリーア syariah)などが参照されることも多くなってきた.このように総じて言えば,現在のサマ社会においては,いわゆる近代的な教義の法制度(国家によって設置された警察や法廷などの組織を含む)の他に「制度Ⅱ」が存在するだけではなく,後者の内実も,実際には伝統的な儀礼実践,「熱さ」と「冷たさ」をめぐる進攻や観念体系,さらにはイスラーム的規範など,出自を異にする多くの制度がさまざまに作用を及ぼし合っていることを確認することができる.すなわち,仔細にみれば「制度Ⅱ」自身も,仔細に見れば決して一枚岩的な(ないし首尾一貫した)システムではなく,由来の異なる各種の実践や観念などのイディオムのアッサンブラージュ(非連続的な寄せ集め,集積)とでも形容すべき状況にあることを指摘できる.

　こうした理解が正しいとすれば,制度Ⅱを通じた紛争処理のプロセスが決して静的(static)ではなく,極めてダイナミックな過程であるという本章で確認した事態も,ある意味では納得のいくものであることが分かるだろう.すなわち,制度Ⅱは行為者の行動を調整することによって予定調和的に平和を回復させるアルゴリズムというよりは,むしろ出自を異にする複数の文化的実践や観念などの集積であり,紛争処理の過程では,複数の行為者同士が,このブリコラージュ的な寄せ集めを通じて相互作用を行っていくと言える.こうしたアド・ホックなプロセスの必然として,それは出来事の孕む偶有性(ないし偶発性 contingency)に満ちた極めてダイナミックな性質を有するものになることは理解できるであろう.この結果として,制度Ⅱの存在それ自体は,必ずしも常に紛争や葛藤という相互作用の不確実性を縮減し,平和的な社会秩序を回復させることを保証するわけではないという点も本章では指摘した.

　たとえばこうした儀礼の存在にも関わらず,現地では,しばしば紛争が解決を見ないまま長期化したり,和解(儀礼)の失敗例などが存在することも事実である.またそもそも和解儀礼を通じた紛争処理が有効なのは,スールー海域世界においても,概して民族集団内での集団〈内〉の紛争に対してであり,民族集団〈間〉の紛争・暴力には無力である事実も指摘できる.こうして本章では近代国民国家の有する制度Ⅰの機能不全という状況下で,インフォーマルな紛争処理,特に儀礼など象徴的回路を通じた処理など制度Ⅱの一定の有効性を指摘すると同時に,その効果には限界も存在するという側面を確認できたと言えよう.

こうした議論は，人間における社会秩序が，諸般の制度的装置の存在にも関わらず（あるいはそれゆえにこそ？）無秩序の大海のなかでかろうじて浮かぶ小島のような存在である，という（ある意味では驚愕すべき）事態に改めて注意を喚起するだろう．言い換えれば，ヒトの場合においても，一見すると制度的秩序が厳然と存在し，そうした制度の存在によってアプリオリに社会的秩序や相互作用の複雑性が除去されるように見えても，そのプロセスは実際には盤石の基盤に基づいたものではなく，むしろ危うい偶有性の上でかろうじて成立しているという側面を確認することができる．

　最後に本章で検討してきた事例が，制度に関連する人類学的な研究の文脈においていかなる意味を持ち得るのかについて考察してみたい．周知のように文化（社会）人類学の分野では，フィールドで出会う他者を，構造主義をはじめ，いわば自動機械のようなメカニズムとして描かれる文化・社会的装置に駆動されるような存在として記述するようなパラダイムを批判する主張の系譜がある．とりわけ P・ブルデューや S・オートナーらに代表される行為者の「ハビトゥス」や実践に注目する議論（ブルデュー 1988; Ortner 1984）はよく知られている．

　しかしこうした議論，とりわけハビトゥスの概念をめぐっては，それが当該の状況下でなぜ，既存の文化・社会的規定によらない形で実践を産出するのかなどの点に関して説明が曖昧で，一種のブラックボックス的概念と化しているなどの批判も提起されてきた（田辺 2010: 197）．こうした文脈において本章で挙げた事例は，ここで言う「制度II」の大まかな枠組みの存在を指摘しつつも，それが微視的な水準，たとえば紛争解決などの過程においては，行為者同士の相互作用が伴う偶有性を不可避に伴いながら，極めてダイナミックな形で展開していくことを具体的な民族誌的記述と考察を通じて明らかにしたと言えるだろう．この点では，本章で扱った事例は，一見すると厳格なルールや規範であるとか，その履行を担保する上位審級（典型的には公的な組織など）の存在を所与の前提としがちな通念的な制度概念を相対化して考える大きな手がかりを提供しているように思われる．

注

1）筆者のイェーガーの議論への注目は「制度研究会」での曽我亨氏による口頭発表での紹介に触発されたものである．
2）制度 I は，制度のうち特に「組織されたシステム」「組織的な実態」の側面に焦点を当てたものと言える．
3）また本章の具体的な事例分析では直接扱わないが，理論的には以上の二つの水準に加えて「制度III」の水準を想定することも可能であろう．ここで言う制度IIIは言わばプロト制

度的な存在であり，それは形式化され境界が固定されたメタ審級としての組織であるとか，いわゆる法や慣習に依拠しないものの，ある種の規範性の萌芽を前提とするものとして想定可能である．ヒト以外の霊長類においては，ここで言う「制度Ⅲ」の水準が主要な考察の対象となりうると思われる．ただし本章の具体的な事例分析では，紙幅の都合上，主に制度Ⅰと制度Ⅱの水準に絞って議論を展開する．

4）スールー諸島の地理的・社会的状況の詳細や現地のサマ人やタウスグ人などの民族集団に関する民族誌的研究としては（Nimmo 1972; Kiefer 1986; Sather 1997; 床呂 1999, 2009, 2011）などを参照．

5）パングリマ（*panglima*）とは伝統的にはスールー王国のスルタンに任命された地方を統治する有力者の役職のひとつのことであるが，現在ではフィリピンの他地域における「バランガイ・キャプテン」すなわちフィリピンにおける最小の行政単位バランガイの長を指すことが多い．

参考文献

ブルデュー，P. (1988)『実践感覚Ⅰ』(今村仁司・港道隆訳) みすず書房．
Kiefer, T. (1986) *The Tausug, Violence and Law in a Philippine Moslem Society*. Waveland Press, Illinois.
ルーマン，N. (1993)『社会システム理論（上）』(佐藤勉監訳) 恒星社厚生閣．
Nimmo, A.H. (1972) *The Sea People of Sulu*. Chandler Press, San Francisco.
Ortner, S. (1984) Theory in Anthropology in 80's. *Comparative Studies in Society and History* 26(1): 126–166.
Sather, C. (1997) *The Bajau Laut: adaptation, history, and fate in a maritime fishing society of South-eastern Sabah*. Oxford University Press, Oxford.
田辺繁治 (2010)『「生」の人類学』岩波書店．
床呂郁哉 (1999)『越境－スールー海域世界から』岩波書店．
床呂郁哉 (2009)「暴力と集団の自己創出－海賊と報復の民族誌から」河合香吏編『集団－人類社会の進化』京都大学学術出版会．123-147頁．
床呂郁哉 (2011)「複数の時間，重層する記憶－スールー海域世界における想起と忘却」西井涼子編『時間の人類学』世界思想社．278-300頁．
イェーガー，T. (2001)『新制度派経済学入門－制度・移行経済・経済開発』(青山繁訳) 東洋経済新報社．

第10章 制度としてのレイディング
ドドスにおけるその形式化と価値の生成

河合香吏

◉ Keyword ◉
東アフリカ牧畜民，レイディング，牧畜価値共有圏，情動と昂揚感，価値

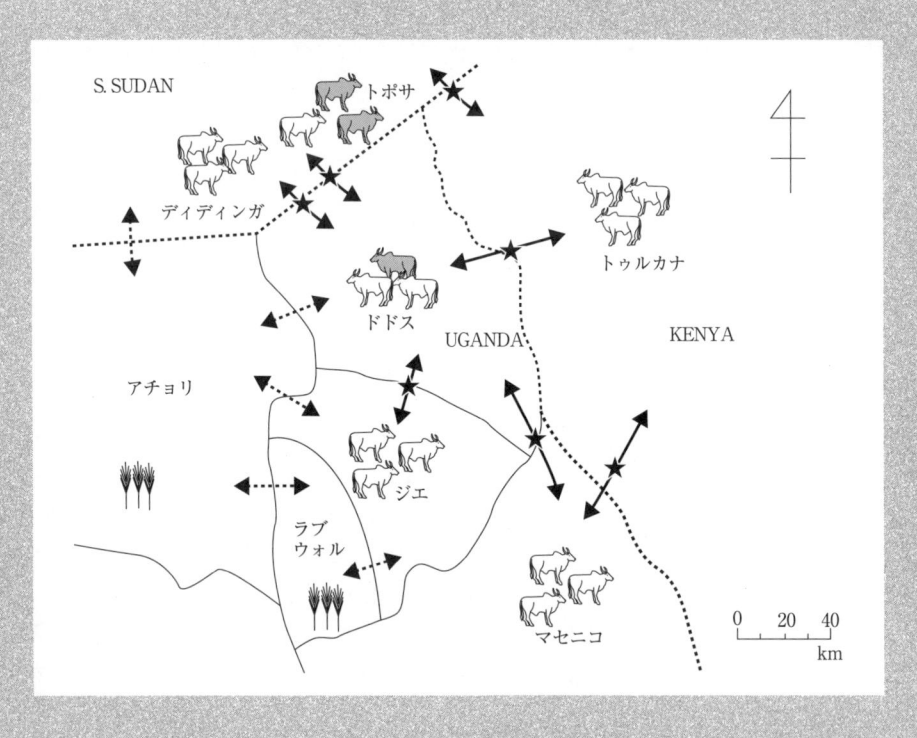

　ウガンダ北東端，ケニア，南スーダンとの三国国境地域の地図．民族集団の境界線に←★→が描かれているのは，互いにレイディング（家畜の略奪）をしあったり（敵対時），互いの地を行き交ったり（非敵対時）する関係にある．★がないところは，敵対的でも非敵対的でもない関係にある．敵対／非敵対の関係は，通時的には両者が順次いれかわる．たとえばドドスはトポサ，ディディンガ，トゥルカナ，ジエ，マセニコと敵対／非敵対関係を繰り返す．これらの民族集団はいずれも牛（家畜）に強く依存した人びとであり，互いに敵対／非敵対を繰り返す牧畜民集合であり，牛群は民族集団間を行き来することになる．この範囲を超共同体的牧畜価値共有集合（牧畜価値共有圏と略す）」と呼びたい．

1 ●奪い，奪われる日常の中の制度

　東アフリカの牧畜諸社会に広く認められるレイディング raiding とは，「牧畜を主たる生業とする近隣の民族集団の家畜を群れごと略奪することを目指した襲撃」のことである．本章ではその現状を題材とし，これを制度としてみる視点を提供する．
　東アフリカの乾燥・半乾燥地帯に住む牧畜民はレイディングの応酬とその「獰猛さ」により古くから「好戦的な牧畜民」として知られてきた．1960 年代にウガンダのドドスを調査した E・M・トーマスはドドスの人びとの生活と精神世界を豊かに描いた民族誌に『遊牧の戦士たち Warrior Herdsmen』と端的なタイトルをつけた (Thomas 1965; トーマス 1979)．ドドスは 1996 年から現在に至るまで私が調査を続けている民族集団である．トーマスが描いたドドスの生活世界は半世紀余りを経て，さまざまな文化事象や社会事象が消え，また新たに加わった．レイディングは，使用される武器が AK47 型自動小銃などの小火器にかわった．武器の近代化によって過激化の一途を辿る牧畜民たちの「蛮行」に手を焼いたウガンダ政府は重い腰をあげ，武装解除に乗り出した．ドドスでは 2002 年から開始され，政府軍は空爆におよぶ武力行使にまで訴えて，銃の没収はそこそこに成功をおさめたようだ．だが，レイディングは 2012 年のいまもなおなくなることなく続いている．
　レイディング――ドドス語で ajore という――は牧畜民が生きてゆく上で不可欠な家畜を力ずくで奪う/奪われるという敵対的相互行為であり，彼らの生活と人生に直接的に深く関わる事象であることから，この地域の牧畜研究によくとりあげられ，さまざまに議論されてきた．日本人研究者に限っても，何人もの主に人類学者による研究が続けられている (佐川 2011; 宮脇 2006; 福井 2004b; 栗本 1996, 1999 など)．私もまたドドス滞在中に，住み込み先の集落の青年たちが何度かレイディングに出かけていったことを知っていたし，何より集落の家長の牛群が 2 度のレイディングに遭い，ほとんどすべての牛を失ったという事情もある．このように，レイディングは決して非日常的で稀に起きる「事故」などではなく，いつ誰が被害者となるかもしれない，そういった意味ではむしろ日常的に起こりうる社会事象なのだと私は理解している．レイディングの回避や撃退のためにおこなわれるさまざまな儀礼や占い，呪物の設置，顔や身体に赤や白の泥を塗りたくるなどの儀礼的行為が日々観察された．一般に農耕民とくらべて儀礼的実践に乏しいともいわれる牧畜民がずいぶんと仰々しいことをするものだと，私はレイディングそのものよりもむしろそちらの方に関心を抱いたほどである．彼らは真剣そのものであり，大真面目にそれらを実践していたのである．レイディングはそれほどに人びとにとって現実的な出来

写真●妹を抱くドドスの少女．ふたりの額には，"命"を守るエムニェン（emunyen）と呼ばれる土が塗られている．

事として在った．

　レイディングは男性が自分の家畜群を所有し始めてから（およそ30〜35歳）一生のうちに2度，3度と遭遇する頻度の高い事象であった．しかも，それはいちどに群れのほとんどすべてを失うという絶望的で最大級の災いである．毎日のようにもたらされるレイディングのニュースについて，私はその具体的なありようを，すなわち，いつどこで誰が被害に遭ったか，被害に遭った家畜群は何頭ぐらいだったか，レイディングを仕掛けてきたのはどの民族集団で何人ぐらいの規模だったかといったことを人びとに訊くようになった．また，家畜の所有者に対して，これまでに何度レイディングの被害に遭ったか，とか，逆にこれまでに何回レイディングに出かけて何頭の家畜を獲たのか，とか，その際に死傷者はどの程度でたか，といったことについても訊ねるようになった[1]．レイディングが話題になっている場では注意深く話に聞きいった．人びととともにかつてのレイディングの跡地へ行き，その場で過去のレイディングについて話を聞いたこともある．人びとは当該の現場でのやりとりを詳細に再現して見せてくれた．そうした経験を経て，私はドドスにおけるレイディングの機能や生成機序や存在理由について論じ，またレイディングが喚起する特有な感情や情動について考察してきた（河合 2004, 2006, 2007, 2009 など）．

第10章　制度としてのレイディング

本章では以下のように論を進める．まず，ドドスにおけるレイディングの実態を
スケッチしたのち，レイディングにともに出かける人びとの集まり（以下，レイディ
ング集団と呼ぶ）とレイディングのターゲットになる人びとの集まり（以下，被レ
イディング集団と呼ぶ）との間にみいだされる「決まりごと」を描出する．次にレイ
ディングがあくまでも家畜の奪いあいであり，戦争や紛争とは別ものであることを，
殺人が必ずしも目指されない行動傾向や，報復や復讐の不在等をもとに考察する．
さらに，視点をかえて，ドドスとドドスに隣接して暮らす牧畜民たちの共在・共生
のあり方に着目する．そこでは民族間の関係が，敵対／非敵対の関係を行き来する
といった「不安定」なかたちで，だが，どの集団も殲滅・消滅することなく，また
支配／被支配の関係にもならないという意味で「安定」していた．最後にレイディ
ングという社会事象が，われわれが日常的に使う言葉の標準的な意味における制度
institution とみなし得るのか否か，あるいは黒田末寿（第18章黒田論文，黒田 1999）
のいう〈自然制度〉に通じるものなのか，あるいは本書の各章でしばしば言及され
ている習律や慣習といった意味としてのコンヴェンション convention に近い概念
で示されるものなのかを検討する．さらに価値の体現としてレイディングをとらえ
返し，ドドスにおいては，人間の制度の中心部分にウシという実的存在が在るとい
う特徴を確認し，本書の他の章であつかわれているヒトやヒト以外の霊長類におけ
る「制度」に照らしつつ，価値の生成と制度の進化との関連にふれたい．

2 ●ドドスにおけるレイディング

2-1 レイディングの対象と不安定な集団間関係

　ドドスはウガンダ北東端，標高1300〜1700メートルほどの高原地帯に分布する
人口約9万の人びとである(Statistics Department, M. of Finance and Economic
Planning 1994)．東はグレートリフトバレイ（アフリカ大地溝帯）の高度差1000メー
トルほどの急坂を降りたケニア北西部に住むトゥルカナと接し，北はキデポ渓谷国
立公園をはさんで南スーダンのトポサおよびディディンガと接し，南は国内のジエ
およびマセニコといった牧畜民族集団に接している．西には農耕を営むアチョリが
住み，ドドスランド内の北東部を中心に標高2000メートルほどの山岳地帯には狩
猟採集やハチミツ採集を主な生業とするイクが住んでいる[2]．ドドスにとって相互
にレイディングの対象となるのは，トゥルカナ，トポサ，ディディンガ，ジエ，マ
セニコの，牧畜を主生業とする五つの民族集団（以下，牧畜民ないし民族と呼ぶ）で

ある．隣接集団において，互いにレイディングをしたりされたりするかどうかの基準は家畜群（とくに牛群．以下，家畜を「牛」で代表させる．ただし，生物種としてのウシのみを表す場合には「ウシ」を用いる）を有するか否かという一点にあり，言語系統や文化・社会的背景はこれにほとんど関与しない．つまり，アチョリとイクは牛をもっていないので[3]レイディングの対象外である．

　だが，牧畜民であれば，いつでもどの民族でもレイディングの対象とするわけにはいかない．不安定で頻繁に変わる民族間関係がこの地域にはある．すなわち，隣接する牧畜民同士は，互いにレイディングをしあう敵対的な関係にある場合と，レイディングをしあわない非敵対的な関係にある場合とがあるのだが，ここで重要なことは，そうした関係は固定的ではなく，いつでも反転しかねない不安定で不確かなものだということである．「昨日の身方は今日の敵」「今日の身方はあすの敵」といったことが起こるのである．たとえば，ドドスには「宿敵」といえるような持続的に敵対関係にある民族がいない一方で，「同盟」とか「友好」といった長期にわたってレイディングをすることはないと信頼できる民族もいない．敵対関係にあった民族同士が非敵対関係になったり，非敵対関係にあった民族同士が敵対関係になったりすることはまったく珍しいことではなく，むしろそれが常態なのだといってよい．その時間間隔は短ければ数週間，数年間の関係におよべば長い方だろう．

　一方，個人レヴェルに目を移すと，ドドスの人びとは民族を越えた友人関係を，多くは複数の民族に属する相手とのあいだに築いている．最近では少なくなりつつあるが，姻族をもつ者もいた．つまり隣接する牧畜民との間には通婚があったということである．こうした友人関係や姻族関係は，非敵対関係時に互いの集落を訪問しあって家畜の贈与や交換をしたり，家畜キャンプを同じサイトに設営したり，いっしょに日帰り放牧にでたり，水場で助けあって家畜に給水したりするなど，同じ民族に属する友人や親姻族といった人びととの間で交わすのと同様な親しい関係にある．だが，民族レヴェルの関係が敵対関係になると，互いの地を行き来することができなくなり，交友関係も途絶えることとなる．だが，この個人間の関係はその後も続く．そして，ふたたび民族レヴェルの関係が非敵対的になった時には互いの交友が復活するのである．

2-2　レイディングの目的と手段

　ドドスにおけるレイディングの目的は，明瞭明白に「牛の略奪」である．本章の冒頭に，2012年現在ではレイディングに使われる武器が自動小銃にかわっていると指摘し，またそれ故に死傷者が以前よりも増える傾向にあることに触れた．だが，

ドドスの人びとは銃によって相手を殺したり傷つけたりすること自体を目指しているのではない．銃による殺傷は，流れ弾に当たる，岩や石に当たった銃弾が跳ね返るなど，偶発的（コンティンジェント）なものであり，発砲の多くは威嚇射撃であるともいわれる．また，被レイディング集団の牧人や牧童も護身と牛群の護衛のために銃を携えて放牧にでることが常なので，レイディング集団と放牧中の人びと（被レイディング集団）との間で銃撃戦が展開されることも当然起こりうるし，実際に起きている．だが，レイディング集団側の人びとの思惑として最も好ましいのは，威嚇射撃によって，被レイディング集団の牧人や牧童が牛群を残して逃げてしまうことである．

20年ほど前まではウシ12頭で購入されていた銃は，現在（2012年3月）ではウシ2頭で購入できる．この近代兵器の安価な流入がレイディングの過激化を招き，死傷者を増加させたことは間違いない．その一方で牛を獲得したいという思いや，とりわけウシという生物種への価値観やアタッチメントの強さはこれまでとなんらかわらないのだから，レイディングの過激化と死傷者の増加はいたしかたのない帰結かもしれない．だが，銃で武装したレイディング集団の目的はあくまでも牛の略奪であり，銃を携えて放牧をする被レイディング集団のそれは牛を奪われないように防衛することであり，両者の銃撃戦は人を殺しあうことを必ずしも目指しているのではないことを確認しておきたい．

2–3 レイディングにおける「決まりごと」

レイディングは無秩序で，ただ単に暴力的に牛群を奪いとる行為ではない．近代戦ほど組織化されてはいないにせよ，そこにはいくつかの「決まりごと」がみてとれる．「そうするものだ／そうしたことだ」というのは「制度」たる現象ないし行動様式の特徴である．以下に2例紹介しよう．

(1) レイディングは同一民族内では起こらない／起こさない

ドドスおよびドドスとレイディングをしたりされたりする上記五つの牧畜民において，レイディングに関する最も根本的な原則は「レイディングは他の民族をターゲットにする」ということである．この原則は，強く意識化され，言語化されているという点で，観念として人びとに共有された「決まりごと」と呼ぶことができよう．一方，具体的な行動に目を転じると，この決まりごとは，こういう時にはこうする，すなわち，「牛が欲しい時は他の民族にレイディングに行く」となり，当然のこととしてほとんど意識されずに他集団へのレイディングへ向けてものごとが遂

行されてゆく．

　この決まりごとは徹底的に遵守，遵奉されており，いっさいの逸脱がない，あるいはそのように信じられているし，私もそのとおりだと思う．それゆえに懲罪が準備されていないのかもしれない．一般に逸脱の機能が「外部の産出」であるとするならば，レイディングは，他民族というクリアーな外部を確認する行為であり，したがってレイディングのターゲットをあえて民族の内部に作る必要はなく，それ故に懲罰もないと言うことができるだろう．

　牛はどこから獲ってきてもよいわけではなく，民族内（ここではドドス内）の牛群を獲ることは，たとえそれがあかの他人の牛群であろうと，何らかの恨みや怒りをもっている相手の牛群であろうと，してはならない，というよりも，しない．これはレイディングをめぐる最も根源的な決まりごとであるといってよい．そして，この決まりごとは，「レイディングの対象となる（する）/ならない（しない）」という行動規制ないし行為選択が，民族の境界をかたち作っていることを旗幟鮮明にあらわしている．それは自らが「ドドスである/ない」といったアイデンティティの形成に決定的な関与をしているのである．

　民族アイデンティティはしばしば土地と結びつけられる．だが，遊動を常とするドドスやその隣接諸民族には，隣接民族との間には厳密な境界や厳格なテリトリーといったものがない．「ドドスの土地」といった言い方はあるし，それに相当する場所もあるだろう．隣接民族との境界線（という概念）もかろうじてあるのだが，それは曖昧で幅広く，しばしば大きく伸び縮みし，相互に重複する．また，テリトリーに関しても同様であり，非敵対時には，隣接民族の放牧地や給水場を利用したりされたりすることが互いに許容される．このように，住んでいたり放牧したりする場所や地域によって自らの帰属が決まるわけではないし，隣接する民族の土地で放牧したり給水したりしても，民族アイデンティティがかわるわけではない．

(2) レイディングによって連れ去られた家畜を取りもどす方法とその限界

　ドドスの牛群が他民族のレイディング集団から襲撃を受けた時には，早朝であれ，夜中であれ，それを知らせるアラームコール（独特の甲高い声）やホイッスルが激しく鳴り響き，ドドスランドの全域に当該の緊急事態が伝えられる．集落や家畜キャンプで眠っていたり，くつろいでいた男たちは即刻これに反応し，襲われたのが誰の集落であるのか，どこの家畜キャンプであるのかを正確に把握せずとも，無条件に銃をもって飛び出してゆく．男たちは緊急に追撃隊を作るために集合するのである．被レイディング集団は牛群を取りもどそうとレイディング集団と奪われた牛群を追う．一方，レイディング集団は自らの土地へ牛を連れ去る途上に追っ手を追い

かえすための撃退隊を何カ所かに配置している．したがって被レイディング集団と追撃隊がレイディング集団と奪われた牛群に追いつくためには，その都度に撃退隊との銃撃戦をかいくぐらなければならない．そうした撃退隊の働きをもってしても，レイディング集団は奪った牛群を連れているのでそれほど速くは進めない．したがって，レイディング集団がそれほど遠くまで去っていない場合には，撃退隊を凌いでレイディング集団と牛群に追いつくことは稀なことではない．そして，ここでレイディング集団の最後尾（しんがり）と今いちど一戦を交え，これを圧倒するとようやく牛群を取りもどす光明がみえてくる．奪った牛群を追ってひたすら走るレイディング集団に追いつき，さらにもう一戦を交え，レイディング集団のメンバーが牛群をその場に残して散り散りになって逃げ去ることによって，被レイディング集団と追撃隊は牛を奪いかえすことができるのである．

　こうしたレイディング未遂の例は決して少なくない．だが，被レイディング集団と追撃隊の連合部隊の追跡および牛群の奪還にはひとつの，おそらくはレイディングの本質を考える上できわめて重要といえる決まりごとがある．これは佐川（2011）が報告するエチオピア西南部に住むダサネッチでも同じことがみられるようだが，奪われた牛群がレイディング集団の（一員の）家畜囲いに入れられてしまうとそこでゲームアウトとなる．すなわち，被レイディング集団と追撃隊は，それ以上の深追いはできない，あるいはしないという決まりごとがあるのである．被レイディング集団と追撃隊は家畜の奪還を諦め，ドドスランドに戻ることになる．その際，たとえば，相手の集落に火を放ったり銃を乱射したりするなどの暴力・破壊行為等の嫌がらせや八つ当たり的な行為はないようである．このように，奪われた牛群の奪還に失敗した例は数多く聞かれるものである．

　この決まりごとに関連して，「家畜囲い」のもつきわめて重要な，実践的かつ象徴的な意味を示す具体例をひとつとりあげる．

　レイディングで獲得されたウシは参加者の中で分配され，それぞれの家畜囲いに入れられることをもって正式にその参加者のものとなる．あるドドスの男はトゥルカナによるレイディングで牛群を失った．ドドスとトゥルカナの関係が非敵対的になると，彼はトゥルカナの友人を訪ねた．彼はその友人の家畜囲いの中にレイディングで失った自分のウシを発見し，そのことを友人に告げた．この友人本人は，レイディングのターゲットが自分の友人（いま訪ねてきているドドスの男）がいる家畜キャンプであったためにそのレイディングには参加しなかったが，彼の未婚の息子たちが参加しており，当該のウシは息子たちに分配された個体であった．息子たちはまだ若く自身の家畜囲いをもっていないため，父親の家畜囲いを利用していた．だが，ことは何も動かなかった．「（牛が）いったん家畜囲いに入る」ことは，その

個体が家畜囲いの主のものとなったことをあらわす．いくら友人から元の所有者であることを告げられ，その個体の返還を訴えられたとしても，だからといってその友人に当該の個体を移譲する理由にはならないのである．一般に，レイディングにおいて獲ったり獲られたりした個体を，「元の持ち主に返す」という概念ないしプロセス自体がそもそも存在しない，と考えた方がよいのかもしれない．

　上記(1)および(2)における決まりごとは，ドドスの人びとに「○○はそうしたこと（もの）である」と明瞭に意識され，また，隣接民族の人びとにも共有されている決まりごとである．この他にも，たとえば，エチオピア南西部に住むホールという牧畜民の間では相手を攻撃する際には必ず正面から立ち向かわなければならないといい，背後からの攻撃は許されない（宮脇 2006），というようにあたかも格闘技をはじめとするスポーツのような「ルール」が決められている社会もある．こうなるとレイディングはルールを備えた「ウシとり合戦ゲーム」といった様相を呈し，儀礼化する，といってもよいだろう．今ひとつ指摘しておきたいことは，上記の2項目には敵対的集団的相互行為であるレイディングに，いま「儀礼化」と呼んだある種の「形式化」を読みとることができるということである．それは，制度institutionの「手前」にある習律や慣習conventionともいえるし，定義次第で「制度」ということもできるだろう．B・K・マリノフスキーは「制度institution」の概念を「ひとつの目的によって団結した人びとの集まり」であるとまで言っているのである（Bohannan 1960）．これらにしたがえば，レイディングは立派な制度である．

3 ●「殺人」をめぐるメンタリティとレイディングの動機

　自動小銃の使用が当たり前となった現在，レイディングにおいて死傷者が出ることも稀ではなくなったが，私には彼らがそうした状況をできるかぎり避けようとしているかのようにみえてならない．少なくとも殺人を目指しているように思えないのである．彼らは銃撃戦に備えての団体訓練などいっさいしない．銃を構えてポーズをとり，走りまわっておどける姿は，ほとんど儀礼的舞踏である．集落でも放牧地でもしばしば目にする光景だが，あまりにもおどけが板についているので，レイディングの現場でも同じ調子なのではないかと疑いたくなる．銃を持って走り回ることが楽しくてしかたがないらしいことは理解できるが，そこにはその結果として「人を殺す」という緊張感がまるで感じられないのである．

　ドドスには，人を殺害した者にのみに許される身体装飾がある．肩から背中にかけて小さな丸い瘢痕を無数に施すものである．そうすることで彼は「敵を殺した男」

として有標化される．だが，ドドスは殺人にとりたてて高い価値を置いているようには思われない．このことは，レイディングが成功したエピソードやレイディングにきた他民族を迎撃して追いかえしたエピソード，あるいはレイディングでいったん奪われた牛群を奪還して連れ戻したといったエピソード等と比較して，殺人のエピソードを英雄伝として聞くことがほとんどないことからもうかがえる．

　私の住み込んだ集落の家長は肩から背中にかけて無数の丸い瘢痕を施していた．それがかつての殺人の印であることを知ったのは，ずいぶんあとになってからであった．私はそれを単なる装飾か儀礼や病気治療の痕だと確認もせずに思い込んでいた．家長が瘢痕を殺人の印であると語ったその時も，彼はなんら誇らしげにすることもなく，淡々と事実としてのみそれを語り，その時のレイディングのようすを詳しく話そうともしなかった．ドドスは東アフリカの他の牧畜民たちと同様に，自己主張の強い人びとである．上記の，レイディングをめぐるエピソードを語る彼らがどれほど誇らしげで満足げでご機嫌で楽しげであることか．そうしたレイディングにおいて「殺人」という事態は良きことと良からぬこと（できれば避けたいこと）との間にあるアンビヴァレントな事態なのかもしれない．殺人に対するドドスの社会的評価は，同じくその「獰猛さ」で知られるエチオピア西南部やスーダン南部（現・南スーダン）の牧畜民がこれに高い価値を置いていることと比して，きわだって低い．

　ドドスと南スーダンやエチオピアの牧畜民との今ひとつの違いは，後者の攻撃対象が牧畜民に限らず，武器を持たない農耕民への攻撃も少なからず含まれていることである．そして，スーダン，エチオピアともに，これらの国の牧畜民は長い内戦をくぐり抜けて生きてきた．「人を殺すこと」の意味も，価値も，それ故にドドスとは異なっていて当然かもしれない．ただ，エチオピアのボディは植民地行政官の書類に「簡単に人を殺す」と記されているというから，彼らの「人を殺すこと」へのメンタリティは，内戦によって強化されたかもしれないが，直接的には関係がないのかもしれない．いずれにせよ，この地域の牧畜民を研究する日本人研究者は，本章で私が一貫して使ってきた「レイディング」という用語よりもむしろ「戦い」や「戦争」といった言葉を使う（宮脇 2006; 佐川 2011; 栗本 1996, 1999 ほか）．外国人研究者であれば「war」や「warfare」が使われる（Hutchinson 1996; Simonse 1998 ほか）．ここでは，牛の略奪であるレイディングは「戦い」や「戦争」の一部として位置づけられているにすぎない．ドドスのレイディングでは，その動機の中核にあるのは恨み・辛みでもなく，復讐・報復でもなく，侵略・支配でもない．目指されるのはただひたすらに牛の獲得である．

　ドドスが殺人や，他民族からのレイディングに対する復讐や報復としての暴力の

行使をしない点も他の民族との差異として指摘しておくべきであろう（第13章床呂論文，床呂 2009）．エチオピア西南部のホール（宮脇 2006），ボディ（福井 2004），ダサネッチ（佐川 2011），南スーダンのパリ（栗本 1996, 1999），など，いずれも殺人は個人の誇るべき営為であり，また仲間の殺害には報復や復讐で対処する．こうした人びとと比して，ドドスのレイディングはせいぜい殺人もあり得る牛の略奪といったものであり，先にふれた遊戯性にも通じた，どこか牧歌的なものとして私の目には映る．

　第一節で述べたように，ドドスは必ず徒党を組んでレイディングに出かける．これもまたエチオピア西南部や南スーダンの牧畜民と異なる点である．後者の牧畜民たちももちろん複数の，しばしば大人数の襲撃隊を作ってレイディングにでかけるが，その一方で，主に「復讐」や「報復」や「怒り[4]」のために攻撃（殺人）にでかける．そのとき彼はたったひとりで出かけ，男をひとり殺したのち，その男の陰茎を切り落として持ち帰るのだという．先にもふれた「簡単に人を殺す」と植民地政府の行政官にいわせしめたエチオピアのボディの民族誌に描かれた牧畜民の姿とドドスのそれとは根底的な部分に違いがあるように思えてならない．それは人間の命に対する認識の違いでもあり，また「他民族」の存在論の違いでもある．

　ドドスのレイディングやレイディングに遭った際の迎撃や追撃では，結果的に殺人に至ったとしてもそれは正義である．だが，殺人そのものが独立して，すなわち文脈を外れて，正義であるとはいえない．復讐や報復としての殺人を奨励したり称揚したりする文化ないし慣習をおそらくドドスはもっていない．

　先にもふれた住み込み先の家長はトゥルカナによるレイディングに遭ったにもかかわらず，そののち，当のトゥルカナではなく，別の民族集団であるジエにレイディングに行ってウシを奪ってきたが，こうしたことは珍しくはない．ドドスは家畜を奪って行った当の相手から「とり戻す」ことをはなから目指していないし，それを「仕返しをしない」といいかえることもできよう．彼らの認識においては，レイディングとは「とり戻す」行為ではなく，常に「とる」行為なのだ．奪われた個体を奪った相手からとり戻すのではなく，相手を問うことなく，ただ牛を奪うのである．それはとられたからとりかえすといった被害者リベンジ志向でもなく，そもそも自分のものなのだからとり戻すといったバランス志向でもなく，「レイディングとは牛を他の牧畜民から獲ってくること」という，きわめてシンプルな「牛を増やす」ための純粋ともいいうる前向きな志向であるように思われる．

4 ●レイディングの肯定と牧畜価値共有圏の可能性

　ウガンダ，ケニア，南スーダン，エチオピアといった東〜北東アフリカの国境地域には言語系統もさまざまな多くの牧畜民が住んでいる．そこは内陸の乾燥・半乾燥地帯に属し，各国の首都から遠く離れた「辺境」の地であることが多い．ドドスもまたこれらの国境地域に住む牧畜民のひとつである．

　再三繰り返すように，ドドスと隣接する牧畜諸民族は，民族レヴェルでは互いに非敵対関係であったり敵対関係であったりを繰り返す一方，個人レヴェルでは別の民族に属する友人をもつなど，緩やかに接触を保っているようにみえる．そして，互いにレイディングをしあう関係もまたこの牧畜民の集まりのなかで完結しているといえそうだ．なぜならば，彼らは隣接する牧畜集団を跨ぎこしてさらにその先に住む牧畜民の地までレイディングに行くことはまずないと考えられるからである．

　こうしたことから，隣接して住まう複数の互いに敵対／非敵対的な関係を維持している牧畜民の集まりをメタ牧畜民集合体として見て，複数の民族を束ね，包括する上位概念を新たに提唱したい．この集合はある種の地域集団であって，その土地に住んだり，自然資源（水や草）を利用したりする牧畜民の束ねである．だが，いつでもどの地域にも，行ったり，放牧をしたり，住んだりできるわけではない．ドドスにとって，この束ねには敵対的な関係にある民族が常に含まれているし，通時的にみればすべての他民族と敵対してきたはずだからである．また，先に指摘したように，敵対的な関係を具現化するレイディングもまたこの集合の中で完結しているといってよい．人びとの日々の暮らしは地理的にはこの牧畜民集合の中におさまる．隣接して住む牧畜民であり，レイディングをしたりされたりする相手こそ，ともにこの牧畜民集合を構成しているのだといえる．ただし，その構成員，たとえばドドスの人びとはそうしたより高次に統合されたまとまりの全体像（集合）を観念的にはもっていないと思われるし，少なくともそのような言説を私は聞いたことがない．だが，自民族と任意の他民族の関係はもちろん，特定の他民族と特定の他民族が，いま，敵対関係にあるのか，非敵対関係にあるのかについては常に人びとの興味の的であり，その状況が把握されている．しかし，だからといって，自民族を含む複数の他民族をひとつに束ねる上位集合の観念があることの証左とはならないし，そうした観念はふつうに生活している限りほとんど意味がなく，また不要ですらある．それでもあえてこのような集合を考えるのは，それがこの地域の錯綜した民族間関係のもとで生きる人びとを理解する鍵を握っていると思われるからである．

これを別の視点から観てみよう．レイディングには「牛を略奪する」という明瞭な目的がある．ドドスの住むドドスランドは，西側ではケニアのトゥルカナに接している．トゥルカナはドドスランドより 1000 メートルも標高の低い灼熱の大地に住んでいる．ドドスとトゥルカナは非敵対的な関係であることも少なくないし，ドドスの多くの男性がトゥルカナの友人をもっている．2002 年の乾季のさなか，ドドスとトゥルカナは敵対的な関係にあり，トゥルカナのレイディング集団が毎日/毎晩のようにドドスの集落や家畜キャンプを襲った．そうした状況をみて，みながトゥルカナを非難していたところ，奥に座っていた家長が言った．「トゥルカナランドはここよりも遥かに暑い灼熱の土地だ．ソルガムやトウモロコシなどの食用植物は立ち枯れて，家畜も水，草ともに十分になくて，病気にかかりやすかったり，あるいは栄養失調や水分失調でつぎつぎと死んでいる．彼らは家畜が必要だったのだ」と，ドドスに対するトゥルカナのレイディングを唯々諾々と認めるかのような発言をした．もちろん，彼は自分の牛をトゥルカナに与えようとしていたわけでもなければ，トゥルカナのレイディング集団に自分の牛群が襲われるといった事態を望んでいたわけでもない．

では彼の議論をどう解釈するか．彼は一般論としてレイディング行為そのものを「正しい」こととして指示していたのではないだろうか．そしてその一般論はどこでも通用するのではなく，互いにレイディングをしたりされたりする民族の集まりである牧畜民集合体を越えでることはないのではないか．トゥルカナのレイディングを肯定的にとらえた家長の発言は，ドドスを含む牧畜民集合体における一般論であり，価値観であったのだと思う．そう考えた時，ようやく私には，この家長の不可解な言葉が理解できたように思うのである．家長はさらに「(トゥルカナランドは) ここよりもずっと雨の少ない灼熱の土地であり，畑の作物も育たない．トゥルカナでは若い男女のみならず，家長もその妻も老人も赤ん坊も家族の全員が移動生活を送っているのだ」と続けた．牧畜民集合体が何らかの精神的なつながりをメンバー間にもっているとしたら，この家長のように，友人を訪ねたり，レイディングを含む牧畜活動をより広い地域において展開することによって，互いの生活環境を知る．それはいいかえれば，牧畜民集合体なる緩やかに結びつく隣接民族と，ある時はレイディングをしあい，ある時は友人として訪ねあい，放牧をする，そのようにして互いに他者を理解する関係を築きあげていくということであったといえよう．そのようにして得られた共通の価値観 —— その中心にはウシという実的存在がいる —— を共有する者の集合として牧畜民集合体という単位を認めてもよいように思われるのである．そして，そうであるならば，この集合体の名称は「超共同体的牧畜価値共有集合」とでも命名され直されるべきだろう．あるいはこれがあまりに

煩瑣に過ぎるならば，短縮して「牧畜価値共有圏」でも良い．そのように命名することにより，すなわち「牧畜（民的）価値の共有」という要素を加えることにより，この牧畜民集合の概念は地理的に接した民族によって構成されていた閉じた系から自由になり，互いに地理的に接していない遥かなる地に住む牧畜民をも含みこむ開放系の集合となる．実際，彼らは，自分たちが隣接していない牧畜民の存在を数多く知っているし，中にはそうした見知らぬ土地を旅した者もいる．たとえば，ドドスはケニアのポコットという牧畜民とは地理的に接していないが，ポコットと接しているトゥルカナやマセニコとポコットが非敵対／敵対関係のどちらにあるのかを常に聞き知っているのである．

5 ●価値の体現としてのレイディングとその進化史的意味の可能性 ── むすびにかえて

　本章を終えるにあたり，ドドスのレイディングについて，制度という観点，とりわけ進化との関連における制度という観点からいまいちど強調しておくべき点を整理しておきたい．まず，ドドスの人びとが意識的／無意識的に従っている日常のさまざまなものごとのやり方の中心に，ウシという実的存在が在ることをいまいちど，強調しておく．これを確認した上で，以下，本節の論点は，ドドスにおけるウシの価値と，その価値の体現であり，またさらなる価値を付与し高めるところのレイディングとの関係とする．そして，そこまでの議論を踏まえ，これをチンパンジー (Pan) 属2種の食物分配と比較しつつ，「レイディングという制度」の進化史的基盤について推察を試みる．

　前述したように，ドドスのレイディングは，まったくの無秩序な家畜の奪い合いではない．レイディングにはいくつかの決まりごとが諸民族のあいだで共有されており，人びとはそれに意識的／無意識的に従って行為していた．そうである以上，レイディングがひとつの制度である可能性をむげに否定するわけにはいかない．それは，中世ヨーロッパの騎士の決闘が前もって取り決めた方法で闘って勝負を決するものであったように，また近代戦が精密に組織された軍隊に配備された兵士たちによる計画的な戦いであるように，何らかの約束事や決まりごとにしたがっているが故に制度（少なくともその萌芽）であるといってよいのではないかと思うのである．黒田 (1999) は伊谷純一郎による制度の定義を「個体の行動に対する拘束力をもつ文化」であるとしているが，ドドスのレイディングはこれに十分あてはまると考える．

1960年代，E・M・トーマスが調査をした頃から，ドドスのレイディングは近代兵器の急速な導入を除いて，その経済的意義も文化社会的価値もおそらくほとんどかわっていない．現在のドドスが強く「ウシ」に特化した人びとであることは間違いない．かつてウシ文化複合（Cattle Complex）と呼ばれた東アフリカ牧畜民諸集団の社会の特徴はこうしたものだったのだろうか．彼らはウシの他にヤギ，ヒツジ，ロバも飼育するが，それらは社会的な価値としてもアタッチメントの対象という点からもウシに遠くおよばない．ドドスはレイディングではヤギもヒツジもロバもラクダも獲ってくるが，ラクダはほぼ確実に帰還の途上で食べてしまうし，ロバは食べてしまうか，早々にウシと交換する．ヤギとヒツジは儀礼の供犠獣や客の歓待に使えるため，とりあえずは家畜囲いに入ることになる．これら4種とウシへの対応はまるで違う．レイディングで数十頭，数百頭のウシが得られたとのニュースが集落に届いた時の老若男女の狂喜乱舞，逆に100頭ものウシをもつ男性がたった1頭のウシが病気で死んだときの尋常ではない落胆ぶり，いずれもウシに対する人びとの思い，ウシ−ヒト関係の強い絆を描き出す．こうしたウシへの偏愛，いや高い価値はどこから来るのだろうか．

　今や自動小銃を用いることが常態となったレイディングは生死をかけた究極の闘争である．それを飽くことなく繰り返すドドスとその隣接集団の姿には，彼らの生にとって何が価値あるもの/ことなのかが明瞭に示されている．レイディングはこの価値を自らの身体を呈して体現する行為にほかならない．日々の糧を与えてくれる経済的な意義のみならず，人びとの日常生活から儀礼的行為までさまざまな場面で家畜，とりわけウシは不可欠な存在である．そして，人びとはウシを愛してやまない．そのような存在としてのウシを「他者」のものから「自己」のものにする（獲ってくる）ことこそがレイディングである．

　こうしてドドスはウシに高い価値を与えており，その価値はウシをめぐる日々のさまざまな実践として表出，表現され，そのことによってさらにまた価値が付与，強化されてゆく．だが，それだけで終わるものでは，おそらく，ない．ここで指摘すべきは，ウシがレイディングにおける至高の対象であるということである．ドドスも隣接集団もレイディングではウシの獲得を他の家畜種よりも強く求め，同時にウシを強奪される危険に常にさらされていた．狙われる存在であるが故に，人びとはウシをいっそう大切に保護し，放牧中にも，給水中にもレイディングに備え，厳重なパトロールを怠らなかった．そのように世話をすることによって，付加価値がつき，ウシはさらに価値の高いものとなってゆく．そしてレイディングは起こる．

　けっきょくのところ，レイディングによって，ウシは民族集団間を行ったり来たりする，動く存在，動産である．この「動く」ことがウシにさらなる価値を与えて

写真●夕刻のドドスランド. 日帰り放牧を無事終えて帰途につく至福の時間.

いる. 明日はレイディングに遭って別の人のものとなってしまうかもしれない, そのような存在を私たちは愛おしく思い, 大切にあつかうだろう. ウシに人間の側から独自に与えた価値（イメージ）と, ウシがレイディングのターゲットであることによって付与される価値, この両者が互いに影響を与えあってさらなる価値を生み続ける. そして, 無意識であるにせよ, 価値があるものを手に入れようとしてレイディングが繰り返される. いや, 実際は順序が逆で, その価値は, 実は, レイディングが繰り返されることによって再生産されたり, より高い価値を付与されたりして維持されるものなのだ. その点で, レイディングは私が「牧畜価値共有圏」と呼んだ価値の共同社会のいわば確認実践のようなものである. それはあたかも, 商品が市場を作るのではなく, 市場がものを商品として, その価値を形成する, ということのようである.

　循環論になるが, ドドスのレイディングでは, その動機の中核にあるのは, 恨み・辛みでもなく, 復讐・報復でもなく, 侵略・支配でもなく, 懲罰や仕返しでもない. 目指すのはただひたすらにウシの獲得であった. おそらく理由などあってもなくてもよかった. レイディングによってウシが「動く」存在であることこそが重要だったのだと思える.

　われわれ人間を含む霊長類社会の進化について食物分配を手がかりに論じた黒田

末寿（1999）は，ヒト以外で，食餌を除き，食べ物を他者に分け与えるのは，チンパンジー属2種だけであることから，この食物分配行動が，ヒトの狩猟採集社会に特徴的にみられる食物の徹底的な平等分配に繋がる行動であるという立場に立つ．黒田は，分配をすることによって何がかわったのかを明らかにするには「〈価値あるもの〉が動く食物分配」という表現を変更して，「食物は分配によって〈価値あるもの〉になる」とした方が適切であるとする．そして食物が個体間を動くことが可能になることは，食物を社会化し普遍的価値を付与することになるという．ここでは，「食物」は食べ物であれば何でも分配されるのではなく，肉（チンパンジー）や大きなフルーツ（ボノボ）など，そもそも稀少であることからも価値の高いものである．そうした価値ある食物が辿る過程の意味するところは，ほぼそのままドドスのウシにあてはまる．両者の間にどこまでの相同性を認めることができるだろうか．すでに紙幅は尽きた．より詳細なデータを準備した上で考察を展開することは今後の課題となるが，ウシの価値とレイディングをめぐる議論は，こうしてチンパンジー属2種にみられる食物分配と遠い過去に遡って繋がり，進化（進化史的基盤）の問題として考えることができるのだと信じたい．

注

1) 定量的なデータを用いた佐川（2011）に詳しい．
2) イクとディディンガおよびアチョリを除く五つの集団は言語学的には東ナイロート語群テソ－トゥルカナ系（カリモジョン・クラスター）に属し，互いに明らかな言語使用の違いがあることを認めつつも，意思疎通が十分に可能である．
3) 正確には，アチョリは1～数頭のウシを飼っており，いっぽうのイクは政府やNGOによる農耕・牧畜化政策によって，数頭～十数頭のヤギを飼っている場合もある．だが，イクは配給されたヤギをすぐに食べてしまうため，牧畜化は難航している．いずれにせよ，家畜数が少なすぎてレイディングの対象にはならないのだと思われる．
4) エチオピアのボディでは，だいじにしてきたお気に入りの去勢牛が死ぬと，その持ち主はおおいに嘆き，泣き悲しみ，それは「怒り」となって近隣に住む農耕民をひとり殺しに行くという．

参考文献

Bohannan, P. (1960) Introduction. In: Bohannan (ed.) *African Homicide and Suicide*, Princeton University Press, Princeton.
福井勝義（1993）「戦いと平準化機構－スーダン南部ナーリムの家畜略奪の事例から」『社会人類学年報』19：1-38．弘文堂．
福井勝義（2004a）「牧畜民による農耕民へ襲撃と略奪－エチオピア西南部において繰り返され

る戦いから」藤木久志・宇田川武久編『攻撃と防衛の軌跡』東洋書林. 210-242 頁.
福井勝義ほか (2004b)「特集：ヒトはなぜ戦うのか」福井勝義編『季刊民族学』109：4-62.
グドール (1990)『野性チンパンジーの世界』(杉山幸丸・松沢哲郎訳) 平凡社.
Hutchinson, S.E. (1996) *Nuer Dilemmas: Coping with Money, War, and the State.* University of California Press, Berkeley.
河合香吏 (2004)「ドドスにおける家畜の略奪と隣接集団間の関係」田中二郎・佐藤俊・菅原和孝・太田至編『遊動民（ノマッド）－アフリカの原野に生きる』昭和堂. 542-566 頁.
河合香吏 (2006)「キャンプ移動と腸占い－ドドスにおける隣接集団との関係をめぐる社会空間の生成機序」西井凉子・田辺繁治編『社会空間の人類学－マテリアリティ・主体・モダニティ』世界思想社. 175-202 頁.
河合香吏 (2007)「ドドスの腸占い－牧畜民の遊動に関わる情報と知識資源の形成をめぐって」C. ダニエルス編『知識資源の陰と陽』弘文堂. 29-71 頁.
河合香吏 (2009)「徒党を組む－牧畜民のレイディングと『共同の実践』」河合香吏編『集団－人類社会の進化』京都大学学術出版会. 149-170 頁.
北村光二 (2004)「『比較』による文化の多様性と独自性の理解－牧畜民トゥルカナの認識論（エピステモロジー）」田中二郎・佐藤俊・菅原和孝・太田至編『遊動民（ノマッド）－アフリカの原野に生きる』昭和堂.
栗本英世 (1996)『民族紛争を生きる人々－現代アフリカの国家とマイノリティ』世界思想社.
栗本英世 (1999)『未開の戦争, 現代の戦争』岩波書店.
黒田末寿 (1999)『人類進化再考－社会生成の考古学』以文社.
宮脇幸生 (2006)『辺境の想像力－エチオピア国家支配に抗する小集民族ホール』世界思想社.
佐川徹 (2011)『暴力と歓待の民族誌－東アフリカ牧畜社会の戦争と平和』昭和堂.
Simonse, S. (1998) Age, Conflict & Power in the Monyomiji Age System. In: E. Kurimoto and S. Simonse (eds.) *Conflict, Age, and Power in North East Africa: Age Systems in Transition.* James Currey, Oxford. pp. 51-78.
Statistics Department, M. of Finance and Economic Planning (1994) *The 1991 Population and Housing Census (National Summery) Uganda.* The Republic of Uganda, Entebbe.
Thomas, E.M. (1965) *Warrior Herdsmen.* Secker & Warburg. London. (E.M. トーマス (1979)『遊牧の戦士たち』(向井元子・田中二郎訳) 思索社)
床呂郁哉 (2009)「暴力と集団の自己産出－海賊と報復の民族誌から」河合香吏編『集団－人類社会の進化』京都大学学術出版会. 124-147 頁.
Turton, D. (1997) Introduction: War and Ethnicity. In: D. Turton (ed.) *War and Ethnicity: Global Connections and Violence.* New York University of Rochester Press, Rochster. pp. 1-45.

第3部

制度進化の理論

第11章 制度以前と以後を繋ぐものと隔てるもの

北村光二

● Keyword ●
問題への共同対処，相互行為システム，循環的な決定，禁止の規則，儀礼の規則

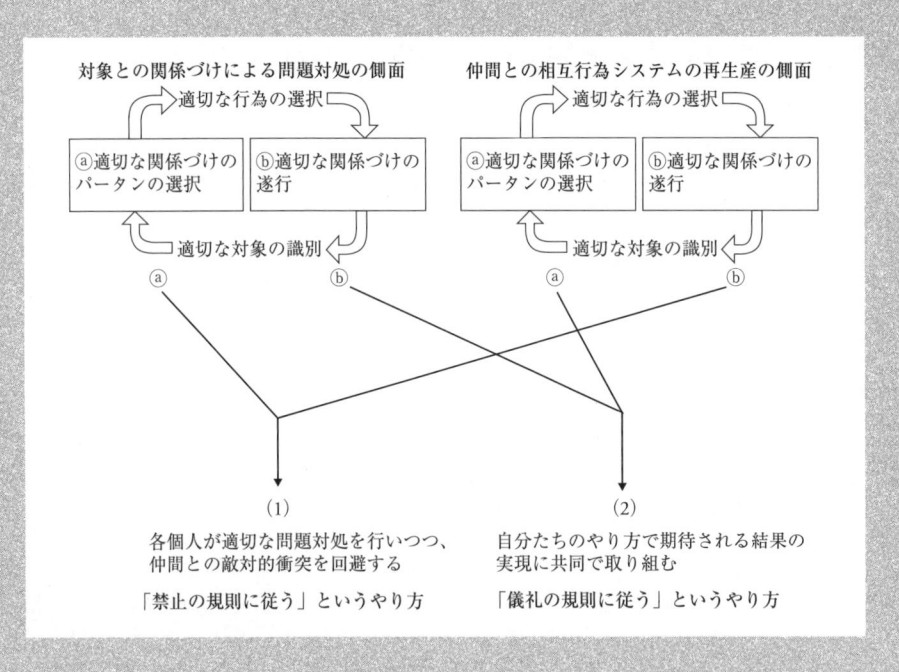

```
対象との関係づけによる問題対処の側面           仲間との相互行為システムの再生産の側面
         適切な行為の選択                              適切な行為の選択
  ┌─────────┐  ┌─────────┐         ┌─────────┐  ┌─────────┐
  │ⓐ適切な関係 │  │ⓑ適切な関係 │         │ⓐ適切な関係 │  │ⓑ適切な関係 │
  │ づけのパター│  │ づけの    │         │ づけのパター│  │ づけの    │
  │ ンの選択   │  │ 遂行      │         │ ンの選択   │  │ 遂行      │
  └─────────┘  └─────────┘         └─────────┘  └─────────┘
         適切な対象の識別                              適切な対象の識別
         ⓐ           ⓑ                              ⓐ           ⓑ

                (1)                                      (2)
       各個人が適切な問題対処を行いつつ，          自分たちのやり方で期待される結果の
       仲間との敵対的衝突を回避する              実現に共同で取り組む

       「禁止の規則に従う」というやり方          「儀礼の規則に従う」というやり方
```

【共同的な問題対処における「ⓐ適切な関係づけのパターンの選択」という操作と「ⓑ適切な関係づけの遂行」という操作の2種類の組み合わせ】
(1)の組み合わせは，それぞれの当事者が，問題対処の側面に関わる関係づけのパターンの選択が適切だと思っている場合に対応し，関係づけの遂行においては，仲間との敵対的衝突を回避することが課題になる。これは「禁止の規則に従う」というやり方に相当する。(2)の組み合わせは，それぞれの当事者が，問題対処の側面に関わる選択に確信が持てないという場合に対応し，関係づけのパターンとして仲間と共有できる「自分たちのやり方」という基準で選択したものを採用し，関係づけの遂行において，問題対処の側面に関わる期待される結果の実現に向けてそれぞれの行為を調整することが課題となる。これは「儀礼の規則に従う」というやり方に相当する。

1 ●対象の「意味」の識別と行為への「意味」の付与

　本章の目的は，制度とは何かを進化論的に考えることによって，制度以前のサルの社会から人間の社会への移行において何が起こったのかを明らかにすることにある．したがって，ここでは，制度を制度以前のサルの側から考えるのであり，制度とは呼べないどんなものに目を向けて，それにどのような種類の変化が起こることで制度がもたらされたのかについて考えることになる．以下，まずは本章での考察の前提となる考え方を整理しておきたい．そうすることによって，本章が注目することになる現象の輪郭を明らかにしておこう．

　以下の考察の前提となる考え方として指摘しておくべき第一の点は，制度は，人びとが生き続けようとするうえで放置できない問題に対処しようとして工夫される装置だ，というものである．この考え方では，制度とは，何らかの対処すべき問題があって生み出されたものだということになる．したがって，制度が提供するそのときその場での行為選択の基準は，その行為が構成する関係づけのパターンとその関係づけがもたらす結果についての予期を参照する「適切なもの/不適切なもの」という区別にもとづくものになる．

　第二に，制度は，個人のレベルでなされる問題対処に役立つようにと工夫されたものなのではなく，資源の共同利用や直面する課題への共同対処のような，人びとが生き続けるためにする共同的な取り組みにとって必要とされる装置なのだと考えられている．すなわち，資源の利用や直面する課題への対処という，それぞれの個人がする「もの」との関係づけが問題になっていると言いうる場合でも，そのような「もの」との関係づけそれ自体だけではなく，そこでそれぞれの個人の行為が相互に接続して構成される相互行為がどうなるかを含めた，人びとの共同的な取り組みが生み出すものが問題になるのである．したがって，制度が提供するそのときその場での行為選択の基準は，それらが構成する相互行為のあり方に直接反映するものになるのであり，その意味で，それは「仲間と共有されたもの/共有されないもの」という区別を前提にしたものでなければならないことになる．

　そのときその場での問題対処において，「適切なもの/不適切なもの」という区別を前提とすると同時に，「仲間と共有されたもの/共有されないもの」という区別を前提とする行為選択によって共同的な取り組みが実行されることは，制度以前のサルの社会においても，普通に可能である．たとえば，メンバーシップが安定した群れ生活を送るニホンザル社会においては，毎朝，遊動を開始するにあたって，すべての群れのメンバーが同じ方向に動き出すという結果に向けた共同的な取り組

みが実行される．そして，同様のことは人間社会においても普通に起こりうることである．このような現象と制度が実現するものとの差異として明らかなことは，前者において問題となる選択はそのときその場の行きがかりに委ねられるのに対して，後者では，基本的にそのときの選択の過程が再現可能なものであることを前提に選択されているという点である．したがって，制度が提供する行為選択の基準として特徴的な第三の点は，「再現可能なもの/再現不可能なもの」という区別を前提にしたもので，そのうちの再現可能なものを指定するという点である．

　ある特定の対象との関係づけにおいて，その行為選択に再現可能な基準を提供するものとは，その行為が向かう対象の「意味」である．そして，そのような対象の意味とは，そのときの行為による関係づけのパターンについての予期を参照することによって識別される，その関係づけの対象として「適切なもの/不適切なもの」という区別に対応する適切なものという同一性である[1]．そして，そのような意味は「仲間と共有されたもの/共有されないもの」という区別にも結びつけられたものであると考えられている．すなわち，私たちが対象の意味の識別にもとづいて行為を選択していると考えている場合には，そのときの行為選択にとって適切な意味で，仲間と共有された，いつでも再現可能な意味を，その対象において識別しているはずなのである[2]．

　一方で，そのときの対象に働きかけて何らかの変化を生み出すことになる行為の「意味」として私たちが考えている同一性とは，その関係づけがもたらす結果についての予期を参照することによって付与される，関係づけの行為として「適切なもの/不適切なもの」という区別に対応するものであり，それと同時に，「仲間と共有されたもの/共有されないもの」という区別にも，「再現可能なもの/再現不可能なもの」という区別にも結びつけられたものであると考えられている．すなわち，私たちが行為への意味の付与にもとづいてそのときの行為を遂行していると考えている場合には，結果についての予期との関係で適切に意味づけられた行為で，仲間と共有された，いつでも再現可能な意味を付与された行為を遂行しようとしているはずなのである．

　以上の考察から導き出されるとりあえずの理解のうち，とくに，制度を制度以前のサルの社会から考えるという立場に関連するものとして，以下が指摘できる．すなわち，制度によって生み出される現象とは，第一に，行為による対象との関係づけにおける対象の意味の識別や行為への意味の付与に関連したものであるということである．そして，第二にそれは，そのような意味の共有にもとづいてする共同的な問題対処の取り組みにおいて，それらの意味が，そのときその場の行きがかりには依存しない，あらかじめ確定したものとして提供されることによって成立してい

る現象であると考えられるということである．

　以下では，人間の社会の側にある制度の典型として，法制度のような社会秩序の生成・維持に焦点があるものと，文化制度のような生活慣習に関わる現実理解や行動の意味づけを指定することに焦点があるものとを区別したうえで，それぞれの制度が生み出す現象の中核にあるものとして，前者については「禁止の規則」に従うことを，後者については「儀礼の規則」に従うことを考える．このうちの「禁止の規則」に従うことは，仲間との相互行為がもたらす結果に向けた「調整」に対応する現象であり，もう一方の「儀礼の規則」に従うことは，相互の行為接続のパターン形成に向けた「選択」に対応する現象だと考えられる．その二つへと向かうそれぞれのルートを区別したうえで，制度以前から以後への移行において起こったことを具体的に考察したい．

2 ●「もの」との関係づけと人間相互の関係づけにおける循環的な決定

2-1 「もの」との関係づけにおける循環的な決定

　制度についての進化論的考察を始める前に，行為による対象との関係づけにおける対象の意味の識別や行為への意味の付与に関わる理論的な問題と，意味の共有にもとづく共同的な問題対処という活動について，予備的な検討を行っておこう．まず，最初に，意味という同一性を手がかりとした行為による対象との関係づけにおける「循環的な決定」という問題を取り上げる．

　本章での考え方によれば，意味を手がかりとする行為による対象との関係づけというプロセスを正確に理解するためには，そのプロセスに関して，以下の二つの操作を区別しなければならない．その第一は，対象との関係づけのパターンについての予期を参照するときの「適切な対象」と「不適切な対象」という区別を前提にして，適切な対象との適切な関係づけのパターンを選択するという操作である．そのときの関係づけにとって適切なものという同一性がその対象の意味になるのであり，その意味を手がかりに適切な対象が識別され，適切な関係づけのパターンが選択される．この場合は，対象の意味を手がかりとする関係づけによって，この関係づけのパターンの再現可能性が確保されることになると考えられる．

　それに対して，第二は，その関係づけによってもたらされる結果についての予期を参照するときの「適切な行為」と「不適切な行為」という区別を前提にして，適

切な行為による適切な関係づけを遂行するという操作である．期待される結果を実現するうえで適切なものという同一性がその行為の「意味」になるのであり，その「意味」を手がかりに適切な行為が想定され，その行為によって適切な関係づけが遂行される．この場合は，行為の意味を手がかりとする関係づけによって，時間軸に沿った原因とその結果との結びつきにおける規則性が，すなわち，因果論的な予測可能性が確保されることになると考えられるのである．

　これら二つの操作を区別しなければならないのは，ひとえに，これらが「意味」を用いることによって初めて可能になる操作だと考えなければならないからである．ここで問題となる意味とは，上述の内容を要約して言えば，「適切な対象」という同一性と「適切な行為」という同一性ということになるが，誰でも理解できるように，「適切な対象」という同一性は，その対象との関係づけを行おうとする行為が何であるかに依存してまったく異なったものになりうるのであり，同様に，「適切な行為」という同一性も，その行為が関係づけを行おうとする対象が何であるかに依存してまったく異なったものになりうる．すなわち，行為による対象との関係づけにおいて，「適切な対象」の選択は「適切な行為」の遂行を前提に初めて可能になるのであり，同時に，「適切な行為」の遂行は「適切な対象」の選択を待って初めて可能になると考えられるのである．したがって，「意味」を手がかりとする行為による対象との関係づけというプロセスを正確に理解しようとするのであれば，まずは，この二つの操作をきちんと区別しなければならないということになる．

　その上で，この二つの操作が，具体的にはどのように結び合わされているかを考えなければならない．本章での理解によれば，対象の意味の識別にもとづいて適切な関係づけのパターンが選択されることが前提となって，そのパターンに即した関係づけの遂行・調整によって期待される結果が実現されることになると考えられるのであるが，それと同時に，期待される結果を実現するうえで適切な行為が準備されていることが前提となって，その行為にとっての適切なものという対象の意味の識別とそれにもとづく適切な関係づけのパターンの選択が可能になると考えられる．すなわち，この二つの操作の間には以上のような「循環的な決定」の関係にあると考えられるのである（239頁扉図）．このような循環的な関係は，例えば，病気への対処における診断と治療という二つの操作の間に想定できる．普通は，診断に依存して適切な治療法が選択され，それによって適切な治療が可能になると考えられているが，その一方で，その時点で可能な治療法に依存した形でしか診断という操作は可能にならないということである．

　ここで注意すべきことは，制度以後の世界に生きている私たちは，このような行為による対象との関係づけにおいて，関係づけの対象の意味や関係づけを行う行為

の意味に関して，それらを「あらかじめ確定したもの」と見なすことに何の疑いも感じてないかのようなのだという点である．したがって，私たちは，そのときの関係づけにとって適切な行為を，「あらかじめ確定した意味」にもとづいて選び出し，それと同時に，そのときの関係づけに適切な対象を，「あらかじめ確定した意味」にもとづいて見出して，そのような行為によるそのような対象との関係づけを遂行することによって，期待される結果が実現できると考えているのである．しかし，たとえそのように考えているとしても，実際には，私たちも，初めて直面する問題やどう対処すべきかわからない問題への対処においては，対象の意味の識別や対処に適切なものという意味の行為を選び出すための確実な判断基準もないままに，試しにやってみるしかないという状況におかれるのであり，それは，制度以前の世界に生きる動物と同じだということになるはずである．

　にもかかわらず，私たちは普通このような問題に気づくことはない．そうなってしまうのは，単純化への誘惑からか，私たち人間は，環境にある情報をくまなく正確に収集したうえで行為のプランをあらかじめ形成し，そのプランに従って行為を産出するような「完全合理的」存在であると思いこもうとしているからだと考えられる．しかし，実際には，私たち人間やその他の動物は，環境についての不完全な知識しか持ちえないし，「正確な世界像」を構成する能力があるなどと考えるべきではないのである．そのような思い込みが非現実的であることは誰にでもわかることだとしても，実践的に重要なことは，環境にある情報収集に対応する「診断」によって「治療」が決定されるという，単純な因果関係を想定することはできないという点を肝に銘じることである．

　アフォーダンス理論[3)]が想定する，動物個体が行っている環境との適応的な関係づけのプロセスも，これと同じ「循環的な決定」を前提にしているといえる．この理論によれば，自らの生態的ニッチに適応して生存を確保している種の個体は，生き続けるうえで不可欠な資源との関係づけにおいて，対象のアフォーダンスの検知にもとづいて適切な関係づけのパターンを選択し，対象の個別的属性に対応した調整を行いつつ関係づけの行為を遂行することによって，生き続けることに結びつく特定の価値を実現しているのだとされる．すなわち，その種のすべての個体が，生き続けるうえで不可欠な資源との関係づけにおいて，対象のアフォーダンスを検知する能力を共有しているというだけではなく，そのアフォーダンスの検知にもとづく関係づけの遂行によって生き続けることに結びつく価値を実現する能力も共有しているのだということになる（リード 2000）．

　したがって，自然選択の過程によってこれらの能力が遺伝的な基盤を持ったものとしてすべてに個体に共有されるものになったのだとすれば，そこには，この二つ

の能力のそれぞれが相互に他に依存してしか成立しえないという「循環的な決定」があることになる．すなわち，ある種の個体に，その種のニッチを構成する資源からそのアフォーダンスを検知する能力が自然選択されるためには,その種の個体に，それにもとづく関係づけによってより長く生き続けることに結びつく特定の価値を実現できるような行為を遂行する能力がすでに具わっていることが前提にならなければならないことになる．同様に，より長く生き続けることに結びつく特定の価値を実現する行為を遂行する能力が自然選択されるためには，そのような関係づけにとって適切な対象の選択を安定的に再現可能にするアフォーダンスを検知する能力がすでに具わっていることが前提にされなければならないことになるのである．

　私たち人間も，自らの種の生態的ニッチに適応して生存を確保している種の構成員として，生き続けるうえで不可欠な資源との関係づけにおいて，対象のアフォーダンスの検知にもとづいて適切な関係づけを選択して，生き続けることに結びつく特定の価値を実現している．しかも，そのような能力を，遺伝的基盤を持つものとして他のすべての構成員と共有していると考えられる．そして，そればかりではなく，人間は「意味」を手がかりにすることによって，個人のレベルでの学習によってもたらされる，適切な対象を識別する能力と適切な行為を遂行する能力を，ある文化的伝統を共有する多くの構成員と共有するという状態を実現しているのだと考えられるのである．

　後者の学習による過程においても，対象の意味の識別にもとづく適切な関係づけのパターンを選択しつつ，目的に応じた適切な行為による関係づけを遂行することによって，生き続けることを可能にする特定の価値が実現できるようになっているはずであるが，そうなるためには，以下のような問題対処の特別な道筋が利用できるようになっているのでなければならない．まず，そこで期待されている価値を実現すべく試行錯誤的に試みて，ときにそれを実現できるようなることが最初の手がかりになる．その後，分類的に区別された対象ごとに期待される結果が実現できるように行為を工夫したり，同じタイプの行為による関係づけをさまざまな対象について試してみたりすることによって，期待される価値の実現に結びつく可能性のある対象と行為との組み合わせについて大まかな見通しが立てられるようになるのでなければならない．それによって，秩序だった関係づけのパターンを構成するうえで適切な対象を，その関係づけに先立って，それ以外のものから区別できるようになったり，期待される結果を実現するうえで適切な行為を，その関係づけに先立って，それ以外のものから区別できるようになったりする，と考えられるのである．

　たとえば，新しい道具を使うことによって初めてある特定の価値を実現できるようになりつつあるときに，そこでとりあえず，その道具をどのように使えば何がで

きるかというその利用法の全体像を把握しようとしなければならない．そうすることで初めて，ここで再現されるべき関係づけのパターン形成にとって適切な対象をそのときの具体的な関係づけに先立って識別したり，期待される結果を実現するうえで適切な行為を具体的な関係づけに先立って選択したりできるようになる．そして，その後に実際に関係づけを遂行する際に，候補の中からより適切な対象や行為を選択しつつ，具体的な対象の個別的な特徴に応じた行為の調整を行うことによって，期待される結果が実現できるようになると考えられるのである．

ただし，ここまでのところでは，まだ制度という装置を必要とする事態に直面していない．本章での立場からすれば，たとえば，新しい道具の発明とそれを利用する技術の習得ということは，依然として，個人のレベルで行う「もの」との関係づけにおける問題対処なのだと考えられるからである．以下では，環境にある「もの」との関係づけの結果そのものだけではなく，そのようなそれぞれの行為が相互に接続して構成される相互行為がどうなるかを含めた，人びとの共同的な取り組みが作り出す結果が問題になるときにこそ制度が必要とされるのだと考えることにする．

2-2 共同的な問題対処における相互行為システムの構成

理論的な問題に関わる予備的な検討の最後に，資源の共同利用や直面する課題への共同対処において，個々人による「もの」との関係づけと，そのときのそれぞれの行為が相互に接続することに対応する相互行為システムの構成との間のどのような組み合わせが問題になるのかを考えておこう．

まず，そのときの相互行為システムに参与するそれぞれの個人は，生き続けるためにする「もの」との関係づけの当事者として，基本的に対称的な立場にあると考えられるが，そのような対称的な立場の同種他個体を，本章では「仲間」と呼ぼう．仲間のそれぞれが行う資源の利用や課題への対処が相互に組み合わされてたんなるそれぞれの行為の並列以上のものになるとき，それらは，資源の共同利用や課題への共同対処と呼ばれることになる．そして，その場合の「共同」の実質とは，個々人の対象との関係づけによる問題対処の行為が相互に接続するところで，その相互行為システムが安定的に再生産可能なものになるようにすることなのである．

したがって，以下で，生き続けるために仲間とともにする共同的活動を取り上げるにあたって，対象との関係づけによる問題対処という側面と，「共同」の実質としての相互行為システムの安定的再生産という側面を区別したうえで，その組み合わせについて考えよう．さらに，行為による問題対処を支えている二つの操作，すなわち，行為による適切な関係づけのパターンの選択という操作と，期待される結

果を実現する適切な関係づけの遂行・調整という操作との区別を，相互行為システムの構成という側面にも当てはめて考え，その両者のどのような組み合わせが想定できるかを検討しよう．具体的には，行為による適切な関係づけのパターンの選択と期待される結果を実現する適切な関係づけの遂行のそれぞれが，問題への対処という側面に焦点を当てたものになるのか，それとも，相互行為システムの安定的再生産という側面に焦点を当てたものなるのかについて考えてみるということである（239頁扉図）．

　共同的活動によって問題に対処しようとする活動においては，問題への対処という側面と相互行為システムの安定的再生産という側面のいずれについても，そのどちらか一方が全く無視されるということはないと考えられる以上，想定できるものは以下の二つである．まず，問題への対処という側面に焦点を当てて適切な関係づけのパターンを選択しようとするとき，期待される結果を実現する適切な関係づけの遂行・調整は，不可避的に，相互行為システムの安定的再生産という側面に焦点を当てたものになると考えられる（そうでなければ，相互行為システムの安定的再生産という側面が全く無視されることになる）．一方で，相互行為システムの安定的再生産という側面に焦点を当てて適切な関係づけのパターンを選択しようとするときは，期待される結果を実現する適切な関係づけの遂行は，問題への対処という側面に焦点を当てたものになると考えられるのである（239頁扉図）．

　第一は，それぞれの当事者が，問題対処の側面に関わる自らの選択が適切だと思っているという場合に当てはまるものであり，そのようなパターンの関係づけの遂行においては，もっぱら，仲間との行為接続を非敵対的なものにすることこそが共同で取り組むべき課題になるということである．すなわち，この場合には，問題対処の側面に焦点を当てて期待される結果を実現するうえでの調整を行うのではなく，相互行為システムの安定的再生産の側面に焦点を当てて，仲間との行為接続が非敵対的なものになるように調整を行うということである．

　それに対して，第二のものでは，それぞれの当事者が，問題対処の側面に関わる行為選択に確信がもてないという場合に対応するものであり，そこでの対処法の選択に関して，何らかの工夫によって，仲間と同一のものを共有できるようにすることこそが共同で取り組むべき課題になる．そのとき，それぞれの当事者がその問題対処の活動を，「自分たちのやり方」という基準で選択したものと見なしたうえで，そうすべきこととしてその活動に仲間と同じ気持ちで参加しながら，問題対処における期待される結果の実現に向けてそれぞれの行為を遂行・調整しようとすることになるのである．それによって，その結果についての肯定的評価を仲間と共有できるようになるのだと考えられることになる．

これらの二つの活動は，資源の共同利用や課題への共同対処において構成される相互行為システムを安定的に再生産しようとするときの二つの基本的なやり方に対応するものでもある．その第一のやり方は，仲間との行為接続を非敵対的なものにして平和な共存状態を作り上げながら，それと同時に，相互行為システムをより複合的なものへと展開する可能性を確保しようとするものである．それは，以下で取り上げる，制度後における「禁止の規則に従う」というやり方に相当するものである．そして，第二は，それまでの問題対処において，直面する状況を積極的に改変することで無秩序の可能性を解消していると評価できる対処法を参照して，対処法とその効果との対応関係についてのより一般化された理解を手にすることによって，「自分たちのやり方」とでも呼ぶべき一貫した方針のもとで個別の問題に柔軟に対応するというやり方を確立しようとするものである．これは，「儀礼の規則に従う」というやり方に相当する (239 頁扉図)．

　以下においては，制度化へと向かうそれぞれの段階において，対象に識別される意味や行為に付与される意味に関わるどのような慣習性が手がかりとなって，相互行為システムが安定的に再生産されるようになっているのかを跡づけてみよう．

3 ●制度への道① ──「禁止の規則」へと向かうルート

3-1 「禁止の規則」に従うこと

　「禁止の規則」とは，たんに，それが禁止している出来事が出現しない状態を作り出すものであるとは考えられない．たとえば，インセストタブーに従うことは，ある特定の関係にある男女の間の性交が回避された状態を作り出すというだけなのではない．レヴィ＝ストロースも「禁止の内容は，禁止の事実につきるものではない」と述べて，このインセストタブーが，「集団間における女性の交換」をめぐる秩序を作り出している外婚制という「制度」の根本にある規則なのだと考えた (レヴィ＝ストロース 2000)．ただし，レヴィ＝ストロースは，このインセストタブーと外婚制を同一視してしまうことで，それら相互の関係についてのそれ以上の考察を行っていない．以下では，本章での脈絡にそってこのインセストタブーという禁止の規則の含意をより拡大した範囲で解釈して，それが「女性の交換による集団間の連帯」を生み出すことに繋がって行く道筋を明らかにしてみよう．

　本章での議論の前提に即していえば，禁止の規則に従うことは，仲間との相互行為というレベルでもたらされる敵対的衝突の回避という課題への対処に関連する現

象であり，ある特定の女性とそのごく近親の男性たちとの性交を禁止することによって，その女性のごく近親の男性たちとそれ以外の男性たちとの間に敵対的衝突が回避された状態を作り出すことになると考えられている．そして，その先に，その女性が親族集団外のある特定の男性を受け取り手として婚出する可能性が用意されることになると考えられるのである．すなわち，その女性との性交を禁止された男たちが，その女性の婚出に際して，ある特定の男性をその女性との独占的な性交の権利を持つ者として承認する権限を手にしてそれを行使することによって，ライバル関係にある他の男たちの誰もが承認するいわゆる「結婚」という事態が可能になるのである．

　その女性との性交を禁止された者としての「親族」が誰であるかを特定して，公然化することも，このインセストタブーという禁止の規則が実現する事態である．どの男性との独占的な性交を正当なものと見なすかについてのその「親族」の判断は，問題となる女性との性交をめぐるライバル関係にある男性たちにとって，当面のライバルには決してならない第三者の判断なのであり，それはライバル関係にある男性たちにも共有され，社会的に正当化された判断として扱われることになる．それによって，男女の性交のあり方についてのある独特の秩序に対応する，ある特定の女性の与え手と受け手との関係が生み出される．ここにある，当の女性との性交を禁止された男性たちを与え手とし，その女性との独占的な性交の権利を認められた男性を受け手とする関係こそが，「女性の交換による集団間の連帯」の実質的な部分であると考えられることになる（北村 1982，2003）．

　本章では，「禁止の規則」を，仲間との行為接続を非敵対的なものにして平和な共存状態を作り上げながら，同時に，そこでの相互行為システムの複合化の可能性を確保しようとするやり方に関連したものとして理解しようとしているが，以上の考察は，本章で採用しているそのような立場に対応したものである．それは，レヴィ＝ストロースがこの禁止を集団間における女性の交換それ自体を生み出すものと考えたのとは違って，禁止が生み出す平和な共存状態を前提とするところに，社会的な承認のもとでの女性の集団間の移動とそれにもとづく集団間の連帯が生み出される可能性が用意されるのだと考えるのである．この違いは，この問題を人間以前の社会と比較して考えようとするやり方にとって重要な意味を持っている．人間以前のチンパンジーの社会では，この「禁止の規則」の存在を想定することはできないが，「女性の集団間の移動」はごく普通の現象であり，それに対して，それにもとづく「集団間の連帯」はまったく想定不可能な事態なのである．すなわち，チンパンジーの社会には，あたかもこの「禁止の規則」に従うことによって実現されたかのような平和な共存状態がもたらされている一方で，その同じ規則が用意するはず

の相互行為システムの複合化へと向う道筋は，そのきざしさえ見出せないということである．

3-2 チンパンジー属の食物分配

　ここからは，相互行為システムの複合化の可能性を確保する装置である「禁止の規則」そのものは見いだせないにもかかわらず，あたかもそれに従うことによって敵対的衝突が回避された状態が実現されているかのように見える例を取り上げよう．

　食物分配を，親が子に餌を与えるという場合も含めて考えると，それは動物界に広く認められる現象だということになるが，チンパンジー属（チンパンジーとボノボ）の食物分配は，オトナの間で日常的に行われる相互行為であるという点で，それらとは一線を画する現象だといえる（西田・保坂 2001）．そしてそれは，系統的に近縁なサル類でほとんど認められないという背景のもとで，ある種唐突に成立し，人間社会における食物分配や贈与という現象に直接繋がっているものなのである．そして，チンパンジー属の食物分配とは，ある個体が食物を把持している状態で，別の個体がそれを要求するときに，要求する側がそれを強引に獲得しようとせず，一方で，要求される側もその要求に大げさな反応を示さないことで平和な共存状態が実現され，その後に，ときにその食物が要求する側に譲渡されるということが起こる，というものである．

　まず，チンパンジー属の食物分配がどのような現象であるかを，そこで起こっていることが，食物分配がほとんどなされないサル類の社会での出来事と何が違うかという観点から検討しよう．多くのサル類で食物が分配されないのは，ある個体が食物を把持したり身体の間近に置いたりしているというときに別の個体がそれを獲得しようとしても，即座に消費されてしまうか，そうならなければ，必死でそれを防衛しようとするという反応に出会うことで，深刻な闘争になる危険を引き受けなければならなくなるからだと考えられる．その場合には，結局は，その獲得をあきらめるということになる．したがって，食物についての所有関係が明確になった後にはそれが他個体に移動することはないということが，ごく普通の事態だということになっている．

　それに対してチンパンジー属では，ある個体が食物を把持しているという状態で別の個体がそれを獲得しようと相手に要求しながら，相手がそれを拒否してもそれに対抗せず，辛抱強く相手の自発的な対応を待とうすることによって，少なくとも敵対的な行為接続が回避された状態が作り出される．それによって，サル類の段階

では，ある食物をある特定の個体が把持するという状態における個体間の共存の秩序は，別の個体がそれを獲得して消費する可能性を排除することによってしか実現しないのに対して，チンパンジー段階への移行によって，それが，食物を把持する個体に別の個体がそれを要求する可能性を確保したうえで実現されるようになっていると考えられるのである．

チンパンジー属の社会では，非所有者側が相手の拒否に出会ってもそれに対抗せずに，あくまでも相手の肯定的な反応を待とうとし続けるところで，所有者側も，「相手との敵対的な行為接続を回避する」という相互の関係づけの構造を受け入れて，大げさに騒ぎ立てないようにするという対応を取るようになる．それによって，敵対的衝突が回避された状態が繰り返し再現可能なものとして作り出されることになる．すなわち，そこに作り出されつつある相互行為システムの構成・続行において，要求する行為であれ拒否する行為であれ，そのシステムに組み込まれたそれぞれの行為は，非敵対的な共存状態を作り出すことを志向する行為という性格を獲得するようになるのだと考えられるのである．

したがって，この状況においては，人間の場合にそうであるように，その食物を要求する行為がその食物に対する相手の所有を尊重していることを示すものになっており，一方で，その要求を拒否する行為が，その食物に対する自らの所有が相手による承認によって支えられているという理解を示すものになっているかのようなのである．そして，もし仮にそうなのだとすれば，それぞれの当事者が，その立場の違いを超えて，問題となる食物に「それを把持する個体が所有するもの」という意味を認めてそれにもとづいて行為を選択していて，そのような行為が相互に接続することでこの種の出来事が成立していると考えるべきだということになる（北村 2008）．そして，この「ある個体が所有するもの（＝所有物）」という意味を「所有者の同意なしに獲得・消費してはならないもの」と読み替えることによって，この「所有物」という意味にもとづいて選択された行為とは，所有物は所有者の同意なしに獲得・消費してはならないという禁止の規則に従った行為だということになるはずなのである．

しかし，以下にあるように，チンパンジー属の食物分配を，人間社会におけるそれとの違いという観点から検討してみると，それは，問題となる食物に「それを把持する個体が所有するもの」という意味を読み取ることが，そこでの相互の関係づけに先立って，それ自体として成立していて，それにもとづく行為選択によってもたらされた現象であるとは到底考えられないことが明らかになる．人間社会における食物分配との違いとして顕著なところは，どのようにして食物の譲渡という出来事が成立するのかという点にある．そこに焦点を当てた記述と分析を行おう．

要求する側は，相手が把持している食物を獲得して消費するという，「もの」との関係づけに重心を置いて，相手に要求することでその食物を獲得するというゴールを実現しようとするが，相手もその食物を消費しようとしているのであって，相手がその要求に応じて簡単にその食物の消費を放棄するようになるとは期待できない．したがって，要求する側がしていることとは，こちらの要求に相手が拒否しても要求し続けることによって，それ以上に事態が動かないという膠着状態を顕在化させるということなのである．相手の自発的な対応を待ち続けることによって，結果的に，その膠着状態を解消するような関係づけを試みるように相手に促しているのだと考えられる．そして，ときに要求される側が譲歩してその膠着状態を解消しようとすることによって食物の譲渡が起こっているのだと考えられる．
　したがって，そこでたまさかに起こる食物の譲渡という出来事は，人間社会における食物分配や贈り物の授与とは明らかに異なったものだと考えるべきなのである．すなわち，そのような状況で要求される側がしていることは，要求されなければ分配しない，分配がいつまでも引き延ばされることがある，分配するとしても小さい方やまずい方を与える，などという特徴があり（西田 1973；黒田 1999），人間社会における食物分配や贈り物の授与との違いを強調すれば，それは積極的な分与というよりは，相手の執拗な要求に応じてしぶしぶしていることであったり，「相手が取ろうとするのに任せる」というような消極的な対応であったりするということになる．
　それでは，人間社会における食物分配や贈り物の授与にある「積極的な分与」という性質とは，どのようなものとして理解できるであろうか．「人はなぜ，ものを失うだけという結果をもたらす食物の分与や贈り物の授与を行うのか」という問いは，多くの人類学者を魅了し，それを説明しようとするとするさまざまな理論を生み出してきた．ただし，それらはあらゆる「贈与」現象を説明する普遍的な理論になっているとは到底思えない．以下では，ある個体が把持する食物に「それを把持する個体が所有するもの」という意味を読み取ることと関連させてこの問題を考えよう．それと同時に，その意味の読み取りの有無が，人間社会における「積極的分与」とチンパンジー社会における消極的な食物の譲渡という差異をもたらしているのではないかと考えることで，この「贈与」現象についての進化論的アプローチの可能性を検討することにもなる．
　ここでの議論の前提に即していえば，この差異をもたらしている「それを把持する個体が所有するもの」という意味の読み取りの有無とは，より正確にいうと，そこでの具体的な相互の関係づけとは独立に成立する意味の読み取りと，そのときの相互行為システムの内部においてしか顕在化しない意味の読み取りという区別にな

る．チンパンジーの場合，非所有者が所有者に食物の分与を要求するのに対して，所有者が拒否するという相互の関係づけが，非所有者が要求し続けることによってしばらくの間維持されることになるが，それは，非所有者がその獲得をあきらめて立ち去るか，所有者が譲歩して食物を譲渡することによって，この関係づけは終了することになる．ここで問題になるのは後者の場合で，食物の譲渡によってこの関係づけが終了してしまえば，その食物が直前までは相手の所有物であったというその意味は，初めから存在しなかったかのように消え去ってしまうことになると考えられるからである．

　それに対して人間社会の場合では，所有者と非所有者との間にある所有物をめぐるなんらかの関係づけが生じたり生じなかったりすることとは独立に，あるものが誰かの所有物であったりなかったりするという意味が読み取られることは普通に起こる．私の所有物だと相手が認めている「もの」をあえて相手に分与することによって，それは相手の所有に帰されることになるが，にもかかわらず，そこには，その「もの」が直前までは私の所有物であったという意味は残り続けることになる．そのことが反映して，たとえば，相手が別の機会に，今度は自分の所有物を私に分与しようとすることを期待できるようになる場合があると考えられる．ただし，いつでもどこでもそのようになるという保証が与えられると考えるべき理由はない．「積極的な分与」の実質とは，相手に与えられたものは別の人物の所有物であったという意味がその後も参照され続けることによって，それに続く相互行為システムがより複合的なものとして展開される可能性がもたらされるという点にこそあると考えられるのである．

　以上の分析から明らかなように，チンパンジー属の食物分配では，あたかも，「所有物は所有者の同意なしに獲得・消費してはならない」という禁止の規則に従うことによって実現されたかのような平和な共存状態が認められるのではあるが，この規則に従うことによってもたらされるはずの，相互行為システムの複合化への可能性を保証するものがそこにもたらされていることを確認することはできない．この場合には，そのような平和な共存状態の中で，その後に食物譲渡という出来事が続くことになるのか否かは，その場における当事者たちの相互応答的な探索に委ねられることになるのである．そして，このような相互応答的な探索の後に，所有者による食物の譲渡がなされることもあり，それがないままに非所有者がその獲得をあきらめて立ち去ることにより，この関係づけは終了してしまうこともあるということになる．この場合，たとえ，その後に同じ組み合わせで非所有者が所有者に要求するということが起こるとしても，それはそれ以前のものとは切り離された別の相互行為の開始ということにしかならない．

第11章　制度以前と以後を繋ぐものと隔てるもの　253

したがって，このチンパンジー属の食物分配を，「禁止の規則」へと向かうルートにおける制度以前と以後との境界領域にある現象と考えるとすると，この以前と以後を繋ぐものとして，資源の獲得をめぐって利害の対立がある状況で，仲間との行為接続を非敵対的なものにして平和な共存状態を作り上げることで，問題対処に向けた当事者たちの相互応答的な探索が確保されているという事態が考えられることになる．これは，第6章西江論文で採用されている立場からは，慣習的ルールにもとづく自生的秩序の産出として理解されることになる現象であり，そこでは，これはこれで一つの「規則に従っている状態」，ないしは，制度が成立している状態と評価されているものに対応するものである．ただし，以下にあるように，本章ではそのようには考えない．

　そして，その一方で，この以前と以後とを隔てているものとは，その移行後において初めて可能になる，問題となる資源に識別される意味で，相互の関係づけが非敵対的なものになることを保証するものが，そのときの関係づけに先立って識別可能になっているということなのである．このような誰もがいつでも共有することになる意味の読み取りにもとづいて行為を選択することこそが，ここで言う「禁止の規則」に従うということである．そして，この同じ規則に従うことが，それ以後の社会に，積極的な食物の分与や贈り物の授与という相互行為システムの複合化に向けた展開の可能性を確保した体制を用意することになっているのだと考えられる．

4 ●制度への道② ──「儀礼の規則」へと向かうルート

4-1 「儀礼の規則」に従うこと

　「儀礼の規則」とは，たんに，儀礼を行うときの問題対処の活動に指針を与えるものであると考えておけばよいというわけではない．それが指し示すものがたんなる指針にしか過ぎないのであれば，人びとはそれに従って対処しないこともあり，対処したとしても，うまく行くことも行かないこともあるというだけのことになる．しかし，だからといって，それは，人びとがその問題にあるやり方で対処するように強制するような装置なのでもない．また，それは，個人レベルでの問題対処には役に立たないことがあると考えられているという意味で，人びとが従うべき自然法則を教えてくれるものになっているというのでもない．本章での考え方によれば，人びとは，「儀礼の規則」に従うことによって，直面する問題への共同対処として適切な関係づけのパターンが何であるかについて知り，その関係づけを仲間と共同

で遂行することによって，望ましい結果を実現しようとする，ということである．

　この「規則に従うことによって，適切な関係づけを遂行する」ということが，たんなる指針を受け取ってそれを参考にすることと異なる点は，規則に従う場合には，それが指示する行為を，自分自身が当事者としてそうすべきことであると考えて，それを自分から進んで選択し，それが指し示す結果を実現しようとしてその行為を遂行する，ということにある．また，それが強制されてすることと異なるのは，それに従おうとする者自身がそうすべきことが何であるかを考えて，実行しているからである．さらに，それが自然法則に従っていることと異なるのは，人びとはそこですることを，期待される結果を実現しようとするときの「自分たちのやり方」に対応したものであると考えており，人びとが期待される結果を実現しようとして実際にそうするのは，それがすべきことであると考えているからなのである．

　そして，この最後の点に関連して，解決がむずかしい問題に「自分たちのやり方」で仲間と共同で対処しようとするという選択にとって，それを実行するうえでの関門は，「自分たちのやり方」として確保している「手持ちの対処法」のうちからある特定の対処法を選択し，それを仲間と共有できるようにするという点にある．その関門を通過することを確実にする装置が「儀礼の規則」なのである．ただし，この規則は，たんに共同対処における行為接続のパターン形成を確実にしているだけではない．それと同時に，それは，自らが指定する相互行為的出来事をその場に生成することが，そこで問題となっている特定の無秩序の解消に直接結びつくと人びとが考えるようになることを確実にしているのである．

　本章では，「儀礼の規則」を，直面する問題への共同対処における行為接続のパターン形成を確実にすることによって，ある特定の相互行為的出来事をその場に作り出して，「秩序の回復＝無秩序の解消」を実現しようとするやり方に関連したものとして理解しようとしている．したがって，この規則は，相互行為的出来事の構成とそれによって実現が期待されている結果との対応関係についての慣習的な想定を手がかりに，「ある特定の秩序の生成＝そこで問題となっている特定の無秩序の解消」という結果を実現するうえで適切な対処法を指定するものになっているのだと考えることになる．それによって，ある特定の相互行為的出来事がその場に生成することをもって，そこで問題となっている特定の無秩序が解消されたと見なされるようになる．

　「儀礼の規則」に従うことによる問題対処という現象を，第三者的な立場の観察者に理解可能なものにしようとするときの最大の障害は，この「相互行為的出来事の構成とそれによって実現が期待されている結果との対応関係についての慣習的な想定」という点にある．なぜならば，この「儀礼の規則」が指定する問題への対処

法を「自分たちのやり方」とは考えていない人にとって，この対応関係についての慣習的な想定というものが「徹底的に無根拠で恣意的である」（浜本 2001: 13）と思えてしまうからである．「自分たちのやり方」に従って当事者として実行している人びとの体験と，それを第三者的に観察する人びとの理解との間には，埋めようのない隔たりがある．期待される結果を実現しようとするときの「自分たちのやり方」があると考えていて実際にそうする人たちが，そうすることによって期待していた結果を実現できたと信じるようになることを保証しているからくりとは，以下のようなものだと考えられる．

　「儀礼の規則」に従うことによって問題に対処しようとするやり方にとって重要なことは，以下の2点である．第一は，この規則に従うことで問題対処のために行うべき相互行為の枠組みが指定されることで，行為接続のパターン形成が確実なものになっていることである．そして第二は，人びとが実際に行為を接続することに先立って，それが位置づけられるコンテキストとは独立に，行為接続による相互行為的出来事の産出とそれによって実現が期待される結果との対応関係が動かし難い事実のようなものとしてあらかじめ与えられているということである．

　それぞれの当事者は，規則が指定する枠組みのもとでする実際の行為接続において，期待される結果に直結する相互行為的出来事の産出に向けてそれぞれの行為を相互に調整することになる．したがって，そのような行為の遂行・調整によって目標となる相互行為的出来事が実際にその場に作り出された場合には，そうすることが手段となって期待される結果が実現できることになるという対応関係があらかじめ与えられていることが効果をもたらして，それによって期待された結果が実現されたと信じられることになる．このように，儀礼によって期待された結果が実現されたと信じられるようになることにとって，人びとがこの結果に向けて具体的に行為を調整しあったという経験を共有できるようになることが決定的に重要なのである．

　儀礼がときに，空虚で無内容なものと見なされることがあるのは，たんに儀礼の規則が指定する行為を行ったというだけでは何も実現できないからである．それが，そこで期待されている結果を実現するための「儀礼」になるためには，観客を含めた当事者たちが一致して，そこで行うことによって期待される結果を実現しようという身構えで参加し，その結果の実現に向けて，それぞれの行為をその場で遂行・調整しているという体験を共有できるようになるのでなければならないということである．

4-2 チンパンジーの対角毛づくろい

　ここで,「儀礼の規則」によって, それぞれの当事者の行為に, 問題対処に適切なものという意味が実際に行為を接続する場面に先立つ形で付与されているとは考えられないにもかかわらず, あたかもその種の規則に従うことによって問題対処が可能になっているかのように見える例を考えてみよう. そこでは, それぞれの当事者が, そうしたいからという意味で自分から主導してでもなく, そうせざるをえないからという意味で相手に従属してでもなく, それぞれが仲間どうしという対等で中立的な関係にもとづいて自発的に相互行為的出来事を産出し, それによって「ある特定の秩序の生成＝そこで問題となっているある特定の無秩序の解消」がもたらされているかのようなのである.

　それはチンパンジーの「対角毛づくろい」と呼ばれる相互行為で, 2頭が空中で右手どうし, あるいは左手どうしを握りあって高く掲げ, 双方が相手の上げられた腕の脇の下をもう一方の手で同時に毛づくろいするというものである. この相互行為は, それぞれの行為が全く同型であり, しかもほとんど同時に手を挙げることによって開始されるという特徴をもつ. そして, このような2頭が相手に向かって同じ行為を同時にするというパターンをもつ相互行為とは, 人間社会のさまざまな形態の「挨拶」がその典型であるが, その一方でサルの社会では, 喧嘩において相互に同時に威嚇しあうという場合を別にすれば, ほとんど認められていない. そして, 例外的に, チンパンジーやボノボといった大型類人猿の社会においてその種の相互行為のいくつかのものが, ある種唐突に登場するのである.

　本章では, このチンパンジーの対角毛づくろいを, 人間社会における挨拶に類似した相互行為だと考える. 人間の挨拶では, 他者と出会って一緒に居合わせるという状態になりながらも何もしないでいることが対処すべき課題だと感じられるという場面が問題となる. 何かを一緒にすることで心地よい状態がもたらされると考えながら, どちらも自分から口火を切ってまでそうしたいと思わないときに,「そうすべきこと」としてそれぞれが同時に同じ行為を提示するという形式の挨拶が行われると考えられる. そして, このチンパンジーの対角毛づくろいと人間の挨拶の両者に共通の性質として, それぞれの相互行為的出来事をその場に作り出すことによって,「なんらかの秩序の生成」というごく一般化された状態が作り出され, その結果として, 秩序だった共存状態がもたらされることになっているという点が考えられるのである.

　それに対して, サル類の社会には「マウンティング」と呼ばれる定型化した相互行為のレパートリーがある. これは, 人間の挨拶やチンパンジーの対角毛づくろい

とはさまざまな点で異なるが，この定型化した相互行為を実行することによって「敵対的な行為接続の可能性が回避された状態＝秩序だった共存状態」がもたらされるという点で共通する．以下では，このマウンティングという相互行為との違いを手がかりに，対角毛づくろいがどのような特徴を持った現象であるかを示しておこう．

　マウンティングという相互行為は，敵対的衝突の危険がまさに目前に迫っていて接触を単純に回避するというわけにはいかなかったり，親密な接触への移行の可能性もあって単純に接触を回避してしまうことが不自然に感じられたりすることから，何らかの行為接続が不可避だと考えられる場面で観察されるものである．一方がプレゼンティングと呼ばれる行動を提示して，他方がそれにマウンティングと呼ばれる行動を接続することで，オスとメスとの交尾とほとんど区別のつかない相互行為的出来事がその場に作り出されることになる．そのパターンの行為接続を実行することによって，少なくとも敵対的行為接続が回避された状態が作り出されるのだと考えられるのである（北村 2007）．

　この場合の相互行為システムの構成のされ方を特徴づけていることは，敵対的衝突を回避しようとする場合であれ，親密な接触を志向する場合であれ，当事者のどちらか一方が主導してもう一方がそれに追従することによって相互の関係づけが実行されているところであり，そこでそれぞれの当事者は，基本的には，個人のレベルでの選択としてこの相互行為システムの構成という問題に取り組んでいる．しかも，あくまでもこの出来事は，当事者相互のそれまでの個別的な関係のあり方にもとづいて，あるいは，新たな個別的な関係を生み出そうとして，すなわち，相互の関係づけの構成と確認それ自体を目指してそれぞれが選択した行為が相互に接続されて生み出されたものであると理解できる．

　それに対して，チンパンジーの対角毛づくろいは，双方が同時に相手に行為を提示するという形式になっていることから明らかなように，一方が主導して他方がそれに追従するというタイプの関係づけなのではない．しかも，双方が同じ行為を同時に相手に提示していることに注目すれば，それは，相互の関係づけの構成と確認を目指したそれぞれの当事者の選択が生み出したものというよりは，仲間どうしという対等で中立的な関係にもとづいて，定型化した相互行為の出来事を産出するうえで適切なものという意味の「同じ行為」をそれぞれが自発的に選択し，それを接続することでそのような相互行為的出来事を共同で産出しているのだと考えられるのである．それは，あたかも，そのような出来事の生産によって，「一緒に居合わせながら何もしないでいるときの気まずさ」のような，その場にある問題に共同で対処しているかのようにみえるのである．

しかし，チンパンジーの対角毛づくろいは，人間社会の挨拶との違いという観点から検討してみると，直面する問題への対処として，それぞれの当事者がそこですることを「そうすべきこと」と考えて実行することで構成された出来事だとは到底言えないことが明らかになる。人間社会の挨拶との違いとして無視できない点は，この対角毛づくろいが，基本的には，仲間どうしという顔見知りの個体間であれば，いつでも，どのような組み合わせでも起こるというタイプのものにはなっていないということにある。この対角毛づくろいという現象についての詳細な研究を継続している中村美知夫によれば，ワカモノオスとオトナオスとの組み合わせに典型的なこととして，「もともと対角をおこなわない個体の間では，基本的にいずれの個体も対角を働きかけようとはしない」(中村 2003: 280)という傾向が明瞭なのであり，オトナどうしの組み合わせにおいても，よく対角毛づくろいを行う関係とほとんどしない関係という濃淡があるのだという(中村 私信)。

　チンパンジーの対角毛づくろいでは，個体の組み合わせによってそれが行われる頻度に明らかな違いが認められるのであり，それを実際に行おうとしたりしなかったりすることは，当事者間のそれまでの個別的な関係のあり方にもとづいて選択されていることになる。したがって，それは，面前の相手との関係づけの構成と確認それ自体を目指してそれぞれが選択した行為によって生み出されたものという，サル類のマウンティングという相互行為と共通の性格を具えているといわざるをえない。すなわち，それは，そこで直面している問題への対処として適切なものという基準に注目して，それに従うことによって選び取られたものだとは考えられないということになる。なぜならば，そのような基準とは，儀礼の規則に従うときに採用される選択の基準と同じものであり，その社会の正当なメンバーと認められる個体であれば基本的に誰にでも適用されるはずのものなのだから。

　しかし，だからといって，この対角毛づくろいがサル類のマウンティングと大差のないものになってしまうというのではない。確かに，その場にある問題への対処として「そうすべきこと」があると考えて，そのことにもとづいてそうしているというのではないが，その場での相手との関係づけに先立って，「秩序だった共存状態」という誰もが共有できる一般的な価値を実現するために何らかの相互行為的出来事を構成すべきだと考えたうえで，それを自分から主導してでもなく，相手に従属してでもなく，双方が同じ準備状態にあることそれ自体を根拠に実現しようとしているのだと考えられる。そして，実際には，以前に類似の状況で相手とこの対角毛づくろいを行ったことがあるかどうかということを手がかりにして，面前の相手が同じような準備状態にあると考えられる場合にだけそうしているのである。したがって，そのような特定の相手との間で実行されることになる相互行為は，それぞれの

第11章　制度以前と以後を繋ぐものと隔てるもの　259

当事者が，そうしたいからという意味で自分から主導してでもなく，そうせざるをえないからという意味で相手に従属してでもなく，同じ準備状態にあることを根拠にしたそれぞれの自発的な選択にもとづいて実行されているのだと考えられるのである．

したがって，このチンパンジーの対角毛づくろいを，「儀礼の規則」へと向かうルートにおける制度以前と以後との境界領域にある現象と考えるとすると，この以前と以後を繋ぐものとして，それぞれの当事者が，仲間どうしであれば誰もが共有できる一般的な価値の実現に関わる同じ準備状態にあることを根拠に，自発的に目前の問題に対処することによって，安定的に再生産可能な相互行為システムがその場に構成されているという点が考えられる．そして，それぞれの当事者がそこである特定の相互行為的出来事の生成に向けて相互に行為を調整することによって，「秩序だった共存状態」についての体験を仲間と共有できるようになるのである．

その一方で，この以前と以後とを隔てているものとは，その移行後に初めて可能になる，そこでそれぞれの当事者が選択する行為，ないしは，それらが接続して構成される相互行為的出来事に，期待される結果を実現するうえで適切なものという意味がいつでも読み取り可能になっているという事態である．それによって，状況を積極的に変更して無秩序の可能性の排除しようとする対処法が，その後の行為接続に先立ってある具体的なものとして与えられるようになるということである．それが，それ以後の社会に，問題への共同対処をより確実なものにするための以下のような新たな方向性を用意することになる．すなわち，さまざまな問題への共同対処の試みに，対処法とそれがもたらす結果の対応関係についてのより一般化された理解と問題の個別性に即した対処の分化の可能性を見出すことを通して，より多様な問題に，「自分たちのやり方」と名付けることができるような，一貫した方針にもとづく柔軟な対処を行うという体制が用意されることになる．

5 ● 「規則に従うこと」の成立と言語の獲得

本章での考察に特徴的なことは，制度とは何かについて進化論的に考えるに当たって，ここで焦点を当てる活動のカテゴリーで，制度以前と以後に共通するものとして，資源の共同利用や直面する課題への共同対処を考えたというところにある．そのような活動において，問題への対処のためにそれぞれの個体が選択する行為が相互に接続して相互行為的出来事をその場に作り出すとき，それを安定的に再現可能にする装置が制度なのだと考えられた．

また，本章では，人間の社会にある制度の典型として，法制度のような社会秩序の生成・維持に焦点があるものと，文化制度のような生活慣習に関わる現実理解や行動の意味づけを指定することに焦点があるものとを区別するところから，その考察を始めた．そして，それぞれの制度が生み出す現象の中核にあるものとして，前者については「禁止の規則」に従うことを，後者については「儀礼の規則」に従うことを考え，そのそれぞれのルートにおいて，制度以前から以後への移行において起こったことを具体的に考察した．
　その際，制度の成立によって大きな変更を被った領域として，行為による対象との関係づけにおける対象の「意味」の識別や行為への「意味」の付与に関連した事象を考えた．そして，制度の成立後は，それらの「意味」がそのときその場の行きがかりには依存しない，あらかじめ確定したものとして提供されることによって，そのような「意味」の共有にもとづいてする共同的な問題対処の取り組みが確実に再現可能なものなったのだと考えた．すなわち，「禁止の規則」に従うことによって，仲間との関係づけを媒介する「もの」についての「意味」を相手と共有することが可能になり，それによって，そのときの「もの」との関係づけの行為が相互に接続して構成される相互行為を確実に非敵対的なものにすることができるようになった．一方で，「儀礼の規則」に従う場合には，その規則が指定する行為の「意味」の共有にもとづいて，期待される結果を実現するうえで適切なものという意味が付与された相互行為的出来事をその場に構成することによって，そのときの問題に対処できるようになったのである．
　ここで，最後に，なぜ，それらの「意味」がそのときの相互行為のコンテキストと独立に，あらかじめ確定したものとして扱うことができるようになったかについて，言語の獲得という問題に関連した理解の道筋を示しておこう．
　「禁止の規則」へと向かうルートでは，仲間たち相互の関係づけを媒介する「もの」に慣習的意味が読み取られ，それによって平和な共存状態を実現するような相互行為システムの構成が可能になる．ただし，そのような意味が，相互の関係づけを行う場面に先立って，そこで行われることとは独立に，動かし難い事実のようなものとしてその「もの」から読み取られるというときに，初めて，そのときの行為選択が規則に従ったものになるのである．この，意味が動かし難い事実のようなものになるためには，その「もの」が，いつでもその意味を表示できるもの，たとえば「言語」に置き換わる，すなわち，その「もの」が言語によって名づけられて，その名前で呼ばれるようになるのでなければならないと考えられる．言語による名づけとは，その「もの」が名前に置き換えられることによって，その「もの」の意味が，シニフィアンである名前が代理するシニフィエとしていつでも読み取り可能

になるということである．それによって，相互行為的出来事の安定的再現がより確実なものになるとともに，条件づけの拡張にもとづくシステムの複合化の可能性が用意されることになる．

一方で，「儀礼の規則」へと向かうルートでは，「手持ちの対処法」を参照することによってもたらされる，相互行為的出来事の構成とそれによって実現される結果との対応関係についての慣習的な理解を手がかりに，問題への共同対処のための枠組みを仲間と共有することができるようになる．ただし，そのような対処法とその効果との対応関係が，相互行為システムの構成に先立って，動かし難い事実のようなものとしてあらかじめ与えられるためには，そこでそれぞれの当事者が選択する行為，ないしは，その行為が接続して成立する相互行為的出来事に，期待される結果を実現するうえで適切なものという意味がいつでも読み取り可能になっているのでなければならない．この場合も，そうなるためには，それぞれの行為や相互行為的出来事に対して，そのような意味のものであることを表示する言語による名づけが行われていなければならないと考えられるのである．それによって，さまざまな問題への共同対処において，対処法とその効果についてのより一般化された理解と個別的な対処の細分化の可能性を見出すことを通して，多様な問題に一貫した方針にもとづく柔軟な対処を行うという体制を築くことができるようなるのだと考えられる．

注

1) 「意味」についてのこのような理解の仕方は，大澤 (1992, 1994) から学んだ．ただし，ここでの記述は制度以前の社会に適用可能なものへと大幅に改訂されている．
2) ルーマン (1993) は「意味」を構成する，事象次元，時間次元，社会的次元という三つの次元を区別しているが，ここにある三つはそれに対応している．
3) 知覚心理学者のギブソンが，「感覚器官への物理的刺激は知覚の唯一の原因ではない」という理解を出発点に発展させた生態学的な知覚理論に由来する考え方である (佐々木 1994). その後継者たちは自分たちの立場を「生態心理学」と呼ぶが，その全体像についてはリード (2000) を参照のこと．

参考文献

浜本満 (2001) 『秩序の方法－ケニア海岸地方の日常生活における儀礼的実践と語り』弘文堂．
北村光二 (1982) 「インセスト・パズルの解法－霊長類学からみたレヴィ＝ストロース理論」『思想』693：56-71．
北村光二 (2003) 「家族起原論の再構築－レヴィ＝ストロース理論との対話」西田正規・北村

光二・山際寿一編『人間性の起源と進化』昭和堂．2-30 頁．
北村光二 (2007)「コミュニケーションの生態学に向けて (1)」『岡山大学文学部紀要』47：25-45．
北村光二 (2008)「コミュニケーションの生態学に向けて (2)」『岡山大学文学部紀要』49：1-11．
黒田末寿 (1999)『人類進化論再考－社会生成の考古学』以文社．
レヴィ＝ストロース，C. (2000)『親族の基本構造』(福井和美訳) 青弓社．
ルーマン，N. (1993)『社会システム理論 (上)』(佐藤勉監訳) 恒星堂厚生閣．
中村美知夫 (2003)「同時に「する」毛づくろい－チンパンジーの相互行為からみる社会と文化」西田正規・北村光二・山際寿一編『人間性の起源と進化』昭和堂．264-292 頁．
西田利貞 (1973)『精霊の子供たち』筑摩書房．
西田利貞・保坂和彦 (2001)「霊長類における食物分配」西田利貞編『ホミニゼーション』(講座 生態人類学 8) 京都大学学術出版会．255-304 頁．
大澤真幸 (1992)『行為の代数学－スペンサー＝ブラウンから社会システム論へ』青土社．
大澤真幸 (1994)『意味と他者性』勁草書房．
リード，E.S. (2000)『アフォーダンスの心理学－生態心理学への道』(細田直哉訳) 新曜社．
佐々木正人 (1994)『アフォーダンス－新しい認知の理論』(岩波科学ライブラリー) 岩波書店．

第12章　役割を生きる制度

生態的ニッチと動物の社会

足立　薫

● Keyword ●
ニッチ，混群，役割，種間関係，場，コミュニケーション

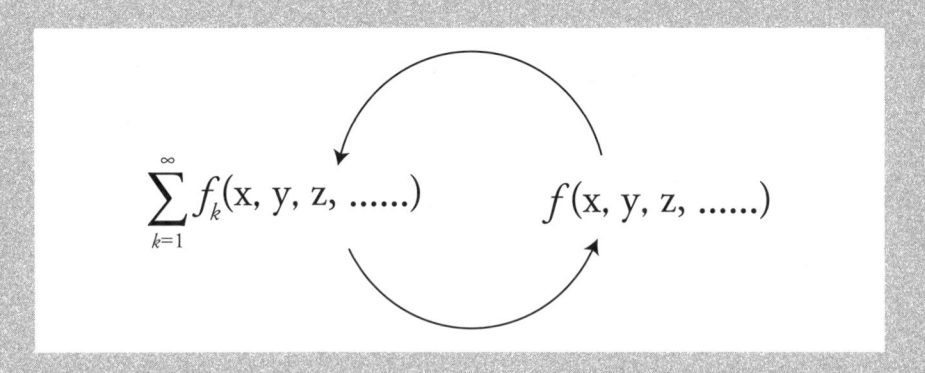

$$\sum_{k=1}^{\infty} f_k(x, y, z, \ldots\ldots) \quad\rightleftarrows\quad f(x, y, z, \ldots\ldots)$$

　上の項は，ある場面で，動物が環境にあわせて行動を選択することを示している．いくつかの行動の選択肢の中から，他の個体との相互交渉や，物理的環境との作用の文脈などの要因に影響を受けながら，生きていくのにふさわしいひとつのアウトプットを選び出すような関数となる．左の項はそのような行動選択のやり方をすべて数え上げ，足し合わせたものとなる．すべての場面を数え上げる観察は不可能であるので，ニッチや役割は左項の近似ではあるが，そのものとはなりえない．ここで数え上げた行動選択の束は，ある場面での行動選択に影響を与え，ある場面での選択は行動選択のやり方の総体に影響を与えるような再帰的な関係にある．この再帰的な繰り返しの方に目をむけて，「制度」が現れる具体的な様相を考えたい．

1 ●ニッチと行動選択の様相

　ニッチとは生態系において，ある生物種が生存するために必要な環境要因や，環境要因に与えるインパクトの形式を指す．ニッチは生態的地位とも訳され，生息場所やえさなど，生物が生きていくのに必要不可欠な環境の要素を指している．群集の構造を解明しようとする生態学の分野で発展してきた概念だが，近年では他の分野（ニッチ市場，幹細胞ニッチなど）でも，その意味を転用されて使われている．もともとの言葉の意味は，西洋建築で装飾品や花などを飾るための，壁のくぼみとなる構造（壁龕）を指し，何か大事なものを納めるべきへこみや隙間を指している．
　何らかの社会集団に参加し，ある一定のパターン化された行為を連続して行うことを，ここでは「役割」と考えることができる．このとき，役割は単独の個体だけでは成立し得ないものであり，必ず集団全体，あるいは他者との相互交渉を前提としている．同時に，役割が適切に社会集団の中に位置づけられることは，集団が問題や課題に対処して正常に機能するという目的にかなうものであるとも言える．定常的な行為の連続がルールとなり，それが集団の維持形成に寄与することが「制度」の重要な側面であるならば，役割はその代表的なものと考えることができる．
　本章では生態系におけるニッチの働きを，社会制度における役割とのアナロジーとして考えることを出発点として，制度の成り立ちを考える．集団における部分としての役割の位置づけは，生態系全体におけるニッチの働きとさまざまな面で共通している．ここでは霊長類の混群という異種個体の集まりで見られるニッチを取り上げ，ニッチの成り立ちと，観察者がそれをどのように計測するかについて明らかにする．ニッチは異種の個体間の関係を問題にするが，ニッチが生態系に位置づけられる社会的な仕組みは，同種個体間の行動の調整にも適用可能と考えて議論を行う．
　役割と同様に，ニッチは行動のパターン化によって取り出されるが，ここではさらに，そこで起こっている行動選択（行為選択）[1]の様相に注目する．それによって，人間と人間以外の動物との間にあると信じられている大きな断絶にとらわれることなく，制度について考えることを試みる．

2 ●混群における役割

　西アフリカ，コートジボアールの熱帯雨林では，異種のオナガザル類が集まって

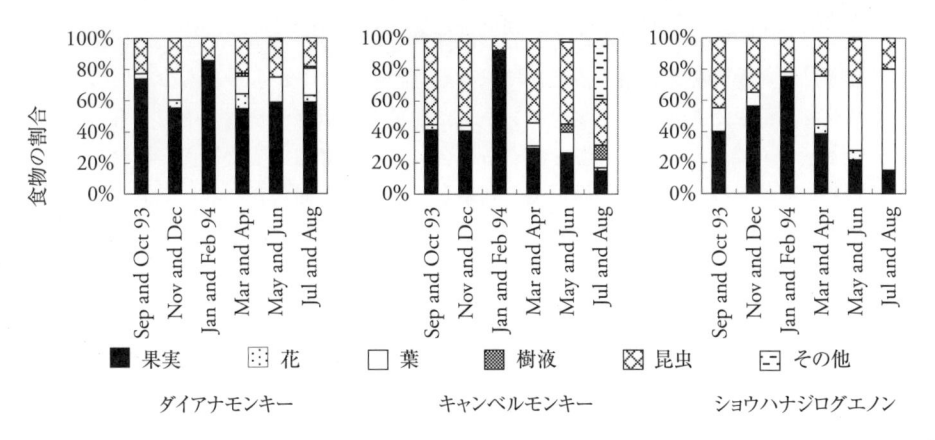

図1 ●オナガザル混群における採食食物の季節変動

 ひとつの群れを作る混群が頻繁に観察される．タイ（Taï）国立公園にはダイアナモンキー，キャンベルモンキー，ショウハナジログエノンの3種のオナガザル属が共存し，頻繁に混群を形成する．3種ともに，混群を形成せずに1種だけで生活する時間がほとんどないため，混群を作らない状態は彼らの生活の中で特殊な状況である．多くの霊長類にとって，群れとは同種の他個体からなる集団であり，異種の個体がそこに加わることはごくまれにしか起こらない事態なのだが，この地域のオナガザル類にとっては異種の個体も含めた集団を構成することが普通の状態であり，同種個体のみが集まっている状態はとても珍しいことなのだ．
 彼らは系統的に近縁な種どうしであり，採食食物の種類に重複が大きく，また生息場所もほとんど同じでニッチを大きく重複させている．このように利用する資源が重複している異種の個体が同所的に生息する場合，種間で強い競合関係が働くと生態学では予想される．中でも果実は3種間で共通に利用するものが多い．3種で重複の大きい果実をもっとも頻繁に利用するのはダイアナモンキーであり，時期に関わらず高頻度の採食割合を保っている．それに対して，キャンベルモンキーでは昆虫が，ショウハナジログエノンでは葉が，全体の食物メニューの中で大きな割合をしめるとともに，果実の利用可能性の減少する時期に，果実に代わってよく利用されている．つまり，タイのオナガザル属3種は，果実の量が豊富なときは果実を重複利用し，果実の量が不足するときに，キャンベルモンキーとショウハナジログエノンが果実以外の食物を利用するように，食物ニッチをシフトさせている．また，タイのオナガザル属3種は，資源の少ない時期には食物メニューを分割することによって潜在的な採食競合を回避し，それ以外の重複が大きい時期にも，直接的な競

合の起こりにくいような果実をそれぞれに採食している．

　重複した食物資源を利用するときに，利用食物のシフトがもっとも少ないのがダイアナモンキーである．ダイアナモンキーは3種のオナガザル属の中で，もっともボディーサイズが大きく，資源をめぐる競合において有利な種だと考えられる．ダイアナモンキーは樹冠の高い層を主に利用し，空からの捕食者に対してよい見張り役であるし，グループサイズが大きく，活発に動き回る特徴があるために，待ち伏せ型捕食者のネコ科の肉食獣などに対する見張り役としても効果的である（Bshary 2001）．キャンベルモンキーやショウハナジログエノンは，混群を形成することによって，採食競合というコストを被りながら，ダイアナモンキーに捕食者を見張ってもらえる利益を享受しているだろう．文化人類学者の真島一郎によれば（真島 1997），コートジボアールのダン族では，ダイアナモンキーは「ガオ」と呼ばれ，その名前は「森に住むすべてのサルのうちでも，もっとも偉大なサルの呼び名」とされる．「森の中をガオが歩くと，その後ろにすべてのサルがつき従う」という口承伝承は，ダイアナモンキーが多くの種類のサルを引き連れて森を移動していると，人びとに考えられていたことを示している．ダイアナモンキーは見張り役として，混群を形成する異種に利益を与える役割を果たし，ダイアナモンキーが核となって他の種が混群に参加している可能性が高い．

　大まかにまとめてしまえば，もっとも体の小さいショウハナジログエノンが葉食，中間のキャンベルモンキーが昆虫食，大きいダイアナモンキーが果実食で特徴づけられる．一般に体格が小さい方が昆虫・果実を，体格が大きいほうが葉をよく利用すると予想されるが（Oates 1986），タイのオナガザル属はこの予想と矛盾している．W・マックグロウは（McGraw 1999）は，タイのオナガザル属の移動様式や身体の姿勢は，体重とは関係せず，その種の生活様式全般とよく対応していると述べている．ダイアナモンキーは動きが活発なものや分布の偏ったもの，つまり果実や昆虫を採食するのに適した姿勢を示し，樹冠をよく利用する．ダイアナモンキーは採食場所から採食場所へ頻繁に移動し，活発に動き回る．それに対して，キャンベルモンキーやショウハナジログエノンは樹冠より下の低い層を利用し，ゆっくりしたスピードで移動する．ショウハナジログエノンは枝の上などに座って採食することが多く，動きのないものや分布の一様なもの，つまり葉を利用するのに適した姿勢を示す．本章における分析の結果は，このマックグロウの考察によくあっている．ダイアナモンキーとキャンベルモンキーはともに果実と昆虫をよく採食するが，ダイアナモンキーが森林の高い層の昆虫を主に採食するのに対して，キャンベルモンキーは，低い層での昆虫利用が多く見られた．

　採食する食物や，利用する採食樹の高さ，移動の様式など，さまざまな生態の側

面において，混群を形成する種間で重複や分割，またその変動が観察される．環境の時間的な変動と連動して，これらの種がその属性を変化させる様子から，ある一定の傾向を読み取ることができる．たとえばダイアナモンキーは「果実食者」で混群の「リーダー」的な役割を果たし，キャンベルモンキーは「昆虫食者」，ショウハナジログエノンは「葉食者」で，どちらも混群の「フォロアー」としてダイアナモンキーを追いかけている存在である．混群という集まり全体の中で，それを構成する種間で生態上の役割を適用できる．

3 ●ニッチの理論

3-1 ニッチとは

　生態学は生物が互いに影響を与えあいながら，全体として一つのコミュニティー＝生物群集を作って生活していることを捉えて，安定した群集構造を支える要因を探ってきた．その鍵となる概念がニッチである．個体が何を食べ，どこへ行き，どのように環境と関わるのかを，ニッチという概念を用いて説明することができる．生態学の最終的なゴールは，生態系全体の機能や働きの解明にある．

　ニッチ理論は1920年代ごろから生態学で提起され始め，1970年から80年代ごろに研究トピックとしての流行のピークを迎える．21世紀に入ってからは，そのピーク時に比べて注目度は比較的低下している概念でもある．

　ニッチは生物と環境の関わり合い方を表す概念であるが，その様式の違いから大きく二つの系統が存在する．一つは，J・グリネル (Grinnell 1917) らによって提唱された，生息場所ニッチ，あるいは環境的ニッチと呼ばれるものである．ここではニッチは，ある種の生物がしめる環境の中の場所を示している．生物が生きていくために，最低限必要な資源や生息場所のセットがニッチである．それは環境が生物に対して差し出してくれる場所であり，何かが収まるべき場所，という意味で，上述の「壁のくぼみ」に通じている．グリネルの定義は，後にG・ハッチンソン (Hutchinson 1957) に引き継がれ，N次元ニッチという考え方を生み出す．ニッチは食物の種類，採食の場所，休息の場所，湿度，温度などの，n個の軸をもつ空間に実現されるという考えである．

　それに対してC・エルトン (Elton 1927) が提唱したのは，役割のニッチ，あるいは機能的ニッチである．エルトンは，生物は生態系の食物連鎖の中で，ある一定の役割を果たしていると考える．この役割とは環境に与えるインパクト，つまり何を

食べるかを指す．エルトンは一定の環境の中での生物どうしの働き合いに注目し，複数の種がバランスを保って機能しあうことによって生物群集全体が維持される現象を捉えようとした．その結果，環境は背景にしりぞき，生物がインパクトを与える主体となる．ここでは生物個体どうしがどのように関係を調整しあって生きているかがもっとも重要であり，環境はその調整が起こる場として提供される．

　グリネルによるニッチの定義は，環境が生物に与える影響であるのに対して，エルトンのそれは，生物が環境に与える影響を重視したものになっている．環境的ニッチは，生物の活動に先立ってニッチの実在が保証され，現在どのような生物によっても利用されていない（将来なにかの生物が利用することになるであろう）「空きニッチ」が可能になる．このような考え方は，心理学と結びついて，J・ギブソンらによる生態学的心理学へ発展することになる．それに対して，機能的ニッチは生物の活動が環境にインパクトを与える時にのみ成立し，生物の活動がなければニッチを考えることはできない．

3-2　平衡と非平衡の生態学

　ニッチ理論が用いられたのは，生態系の構造や動態を明らかにするためだった．ある生態系にどのような種の生物が，どれくらい含まれるかを計測・分析し，その動態を明らかにするのが群集生態学のテーマである．

　R・マッカーサーは『島の生物地理学の理論』（MacArthur & Wilson 1967）で，島という限定された生態系における生物の種数の動態を調べて，生態学の平衡理論の基礎を築いた．ここでの関心事は，ある生態群集での種数とその構成である．とくに近縁の種が同じ環境に複数存在することは，種間競合の観点から解明されるべき問題としてとりあげられることになる．G・ガウゼ（Gause 1936）による競争排除原則では，同じニッチを占める複数の種は共存できないとされる．また，ロトカ＝ヴォルテラのモデルによって，さまざまな生物群集のニッチと種間競合に関する実証的，理論的研究が行われた．

　平衡理論では，生物が利用する資源がいつでも不足することを前提としている．そこでは，ニッチの類似した近縁な異種は共通の資源をめぐって競争し，ガウゼの考えたような極端な場合には，一方が他方を駆逐してしまう．実際の生物群集では，異種間でニッチが重複する場合がある．このニッチが重複する部分の資源について，種間競争がおこると考えられる．ニッチ類似限界説は，どの程度ニッチが類似していると異種が共存できないかを表している．ニッチ重複が大き過ぎる場合には，進化の過程で形質置換がおこり利用するニッチを異にするように変化する．共存する

近縁な異種が，異なる資源を利用している場合には，ニッチ分割がおきているとされ，ニッチの幅を狭めて重複を避けて競合せずに共存を可能にしている．ニッチ分割はより一般的には棲み分けとか，食い分けと呼ばれる現象と同じである．ただし，ニッチ分割や形質置換は，資源の不足による過去の競争（「競争の幽霊」）と環境が常に一定であることを前提として，現状を分析する理論である．

利用可能な資源の不足により種間の競合がおこる結果，さまざまなニッチを占める生物種の組成が決定され，それが生物群集の構造を決めると考えるのが，生態系の平衡理論である．それに対して，平衡が成り立つ状況はほとんどないと考えるのが，非平衡理論である．平衡理論が前提としているいくつかの条件は，実際の生態系ではほとんど成立していないと考えられる．だが，資源の不足を実際に確かめることはほぼ不可能である．ニッチ分割や棲み分けが，資源の不足による競争の結果と解釈されるが，もしかしたら競争は存在せず，別の生息環境にそれぞれ適応した結果ニッチが分かれただけかもしれない．また，平衡理論では環境が一定であることが保証されていなければならないが，現実にはさまざまな攪乱がかなりの頻度で発生する．火山活動や山火事，洪水といった，生態系の全体を破壊するような大規模な攪乱から，捕食者の増減や行動の変化といった中規模な生物的要因まで，攪乱の内容はさまざまである．「生物群集は常に最後にあった攪乱から，次の攪乱への回復状況にある」(Reice 1994) ため，平衡理論が成り立っていない可能性がある．群集の構成に寄与するのは，種間競合によるニッチ分割ではなく，捕食圧や偶然性であると考えるのが非平衡理論である．

3-3　ニッチを計測する

霊長類の混群は，熱帯林を舞台として近縁な異種によって形成されるものが多い (Cords 1987; Terborgh 1990)．そのため，70年代初頭から，平衡理論による研究の大流行の波にのって，種間の採食における競合をテーマとした生態学的な研究がさかんに行われた．その後，80年代以降の非平衡理論による平衡批判と機を同じくして，混群研究でも捕食者の影響を重視したものが多くなる．ニッチ分割を競合の証拠と位置づける場合には，同じ組み合わせの異種が，同所的に生息する場合と異所的に生息する場合を比較し，同所的に生息する場合の方がニッチの重複が少ないことが示される必要がある．しかし，対象となる種以外の環境の要素が，異所的な環境と同所的な環境でまったく同じだという仮定が満たされることは現実的にはほとんどない．あるいは，単にニッチが分割されているだけでなく，ニッチ分割が起こるときに，資源量が不足していれば間接的に競合の存在を支持する証拠となる．

非平衡理論によれば，種多様性の高い熱帯の生物群集では，種間競合はそれほど強い影響がなく，同じ資源を利用する異種は，ニッチの重複が大きくても共存が可能であると考えられている．ニッチ分割が潜在的競合を避けるためのニッチシフトの結果なのか，競合とは無関係の異種間の選好性の差異なのかを決定することは困難である．

　霊長類の混群では近縁な異種は同所的に生息するだけでなく，採食や遊動などさまざまな活動を同調して行う．したがって単に同じ地域を利用するよりも，直接的な競合の程度は高まると予想される．混群形成の利益は，そのような競合のコストを上回る必要がある．一方で混群を形成することによって，同じ食物を利用する採食の利益も考えられる．オナガザル属は集中分布をする果実を主要な食物とするので，食物の場所をよく知っている種と混群をするというガイド仮説や，他種が利用しつくした後に採食場所を訪れることを避けるリニューアル仮説などが，よくあてはまると考えられる．オナガザル属にとってもう一つの重要な食物資源である昆虫についても，動きの活発な種によって，葉のかげなどからたたき出された昆虫を採食するという仮説がある．

　混群を形成する異種間の食物分割は，混群形成の利益とコストに影響する．混群形成時に食物分割の程度が小さければ，採食の効率化による利益が大きく，採食競合のコストは相対的に小さいと考えられる．または，単に同じ資源を利用するために，一時的に同じ採食場所に集まっている可能性もある．混群を形成しているときに食物分割があれば，違うものを食べるときに混群を作ることになり，採食の効率化による利益は少ない．違うものを食べる理由は，潜在的な採食競合に起因するニッチシフトの可能性と，採食行動における種特異的な選好性の違いによる食べ分けの可能性が考えられる．このとき捕食者回避などの他の利益が，採食競合のコストを上回るので混群が形成される．混群が作られないときに食物の重複が大きい場合は，混群では採食競合のコストが大きく，分散して採食していると考えられる．

　採食競合を評価するためには，ニッチ重複の度合いを測る必要がある．混群を形成するサル達は，主に果実を採食し，他に葉や昆虫などを食べる．食べたものの種別とその回数を数え上げたものが，重複を測るためのデータである．食べた回数の数え方は，動物行動学のメソッドの基準にのっとり，可能な限りのバイアスを廃して，種間，地域間で比較可能なものとする．ニッチ重複の度合いを測るためには，例えば次のような指数が用いられる．

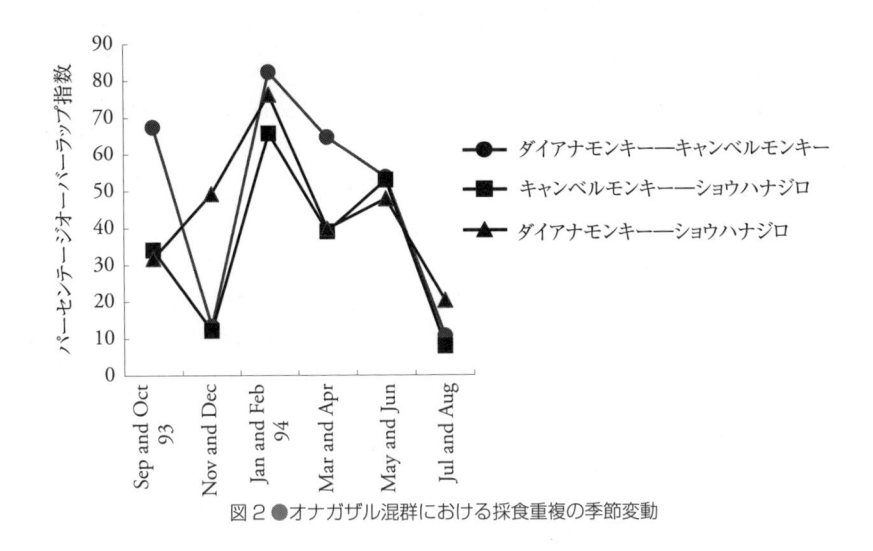

図2 ●オナガザル混群における採食重複の季節変動

[パーセンテージ・オーバーラップ指数]

$$P_{jk} = \left[\sum_{}^{n} (\min p_{ij}, p_{ik})\right] 100$$

[森下 − Horn の指数]

$$C_H = \frac{2\sum p_{ij} p_{ik}}{\sum p_{ij}^2 + \sum p_{ik}^2}$$

p_{ij}, p_{ik}：それぞれ種 j，種 k が食物 i を利用する割合
n：利用する食物種数

　どちらの指数についても，何を何回食べたかすべての採食行動をリストアップして，観察されたすべての採食データ N に対する i 番目の食物種を採食した回数 n_i の割合，つまり食物利用全体に占めるあるメニューの割合を p_i として計算する．この値を，対象となる生物 j と k の2種間での，ニッチの重複度を表す指数とするのである．先に述べたタイ国立公園のオナガザル属の混群では，パーセンテージ・オーバーラップ指数を用いた．

3-4　行動を積算して傾きを取り出す

　ニッチをエルトン流の定義によって規定すれば，「生物群集の中でのある種の占める役割であり位置」である．これを混群に関して言えば「果実食者」や「葉食者」と類型化される．このニッチを測るためには，観察者は採食という生物の行動をデータ化して，さまざまな指数を導入する．ニッチの重複や，類似度，幅といった数値が計算される．この指数を計算する作業は，一定の時間の幅においておこった出来事をプールして集積し，それを一つの属性としてアウトプットすることである．ダイアナモンキーは果実を食べたり，葉を食べたりするが，採食データを集めてそれをプールして，指数を他の種と比較した結果，「果実食者」というカテゴリー化がされるのである．

　ニッチとは，一定の時間幅で起こった出来事をプールすることで，行動の傾向を取り出したものである．ニッチを測る指数は，すべての資源利用を数え上げてそれを積算するという計算式になっている．「果実食者」という傾向は，さまざまな場面で果実を食べることが多いという実際の観察から導き出されると同時に，競争を避けて食い分けをする場合にシフトした結果利用することになるカテゴリーを指し示している．個々の採食という行動の場面で，ダイアナモンキーと混群を形成する他のオナガザルが同じ場所に居合わせた場合，他の種も採食するメニューをダイアナモンキーが先に採食し，他の種のサルはその間，葉や昆虫を採食するような現象が見られる．採食メニューや採食のタイミングの選択には，「果実食者」傾向の強いダイアナモンキーと，それ以外のものを食べる他の種のサルの間で，違いが見られる．まるで，ニッチが各種の採食行動の選択を規定しているように見える．個々の採食行動をプールして算出される指数としてのニッチは，それぞれの種に「果実食者」とか「昆虫食者」という役割を割り振り，それぞれの種は割り振られた役割にしたがって行動するように見える．

　行動の時間的集積はニッチを規定し，同時にそのニッチが当該の種，およびその種と相互作用する異種の行動の選択を規定しているように見える．混群を形成するオナガザル群集において，果実を食べるという行動の蓄積が，果実食者というニッチを形成する．この役割を担うのはダイアナモンキーという種であり，彼らは生態系の中で，果実食者の役割，位置を占めるようになる．ニッチとは観察者の手で集められた個別のデータの集積から導きだされ，プールされ，平均化された行動の傾向である．部分の集積としてのニッチは，同時に，群集や生態系という全体の中に，ある役割を持って位置づけられる．混群や熱帯林の群集全体はその機能を持続していく上で，さまざまな生物の活動が相互に絡み合って展開している．その一部とし

てのオナガザル類の混群では，果実食者というニッチを担うダイアナモンキーが，葉食者や昆虫食者である他のオナガザル類と時には協同的に，時には相補的に採食行動を行っている．一緒に採食できるときは同じメニューを同時に食べ，そうでない場合には，時間や場所やメニューを変えることによって，混群を解消したりまた集まったりを継続している．

ニッチは行動を前提として成立し，行動はニッチに影響を受ける．ニッチの成立と行動の選択には，おたがいに影響を与え合う相互フィードバックの関係が成立している．社会を作る最小の部分要素が行動であるとすれば，部分としての行動は，ニッチを介して全体としての社会と結びついている．ニッチとはフィードバックの二重性の中にあって，部分と全体をつなぐ鍵となる概念ではないだろうか．

4 ● 部分と全体の再帰的な決定を可能にする「場」

部分と全体の再帰的な関係に注目するとき，ニッチを人間の制度へと続く進化的な「前」制度と捉える試みが可能となるかもしれない．制度とは社会集団において人間の行為選択に何らかの影響を与える規準として，社会集団の成員の多くに共有されているものと考えられるからである．しかし動物群集において，ニッチを計測する実際の観察手順からもわかるように，部分に先立って全体があるわけではない．ニッチや役割が先にある，つまり，目指されるべき全体の調和が先行するわけではない．あくまでも観察者による個々の行動の集積やプールされた傾向として，全体の中でのニッチや役割カテゴリーが見えてくるだけである．個体の行動選択の規準として，行動に先立って何かが用意されているわけではない．この意味で，多くの人間の制度とほかの動物群集におけるニッチ現象には決定的な違いがある．

行動選択という部分を決定する規準となる何ものかについて考えるとき，生態的ニッチや役割形成の現象は，「場」の概念を媒介にすることによって新しい様相を見せるのではないだろうか（遠藤 1992；船曳 2009，第 14 章船曳論文）．混群を形成するオナガザル群集において，混群という「場」がなければ，ニッチの形成もない．混群として群れを形成することを通して，オナガザルは互いに行動を調整しあい採食行動を積み重ねることが可能となる．ここでは混群は「場」としての機能を発揮している．部分と全体をつなぐニッチの役割は，この「場」の存在に支えられていると言える．混群という「場」があって初めて，ニッチを分割したり重複させたりすることができるのである．このような「場」の理論は，生態学の分野で繰り返し取り上げられてきた．

4-1　カゲロウと加茂川の棲み分け理論

　ニッチが重複した複数種の間で，ニッチを分割して共存する現象を，一般的に棲み分けと呼ぶ．今西錦司はニッチ分割について，生物社会構造論の視点から，独自の棲み分け論を展開している．今西によれば，生物が生息する環境と生物の働きは不可分であり，環境と生物主体の全体が生活形であり，生活形を同じくする者どうしは種社会と呼ばれる．異なる種社会は生活形が違う，つまり生活の場とそこでの活動が異なるものであり，棲み分けが観察される．今西の種社会の議論においては，種間でニッチ分割が起こることは自明のこととなる．類似したニッチを利用する近縁種が構成する「ギルド」は，今西の理論では同位社会と呼ばれ，種間での潜在的な競争を避けて微細な micro-habitat 環境における棲み分けを成立させている．

　今西の棲み分け理論と全体社会のアイディアは，可児藤吉の水生昆虫の研究をもとに展開された．可児は 1908 年生まれの昆虫学者で，1938 年から 39 年ごろにかけて京都の加茂川の調査を行ったが，1943 年に招集をうけて戦地に赴くことになり，1944 年に戦死している．研究の主要な部分は『渓流棲昆虫の生態』(1944) として，出征後に「日本生物誌」に掲載された．残りの論文は戦後になってから，可児と親しかった生態学者の森下正明の尽力によって出版されている．『渓流棲昆虫の生態』は，加茂川でのカゲロウやトビケラ，カワゲラといった水生昆虫による生息空間の棲み分けを扱っている．この論文の冒頭では，かなりのページ数を割いて，河川の形態把握が試みられる．可児は昆虫の生態を知るにあたって，「私のまず行わねばならぬ課題は，渓流の科学的闡明であった．」としている．具体的には「渓流とは何か，渓流はいかなる特殊性をそなえているか」を知ることが必要であり，「川をばらばらに解きほぐした場合，それ以上は分離できない単位，河流構成単位というべきもの」の同定が目指される．全体としての川は，「瀬」と「淵」という二つの構造と川の湾曲をもとに徹底的に細分化，類型化され，上流から下流にかけてのさまざまなタイプの中で，渓流という環境が区別されてくる．

　この渓流環境の特殊性の同定に続いて，渓流の中でもさらに流速の違いや，石の大きさや積み重なり方など，微細な環境の違いが問題とされ，その環境に分布する生物の種類と生活様式が調べられている．可児は詳細な環境の体系化を行い，そこに昆虫相の分布をていねいに重ねあわせた上で，そこにすむ昆虫種の生活様式を明らかにしていくのである．

　環境の同定から出発する可児の方法は，先にあげた生息場所ニッチ，環境的ニッチに分類されるニッチ概念に近いといえる．ただし，可児は環境的ニッチ概念から出発して，微細な環境での種間の分布の異なりを調査した結果，同所的に生息し微

細空間を共有する異種が，環境の勾配にそっておのおのの生活様式や形状にあった形でニッチを分けている様子を観察した．そこから，異種同士が環境利用を調整しあう相互交渉による同位社会を導き出した．可児が明らかにした，微細な渓流環境の類型化と，それに対応する詳細な水生昆虫の環境利用の方法の観察が，棲み分けの理論化を可能にしたのである．

棲み分け理論を考えるときに重要な，「生活形」や「生活の場」といった概念は（足立 2009; 丹羽 1993; 斉藤 2012），可児が水生昆虫の観察を通して徹底して区分し把握しようとした環境と，そこで起こる生物の種間で相互作用の働きの双方を含んでいる．環境は生物の働きなくしては存在しないし，生物の働きはそれが必要とする環境の要素なくしては起こりえない．環境と生物主体の活動は不可分に結びついており，今西はその事態を「生活型」や「生活の場」という言葉で表そうとした．

4-2 ニッチ構築

ニッチ概念には二つの大きな流れがあり，環境と生物の位置取りについての違いがあった．このうち，生物から環境への働きかけを重視したエルトン流の考え方をとり，ニッチ概念をもとにした新しい進化理論として注目されているのがニッチ構築である．ニッチ構築のアイディアは，今西の生活形のアイディアとも共通する．生活形は生物の活動が行われる「場」の存在を前提として，生物と環境が一体となった概念であった．

K・レイランド，F・J・オドリンニスミー，M・W・フェルドマンら（Laland, Odling-Smee, Feldman, 2003）によって提唱されているニッチ構築は，生物の活動が環境に働きかけることによって，環境を改変することを指す．改変された環境が，その生物の進化の舞台となる．単純なものとしては，巣やクモの網，ビーバーのダム，アリ塚などの，生物が作る構造物があげられる．環境Aに生息する生物が巣穴を作ることによって，環境はAからA'へと変化する．この新しい環境A'がこの生物への進化の選択圧をもたらすことになる．この考え方は環境から生物への一方通行の選択圧のみを考える従来の進化理論に対して，生物から環境への働きかけを取り入れ，双方向の現象として進化を扱う議論として注目されている．ニッチ構築によってもたらされる環境A'は，巣穴を作った個体に対しても新しい選択圧を供給する他に，同じ環境A'を利用する異種の生物や，子孫の個体に対しても，新しい進化環境を提供する．

生物から環境への働きかけは，ニッチ構築理論が新しく言いだしたことではなく，古典的な生物学，生態学では常識の領域である．実際に，ニッチ構築で取り上げら

れるケースのかなりの部分は，R・ドーキンスが『延長された表現型』(1987) の中で例証したことと重なる．ダムをつくるビーバーは，ニッチ構築でも延長された表現型でも使われるシンボル動物である．ドーキンスによれば，ビーバーが水をせきとめてあたりを水浸しにするとき，あふれ出した大きな貯水池の端がビーバーの遺伝子の効果の及ぶ範囲を示していて，ダムを製作する行動に関係する遺伝子の，拡大，延長された表現型はダム全体までを含む．大きなダムを作ることができたビーバーは，捕食者からよりよく身を守ることができ生存率があがるので，このビーバーは進化の過程で適応的である．このとき，拡大したダムを新しい環境 A' と考えるか，遺伝子の表現型が延長されたものと考えるかで，ニッチ構築とドーキンスの理論が区別される．

ニッチ構築は，さらに人間の文化や認知の進化についての議論にも使われている．行動生態学から派生した遺伝子 – 文化共進化論の段階ですでに，酪農の伝播とラクトース耐性遺伝子の進化が理論化されていた．ニッチ構築は遺伝子 – 文化共進化論と重なる部分が大きく，ラクトース耐性遺伝子の他にも，人間の文化的な行動のさまざまな側面をニッチ構築で説明しようとする動きがある．代表的な例としては，H・ギンタス，S・ボウルズなどの経済学者による，一連の互恵的利他行動の文化的淘汰に関する研究がある (Bowles & Gintis 2011)．

4-3 作用中心

作用中心とはエルトンが 1966 年に出版した『動物群集の様式』(Elton 1966) に登場する概念である．遠藤彰 (1992) によれば，「生物間のさまざまな相互作用が何らかのかたちで集中する『場』として散在し，それぞれの『場』がまた相互に関連しあっている動的な『過程』を含んでおり全体としての生物群集を複雑に構造化している」ものである．花がさくと，そこには蜜や花粉を求めて多くの種類の生物が集まってくる．集まってくる生物には，繁殖や被食 – 捕食の関係がないことから「秩序」と呼べるようなものは存在せず，エルトンはこれを「雑踏」にたとえた．しかし，この雑踏が環境の中に散在し，それらが相互に関係しあうことによって，生物の世界の全体が立ち上がっているのだとして，この微細な場の相互作用から，群集構造の複雑さ全体を包括的に説明しようとしたのが『動物群集の様式』である．

エルトンにならって，遠藤は作用中心からの生態学を構想した．オオシロフベッコウというクモを狩るハチの巣を作用中心の例として，その近辺に分布するえさとなるクモ，ベッコウバチに寄生するハエ，営巣行動を妨害するアリやジガバチなどとの作用関係を明らかにした．作用中心をめぐる現象は，遠藤が「エフェメラル

な」(つかの間の，はかない) というように，明確な規則性はないがゆるいまとまりとして変化しつつ存在する．このような作用中心はほかに，たとえば腐った死体 (捕食者や分解者が多数集まる)，糞，倒木，水たまり，巣やクモの網，あるいは生きている生物の個体に至るまで，多数の例をあげることができ，それは自然界に遍在している．

　遠藤は小さな群集から出発せよ，と主張する．作用中心におこるさまざまな生物の働きをエピソードとして記録し，作用中心間の関係を構造化していくこと以外に，複雑な群集構造を複雑なままに記述することはできないという．エルトンや遠藤による作用中心は，生物の働きがゆるい規則性をたもって集積する「場」であり，ニッチ構築や延長された表現型で表現されるものに近い．また，可児が類型化し今西が生活形と表現した生活の「場」の概念を，別の側面からみたものとも言える．

4-4 「場」で起こること

　ニッチ構築や作用中心の考え方は，ニッチの形成の場面こそが生物の働きの相互作用の起こる「場」であることを指摘している．ニッチ構築を用いた文化の進化観では，集団という社会的な「場」があればそれが構築されたニッチとして働き，互恵的利他行動などのさまざまな人間特有の社会性がなかば自動的に立ち上がってくることを予測する (Sterelney 2003)．採食と繁殖は，生物が生きていくのに不可欠の行動である．混群という「場」を形成することによって，オナガザルたちは生存に不可欠な採食行動を，同種・異種の他個体との関係を調整しあいながらそこで継続していく．個々の採食行動の場面では，個体間でニッチをめぐるコミュニケーションが交わされていると言ってもよい．混群という構築されたニッチ環境において，採食ニッチは行動の指針となり，同時に採食行動の結果でもある．

　このような「場」の概念を別の視点で考えると，「場」とは生活する生物の個体間での相互作用が不断に接続する場所であることを表している．「場」を単純な物理的環境から区別するのは，生物の活動に他ならない．そこに生息する生物の行動が，無機的な環境や同種異種の他個体の行動と相互作用を続けている限りにおいて，「場」が成立する．相互作用には直接的，対面的なものもあるが，間接的なもの，そこにいないものの影響も無視することはできない．「場」にいないこと，すなわち不在であることは，そこに生きるものの行動の重要な選択基準のひとつである (船曳 2009; 内堀 2009)．

　たとえば，混群現象において，いつも一緒にいるはずのパートナー種と離れて行動しているとき，大事なパートナーの不在は常に行動選択に影響を与える懸案事項

になっているように見える．ダイアナモンキーとオリーブコロブスが混群を形成しない時間はほとんどないのだが，ごくまれに両者が離れて過ごす時間がある．活動性の高いダイアナモンキーが遊動を先に開始し，オリーブコロブスが樹の陰の目立たない場所で休息を続けているときなどである．観察者である私は，ダイアナモンキーを追跡してオリーブコロブスを後に残しその場を離れるのだが，この後，ずっとオリーブコロブスの不在が意識されて，何か落ち着かない気分になる．サルたちが何を考えているか，言語を持たない彼らの心の中をのぞくことはできないが，その後の行動はほぼ決まっていて，ダイアナモンキーとオリーブコロブスは混群状態をすぐに回復する．その時の行動に，一直線で迷いがないように観察される場合がある．先に行ったダイアナモンキーはあたかも突然忘れ物に気づいたかのように，遊動や採食を停止し進んできたルートを逆戻りしてオリーブコロブスに近づいていく．また，オリーブコロブスは目を覚まして置いていかれたことに気づき，騒がしいダイアナモンキーを一直線に目指して，通常の遊動スピードよりずっと速いペースでダイアナモンキーに近づいていく．

　不在も含めて，そこで活動する生物の行動が，お互いに作用を与え合い，それが継続する場所こそが，ニッチ形成を可能にする「場」なのである．先にあげた混群におけるオナガザル類の食物ニッチの分割や重複の現象で，ニッチに影響を与える個々の行動の選択には，混群のパートナー種の行動が大きく作用する．そこには，パートナーとして共存するときに直接的に影響を与えあうこと（ダイアナモンキーが果実を採食しているときは，キャンベルモンキーは昆虫を採食して競合を避けるなど）だけではなく，混群を解消している状態，つまり，パートナーがいないときに，不在が行動の選択を左右することも重要な要素として含まれる．たとえばキャンベルモンキーはダイアナモンキーと混群を解消して（めったにそうしないが），ダイアナモンキーのいない隙に果実を採食したり，採食行動そのものをやめて休息や移動を選択する．パートナーが不在のときの行動選択は，パートナーから被る影響に関係なく自分たちの都合だけで自由に行動を決めているのではなく，不在であることこそが，行動の選択の幅を一定範囲に限定するのである．混群では，対面的かそうでないかに関わらず，共存か不在かに関わらず，同じ「場」に生きるものどうしが互いの行動選択に影響を与えあう現象が観察される．

5 ●ニッチから制度を考える

5-1　相互作用の連続としてのニッチ

　役割を生きる生物たちは，不断に環境と相互作用をし続けている．ここでいう環境には，物理的，無機的なものだけではなく，同種・異種の他個体も含んでいる．お互いに影響を与え合いながら，混群を形成するオナガザルたちは果実を食べたり，昆虫を食べたり，または何も食べなかったりする．ダイアナモンキーに割り振られた「果実食者」という役割は，ダイアナモンキーが果実を採食するという行動を選択したことの累積である．行動の選択を繰り返し行うことは，生物が生きることそのものをあらわし，また同時にそれが起こる「場」の存在を示してもいる．行動の選択は「場」を舞台として起こるために，「場」を共有するさまざまな生き物との相互作用の接続という側面を不可避的に持つことになる．この相互作用には，直接的なものも間接的なものも含まれる．その場にいないものであっても，不在者として誰かの行動に影響を与え続けることがある．そのような「場」と不可分に結びついた行動の選択の繰り返しの中に，立ち上がってくる何ものかとして制度があるのではないだろうか．不断に行われるその相互作用の繰り返しは，単なる集積ではなく，繰り返しが可能であり，相互作用の接続が「場」を介して成立し続けることを意味し，（それは生きていることそのものを指し示すのだが），そこに制度的なものが見えてくる．

　人間の制度には言語が不可欠であると言われる．人間の社会では，パターン化された行為の連続として観察される慣習や習律にとどまらず，言語を用いて社会の多くの成員に共有された「〜すべき」という規則の束が制度を特徴づけている．「〜すべき」という規則はそうすることが「よい」ことであるという価値判断を含み，個々の規則を認識し，学習し，内面化することで，結果として適切な振る舞いの集積として制度を成立させている．そのようにして達成された制度は，社会集団に起こるさまざまな問題や課題の解決にあたって，相互行為を効率的に行うために利用される．「よい」行いの連続，状況に適切な振る舞いの接続はそれだけでは慣習のレベルにとどまるが，学習と内面化を経て集団全体に共有化されたことをもって制度に昇格する．「〜すべき」という価値を含んだ規則が集団内で共有されるためには，集団の成員にそれを学習し内面化するための高い認知能力が要求される．人間や一部の類人猿のみがこの能力を持ち，制度といえるような社会的特徴を持つとされるのはそのためである．このような制度観は，人間の社会成立の前提条件を価値

の共有や合意の形成におく社会学の立場に由来する．何を「よい」ものとするのかの価値基準について合意したものどうしが，外部に存在する共通の規則を参照できるからこそ，社会的コミュニケーションが可能となり人間社会が成立する．相互行為をスムーズに行うために，よってたつ規則の束こそが制度となる．

　それに対して，N・ルーマン（1993）に代表される社会システム論社会学は，人間の社会成立の要件を価値の共有ではなく，前提のない無根拠な信頼の連続におく．価値共有も達成されず，頼るべき規則の束がない場合でも，人間は無根拠に相手とのコミュニケーションに身を投じて，相互行為を連続させていくことができるのである．社会の成立に必要なのは，相互行為が続いていくことのみであり，共有された規範ではない．他者がこれからするであろう行動選択が，今自分が選択する行動の結果に依存する，と自分が理解して行動を選択することさえ成立していれば，社会的コミュニケーションは連続していく．他者の行動が，自分の行動のありように影響されて変化することをも含んで，自分が行動を変化させるという現象は，混群や作用中心といった「場」で起こっていることに非常に近いといえる．ダイアナモンキーが採食樹で果実を食べることは，競合を避けてキャンベルモンキーがその近くで昆虫を食べることに接続し，キャンベルモンキーが近くで昆虫を採食するのを見たダイアナモンキーは，直接的な競争を避けて昆虫ではなく果実を採食するようになるだろう．このような現象の積み重ねによって，ダイアナモンキーは「果実食者」というニッチを，キャンベルモンキーは「昆虫食者」というニッチを獲得する．

　動物はほとんどの場合，その場の状況に適切に振る舞うことを連続させて生きている．そうでなければ生き残れない確率が高いのだから，適切な振る舞いを続けることは，生きることとほぼ同義である．遺伝的に固定した行動で，意識化されず，意図的になされていない行動の選択であったとしても，それが相互作用の連続を引き出すことが可能な限りにおいて，人間の社会システムに見られるコミュニケーションと同様の過程が成立すると考えることが可能だろう．相互作用の連続を可能にする前提となるのが生活の「場」であり，そこでは生物はさまざまな役割を担いながら相互作用を接続しあっている．制度の内実は，内面化され共有された規範ではなく，このような「場」での相互作用の連続が成り立つことではないだろうか．

5-2　日常に現れる不在や欠落

　このように制度を捉えることによって，その進化を今までと違う視点で捉えることができる．「〜すべき」という価値規範による制度の仕組みには，必ず規則への違反，制度からの逸脱の問題がつきまとってきた．制度を共有された規則の束だと

考えると，規則への違反に対しては，制裁や罰則といった新たな仕組みを考えなければならなくなる．制度の起原を探る試みでは，多くの場合，制裁や罰の起原について考える羽目になるのである．それに対して，相互作用の接続のみを制度の要件と考えれば，見かけ上の逸脱は制度の中に含むことが可能である．この場合の逸脱は，行動の蓄積に対して「たまにしか起こらないこと」と見なせる．「いつもそうする」ことに「〜すべき」とか，「よい」とか「適切な」といった価値を与えない場合，「たまにしか起こらないこと」には「良い」も「悪い」もない．価値の共有を前提とせず，相互作用の接続のみが前提要件なのだから，「たまにしか起こらないこと」として作用が接続する限り，それは制度の中に含まれる．たまにしか起こらないことは，たまには起こるのである．

　人間にも，また人間以外の動物にも，日々繰り返される日常的な相互作用の連続の中には，定常的な行動パターンとして取り出される慣習的，習律的な制度（convention）の要素がある．繰り返し蓄積された相互作用の連続が，高い認知と学習能力を通して，またそこに言語や表象の能力が加わることによって社会的に共有される価値基準となり，それが制度であると考える進化観では，繰り返しの日常に現れる，不在や欠落をとらえ損ねてしまうことがある．稀なことがたまに起こったり，そこにはいない「誰か」に対して，理由もなく畏れを抱いたり，居心地が悪くなったり，恋しくなったりして，行動の選択が左右されるような行動規定のあり方は，すべて制度の中に含まれてしかるべきものだろう．

　混群や水生昆虫の棲み分けや，ニッチ構築，作用中心といった現象には，繰り返すことそのものが生命であるという確かな感触が含まれている．そこでは異種や同種の生物どうしが，不断に繰り返される日常的な相互作用の連続の中で，不在や逸脱もさりげなく含みながら，慣習的な役割を生きている．そのような繰り返しの中にあるものとして制度を考えるとき初めて，人間の非常に特殊な制度のあり方を，人間以外の生き物の世界に位置づけることが可能なのではないだろうか．

注

1) 本章では人間も含めた動物全般について，あるふるまいがほかのふるまいとは区別されて現れるときに「行動」という単語を使用する．ここではそのふるまいを行う個体の意思や意図については問わない．それに対して，個体がそのふるまいに自覚的であったり，意図して行うものを「行為」とする．

参考文献

足立薫 (2003)「混群という社会」西田正規・北村光二・山極寿一編著『人間性の起源と進化』昭和堂. 204-232 頁.

足立薫 (2009)「非構造の社会学 – 集団の極相へ」河合香吏編著『集団 – 人類社会の進化』京都大学学術出版会. 4-21 頁.

Bowles, S. and H. Gintis (2011) *A Cooperative Species: Human Reciprocity and its Evolution*. Princeton University Press, Princeton: N.J.

Bshary, R. (2001) Diana monkeys, *Cercopithecus diana*, adjust their anti-predator response behaviour to human hunting strategies. *Behav. Ecol. Sociobiol*. 50: 251-256.

Cords, M. (1987) *Mixed-species association of Cercopithecus monkeys in the Kakamega Forest, Kenya*. Univ. California Publications in Zoology 117.

ドーキンス，R. (1987)『延長された表現型 – 自然淘汰の単位としての遺伝子』(日高敏隆・遠藤知二・遠藤彰訳) 紀伊国屋書店.

Elton, C. (1927) *Animal Ecology*. Sidgwick and Jackson, London.

Elton, C. (1966) *The Pattern of Animal Communities*. Willey, New York.

遠藤彰 (1992)「生物世界のこのうえなく複雑な相互作用」東正彦・安部琢哉編著『地球共生系とは何か』平凡社.

船曳健夫 (2009)「人間集団のゼロ水準 – 集団が消失する水準から探る，関係の意味，場と構造」河合香吏編著『集団 – 人類社会の進化』京都大学学術出版会. 293-305 頁.

Gause, G.F. (1936) *The Struggle for Existance*. Williams and Wilkins.

Grinnell, J. (1917) The niche-relationships of the California thrasher. *Auk* 34: 427-433

Horn, H.S. (1966) Measurement of "overlap" in comparative ecological studies. *Am. Natur*. 100: 419-424.

Hutchinson, G.E. (1957) Concluding remarks. Cold Springs harbor Symp. *Quat. Biol*. 22: 415-427.

今西錦司 (1949)『生物社会の論理』毎日新聞.

可児藤吉 (1944)「渓流棲昆虫の生態 – カゲロウ・トビケラ・カワゲラその他の幼虫に就いて」日本生物誌第四巻　昆虫上巻，研究社.

Krebs, C.J. (1989) *Ecological Methodology*. Harper & Row, Now York.

ルーマン，N. (1993-1995)『社会システム理論（上・下）』恒星社厚生閣.

MacArthur, R.H. and E.O. Wilson (1967) *The Theory of Island Biogeography*. Princeton University Press, Princeton: N.J.

真島一郎 (1997)「ダナネ地方南部・ダン族の神話 – 歴史伝承群：45 の事例」『物語と民衆の認識世界：物語の発生学』第 1 号：119-237.

McGraw, W.S. (1999) Positional behavior of *Cercopithecus petaurista*. *Int. J. Primatol*. 21: 157-182.

Morishita, M. (1959) Measuring of interspecific association and similarity between communities. *Mem. Fac. Sci. Kyushu Univ. Ser. E (Biol.)* 3: 65-80.

丹羽史夫 (1993)『日本的自然観の方法 – 今西生態学の意味するもの』農山漁村文化協会.

Oates, J.F. (1986) Food distribution and foraging behavior. In: B.B. Smuts, D.L. Cheney, R.M. Seyfarth, R.W. Wrangham and T.T. Struhsaker (eds.) *Primate Societies*. University of Chicago Press,

Chicago. pp. 197-205.

Odling-Smee, J.F., K.N. Laland and M.W. Feldman (2003) Niche Construction: The Neglected Process in Evolution. *Monographs in Population Biology* 37. Princeton University Press, Princeton: N.J.

Reice, S.R. (1994) Nonequilibrium determinants of biological community structure. *Am. Scientist* 82: 424-435.

斎藤清明（2012）「今西錦司の「すみわけ」発見と言語化」横山俊夫編著『ことばの力－あらたな文明を求めて』京都大学学術出版会．289-320頁．

Sterelney, K. (2003) *Thought in a Hostile World: The Evolution of Human Cognition*. Blackwell Publishing, Malden: M.A.

Terborgh, J. (1983) *Five New World Primates: A Study in Comparative Ecology*. Princeton University Press, Princeton: N.J.

内堀基光（2009）「単独者の集まり－孤独と「見えない」集団の間で」河合香吏編著『集団－人類社会の進化』京都大学学術出版会．23-38頁．

第13章 数学の証明と制度の遂行
ケプラー方程式から出発する進化の考察

春日直樹

● Keyword ●
アナロジー，パターン，志向，遂行指令，正統化

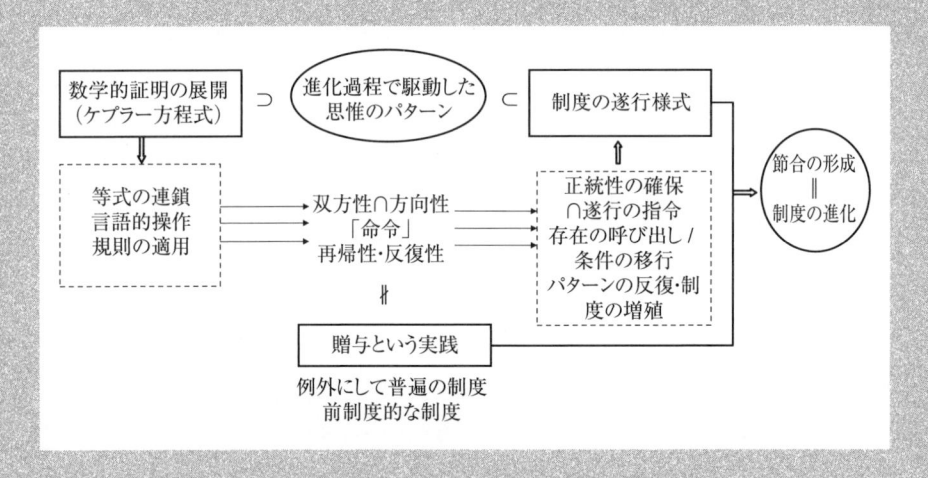

図中テキスト：

数学的証明の展開（ケプラー方程式）⊃ 進化過程で駆動した思惟のパターン ⊂ 制度の遂行様式 → 節合の形成＝制度の進化

等式の連鎖／言語的操作／規則の適用 → 双方性∩方向性「命令」／再帰性・反復性 → 正統性の確保∩遂行の指令／存在の呼び出し／条件の移行／パターンの反復・制度の増殖

‖

贈与という実践
例外にして普遍の制度
前制度的な制度

　ヒトの進化過程で駆動しつづける思惟のパターンは，数学の証明を展開する際にも同じ思考の基盤に由来しながら作動するのではなかろうか．この考え方にもとづいて，ケプラー方程式を事例として，証明のためにどのような思惟のパターンが動員されるのかについて，まずは明らかにする．つづいて，それらのパターンが，制度が進化する際にも同様に作動する可能性を検討していく．このことは，制度の遂行にふさわしい思惟の様式を抽出するこころみでもある．一定のパターンの析出を終えるとき，例外にして普遍の制度として「贈与」が浮かび上がってくる．

制度の進化のためになぜ数学の証明が登場するのか？　理由は次のとおりである．進化はいかに論じても，検証が至難なトピックだ．ならば関連ありげな断片をつなげるより，一見して無関係なものをアナロジカルに結びつけてはどうか．数学が人間の普遍的な思考様式に水脈を通じているとすれば，制度の進化の過程で駆動した思惟とも共通の特徴を引き出せるのでないか．数学はこれまでも社会科学者にアナロジーとして活用されてきたが，単純化され歪曲される場合がほとんどである．数学をアナロジーでもちいるのでなく，数学の思考様式を私の専門とする人類学の思考様式へとアナロジカルにつなげてみよう．

　面倒な読み物とお思いだろうか．以下では，非線形方程式の証明 ── なるたけ単純で議論の展開にふさわしいものを選んだつもりである ── を展開するし，数学の用語が頻出する箇所もある．けれども，数学の苦手な人は細部に立ち入る必要はなく，展開の大筋を追うだけでよい．これだけは約束しよう．数学者の不親切な論述に苦しんできた経験を活かして，私なりに心をこめて書いていく．

　まずは本章の方法を確認する．数学的な証明を手がかりとしながら，ヒトの制度の進化史的なテーマをアナロジカルに導出する，という方法である．アナロジーはマリリン・ストラザーンが『贈与のジェンダー』で登場させて以降，しばしば人類学者によって活用されている．構成も背景も異なる二者に同類の特徴をみいだす比較の地平が，こうして構築されてきた（Jensen (2011) を参照のこと）．分析する側とローカルな側が相互水平的（collateral）に知識を形成するような民族誌が，今日ではさまざまな形で現れている（Riles 2000, 2011; Maurer 2006; 宮崎 2010）．

　本章が試みるのは，ある種の分析する知識から別の種の分析する知識へ，というあたらしいタイプの水平的移行である．この移行は，水平的な民族誌に寄せられる批判をしりぞけることができる．分析者の提示する水平性はどのように保証されるのか，という批判である．本章の方法は「一方向的な水平性」(unidirectional laterality) と性格づけることができて，数学の分析を担保にしながら制度の分析の質を確保する．ただし，制度の分析は数学のそれとリンクできる水準へ降りる ── 昇る ── ことを求められて，議論の抽象度が必然的に高くなる．本章が一制度の進化を描くだけで，制度の誕生や消滅や入れ子構造の形成をいまだ論じていないため，読者に抽象的すぎる印象を与えるかもしれない．

　申し訳ないが，抽象性は確信犯としてつくりだした部分がある．主体やエージェンシーに固執する人類学に対して，本章は数学に学んでパターンの抽出と展開に力を注ぐ姿勢を貫く．人類学は個別の具象を重視するといいつつも，たえず理論化（theorizing）を目指して「正誤」を内部に生産しつづけてきた．対照的に数学は，具象界の真偽と決別して正しいパターンの抽出と展開に特化している．その数学から

人類学へどれだけの水平な線が引けるのかを試みるつもりである．この方法は数学に関する文化相対主義が通文化的な議論に圧倒されることによって，いっそうの力を得ている (Greiffenhagen and Sharrock 2006)．本章の焦点はあくまでパターンであり，パターンにかかわるがパターンに由来しない重要な要素についてのみ，集中して論じたい．結果として，それらは「志向」「解釈」「命令」「正統化」など，制度の中核を担う要素となる．

本章は三節よりなる．第一節では具体例として，ケプラー方程式に関する一つの証明を展開する．二節はこの例にのっとり，証明を成り立たせて進化させる諸要素を析出していく．三節では，これら諸要素を介して方程式の証明と制度の遂行とをアナロジカルに結びつけ，差異を明らかにしつつ制度の進化のパターンを提示する．

1 ●ケプラー方程式の証明を展開する

1-1 ケプラー方程式とは

本章が具体的に考察するのは，ケプラー方程式と呼ばれる次の等式の証明である．

$$M = u - e \sin u$$

難しい，と読み飛ばされないように，わかりやすい解説をする．まずケプラー方程式とは，ケプラーが太陽をまわる6個の惑星の軌道について提示した等式であり，いわゆる三角関数の正弦(サイン)に三つの要素がかかわる形で整備されている．M, u, e の三つだが，一番わかりやすいのは e である．これは惑星の軌道が描く楕円の離心率であり，楕円の長径と短径をそれぞれ a, b とすれば，$e = \dfrac{\sqrt{a^2 - b^2}}{a}$ と定義できる．M は「平均近点角」(mean anomaly) という専門用語で呼ばれる．楕円の焦点の一つである太陽に惑星が一番近づくときを近日点と呼ぶならば，M はその近日点から別の時刻までに惑星がどれだけ動いたのかを角度で表す．惑星の周期を T として，近日点での時刻 t_0 から時刻 t までに動く角距離であり，$M = \dfrac{2\pi(t - t_0)}{T}$ と表すことができる．

残る一つは u だが，これが少し面倒である．u は「離心近点角」(eccentric anomaly) と呼ばれるもので，具体的には図に示す角度を意味する．どんな角度かといえば，まず楕円を囲む形で長半径を半径とする円を描き，楕円の軌道上の惑星を垂直方向

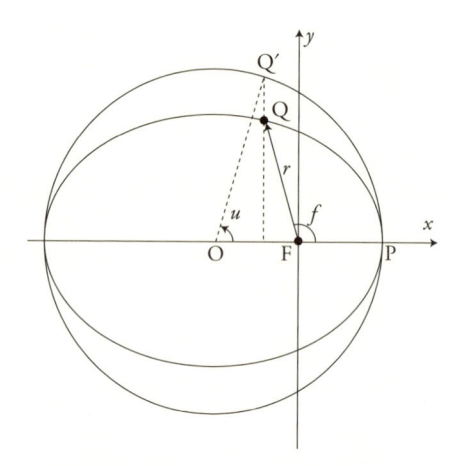

図1●楕円軌道における真近点角 f と離心近点角 u [1]

に円の位置まで引き上げて移す．この想像上の惑星の位置からやはり想像上の円の中心まで線を引いて，楕円の長半径との間にできる角度のことである．なぜこんな数値にこだわるのか．

惑星の運動は楕円の焦点である太陽を基点として，極座標の (r, f) の形で定式化できそうな気がする（r と f については上の図を参照のこと）．しかし，いざ r と f を解析的に求めようとすると予想以上に難しい．ましてや，近代の微積分学の誕生以前に生きていたケプラーにとって，不可能だったといえよう．そこで f に代えて u をあらたな媒介変数として導入すると，比較的容易に以下を得る．

$$r = a(1 - e \cos u) \qquad \tan \frac{f}{2} = \sqrt{\frac{1+e}{1-e}} \tan \frac{u}{2}$$

楕円の長径 a や離心率 e を手に入れておけば，あとは u の数値だけで r と f を求めることができる．ケプラー方程式とはこの u を求めるための等式である．e と M が所与の時，u は M + $e \sin u$ として提示できる，とケプラーは胸を張るのだ[2]．

残念ながら，この方程式を解析的に解くことはできない．e と M の数値を利用して，u の値を算出する（いわゆる，数値的に解く）ことはできる．解析的な解が，ラグランジュ，ベッセル，カプテインらによって無限級数の形で提示されるように，数値解もまたニュートン以来の反復法（iteration methods）によって延々と正解に近づいていく．

このように面倒な方程式ではあるが，証明となると難しくはない．ケプラー自身

による証明が英文ウィキペディアに紹介されている（http://en.wikipedia.org/wiki/Kepler's_laws_of_planetary_motion）．ケプラーは方程式に先んじて，面積速度一定の法則を提起した．こちらの証明の方が厄介で，ニュートンの『プリンキピア』まで待たなければいけなかった（楕円を円に読み替えての証明は，いまでは一般に流布している）．ケプラー方程式の証明は，面積速度一定の法則をスマートに活用さえすれば，初等幾何学の程度の知識で容易に導くことができる．

　本章がこれから例示する証明はケプラーのものではない．面積速度一定の法則は活用するが，愚直に正攻法をつらぬいて代数計算と原初的な解析を実践する証明である．考察の対象に据える理由が，数学的な証明の特徴がよく現れており，かつ制度の進化へと議論をつなげやすいことにある．この証明の骨格は数学者の平山浩之氏からご教示を得て成り立っているが，不備があればひとえに著者の力量不足に拠る．

　難しいと感じる場合には，内容に立ち入らずにおおよその展開をたどるだけで，あとの議論へと進んで頂きたい．

1-2　ケプラー方程式の証明

　太陽までの距離 r の惑星が，微少時間 dt の間に形成する微小面積 $d\omega$ は，ほとんど三角形となる．つまり

$$d\omega = \frac{1}{2} r(r+dr) \sin f \fallingdotseq \frac{1}{2} r(r+dr) df = \frac{1}{2} r^2 df + \frac{1}{2} rdrdf \fallingdotseq \frac{1}{2} r^2 df$$

一方，面積速度一定の法則より

$$\frac{d\omega}{dt} = C$$

これを楕円の面積と惑星の周期 T で書き換えると

$$C = \frac{\pi ab}{T} \quad \left[\because CT = \int_0^T \frac{d\omega}{dt} dt = \pi ab \right]$$

よって

$$\frac{\pi ab}{T} = C = \frac{d\omega}{dt} = \frac{1}{2} r^2 \frac{df}{dt} = \frac{1}{2} r^2 \frac{df}{du} \frac{du}{dt}$$

ここで，太陽を原点にデカルト座標をとると，x, y, r の関係は次のとおりである．

$$x = r \cos f = a (\cos u - e) \qquad ①$$
$$y = r \sin f = b \sin u \qquad ②$$
$$r^2 = x^2 + y^2 \qquad ③$$

② より $\qquad = \sin^{-1} \dfrac{y}{r}$

① より $\qquad \dfrac{dx}{du} = -a \sin u = -\dfrac{a}{b} y \qquad ①'$

さらに $\qquad \dfrac{dy}{du} = b \cos u = b\left(\dfrac{a(\cos u - e)}{a} + e\right) = b\left(\dfrac{x}{a} + e\right) = \dfrac{b}{a}(x + ae) \qquad ②'$

以上により，

$$\dfrac{df}{du} = \dfrac{d}{du} \sin^{-1} \dfrac{y}{r} = \dfrac{1}{\sqrt{1 - \left(\dfrac{y}{r}\right)^2}} \dfrac{d}{du}\left(\dfrac{y}{r}\right) = \dfrac{1}{\sqrt{1 - \left(\dfrac{y}{r}\right)^2}} \dfrac{1}{r^2}\left(r \dfrac{dy}{du} - y \dfrac{dr}{du}\right)$$

$$= \dfrac{1}{r\sqrt{r^2 - y^2}}\left(r \dfrac{dy}{du} - y \dfrac{d}{du}\sqrt{x^2 + y^2}\right) = \dfrac{1}{r\sqrt{r^2 - y^2}}\left(r \dfrac{dy}{du} - y \dfrac{2x \dfrac{dx}{du} + 2y \dfrac{dy}{du}}{2\sqrt{x^2 + y^2}}\right)$$

$$= \dfrac{1}{r^2\sqrt{r^2 - y^2}}\left(r^2 \dfrac{dy}{du} - xy \dfrac{dx}{du} - y^2 \dfrac{dy}{du}\right)$$

$$= \dfrac{1}{r^2\sqrt{r^2 - y^2}}\left(x^2 \dfrac{dy}{du} + y^2 \dfrac{dy}{du} - xy \dfrac{dx}{du} - y^2 \dfrac{dy}{du}\right) = \dfrac{1}{r^2\sqrt{r^2 - y^2}}\left(x^2 \dfrac{dy}{du} - xy \dfrac{dx}{du}\right)$$

$$= \dfrac{x}{r^2\sqrt{r^2 - y^2}}\left(x \dfrac{dy}{du} - y \dfrac{dx}{du}\right)$$

これに①' と②' を代入すると

$$= \dfrac{x}{r^2\sqrt{r^2 - y^2}}\left\{xb\left(\dfrac{x}{a} + e\right) - y\left(-\dfrac{ay}{b}\right)\right\}$$

③により大括弧の前は $\dfrac{1}{r^2}$ となり，大括弧の内部は以下のように展開できる．

$$\dfrac{b^2 x^2 + eab^2 x + a^2 y^2}{ab} = \dfrac{b^2 a^2 (\cos u - e)^2 + eab^2(\cos u - e) + a^2 b^2 \sin^2 u}{ab}$$

$$= ab\{(\cos u - e)^2 + e(\cos u - e) + \sin^2 u\}$$

$$= ab\{cos^2u - 2e\cos u + e^2 + e\cos u - e^2 + sin^2u\}$$
$$= ab(1 - e\cos u)$$

よって
$$\frac{df}{du} = \frac{ab}{r^2}(1 - e\cos u)$$

最初の式に戻って展開すると

$$\frac{\pi ab}{T} = \frac{1}{2}r^2\frac{df}{du}\frac{du}{dt} = \frac{r^2}{2}\frac{ab}{r^2}(1-e\cos u)\frac{du}{dt}$$

左辺と右辺に $\frac{2}{ab}$ を掛けると

$$\frac{2\pi}{T} = (1 - e\cos u)\frac{du}{dt}$$

両辺を $t_0 \to t$ で積分して

$$\frac{2\pi}{T}(t_0 - t) = \int_{t_0}^{t}(1-e\cos u)\frac{du}{dt}dt = \int_0^u(1-e\cos u)du = u - e\sin u$$

$$\therefore \quad M = u - e\sin u \qquad (証明終)$$

　この証明ではケプラー方程式を導くために，関係する係数や変数を u へと書き換える戦略が貫かれている．加えて，方程式が面積速度一定の法則を内包して成り立つために，時間・時刻の t や時間を要素とする周期 T を，証明の中に織り込んでいる．ケプラーの証明のように面積速度を幾何学的に活用することをせずに，代数や解析の手法で時間を織り込もうとするため，ずっと込み入った戦術をとらなければならない．時間は証明の冒頭で，f と u の変化率である $\frac{df}{du}$ へと折り畳まれてしばらく姿を隠す．その $\frac{df}{du}$ はデカルト座標に準じて展開を遂げ，これに①'と②'が代入されたのち，①と②の x, y へと u が代入されることで（「大括弧の内部は」の部分に相当する），ようやく証明の冒頭に $\frac{du}{dt}$ を付帯する形で得た $\frac{\pi ab}{T}$ へと等号で繋がる．最後は積分によって t を払えば，ケプラー方程式が登場する．
　以上の証明の検討に入ろう．

2 ●証明を成り立たせる諸要素を考える

2-1　等号という論理の「橋」の性質を確認する

　まず目を引くのは，冒頭の一節で「微小面積 $d\omega$ は，ほとんど三角形となる」と述べて，すぐに「つまり」として「≒」を2個も入れ込んだ等式が展開している点である．厳密さを期す数学に，「ほとんど」や「≒」が並んでもよいのだろうか．格好は悪いが，並んで構わないというのが結論である．とりあえず，冒頭をのぞいて証明全体を一覧すると，等号つまり「＝」の連鎖が，簡単な言葉を挟みながら繰り返されていることが容易にわかる．冒頭の「≒」とそれにつづく「＝」の関係を述べなければいけない．

　「≒」は「＝」の関連記号であり，「＝」に及ばないという意味で等号に準じる位置を占める（数学の論文では一般に「≒」でなく「≈」をもちいる）．大雑把に表現すると，この記号は等号の仲間である．厳密にいえば，ここでの「≒」は許容誤差の提起であり，数学で通用しそうな範囲で登場させたのちに，結果的に証明として利用可能であることを示す（「微少×微少＝0」の論法は近代数学を支えてきた．ただし，厳密な根拠づけのためには「極限」(limit) の議論を必要とする）．したがって，冒頭に登場する「≒」は等号「＝」への合流を意図しており，のちの等号の連鎖的な展開をつうじて等号に等しいことを明らかにするために存在するわけである．換言すると上の証明は，等号から等号への展開を基礎にして成り立つ．

　等号「＝」とは何か．等式はしばしば「⇒」や「⇔」によって連結される．本証明でいえば，たとえば①から①'の導出は次のように記すこともできる．

$$x = r\cos f = a(\cos u - e) \Rightarrow \frac{dx}{du} = -a\sin u = -\frac{a}{b}y$$

等式①が成り立つならば等式①'が成り立つという場合に，「⇒」がもちいられる．その逆も成り立つときには，「⇔」が登場する．等式そのものは「⇒」「⇔」から距離を置いていることがわかる．「⇒」「⇔」は記号論理学を支える重要な要素であり，命題Pと命題Qとの関係を厳密に表現する．同様な厳密さで等号「＝」を表そうとすると，おそろしく複雑な記号群になってしまう[3]．等号は，論理的な厳密さを大いに欠いているのである．

　あらためて等式①をみると，左から右へと論理をたどるように求めている．

$$x = r\cos f = a(\cos u - e)$$

つまり，太陽を原点として x 座標は $r\cos f$ と表記できる．次に，$r\cos f$ を想像上の円に依拠する角度 u で表すと，マイナス方向へのズレ ae を入れ込んで $a(\cos u - e)$ となる．という具合に，等式は左辺から右辺へと読むように求めている．たとえば，「α＝β＝γ」には「α は β である．β は γ である」という日常的な言語表現が擦り込まれている．数学の等式は厳密な論理を内包して成り立つが，それ自体は日常語の「A は B である」(A is B.) という性格をとどめるので，等式全体を論理的な厳密さで表現することが困難なのである．

しかしながら，等式は日常語との間に明確な一線を画す．日常的な用法では「彼女は天使だ」を「彼女＝天使」と表してよいかもしれないが，数学では意味をなさない．端的にいうと等号は，数の計算として成り立つかぎり使用可能なのである（この意味で，「≒」は「＝」の仲間入りをする）．本証明にみるとおり，実数 (1, 2, π など)，代数 (x, y, e, a, b, T など)，関数 $\left(\dfrac{df}{dt}, \sin, \int_0^u \text{など}\right)$ のいずれについても，正確な計算を保証するために等号の連鎖がつくられていく．数学の証明では等式の数を最小限にする「美学」が貫かれており，連鎖の一部分を理解するためには，数学者を含む読者たちに丸一日を費やすよう強いる場合があるが，このことは展開が絶対に計算可能である，との前提の下に成り立つ．

次のことを確認しよう．証明は等式の連鎖によってつくられ，その等式は左辺を厳密に計算すると右辺になるという約束を表す．数学の等式に認められる日常語の痕跡，ならびに計算という基本については，のちの第三部でさらに詳しく検討しよう．

左辺から右辺への読みを基本とする等式ではあるが，計算の過程は反対に右辺から左辺へとたどっても理解できる．等式の連鎖，ならびに一つの等式から別の等式についても，後ろから前への遡及が可能であり，むしろ難しい等式は後方からなぞり返すことで手がかりを得て解明が容易になる．この意味で，等式は左右のどちらからでも反対側に渡ることのできる橋である．

2-2　証明論理の非対称性

証明が終わりから初めへと遡及できるならば，一度成功した証明は逆向きの順序であたらしく展開することが可能なはずである．本証明についてこれを試みると，ギクシャクを伴う反転にならざるを得ないことがわかる．ところどころに介在する

日常語や準日常語の箇所で引っかかりを生じながら，証明は逆向きに再構成されていく．この点をなるたけ簡潔に例示するために，「∴」「∵」の記号をもちいると以下のとおりである．

〔証明〕**a = f**
　　順路：まずは a=b=c ここで c=d=e=q かつ f=g=p=q ∴ c=f　∴ **a=f**
　　逆路：まずは f=c ∵ q=p=g=f かつ q=e=d=c ここで c=b=a ∴ **a=f**
適正な証明は，終わりから冒頭までを等しくなぞり返すことができる．

とはいえ，順路と逆路が非対称的なのは明らかである．「∴」と「∵」が逆転するだけでなく，たとえば q=e=d=c では「右辺から左辺へと計算可能である」という約束を等式について特別に設けるかぎりで，c=d=e=q の逆路を構成できる．本証明から具体例をつくろう．

$$\frac{1}{r^2\sqrt{r^2-y^2}}\left(r\frac{dy}{du}-y\frac{d}{du}\sqrt{x^2+y^2}\right)=\frac{1}{\sqrt{1-\left(\frac{y}{r}\right)^2}}\frac{1}{r^2}\left(r\frac{dy}{du}-y\frac{dr}{du}\right)$$

$$=\frac{1}{\sqrt{1-\left(\frac{y}{r}\right)^2}}\frac{d}{du}\left(\frac{y}{r}\right)=\frac{d}{du}\sin^{-1}\frac{y}{r}$$

　証明とは，左右の両側から等しく通行できる橋をいかに架けるかの技術に違いないが，橋を架けていく行為自体は強い志向性 ——「a=fへ！」—— によって実現する．証明を構成する等式および(準)日常語にはこの志向が刻印されており，両側通行の右側と左側で進み方の差異を生みだす[4]．

　順路と逆路の非対称性には序列が隠れている．「a=fを得よう」という意志の優先，つまりは，命題が所与として存在し，証明を要求するという順序である．周知のように数学では，数々の定理や法則 —— 方程式で表記可能な場合が多々ある —— が序列を含む形で多様な群れをなす中で，日々あたらしい定理や法則が生まれる．これらの証明を成功させて所与の構成要素へと組み込み，さらなる定理や法則を発見しようという欲望が渦巻いている．一つの証明を保証する論理の双方向性は，証明を果たそうという意図によって非対称の形で実現をみるのである．

　証明のための架橋は，意識・無意識の両次元で，証明を遂行する主体の解釈に大きく依存する．どんな定理や定式を動員するのかは，それらを構成する日常語的な部分だけでなく等式についての読み方にも関係する．一つの等式は，いわゆる純粋数学から応用物理や工学まで，幅広いイメージを受け容れる．たとえばある微分方

程式は，数学者にとっては解の存在証明を問いかけるかもしれないが，物理学者にとっては変化の層や無限の繋がり方へと目を向けさせる．さらに同じ分野であっても，関数，パラメータ，境界条件の意味はさまざまに読み取ることができる．見慣れた方程式がある日突然，まったく無関係だったはずの方程式の同類にみえる場合がある（たとえば大宮 (2008) は，非線形波動の KdV 方程式を中心に，これに相当する刺激的な経緯を描く）．それほど劇的でなくても，ありふれた解釈を組み合わせて証明を成功させれば，命題に対するあたらしいイメージを切り拓けるし，本章の証明も幾分なりとその役割を果たすものと信じたい．解釈の役割をもっとも簡潔に示すのは，等式を逆方向へと，つまりは右から左へ計算可能であるとする読み方である．

まとめよう．両側通行の橋は，解釈という行為をつうじて建設され，通行する方法および橋を渡るという不可逆性の二点において，非対称性を生みだす．

2-3 証明と『形式の法則』

数学的な証明における志向性の発揮と解釈の行為をさらに検討するとき，特殊な言語的操作の役割に気づく．本証明を冒頭から終わりまでたどれば，そこに介在する日常語的な表現のほとんどに，共通の性質を見て取ることができる．

「これを……で書き換えると」
「太陽を原点にデカルト座標をとると」
「これに……を代入すると」
「最初の式に戻って展開すると」
「左辺と右辺に……を掛けると」
「両辺を……で積分して」

すべてが手続きに関する方向づけである．あらたな存在を招くように呼び出すこの言語操作は，スペンサー＝ブラウンによれば「命令」(injunction) であり，数学的なコミュニケーションの原初的な形式を構成する (Spencer-Brown 1969: 77)．

「命令」はあるものを存在させるように誘いだし名前を付与して，別の条件へと移行させるだけでなく，証明を導出する役割を密かに果たす，とスペンサー＝ブラウンは『形式の法則』で論じている．「この（証明や正当化の）言明は，存在するよう招集されたり呼び出されたりする規範や存立中の秩序に暗黙に含まれており，それらに導かれたり認可されている」(Spencer-Brown 1969: 92)．こうした力能を備えた言語は，ウィトゲンシュタインのように記述的な言葉を考察するだけでは捉えることができない．数学を基本的に構成する言語は記述でなく，このように特有な命令の形態をとるが，同じ指摘は自然科学の予想以上の部分について当てはまるので

はないか，と『形式の法則』の議論は展開していく．
　スペンサー＝ブラウンの傑作については，三節であらためてとりあげる．

2-4　再帰的，反復的な秩序形成

　この項では数学の用語が多出する．数学の苦手な人はそんな箇所を読み飛ばして行くと次節から進化の議論になるので，もう少しご辛抱を願いたい．
　証明に付帯する双方性と非対称性は，数学における発見の過程，いうならば進化の基盤であり痕跡でもある．生物の場合と同様に，最終の目標が設定されているわけではない．生物進化の現段階が次の淘汰を待つ暫定的な結末であるように，数学の現在は仮定的で恣意的な前提の数々で成り立つ．生物進化と違うのは，約束事の宇宙の範囲内でそうした仮定から確定へ，恣意から必然への作り替えが，証明をつうじて果たされていく点である[5]．
　約束事の宇宙では，公理・定義・定理・法則のさまざまな群れが序列を成しながら関連し合い，確定された状態，仮定のままの状態，さらには確定されたものの恣意性が強まって広範囲にわたる再検討を要する状態が絶え間なく進行中である（本章の証明に関していえば，「無限」をめぐる定義とこれにかかわる定理や定式が相当する）．正確で厳密に約束された規則や方法にのっとり，そこから必然的に導出される規則や方法だけをさらに確立していくという点で，数学はウィトゲンシュタインの指摘するとおり壮大な同義反復である．しかしながら，なぜいつも仮定や恣意性がつきまとい，証明を要求して進化を促すのかと問えば，直観や経験や新事実との直面など，数学の外部から何らかの働きかけがあり，あたらしい命題が生まれつづけるからである．
　しがたって数学の進化は，約束された規則や方法にしたがい，さらなる規則や方法を外側へ向けて作りつづける過程として表現できる．既存の論理をもちいてその論理に適合する論理を構築する様態は，再帰的（recursive）である．その一端は，本章の証明に顕れている．ケプラー方程式 $M = u - e \sin u$ を確定した規則にしようとする証明は，太陽を一中心にして楕円を描く惑星の軌道（ケプラーの第一法則）を前提とし，その楕円に関する幾何学的な規則を受け入れる．そして惑星の軌道に関する面積速度一定の法則（ケプラーの第二法則と呼ばれて，ニュートンが証明を果たした規則）を利用して $\dfrac{\pi ab}{T} = C = \dfrac{d\omega}{dt} = \dfrac{1}{2} r^2 \dfrac{df}{dt}$ を早々に得ることにより，証明にとって決定的な $\dfrac{df}{du}$ の導出に成功して，これらを終盤で総動員する体勢を整える．デ

カルト座標の表記，四則演算，三角関数・導関数・積分関数の計算では，幾多の約束事をもちいている．とくに導関数の計算では，商の微分やルート関数の微分を定式として使用するだけでなく，三角関数に関する規則を十全に活用する．$\frac{df}{du}$ を本格的に展開する部分をみるならば，正弦と余弦(コサイン)の微分による相互変換や両者の自乗の和がデカルト座標の表記①，②，③と組み合わさることによって x と y を次々に払っていき，u への書き換えをほとんど完了させてしまう．

　こうしてケプラー方程式は，規則を組み込む規則となる．さらに組み込まれた規則をみればそれぞれが証明されており，かつ各証明は幾つもの規則を包含していることがわかる．規則は再帰的に増殖し，かつ反復的 (replicating) に折り畳まれる．数学は再帰的にして反復的に秩序を形成することで，たえざる自己組織化を果たし，進化を遂げる．

3 ●方程式の証明と制度の遂行をつなげる

3-1 「双方性∩方向性」を組み込んだ制度の基本様式

　証明の要求する双方性，そして証明を要求する非対称性，志向と解釈，さらに「命令」という言語的操作，最後に証明を発展させる再帰的で反復的な規則を抽出したので，いよいよ制度と進化にかかわる論点を引き出そう．それは証明と制度にアナロジーをみいだし，同時に両者の差異を紡ぎ出す作業となる．本章の冒頭で言及したように，日常言語と数学的言語の比較が大きな役割を演じる．

　まずは，制度の遂行を数学の証明にみたてよう．ケプラー方程式の証明から考察を進めてきたので，引きつづき方程式の証明に焦点を当ててアナロジーを展開しよう．遂行されるべき制度には，それを存在させる理由がなにがしか付着し，あるいは付着するのを期待されている．この点を正統性の確保という，大げさだが明確な言葉で置き換えると，方程式についての証明に比すことが難しくなくなる．

　まずは制度の遂行を「命令」の観点から検討し，数学的証明の考察で意識的に落とした部分を確認しておこう．方程式の場合と同様に，制度には何かを存在させるように招き出して名前を授け，別の条件へと移行させたりする命令が付帯する．たとえば，儀礼的な口上，依拠すべきテキストの引用，ふさわしい解釈の言葉，伝承や記憶や記録などがこうした役割を担い，正統性の確保へと導く．しかしながら「命令」は，儀礼の用具やレガリアなどのモノ，さらに人間によるモノの活用を抜きに

は成り立たない．ケプラー方程式の証明も，望遠鏡をはじめとする測定機材や計算機器の発達と結びついて「命令」が変わり，証明の内容や影響力が変貌を遂げてきた．本章ではこれらについてふれずにきたが，制度に関してもモノや実践の水準は必要な範囲でのみ言及するだけにとどめる．

　方程式の証明では，等号の連鎖を中心に双方性を構築しなければならない．制度に等号を探すことは，のちに紹介する一例をのぞけば容易ではない．ただし，類似する操作手順はみいだせるので，それを表示して「原等号」と呼ぼう．原等号では数学の等号と違って，日常言語の「彼女は天使だ」を「彼女＝天使」と表すことができる．

　原等号の意味するところは，比喩，類似，類推，範疇化とさまざまであり，そのどれかへと確定できる保証もない．数学の等号が用途を計算に限定するのに対して，原等号は幅広い対象を扱う．しかし，この役割は数学の等号に比べると，論理を厳密化しているために遂行可能になっている．正確な記号をもちいるならば，原等号には「＝」でなく「⇒」がふわさしい．実のところ，「彼女は天使だ」を「彼女＝天使」と書こうが，「彼女⇒天使」と書こうが構わない．この表現が逆を意味しないのは誰でも知っている（！）し，他方では，彼女に関する命題 P と天使に関する命題 Q の関係をあらわすなどと思いたくもないからだ．それでも「彼女⇒天使」とすれば，論理包含の類似的な表示になるし，比喩から類似へ，もしかして範疇化 ── 天使の一員になること ── へと向かってもすべてを網羅するように読めるので，こう記すまでである．

　数学の等号が逆向きの読みを許すように，原等号「⇒」においても双方向へと手続きを確認する地平が拓かれていく．「命令」が制度に遂行すべき性格を付帯させるとすれば，原等号の連鎖は，その一方向性をいわば正統化するような双方性をつくりだす．具体例を上げよう．方程式の証明にもっとも近いのは，法学により体系化された法規の正統化であり，その成り立ちは演繹的に遡及することができるし，そこから引き返してくることも可能である．この場合には，原等号は類似か範疇化として働き，「$a \Rightarrow b$, $b \Rightarrow c \therefore a \Rightarrow c$」が「$a \Rightarrow c \because c \Leftarrow b$, $b \Leftarrow a$」のように展開できる．

　双方性は演繹的だけでなく，帰納的にも確保が可能である．上に例示した「$a \Rightarrow c$」という原等号を，帰納法の原型にそのまま入れ込んでみよう．「n 番目の事例まで，『$a \Rightarrow c$』．よって n＋1 の事例に『$a \Rightarrow c$』をあてはめる．すると『$a \Rightarrow c$』となる」となる．逆向きにすれば，「n＋1 番目の事例で『$a \Rightarrow c$』．n 番目にもこれをあてはめる．すると……」という方向で正統性をたどることができる．この手続きを省略すると，「$a \Rightarrow c$」はヒュームのいう「慣習」（convention）のように法則化し

て，それ自体で正統な命令となる．

　以上により制度の基本様式として，遂行を促す一方向性とその由来を遡及可能にする双方向性とが一体に組み込まれているのがわかる．非対称性と対称性と言い換えてもよい．制度は，「双方性∩方向性」もしくは「対称∩非対称」をフォーマットとして現態化する．それは行為と観念のいずれの水準にも帰属しないままに，両者の内側へ介在しつづけるパターンである．

3-2　制度のパターンの反復複製

　制度のフォーマットについて検討を進める．フォーマットは脱時間的な位相にとどまりながら，過去−現在−未来の流れをつくりだす．制度の遂行という指令とその正統性の確保は，原動力とその証拠，創元とその痕跡のように同時刻に存在することはできない．けれども制度を生きる人びとにとって，両者は過去−現在−未来の流れへと投射され，一体としての把握が可能になる．制度の解釈をもとから在るものの発見のように感じ，制度の遂行を予定されていたものの実現として受け入れるのは，こうした投射の一効果と考えられる．

　制度のフォーマットが脱時間的な位相に留め置かれていることは，人類学ではヴィクター・ターナーの議論によって確認できる．日常的な制度が意味を失う「反構造」の状態でも，儀礼や祝祭や戒厳令のような制度が現れて，「対称∩非対称」を保持する．反構造における地位の転倒と消滅は，指令であると同時に正統化されているために成り立つのである．革命時のように反構造が収束するシナリオを読めない場合でも，制度のフォーマットは —— たとえ局地化しても —— 存続しつづける．ただ別の規約が書き込まれるだけである．

　歴史上の事実や因果の糸がどうであれ，制度は「対称∩非対称」の基本パターンを手放すことはない．この基本パターンからどのようにして同じパターンが導出されるのかを，方程式の証明に比して考えよう．証明は既存の規則や方法をもちいて，この規則や方法に適合するようにあらたな規則と方法を生成していく．ならば制度の遂行は，「対称∩非対称」の基本パターンを再帰的かつ反復的に複製しながら，具体の規則や方法をこのパターンへと織り込み増殖させていくはずである．「われわれは一つの定理をより一般的な定理へと包含できたときに，その定理を十全に理解する」とスペンサー＝ブラウンが述べるように (Spencer-Brown 1969: 95)，制度の増殖はより広い文脈で制度を理解させるように仕向けるだろう．そしてパターンの反復複製は，あたらしい制度に既視的な性格を何かしら付与するはずである．

　議論はすでに，制度の進化にまで及んでいる．第二部でふれた生物と数学の進化

の対比は，ダーウィン的進化と自己組織化のそれに置き換えても間違いではない（デイヴィス（2008: 342-355）を参照）．両者の調停役として，生命体の進化とホメオシスタシスは入れ子構造をつくりだす，という知見を立てることもできる（たとえば，ダマシオ（2005））．数学の進化の説明では，外的な要素については必要な一文にとどめたが，制度の進化では以下に独立した項目を立てる必要がある．

3-3 制度遂行の見取図へ

　数学の証明が等号の連鎖によって関数の一群をつくりだすように，制度の遂行では原等号式の複合体が諸要素の関係を定義づけて秩序立てる．原等号は，具体の何かを別の何かに喩えて類似させたのち，一般的ないし普遍的な範疇へと組み入れる．個別から一般へ，具体から抽象への大ジャンプが成功することで，制度は遂行されていく．

　ここで，数学の等式に関する考察で登場した計算が再び現れる．計算が由来するのは，数を数えるという行為である．スペンサー＝ブラウンの慧眼は，一つ一つを数え上げる（reckon）行為が推論（reason）の基礎となり，さらに数学の証明は数える能力にまつわる経験によって成り立つことを見抜いている（Spencer-Brown 1969: 93）．しかし，等号の双方性は彼の主張するように，数える行為に付帯するものだろうか．数える（count）は「指さす」（point）に由来する．「あれとこれ」「あれもこれも」という指さす行為が，比喩や類似などの「みなし」「あたかも等しい」を含意する（ようになる）とき，双方性と一方向性を原等号の形態で一挙に獲得する，と考える方が自然ではないか．つまり，数えることと等号は，すでに存在する指さしの継承者として原等号の双方性を受け継ぐ，と推論すべきではないか．

　数えることが数学の源になるにせよ，自然数は解決不可能な問題を数学にもたらす．ゲーデルの定理が示すように，自然数を包含する公理系はそれ自身では演繹不可能な数に関する論題を生じさせてしまう．数えることは，数学に回収されない領域としてとどまるのである．制度について，ゲーデルの定理のアナロジーをみいだすことは難しい．大ジャンプの成功を支える原等号には，数学の及びもつかない能力が託されている．この点で，パターンの反復と制度の増殖は数学よりも少ない制約下で進行するに違いない．

　必ずしもそう思えないのはなぜだろうか．制度の遂行では，方程式の証明が内包している計算の規則と方法を要請されることはないが，諸要素の間に的確で具体的な関係をみいだして提示するように期待されている．方程式でいえば，一変数について他の変数との関係を別な等式によってなるたけ簡潔に導出する作業であり，「方

程式を解く」── 等式をほどく（solve the equation）── ことである．解はケプラー方程式で述べたとおり，解析的な姿で導いてもよいし，数値として呈示してもよい．

　ケプラー方程式が示唆するように，数学の世界は解がみつからない方程式で溢れている．証明できるが解をさだめられない方程式は，正統性を確保するが具体的な遂行形態を確定できない制度にみたてることができる．念のためにいうと，本章では証明から析出した遂行の指令とその正統化については，すでに制度を遂行する条件として保証している．それとは別に，遂行の具体的で的確な見取り図を提示できない状態は，制度にもしばしば認められるだろうから，これをみたてに加えようというわけである．

　解のみつからない方程式に，数学はどう対処するのか．まずは，何らかの方法や規則を駆使して近似解を導く．でなければ，これも方法や規則を援用して，解の性格を明らかにしていく（たとえば，存在の有無，収束や安定化の有無，その範囲と形態）．二つとも方法や規則は，証明に畳み込まれたものと同じ性質を備えていることが少なくないし，場合によっては証明によって道筋が示されている．あるいは反対に，解法の検討があたらしい定理や方程式を導くこともある．

　こうした対処法と比較できる事象を，制度についてみいだすのは難しくはない．とはいえ，制度の進化は方程式を次々に定立することを意味するので，解のない方程式を好んで選ぶとは考えにくい．パターンの反復と制度の増殖には，次の制約が課せられるだろう．証明が可能であり，つまりは解くにふさわしいこと，および，解きやすく，要素の具体的な関係を同定しやすいことである．ただし後者の場合，的確な関係が必ず提示できるようになっていなければ成立せず，こちらの証明も付帯させなくてはならない．二つの制約が既存の規則と方法をつうじて再帰的かつ反復的に充足されていく過程こそ，制度の進化である．証明が解法の発見を助けたり，解の性格が証明の方向を示唆するような二者の交錯を考慮すると，少なくても一つの制約を満たせばよい場合もある．

3-4　諸制度をつなぐ制度としての贈与

　ここであらためて制度の進化を考えるとき，以上の諸条件に反しながらも堂々と存在しつづける一つの制度群と出会う．それらは証明するよりも解くことを要求する遂行指令であり，だからといって解をみいだすことはやさしくない．しかも融通の利く原等号ではなく，用途が計算に限定される等号で表記する方がふさわしい．数えること，指さすことに，深くかかわる制度群である．

　ともかく表記してみよう．まずは，制度が数学と共有する再帰性と反復性を活用

すれば，以下の基本式を提起できる．

$$x = f(x)$$

これを漸化式として表記しよう．

$$x_{n+1} = f(x_n)$$

さらに x に関数 A と関数 B を変数として付加すると

$$x(A, B)_{n+1} = f(x(A, B)_n)$$

この原初的な方程式の具体的な範例はといえば，A と B による贈与のやりとりである．A と B は独自の変数として関係 $x(A, B)_{n+1}$ を構成するが，その関係は一つ手前の関係 $x(A, B)_n$ によって定まる．この再帰的な関数は，初期条件や内部の係数を少し変えるだけで，数値的にとてつもない変化を遂げる．不確定で先の読みづらい等式である．

　証明を成功させるにも解をみいだすにも都合のよくないこの制度が，存続を保持するだけではなく，もろもろの社会の他の多様な制度へとたえず連接を遂げていくのはなぜだろうか．北米先住民にとってのタバコや南仏のカフェでのテーブルワインにかぎらず，世界のどこかで隣に居合わせた人と人とは，何らかの形の贈与をつうじて関係をつくる．彼らは異なる規則と方法の束を持ち寄り，束と束とを贈与という制度によってつなげる．幾多の人類学者が主張してきたように，贈与は人間に普遍的な制度としてそこ彼処に出現する．

　贈与にはもちろん，正統化に向けた解釈が施されるし，最適解に対する確信が生まれることがある．しかしいずれも，双方性を確保したと言い切るには安定性に欠けたり時間が短かったりすることが多い．贈与について誇張した表現をすると，再帰性と反復の志向そのものである．控えめな言い方をすれば，他の制度と比べて志向主体という性格がきわめて強い．贈与は日常語による解釈や特別の用語法による「命令」から一定の距離を置いた場所で，遂行者に人やモノを（心の中で）指さし（口に出さずに）数えさせて，規則と方法をどう再帰的に活用し反復するのかをその都度決定させていく．再帰的な関数として，等号で表記するのがふさわしいほどに，である．汎関数 ── 関数を変数とする関数 ── としての遂行者に，彼らの内側の係数のとり方や初期の条件づけの変更を余儀なくさせたり，あるいは解を別の関数に置き換えてあたらしい形の汎関数へと形態を変化させたりして，遂行者である「私」をたえず生成させていく．

　贈与が例外的にして普遍的な制度であり他の制度との節合を形成する状態につい

て，パターンの観点から総括しよう．諸制度は贈与との節合はつづけるが，これまでの考察が明らかにしたとおり，「対称∩非対称」や「双方性∩方向性」を贈与自体に由来させる必要はない．つまり，それぞれにフォーマットを満たし，まわりの制度との間で規則や方法を共有し合いながら，あたらしい規則と方法をみずからの内側に増殖させて内部へと折り畳んでいく．少しだけ別な表現にして繰り返すと，制度の進化とは，贈与の制度から他の諸制度が自律したフォーマットでみずからを組織し，そのパターンを反復複製して複数の制度となり，規則と方法を増殖させ利用し合う一群を形成していく過程である（冒頭に述べたように，制度の誕生と消滅，入れ子構造の形成については，本稿ではふれない）．

これを遂行者の立場からみると，自律性を獲得した制度はその過酷さの度合いにかかわらず，等号よりも原等号の表記をもちいる形で遂行の裏づけを用意するので，比喩や類似や範疇化を使い分ける能力が求められる．遂行者がみずからの行為を遡及的に正統化する方法は，飛躍的に増大する．場合によると彼らは，諸係数の調整や条件の設定や解の置換をみずからおこなうことを意識し，何かの体現者，継承者，生まれ変わり，もしくは「一度かぎりの私」として，制度を引き受けることへの強い自覚をもつ．もっとも，係数や初期条件や関数化は比喩でしかない．彼らは自分が等号で表記されることを，ふさわしいとは思わないだろう．その典型は商品交換という制度の遂行者であり，彼らの自覚の守り手として数学を駆使した専門家集団をみつけることができる．

以上は，贈与からの自律に強調点を置いて制度の進化を記しており，これに伴う贈与という制度の進化にはふれていない．そのために，贈与が諸制度の調整役を果たし，反対に諸制度の遂行を妨げることの考察にも手がつけられていない．これは凡庸にみえるが重要な作業である．数学の内的な進化が外的な諸要素によって現態化してきたように，制度の進化は贈与という例外的で普遍的な制度に由来するところが大きい，と考えることができるからである．いつか稿をあらためて論じなければいけない．

注

1）この図は地球惑星物理学者の大坪俊通氏からのご厚意で転載可能となった．大坪氏は大学生に向けた2体問題の論述の中で，まず極座標 (r, f) を解析的に展開したのち，これに e, u, t_0 を入れ込んで積分をすることによりケプラー方程式を導出している（大坪 2009: 149）．

2）正確にいうとケプラーは，まず $M_0 = E_0 - e \sin E_0$ として $E_1 = E_0 + (M - M_0)$ と置き，次に $M_1 = E_1 - e \sin E_1$ を計算して，さらに $E_2 = E_1 + (M - M_1)$ へと進めていくような反復法によ

る産出を考えていた (Colwell 1993: 4)．ケプラーの反復法については Thorvaldsen (2010) が詳しい．
3）［∀x(n)(x(n)∈A(n+1)⇔x(n)∈ B(n+1))］⇔ (A＝B) および［∀x(n+1) (a∈x(n+1) ⇔b∈x(n+1))］⇔ (a＝n)．n, n+1 は階数，A, B は集合，a, b は同階の対象式を示す．
4）この点については，数学者の山田裕二氏から次のご指摘を受けて議論を整理することができた．「論理から論理は作れない．論理に心を入れて，はじめて論理を導くことができる」．
5）数学者にとって証明は絶対的な指令だが，必ずしも魅力的な仕事ではない．「数学者は，ある問題を解いたと思ったあと，はじめて論理的証明にとりかかる……論理的な進行は最後にようやくなってくる．それに，実を言うと，細かいところが本当にうまくいくかどうかをチェックするのは退屈だ」(デブリン 2007: 332)．加えて純粋数学では，正確無比な証明が洞察力を奪うことを意識して，形式性の貫徹を不毛とみなす傾向がある (Heintz 2003: 930)．

参考文献

Colwell, P. (1993) *Solving Kepler's Equation: Over Three Centuries*. Willmann-Bell, Richmond, USA.
ダマシオ，A. (2005)『感じる脳』(田中三彦訳) ダイヤモンド社．
デイヴィス，P. (2008)『幸運な宇宙』(吉田三知世訳) 日経 BP 社．
デブリン，K. (2007)『数学する遺伝子』(山下篤子訳) 早川書房．
Gelfand, S.I., M.L. Gerver, A.A. Kirillov, N.N. Konstantinov (2002) *Sequences, Combinations, Limits*. Courier Dover: Mineola, New York: N.Y.
Greiffenhagen, C., W. Sharrock (2006) Mathematical Relativism. *Journal for the Theory of Social Behaviour* 36(2): 97-117.
Heintz, B. (2003) When Is a Proof a Proof? *Social Studies of Science* 33(6): 929-943.
Jensen, C. (2011) Introduction: Contexts for a Comparative Relativism. *Common Knowledge* (Special issue: "Comparative relativism: symposium on an impossibility") 17(1): 1-12.
Kline, M. (1953) *Mathematics in Western Culture*. Oxford University Press: Oxford.
Livingston, D. (1986) *The Ethnomethodological Foundations of Mathematics*. Routledge & Kegan Paul: London.
Maurer, B. (2006) *Mutual Life, Limited*. Princeton University Press: Princeton: N.J.
宮崎広和 (2010)『希望という方法』以文社．
大宮真弓 (2008)『非線形波動の古典解析』森北出版．
大坪俊通 (2009)「天体の軌道運動」福島登志夫・細川瑞彦編『天体の位置と運動』日本評論社．135-177 頁．
Riles, A. (2000) *The Network Inside Out*. University of Michigan Press, Ann Arbor.
Riles, A. (2011) Collateral Knowledge. University of Chicago Press, Chicago.
Spencer-Brown, G. (1969) *Laws of Form*. George Allen and Unwin, London．(山口昌哉監修『形式の法則』(大沢真幸・宮台真司訳) 朝日新聞社)
Strathern, M. (1988) *The Gender of the Gift*. University of California Press, Berkeley.

Thorvaldsen, S. (2010) Early Numerical Analysis in Kepler's New Astronomy. *Science in Context* 23(1): 39–63.

第14章　制度の基本構成要素
三角形，そして四面体をモデルとする『制度』の理解

船曳建夫

● Keyword ●
三者間関係，四面体，象徴，意味空間，調整

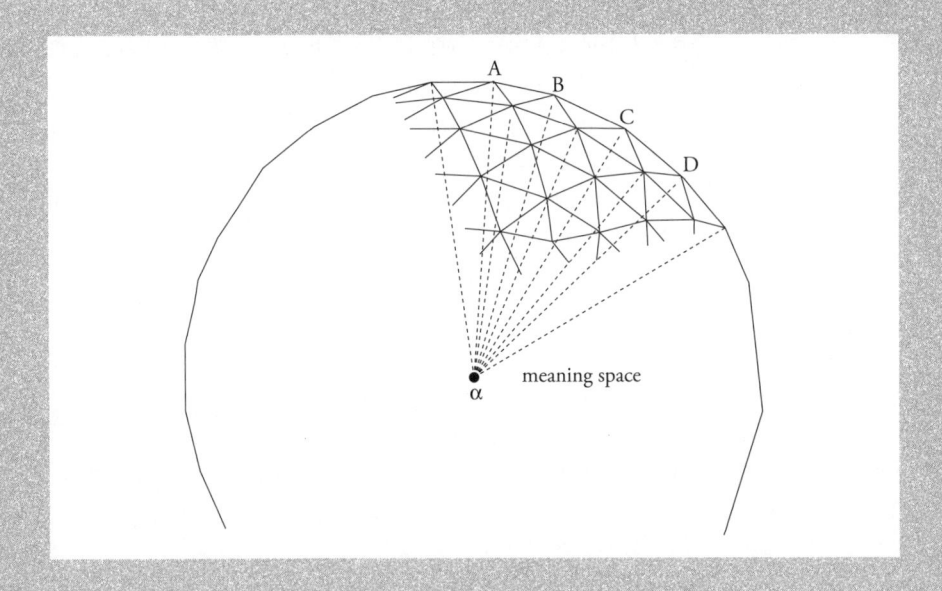

　二者間関係を保証，調停する第3項pの能力が，その存在自体が元々持っている質にあるのなら，その作る3角形は人間の関係の継続性を完全に保証するものとはならない．しかし，pを記号αとして，そこに記号を強化する解釈を増加的に再生産する意味空間があれば，記号αを頂点とする四面体の集合は，「一義性の不十分」と「記憶の劣化」を超えることが出来る．それが制度なのである．

先の論文（以下，第 1 論文と呼ぶ），「人間集団のゼロ水準」（船曳 2009）で，われわれは，「人間は，出会い，対面する他の人間と相互に了解の関係を取ることが可能である」（同 294 ページ）ことを前提にして議論を始めた．その「関係の可能性を保っている，無限の位置の広がりを『場』」と呼び，そこに切り取られる，個別の「関係が乗っている位置を『場面』」と呼んだ．そこでは，人間はもう一人の人間と，対面関係に入ることが，本来備わっている「ことばと，身振りの共有感覚」によって常に可能である（同 295 ページ）とした．しかし，その相手の向こう側の「遠い」人間と関係を持つためには，回り込んで，自分自身の位置を変えなければならない．言い換えれば，仮定された個的な人間は，対面関係を放射状に，個的な了解能力の限界にまでしか増やすことは出来ない，と述べた（同 295 ページ）．

第 1 論文の目的は，そのように仮定された，文化的存在としての人間に備わっている非言語的及び言語的関係能力によって作られる人間集団が，いかにして「場面を切り取ることすら出来ない状況」となるか，すなわち，どの様な状況が人間集団をそのゼロ水準にまで下降させることになるかを探ることであった（同 297 ページ）．

本章（以下，第 2 論文と呼ぶ）では，その逆を試みようと思う．すなわちこの論文の目的は，先の論文で残した問題，「現在，すでにわれわれが生きている人間集団が，いかにして，その，生物学的な集団構成を質，量共に超え，次元を異にするというべき規模と複雑さを持つことを可能としたか」を，考察することである．それは同時に，進化論的な意味で「人間の『制度』に関する問い」に答えることでもある．（第 1 論文 304 ページ）．

1 ●三者間関係

制度を原理的に推論しようとすると，すでに余りに多くのことが人間の制度の成立に関して述べられてきているため，それらを参照しながら論じると，結果として注釈学のようになってしまう．この論文でわれわれが参照する，ルソー (1978)，ジラール (1971)，今村 (1982) でさえ，彼らが非常に特異で独創的な思索者であるにもかかわらず，彼らの理論から議論を始めようとすると，自ずとその原理性の細部を問題とする，注釈学のような文章となってしまい，政治哲学の学説史に引きずり込まれざるを得ない．それを避けるために，われわれは，第 1 論文と同様，原理的で，単純なモデルの構築から始めることとする．

われわれは，1 対 1 の関係を人間が取り得る，と考えるところから始めた（図 1）．

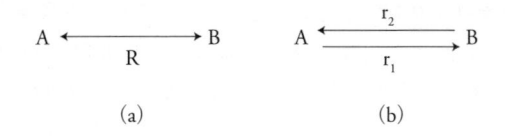

図1● 1対1の人間関係

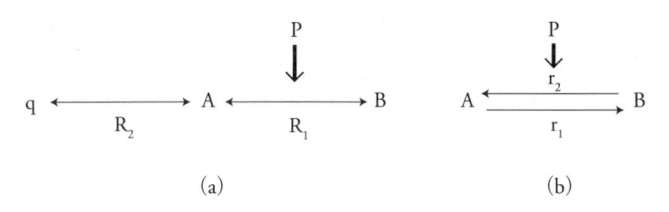

図2● 1対1関係と第三者 (p) の介在

　その1対1の関係は，原理的には限りなく作ることが出来る．しかし，一人の人間が同時に持つ1対1の関係には身体的な限界がある．もっとも，同時に持つ1対1の関係に身体的限界があったとしても，通時的にそれを重ねて行くことで，理論的に再び限界は取り払えるかと思える．しかし，一つの関係は，新たに作られる関係によって覆われてしまう．すなわち「記憶」の限界である．時間進行と共に，理論的には限界無しに1対1の関係は増えるとしても，それは「記憶」の限界によって，時間的に劣化して行くのだ．

　その時，自分（第1の存在）と相手（第2の存在）とに，第3の存在が介在したらどうなるだろうか（図2-(a)）．第一者（A）と第二者（B）との関係を媒介する第3の存在（p）は，第一者が，その持っている関係（R1）とは別の関係（R2）を持ったときに，R1を劣化させずにR2を持たせる可能性を開く．すなわち，第3の存在が，共時的にAの身体的な限界を肩代わりし，通時的にはAの「記憶」の耐性を保証する．

　このところを例示的に解説する前に，この第3の存在とは，人間であるとは限らないことを予め述べておく．それは人間としての第三者であっても，モノであっても，ここの議論には構わない．ただ，その論点をいま問題とすると，われわれの議論を無用に錯綜させるだけなので，その人間としての第三者も，第一者と第二者にとっては，「もの化」する「者（もの）」としてあるのだ，と予告するだけにとどめる．

　さて，第3の存在の例示としては，まずは，人間があるだろう．第一者（A）と第2者（B）に対し，その第3の存在としての人間（P）は，その関係の事実をA，Bに対して，保証することが出来る．まずは，AとBとが二者の関係（R1）に同一の認

第14章　制度の基本構成要素

識を持つときにはそれを補強する存在として，Aの身体的な限界（記憶の耐性）を肩代わりする．しかし，AとBとが二者の関係に異なる認識を持ったとき（図2-(b)）に，pはより決定的な機能を果たす．すなわち二者の相違の間で，Aに同意するか，Bに同意するか，によって，2対1の「より」多数を形成することが出来るからである．このことも，A（およびBの）共時的な身体的限界を肩代わりすると言ってよい．しかし，一歩進んで解釈すれば，その肩代わり以上に，じつは，AとBとに，高次な同意を促す機能を果たしているとも言える．たとえばAとBとがなんらかの過去についての貸し借りの不同意や，未来についての行動の約束の履行についての不同意があるとき，pがAとBとに関係の調整を果たしているのだ．その「調整」が「促し」から「強制」に近づけば，起きている事態は「制度」に近づくことをここで感じ取ることは出来よう．

それはこれからの議論の兆しとしておいて，次いで，この第3の存在が，モノである時を考える．その三者間関係は，前記と同様ではあるが別の特質，現実世界の中で，人間存在と比べて相対的に「モノは消えにくい，変化しにくい」ことで身体的な限界を肩代わりし，時間的な劣化を防ぐ．また，その存在で同意を促し，不同意を調整する．

しかし，第3の「もの」が，人間であれ，モノであれ，それが，こうした機能を果たすことが出来るためには，すでに，そうした事態が繰り返されていることがそれをさらに強化する．原理的には「調整」の経験の有無は問題とならないが，実際的にはAとBとにそうした「調整」についての過去の経験があることが，pの働きを確実なものとする．

ここでわれわれは，すでに第1論文の冒頭で指摘した，「初発の地点にさかのぼろうとする試み」が陥りやすい，循環論法の問題に再び行き当たる．仮説を問うているときに，その仮説によって成り立つ現実を前提としてしまうこと，この場合は，pの調整の機能についての仮説を，すでにそうした調整が存在することで支持しようとすることである．しかし，水源（調整の存在）を仮定することと，「現実」の流れをさかのぼって水源を突き止めること（この第2論文で行う論証）を，レベルの違いにもかかわらず，時に相互援用することの可否は，最後にこの論文に意味があるかどうかとして判断されるものとしてこのまま続ける．

さて，この第3の存在，pは，人間であったりモノであったりするのだが —— そして，いずれは人間でもモノでもないものとして論じるのだが —— 議論を前に進めやすくするために，ひとまず，人間（C）とし，それがモノであるときも変わらないことはいずれ確認することとしよう．では，二者間関係と三者間関係の，そこにある相違は何か．

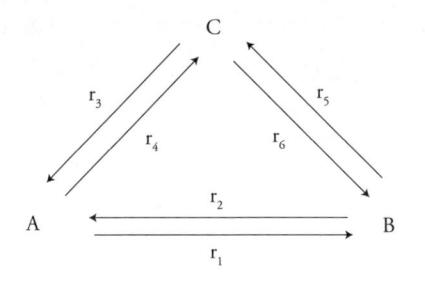

図3 ●三者間関係

　図1-(b) の二者間関係のモデルは四つの要素から成立している．すなわち，A, B, r1, r2である．さらにこの関係では，第1者，Aは，関係の中の自分自身 (A) がどのように行動するかを認識することが出来，自分がBに対して能動者として取っている関係 (r1) がどのよう（たとえばその意図と強度）であるかを把握しており，それを変更することも出来ると考える．一方，Aは，Bとr2については自分自身 (A) や自分の取る関係 (r1) のようには，認識，把握，変更することは出来ない．言い換えれば，統御 (control) することは出来ない．四つの要素の内，Aにとって，また，Bにとって，統御内のものが二つ，統御外のものが二つである．

　図3では，二者間関係に，第三者が加わる．ここでCは，図2-(b)でpが二者間関係に対して「介在者」としてあるのと異なり，「当事者」としてあるゆえ，三者間関係が生じる．この関係にある要素は九つとなる．すなわち，A, B, C, r1, r2, r3, r4, r5, r6である．同様の筋で考えると，九つの要素の内，Aの統御内のものは，A, r1, r3の三つであり，統御外のものが六つである．二者間関係から三者間関係に変わることで，人間にとってその人間関係は，異なるものとなる．すなわち，統御が質量共により困難な水準に引き上げられる．そして，それは困難でありながら，その困難が避けられない種類のものとなる．なぜなら，二者間関係 (図1) においては，人間 (A) は，その関係から自分を脱退 —— 関係の意図を中断，その強度を無化する —— することで，関係自体を中止することが出来るのに対し（一方的にBがAに関係を求めている状態は，関係が成立していないもの，と考える），三者間関係 (図3) では，異なることが起きるからである．すなわち，Aが自らそこから身を引いても，

(1) BとCの間の人間関係は続行され，
(2) C（図2-(a)におけるpとして）は，Aの脱退によって中断されたBとAの関係を，Bに対してその関係の存在を保証することが出来，

(3) また同様に，B（図2-(a)におけるpとして）は，Aの脱退によって中断されたCとAの関係を，Cに対して保証することが出来る．

それらのことで，Aの「AとBとCとの三者間関係」からの脱退にもかかわらず，そこにあった「AとB」，「AとC」との二者間関係はそのまま，「「AとBとC」との三者間関係」も「関係」としては存続しうるのである．

Aにとって三者間関係は，そこに関わる多くの要素（六つ）が統御出来ないだけではなく，その関係に入った後には，その関係から真の意味で脱退することも困難，ある意味合いで，「統御不能」なのである．ここにあるのは，ある主体（たとえばA）には，知り得ない，変更し得ない要素を含む関係であるからこそ，その関係から抜け出すことが出来ないという，一見逆説に見えて，経験的には現実社会における，すこぶる順当なことが起きているのが分かる．われわれはさらに，これが4者間関係となった時には，Aの統御内の要素は，四つであるのに対し，統御外の要素が12となり，4者間関係はさらに強く「統御不能」の関係，「場面」であることが分かる．もちろん，これがさらに5者，6者となった場合のことは，算術的に容易に想像しうる．

そして，この仮構されたモデルを実際的に，先に述べた「現実の『流れ』」の中に見いだそうとすれば，それは，日々，人間が対面している状況，経験している場面として，その「困難」はすぐ分かる．すなわち，それが，主体個人には原理的に統御不能な「社会」（日本では「世間」の方が適切であろうか）と呼ばれるものである．しかし，そこに人間が，統御不能を克服する可能性を探ろうとするとき「制度」が生まれる，または生まれているはずである，と仮定して論を進める．

2 ●第三者とならない第三項

議論を少し戻すと，まず，4者，5者，6者間関係が成り立つのは，次々と三者関係の中に新たな人間が関係付いて行く，図4として理解出来よう．すなわち「A，Bに対するp」としてD，E，F，Gが関係に入ってくる．しかし，それは，Aに対してBが関係を取り結ぶような初発の関係の取り方ではない．なぜなら，DがAに対して関係を持つとき，すでに，Aは，BやCと関係を持っているものとしてあるので，Dが，Aに対して関係を持てば，自ずとB，Cとも関係を持つことになる．このとき，Dは，Aとだけ関係を持ってB，Cと関係を持つことを拒否することが出来る，とすれば，「自ずとB，Cとも関係を持つ」は，「B，Cとの関係に巻き込まれる」という言い方となろう．しかし，「BともCとも関係を持たない」として

```
          D           H……
    C         E
         A         I……
    B         F
  A'……q    G    J……
```

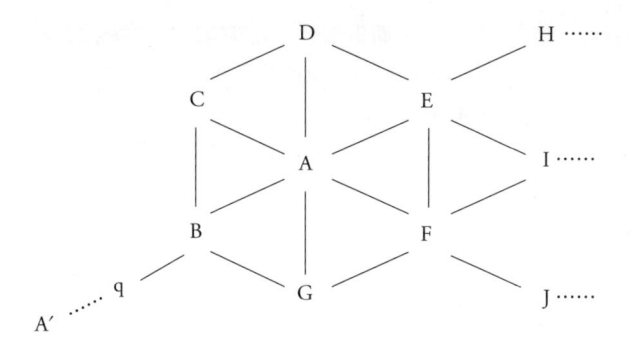

図4 ● 1対1関係の拡大

もそれは，第1論文で「孤独」と「単独」を論じたときに明らかにしたように（第1論文300-301ページ），原理的にはBとCとに対しても，Dは社会的には「のがれがたく連帯のなかにはらまれている」のであり，そこには，潜在的に関係は存在する．われわれは第1論文でそれを「孤独」と呼んだ．また，もしDが真に「BともCとも関係を持たない」，「単独」となったならば，それはDが孤独から滑り落ちた「単独者」として社会から切り離されることであり，人間であることを停止することに限りなく近づく．それは，第1論文の対象であった人間集団のゼロ水準のことがらであるので，人間社会が成立している状態での「制度」について考察を進めようとしているこの第2論文では，再び取り上げることはしない．

では，図4にあるような，関係が広がっていく状況を考えてみよう．この関係の拡大は原理的に限界はない，と考えられる．それを第1論文では「場」と呼んだのである．しかし，第1論文で示したように，Aは，その能力の限界まで関係を持つとしても，それは，「経験的には，かなり少ない数の人間，例えば，5，6人とか十数人」（同295ページ）といった数となろう．しかしここでは，その数が問題なのではない．4人であろうが，たとえ20人であろうが，「放射状に他の二人以上の複数の人間」と関係を持つことは，いずれ限界を迎える．問題は，「場面上の人間と水平に重なって隠れている向こう側の人間と対面し，関係を取るには（中略）『回り込んで』，向こう側に自分の位置を変えなければならない（A'）」（同295ページ）ことである．しかし，それもすでに第1論文で図1-b（同296ページ）を使って説明したように，Aが「回り込んで」qと関係を持てば，Aにとって，こんどはBが「場面上の人間と水平に重なって隠れている向こう側の人間」となってしまう．すなわち，放射状に居並ぶ人間と，二者関係を数限りなく取ること以外，関係は量を増さない．逆に言えば，その量はたやすく限界を迎えてしまうゆえ，第1論文で提示したよう

に,「現在われわれが生きている人間集団が, いかにして, 生物学的な集団構成を質, 量共に超え, 次元を異にするというべき規模と複雑さを持つに至ったか, という進化論的な問い」に答えられないことになる.

　ここで, われわれは, 三角形が四面体となることで, 物理世界 (彼の言葉では宇宙) に構造が立ち上がることを論じた, デザイナーにして思想家であるバックミンスター・フラー (2007 (1992)) の考えを援用しようとする. 彼は,「三角形は, 頂点部分が可撓的でありながら形状を保持する唯一の多角形である. それゆえ, 三角形のみが宇宙のあらゆる構造的な形態を説明出来る. とはいえ, 三角形はシステムから独立して存在しない.」(フラー 2007：77) そして, 独立した存在と思える三角形は常に四つの頂点と, 高さを持つ四面体というシステムの一部である, とする. この事実はフラーの考えを借りずとも誰もがすでに知っていたはずのところである. ただ, 彼が建築デザイナーとして建てた, 多面体の球状の構造物に, 社会モデルとしてのヒントをつかむことが出来るだろう. すなわち, Aが回り込まずにqと関係を持つ方法, 制度のモデルである.

　図1から図4までを再考すれば, それらは, 第三者が, 二者間関係に新たに加わることで, 二者間関係を保証しながら広がりを持つメカニズムを説明している. しかし, その「広がり」は, Aを当事者としてみたとき, 図4に示されるように, H, I, J……に対しては連鎖としての関係であって, Aは, 全体の広がりに同時に, また継続的に関わることは出来ない. これは,「ことばと, 身振りの共有感覚を備えている」にもかかわらず人類が, 他の生物集団の種としての存在と同じく, ただ場という広がりだけしか持てない状況にある, ということになる. この推論された状況はこれまでの, そしていまの私たちの現実のものではない. モデルによる推論がどこで間違ってしまったのか. それは, 図2-(b)と図3の間にありそうである. なぜなら, 図1から図2への展開, 図3から図4への展開は, 一本道であり, そこに誤りを導く分岐は見られないから. 図2-(b)から図3への展開に誤りを探ろう.

　すでに論じたように, 図2において, 第3の存在pが現れ, それがA, Bに対して, 二者の関係を保証しながら三者関係を取り結ぶとした. その時, pが図3にあるように, 第3者 (C) とならずにA, B, 二者の関係を保証するだけの存在 (p) であり続けたらどうだろう.

　たとえば, すでに述べたようにそれがモノであったなら, 二者の関係を保証しつつ, 第3者という当事者, アクターとはならない. モノとは, たとえば共有する道具や資源が考えられる. そこに, 人間としての第三者が現れたら, それはpを共有しつつ, 新たな当事者, CとしてA, Bと三者関係を取るだろう. しかし, それが道具であれ資源であれ, pがモノとして二者関係, 三者関係, 四者関係, と質と量

写真●筆者がフィールドワークを行ったムボトゥゴトゥ社会で，結婚に際して行われる女性と豚の交換の場面．森の中を切り開いてサッカーグラウンドほどの広場を作り，そこに，新郎側の村の男性グループ，女性グループ，新婦側の村の男性グループ，女性グループと，四つの集団が明確に別れて位置を占める．男性たちは，新郎側のグループが複数の豚を新婦側のグループに渡した後，互いに遠く離れて無言で対峙する．一方女性たちは，新婦側のグループが，新婦と共に贈りものを新郎側のグループに渡し，新郎側も贈りものを新婦側に渡し，そうした後，二つの女性グループは交わってしばし和やかに歓談する．

を増す人間の関係を保証するとしたら，それがただのモノである限り，増える関係の中で，保証機能を果たし続けることは危ういだろう．なぜなら，ある当事者Aが統御することの出来る関係と，他者の持つ（Aには）統御出来ない関係との連鎖で作られる関係群を，第3者としてのモノの持つ保証機能によって存続させるには，Aと他者とが，そのモノについての意味と価値について，常にすりあわせなければならない．そのためには，そのモノ自体が一義的にしか解釈されない存在でなければならない．そのようなモノは，人類史上「金（きん）」がもっともそれに近いモノとしてある．その希少性と汎用性，そして，それらと関係している与える印象の強さは，たしかにある．しかし，鉱物としての「金（きん）」が社会的な「金」であることは，その質だけでは常に保証されてはいない．それが十全ではないことは，こ

のすぐあとに再び説明する.

　では，第三者とならない，のちの論者との関係でいえば「第三項」，pであり続ける存在を，モノではなく，人間としたらどうなるだろう．すでにこの第1節の論理展開に慣れてきたわれわれは，ここで議論を急いでもよいかもしれない．すなわち第3者とはならない人間を想定すればよいのだ．たとえば，それは「父」であるかもしれない．ここで「父」を考えるのは，人間集団の原初においても父子関係は —— というのは制度の開始以前を想定しても，という意味だが —— 非対称的，社会力学的高低差を持っていると考えるからである．（「母」でも相違はあるが同じ論が出来る．その相違の説明に紙幅を割かないのは，問題の水準が異なる，文化的な水準にずれて行く問題があるからである．）

　さて，A，Bがその子であるような父は，第三者としての関係とは異なる第3項であり続けることが出来よう．その場合は，他のキョウダイ（性別を問わない）がC，Dとなって入ってきても，それぞれに対して，父はpとしての保証の機能を果たし続けるであろう．しかし父と子が作る集団もその「子」の数はたやすく限界を迎え，「生物学的な集団構成を質，量共に超え，次元を異にするというべき規模と複雑さ」を持つには不十分であろう．では，「父」ではなく「死者」はどうか．すでに「死」んでいることは，二者間関係に対して第三者とはならずに第3項として留まり続ける要件を満たす．しかし，死者一般は，実際の場面で生者に対して，保証機能を十分に持つようには思えない．彼らが無視されやすいことはその不十分さの多くを占める．

　では，死者であることで第三項であり続ける要件を満たしつつ，実際の場面（死したるのち）でも期待値に達する保証機能を持つために，「死者としての父」という「p存在」ではどうか．父と子の作る集団においては，「父」は死したるのちにも記憶の劣化に対抗しつつ，一定の，持続する保証機能を持つと考えられないだろうか．もちろん，そうだとしても，ここにも，生物学的な集団構成の規模と複雑さにおいていかに他の生物の水準を「抜くか」，という問題が立ちはだかる．しかし，死者としての父に対しては，子のみならず，子の子もまた，同様の保証機能を受けることが出来る，と仮定することは不可能ではない．そのことによって，「規模と複雑さ」は，素朴な域ではあるが，一段と増す．しかしさらにそれを増そう，と，子の子の子まで広げると，まずは「規模と複雑さ」が増したとしても，すでに問題とされている，記憶の劣化が，保証機能を次第に減じさせるであろう[1]．

　この単純な推論の過程で分かったことは，モノ，それが金（きん）であれ，人間，それが死者であれ，「父」であれ，「死者としての父」であれ，第3項としてとどまれることがその第三項としての存在自体にあるのであれば，言い換えれば，第一義

的な認識においてその質だけが問題とされる限り，「一義性の不十分」と「記憶の劣化」によって，それは関係の継続性を永久に保証するものとはならない．「金」が「金」であるのは，それが「金」であると認識される限りにおいてである．誰にとっても，いつになっても，鉱物の「金」が鉱物の「金」であるだけで，「金」であると，あやまたずに第一義的に認識されると想定することは出来ない．しかるに，「社会制度」とは，時間や，場面に限定されて存在する物では無いのだ．

　ここで，第1論文における，「回り込んで」「向こう側の人間と関係を持つ」ためには，「場において，関係を媒介する『高さ』があればそのことが導かれる」（第1論文 297 ページ）という指摘に戻ってみよう．第1論文ではわれわれはそこからゼロ水準に下降したのだが，それを今度は，制度を探るために，上（のぼ）ってみようというのだ．

　図2-(a)でpが「父」であれ「金」であれ，それが人間やモノである限りは，それは図3となって，広がりを持つだけの人間の集団となる．しかし，pが人間でありながら，またはモノでありながら，「父」という「記号」の水準や，「金」という「記号」の水準を持てば，「一義性の不十分」と「記憶の劣化」を超える可能性が出てくる．それは，記号が一義性の完全を持ち，記号にはそれが人間によって，記号として繰り返されれば，何度でも新たに始まる，という劣化への耐性があるからである．

　記号の一義性には長い説明はいらないだろう．「父」という記号は，実際の「特定の父」のように，個別の複数の要素からなる複合体でないために，誰にとっても一つの「父」である可能性をもつのだ．別の言い方をすれば，「特定の父」が個々人の認知と記憶によって異なる，といった水準での多義性に悩まされるのに対し，記号の父は，一義的にあり得るのだ．また，記憶の劣化も同じように，「特定の父」が想起される度に薄らいでいくおそれがあるのに対し，記号の「父」は，そのつど「記号の「父」」という限りにおいて，新たに確認されうるものだからである．「金（きん）」についても，いわば同様のことが言えよう．比喩的に言えば，いかに純度の高い「金」であろうと，それがモノとして「金」であることは，「「金」である」と記号化された「金」よりは不純物が混じる．いや，むしろ「金」というモノが「記号としての「金」」となっているのは，金属のモノとして使われることを除いて，pとして「金」が働いているとき，すなわち記号化されている「金」としてである，といえばよいだろう．ここでは，水源（「金」の質）から演繹される論証と，現在，「金」がすでに，「記号としての「金」」としてあることから水源をさかのぼる論証とを重ね合わせている危険を冒しているが，ここでも，全体の論の中でそのことは判断してもらうとして，先に進む．

3 ●四面体モデル

　ここでは，むしろ議論を先取りしたかたちで進めた方が，「父」と「金」の実態の質的な違いから来る混乱を避けることが出来るだろう．図5の(a)は，A，Bに対してp，第三項として現れた存在が，記号化した人間やモノとして，αとなった状態を示している．このαは，記号化された存在として，第三項であり続けるために，図5の(b)にあるように，第三者のCがAとBとの二者関係に立ち現れると，Cは第三項，pとして振る舞う必要はなく，Cもαを第三項として，Aとの関係を持つことになる．そして，図2-aにあるpの保証を受けられるだけでなく，すでに述べたA，B，Cの三者関係がはらむ，「そこに関わる多くの要素（六つ）の統御が出来ないだけではなく，その関係に入った後には，その関係から脱退することも困難，ある意味合いで『統御不能』」という問題から免れるのである．そのとき，AとB，AとC，BとC，の三つの二者間関係はαに保証された四面体として表れる．それは，図4の(c)でさらに明らかなように，Dが加わったとき，まえに推論されたところのさらに統御不能な四者関係ではなく，DとAの，DとBの，DとCの，そして，AとC，AとB，BとCの，αを第3項とした六つの二者間関係からなる，その意味で統御不能性が最小限の，四つの四面体が複数重なり合った統合体として現れる．

　この先，E，F，Gと増えたとしても，図3で行った説明のように，ただ統御不能性が増して行く連鎖として人間の場が広がり，その中で一人一人は，「全体の広がりに同時に，また継続的に関わることは出来ない」，といった困難な事態とは次元の異なる状況が生まれる．これを第1論文で示唆した「構造」と捉え，それによって作られるのが「制度」だと考えてはどうだろうか．

　先取りした議論を少し戻し，この構造による制度は，なぜ全体の広がりに同時にまた，継続的に関わることが出来るのかについて再確認しよう．それは，このモデルではすべての人間が，他者との関係を二者関係として捉え，それを保証するpが決して，関係の統御不能性を増す第三者として現れることがないからである．

　では，この構造の中で「第三者」というものがあるとしたら，それは誰であるか？それは決して第三番の存在（第三項）ではなく，自己でもないし二者関係の相手でもない，他のすべての存在，である．その「第三者」とは，別の言葉で言えば，ある自己に対して，すべて，二者間関係を取り結びうる，換言すればいまはそうではないが，可能性として第二者となり得る存在，なのである．それをこそ「他者」と呼ぶのではないか，とは，われわれの，次に考えている，第3論文の予告として

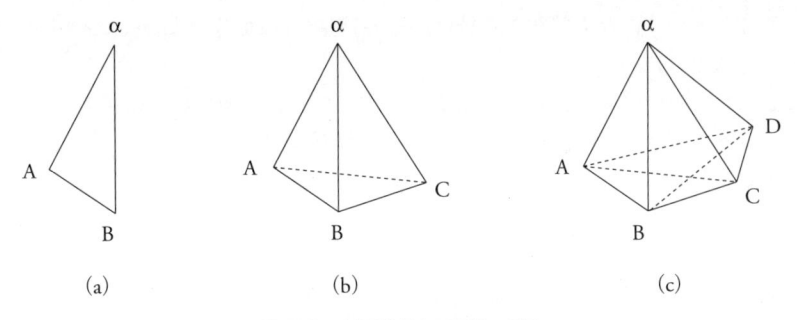

図5 ●三者間関係と四面体モデル

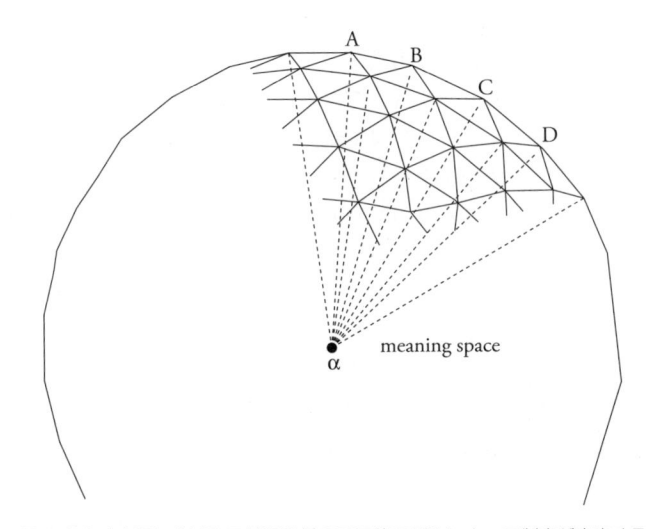

図6 ●意味空間における三者間関係の四面体モデルによって制度が表出する

述べるにとどめて，これまでの立論の，他の問題点，難点を検討しよう．

　どのように考えても，議論上の飛躍は，pが記号としてのαとなる，という点にあるだろう．その飛躍は，記号であるから，一義的であるし，記号であるから記憶の劣化を免れて，使用する度に新たになるのだ，という説明が，もしそのままであればそこに見られる不十分さとして現れる．われわれはすでに，「モノ，それが(中略) 第三項としてとどまれることがその第三項としての存在自体にあるのであれば，言い換えれば，第一義的な認識においてその質だけが問題とされる限り，『一義性の不十分』と『記憶の劣化』によって，それは関係の継続性を保証するものとはならない」と述べているのに，なぜαはそれを保証するのか．それへの答えは，pが記号としてαとなるだけでなく，そのαという記号が，意味の空間の中で，α

第14章　制度の基本構成要素　321

であることをいくたびも解釈され続け，その結果，「象徴作用」を持つ記号としてのαであるからだ．

ここにも，モデルの推論だけではなく，すでにpの説明の時の循環論法，「pの調整の機能についての仮説を，すでにそうした調整が存在していたことで支持しようとする」と同様の点が指摘出来る．これまでの論中に例を取れば，αは，一つの記号，たとえば「父」として扱ったが，それは，「父」という制度，意味の空間の中の記号として現れなければ，図5の(c)以降の，理論的には無限に拡大するはずの「生物学的な集団構成を質，量共に超え，次元を異にするというべき規模と複雑さ」を持ち，同時にたとえば図4のAが，「全体の広がりに同時に，また継続的に関わる」ことは無理なのである．また，たとえば，「父」がたやすく記号から実体に立ち戻り，三者関係以上の関係の当事者になって統御不能性を増したりしないように，子たちが「父を殺す」とする．その場合，死者としての父が「記号」となることで安定はしても痩せてしまい，保証機能を減じていくことに対しては，記号としての父を常に強化する解釈を増加的に再生産する，すなわち父を「象徴」とするような意味空間が求められる．それが制度なのである（冒頭309頁概念図）．この制度の基本構成要素が，pを持つ三角関係であり，pがαとなった四面体である．

この議論の妥当性をさらに深めるために，われわれは，これまでの論者による「三者間関係理論」との対照，また，具体的な事例へのモデル応用を行おうと思う．しかし，それは，制度についての議論であると共に，すでに触れた，「第二者」となり得る「第三者」たち，すなわち「他者」の問題として，稿をあらためて，次の第3論文の中で検討するのがふさわしいと判断し，ひとまず，「制度」についての議論はここで閉じることとする．

注

1）ここでの議論は，制度が生まれる以前の段階のものであり，たとえば，祖先崇拝といった信仰，儀礼の制度はここでの議論には関係しない．

参考文献

船曳建夫（2009）「人間集団のゼロ水準－集団が消失する水準から探る，関係の意味，場と構造」河合香吏編『集団－人類社会の進化』京都大学学術出版会．
フラー，B.（2007（1992））『コズモグラフィー』（梶川泰司訳）白揚社．
ジラール，R.（1971）『欲望の現象学－ロマンティークの虚偽とロマネスクの真実』（古田幸男訳）法政大学出版局．

今村仁司（1982）『暴力のオントロギー』勁草書房.
ルソー，J.J.（1978 [1755]）「人間不平等起源論」『ルソー全集　第4巻』白水社.

第4部

制度論のひろがり

第15章 | 感情のオントロギー
イヌイトの拡大家族集団にみる〈自然制度〉の進化史的基盤

大村 敬一

● Keyword ●
〈自然制度〉，感情，言語，他者との共在，イヌイト，拡大家族集団

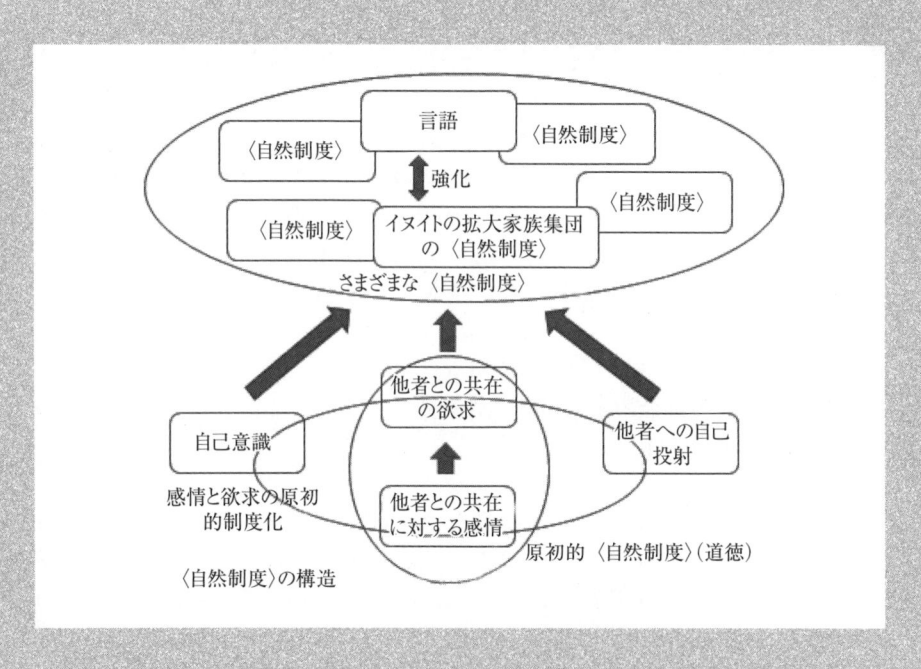

〈自然制度〉の構造

原初的〈自然制度〉（道徳）

感情と欲求の原初的制度化

〈自然制度〉の構造：イヌイトの生業システムが持続的に産出する拡大家族集団の規則という〈自然制度〉の理念的解剖から，次のような〈自然制度〉の構造を垣間見ることができる．まず，自己が意識されて他者に投影される過程で他者との共在をめぐる感情と欲求が制度化され，あらゆる〈自然制度〉の基礎となる原初的な〈自然制度〉が「道徳」というかたちであらわれる．この原初的な〈自然制度〉は「他者との共在に肯定的な感情を抱き，他者と共在することを欲する」という規則であり，この規則が持続的に産出されることによって社会集団が持続的に産出されるようになる．そして，この規則と持続的社会集団は再帰的に相互に相互を産出する循環的過程の中で，あらゆる持続的社会集団を根底的に支える原初的な〈自然制度〉として持続的に生成する．この原初的な〈自然制度〉を基礎に，イヌイトの拡大家族集団の規則という〈自然制度〉や言語という〈自然制度〉をはじめ，さまざまな〈自然制度〉が持続的に生成してゆく．

1 ●出発点としての「言語なしの制度」論

　始原的な〈自然制度〉は，たとえば人類の祖先において，食物を分配しない者があれば非難の目を向けられ，分配したくない者は隠れて食べなくてはならないような事態である．そうなれば，他者の期待が個体の行動規制として作用し，食物は分配するものという規則が発生していると言ってよいのではないだろうか．こう考えると，私たちがイメージするような完成された言語がなくても，制度は発生しうるように思えるのである．（黒田 1999: 287-288）

　太古的なものは，一度ならず（原理的には際限なく）歴史過程のなかで無数の変形を被る．それらの変形した姿は，前にあったものと同じとは思えないほど一変する（不連続性）．しかし，概念的にみれば，太古的なものと現在的なものとの間には，変形的保存のおかげで一定の連続性がある．これがなければ，およそ過去の認識はありえない．観念的な認識は素朴な事実認識ではなく，それを超える．過去の社会構造の観念的把握こそが，過去の学的認識とよばれる．そのことをマルクスはくりかえし論じている．「人間の解剖云々」[「人間の解剖のなかに猿の解剖のための鍵がある」（マルクス『経済学批判要綱』「序説」)] は歴史的事象の概念的認識の特異性を知らしめるためのものであった．（今村 2005: 182-183）

　人類社会における制度の進化史的基盤とは何なのだろうか．本書の随所で引かれているように，この問題を考えるに際して出発点になるのは，人類社会の進化の解明を目指して今西錦司が構想した日本の霊長類学の伝統の中で，伊谷純一郎（1987）の制度論を吟味した黒田末寿（1999）の議論である．黒田は，自己意識および他者への自己投影さえ生じていれば，制度の発生に言語は必須ではないという仮説を提示し，チンパンジー属に関するフィールド調査の成果に基づいて制度の進化史的基盤をチンパンジー属の社会的行動に見出そうとする議論を展開している．

　黒田末寿は，法制度のように言語を前提とする制度に先立つ〈自然制度〉が人類社会に広く見られることを指摘し，その〈自然制度〉を「持続的社会集団の規則」（黒田 1999: 288）と定義する．そして，持続的社会集団があり，その成員に「自己および他の成員が，ある事柄に従うことを期待すること」（同上）としての規範が共有されていれば，その事柄やその事柄からの逸脱が言語で明確化されていなくても，〈自然制度〉は成立するという．ある事柄に従うことが規範化され，「皆がそうするものだ」という態度で相互に期待され要求されてさえいれば，「ある集団の成員す

べてが，自己および他の成員が従うことを期待する事柄のそれぞれ」（同上）である規則が言語を経ずに生成・維持されるようになるからである．

　たとえば，食べものの分かち合いの場合，本章冒頭の黒田のことばにあるように，その規則が言語で明瞭にされていなくても，規則からの逸脱者に制止や嫌悪，反感などの否定的な反応が示されるようになり，その逸脱者が独り占めを隠れて行わねばならなくなるような事態が生じていれば，食べものの分かち合いは〈自然制度〉として制度化されていることになる．そのような事態は，その規則に従うことが当然なこととして期待され要求し合われるというかたちで規範化されていることを示しているからである．

　ここで重要なのは，たとえ言語がなくとも，こうした〈自然制度〉が成立するためには，「食べものを独り占めせずに分かち合うべきである」などの自己の行為への規制が意識されるとともに，その意識された規制に他者も従うことが期待されたり要求されたりするという事態が生じねばならないことである．したがって，〈自然制度〉が発生するためには，(1) 自己の行為への規制を意識する自己意識に加えて，(2) その自己の状態を他者にも投影し，他者もその規制に自己と同じように従っているはずであるとみなす他者への自己投影が必要であることになる．つまり，黒田によれば，〈自然制度〉が発生するための条件は言語ではなく，(1) 自己意識と (2) その自己意識に基づいた自己の他者への投影なのである．

　この黒田による「言語なしの制度」論の是非については，黒田自身が展開しているように，霊長類のフィールド調査に基づいて検証されるべき問題であり，すでに言語が前提になっている現生人類の制度にしかアクセスできない社会・文化人類学が直接に検証することは難しい．しかし，冒頭の二つ目にあげた今村のことばにあるように，現生人類の制度を分析し，そこにかたちを変えて保存されているはずの過去の霊長類（現生人類と類人猿の共通祖先）の社会構造を把握することで，黒田による「言語なしの制度」論を検討することは許されるだろう．今村が引いているマルクスのことばにあるように，霊長類の制度を解剖するために人類社会の制度の解剖を役立て，人類社会における制度の進化史的基盤に迫るのである．

　本章の目的は，カナダ極北圏の先住民，イヌイトの生業システムが生成して維持している拡大家族集団の規則という〈自然制度〉に対して，この解剖を試みながら，黒田の「言語なしの制度」論を検討することで，人類社会における制度の進化史的基盤を考察することである．そのためにまず，これまでの極北人類学の成果に基づいて，イヌイトの生業システムによって生み出されて維持されている拡大家族集団の規則が黒田の言う〈自然制度〉であることを示す．そのうえで，イヌイトに関する民族誌の記録に基づいて，その〈自然制度〉が成立するために論理的に最低限必

要な条件を探ることで,黒田の「言語なしの制度論」を間接的に検討する.そして,イヌイトの拡大家族集団の規則という〈自然制度〉が成立するための条件が,人類社会の進化史的基盤を考えるにあたってどのような指針を与えてくれるかを考える.

2 ● イヌイトの拡大家族集団の規則 —— 生業システムが産出する〈自然制度〉

これまでに極北人類学は,北米大陸極北圏からグリーンランドに拡がるイヌイトとユピックの人びとの間に,生業システムと呼ばれる社会・文化・経済システムが広く共通にみられることを指摘してきた (e.g., Bodenhorn 1989; Fienup-Riordan 1983; 岸上 2007; Nuttall 1992; スチュアート 1991, 1992, 1995; Wenzel 1991)[1]. 生業システムとは,実現すべき世界の秩序として構想された世界観によって律せられ,イヌイトと野生生物の関係とイヌイト同仕の関係を生成して維持するシステムのことである(大村 2009, 2011, 2012).このシステムでは,イヌイトと野生生物との関係を通して獲得された資源がイヌイトの間で分配されて消費されることによって,イヌイトの社会関係の基礎的な単位である拡大家族集団が生成されて維持される.

これから検討してゆくように,この生業システムによって生成されて維持される拡大家族集団の規則こそ,黒田が定義する〈自然制度〉である.拡大家族集団は「イラギーマギクトゥト」(Ilagiimariktut:真なるイラギート)と呼ばれる社会集団で,イヌイト社会の日常的な社会生活の基盤である.この拡大家族集団は,「どこへ行っても,いずれは戻ってきて,食べ物を分かち合い,互いに助け合い,そして一緒にいる関係にある人びと」(Balikci 1989: 112)の中でも,「同一の場所に住み経済活動などで緊密な協力関係にある人びと,すなわち,具体的な社会集団を形成する人びと」(岸上・スチュアート 1994)と定義され,「エゴの親,兄弟姉妹,妻と子供たち,マゴ,オジ,オバ,祖父母やイトコの人びと」(同上)のことを指す.ここではまず,この拡大家族集団の規則という〈自然制度〉が生業システムによっていかに生成されて維持されているかを明らかにしておこう.

イヌイトの生業システムが拡大家族集団の規則を持続的に産出するメカニズムは,次のような循環システムとしてモデル化することができる(大村 2009, 2011, 2012).

まず,イヌイトが狩猟・漁労・罠猟・採集といった生業技術によって,野生生物の特定の個体と「食べものの贈り手/受け手」という関係に入る.そして,その結

写真●イヌイトの拡大家族集団（上）と，食事の分かち合い（下）

果として手に入れた食べものなどの生活資源がイヌイトの間で分かち合われることによって，イヌイトの間に対等な立場で信頼し合う社会関係が生成され，拡大家族集団が形成される．そして，そうした分かち合いによって生じた信頼関係を通して拡大家族集団の内部に協働が生じ，その協働を通して生業技術が分かち合われるようになる．さらに，その生業技術の分かち合いを通して蓄積され錬磨される生業技術によって，「食べものの贈り手/受け手」という野生生物との関係が新たな生物個体との間により効率的に再生産されてゆく．こうして循環する生業の過程を通して，イヌイトと野生生物の関係がイヌイト同士の関係と絡み合いながら展開され，イヌイトにとって「信頼して協働すべき者」としての「イヌイト（人間）」と「食べものの贈り手」としての「野生生物」が差異化されて浮かび上がってくるのである．

　この生業システムで重要なのは，このシステムの軸となっている世界観によって，イヌイトの食べ物の分かち合いが，イヌイトがイヌイトに対しても野生生物に対しても優位に立って命令したり無理強いしたりすることのないかたちで規則化されていることである．イヌイトの世界観においては，生業で実現されるべきイヌイトと野生生物の関係が次のような互恵的な関係として目指される．まず，野生生物は「魂」(*taginiq*) をもち，その身体が滅んでも魂が滅びることはないとされる．しかし同時に，その魂が新たな身体に再生するための必須の事柄として，イヌイトがその身体を分かち合って食べ尽くすという条件が設定される．そのため，野生生物の魂は新たな身体に再生するために，自らの身体をイヌイトの間で分かち合われるべき食べものとして自らすすんでイヌイトに与えることになる．このことは，イヌイトの側からみれば，生存のための資源が与えられることを意味するので，イヌイトは野生生物から助けられることになる．こうしてイヌイトの世界観においては，野生生物は自らの身体を食べものとして与えることでイヌイトの生存を助け，イヌイトはその食べものを分かち合って食べ尽くすことで野生生物が新たな身体に再生するのを助けるという互恵的な関係が目指されることになる．

　こうした世界観による指針の結果，イヌイトは野生生物に対して「食べものの受け手」という劣位にある者として，野生生物から与えられた食べものを自分たちの間で常に分かち合って食べ尽くさねばならないことになり，食べものの分かち合いが規則化される．与えられた食べものがイヌイトの間で分かち合われなければ，野生生物の魂は再生することができなくなるため，自らを食べものとしてイヌイトに与えなくなってしまうからである．このとき重要なのは，食べものの分かち合いの規則を課すのは野生生物であってイヌイトではないというように工夫されていることである．そのため，イヌイトの側では，誰が誰に対しても命令することなく，誰

もが同じ規則に従って食べものを分かち合う信頼の関係が実現する．

　さらに留意すべきは，ここで規則化されているのは食べものの分かち合いであって贈与ではないことである．そのため，イヌイトには食べものを贈与することで「贈り手／受け手」という優劣の関係を生み出すことが禁止されることになり，誰かが食べものの「贈り手」という優位な立場に立つことも，「受け手」として負い目を負うこともなくなる．こうした関係が成り立っているのがイヌイトの拡大家族集団であり，その内部では，誰かが食べものの分かち合いを命令したり無理強いしたりするのではなく，その分かち合いを期待し要求し合いつつ，その期待と要求に自らすすんで応える意志に依存し合う信頼の関係が成立している．イヌイトは食べものの分かち合いの規則を課す命令を野生生物に託してしまうことで，自分たちの間から「支配／従属」の関係を厄介払いし，拡大家族集団の内部に対等な信頼の関係を実現しているのである．

　また，この結果として，イヌイトには，自分たち拡大家族集団の内部の人間同士のみならず，野生生物に対しても優位な立場から強要や命令をすることが禁止されることになり，野生生物を馴化する（例えば家畜化する）道も塞がれる．もしイヌイトが野生生物を馴化してしまえば，食べものの分かち合いの規則をイヌイトに課すのは野生生物ではなく，その野生生物を馴化したイヌイトということになってしまう．これではイヌイトがイヌイトに命令していることになり，厄介払いしたはずの「支配／従属」の関係が生業の循環を通してイヌイトの間に舞い戻ってきてしまう．拡大家族集団の中で対等な信頼関係が成立するためには，野生生物は拡大家族集団の誰に対しても優位な立場にあらねばならない．結果として，イヌイトは野生生物に対して支配と管理に繋がるような方法，例えば牧畜を採用することはできなくなり，相手に従属する弱者の立場から相手に働きかける誘惑の技を駆使する狩猟や漁労，罠猟，採集に徹することになる（cf 大村 2012）．

　ここで重要なのは，すでに指摘したように，この生業システムの全体が拡大家族集団の中に対等な信頼関係を生み出すように機能していることである．単に分かち合いの規則を守らせるだけならば，その規則を課す者として野生生物をシステム内にわざわざ引き込む必要はない．拡大家族集団の誰かがその規則を課せば済むからである．野生生物に対して自分たち全員が劣位な立場にあるとするのは，自分たちの間に支配的立場から分かち合いを強要したり命令したりする者が生じることを防ぎつつ，誰もが相互の期待と要求にすすんで応える信頼関係を生み出すための工夫に他ならない．このようにイヌイトの生業システムでは，その循環的な稼働を通して，何かを強要したり命令したりすることが禁止され，相互の期待と要求にすすんで応えるという信頼の規則が持続的に産出される．それと同時に，その信頼の規則

を前提に，分かち合いの規則が持続的に産出されることで，拡大家族集団が生成されて維持される．つまり，イヌイトの生業システムは黒田の言う「持続的社会集団の規則」としての〈自然制度〉を産出する装置となっているのである．

　それでは，この生業システムが持続的に産出している拡大家族集団の規則という〈自然制度〉が言語なしに成立することは可能なのだろうか．次に，イヌイトに関する民族誌記録を参照しながら，この規則を解剖することで，この問題について考えてみよう．

3 ●〈自然制度〉の条件 ── 自己意識，他者への自己投影，他者との共在の欲求

　これまでに検討してきたように，イヌイトの生業システムでは，その循環的な稼働を通して，信頼の規則が持続的に産出されつつ，その規則を前提に食べものの分かち合いの規則が持続的に産出されることで，拡大家族集団が生成，維持されていた．ここで重要なのは，このシステムが持続的に産出する二つの規則のうち，一つ目の「信頼の規則」が二つ目の「分かち合いの規則」の前提として作用するため，分かち合いの規則が持続的に産出されるにあたって，その規則を誰かに強要したり命令したりする道があらかじめ塞がれてしまっていることである．もし強要や命令があれば，それらなしに相互の期待と要求に応え合うという信頼の規則に抵触してしまう．したがって，この二つの規則が〈自然制度〉として矛盾なく持続的に産出されるためには，誰が誰に対しても強要したり命令したりすることなく，皆が自らの意志ですすんで分かち合いの規則に従う事態が生じねばならない．

　これを実現するために生業システムで採用されている方法が，目指すべき世界の秩序として構想された世界観において拡大家族集団に分かち合いの命令を与える者として野生生物を表象することだった．この生業システムでは，分かち合いの命令を拡大家族集団の外部の野生生物に託してしまうことで，拡大家族集団の内部での強要と命令なしに分かち合いの規則が持続的に産出されている．また，そのシステムが循環的に稼働することで，分かち合いの規則のみならず，相互の期待と要求にすすんで応えるという信頼の規則も同時に持続的に産出される．つまり，この生業システムでは，想像力の巧妙な活用によって信頼の規則と分かち合いの規則が矛盾なく持続的に産出されるようになっているのである．

　したがって，この信頼と分かち合いという二つの規則から成る〈自然制度〉が言語なしに可能であるかどうかを問うことは，外部の命令者としての野生生物の表象

を巧妙に活用することで成立している生業システムなしでも，この二つの規則が持続的に産出されるかどうかを問うことに等しいことになる．生業システムは言語で表象される世界観が組み込まれることではじめて稼働するからである．それでは，この二つの規則は生業システムという装置がなくても矛盾なく持続的に産出されうるだろうか．

　この問題を考えるにあたってはじめに確認しておかねばならないのは，この拡大家族集団の規則という〈自然制度〉では，優位な支配的立場からの命令や強要が信頼の規則によって禁止されているため，言語の使用がはじめから制限されてしまっていることである．もちろん，言語がまったく使用不可能なわけではない．先に検討した世界観のように，間接的なかたちで結果的に規則が産出されるような場合には問題ないだろう．しかし，禁止される行為と求められる行為が言語で直接に示されてしまえば，それは事実上の命令になってしまう．そもそも，相手を信頼するとは，インゴールド（Ingold 2000）が指摘しているように，相互の自律的な意志に依存し合いながら相互の自律性を尊重し合うことであり，相手に規則をことばで明示したり，信頼するように頼んだりしてしまえば，相手への不信感を表明することになる．信頼関係にあっては，ことばを介することなく，なすべきことを察し，それを相互にすすんでなすことが求められる．

　実際，イヌイト社会では規則をことばで直接に示すことが避けられる傾向にある．このことは，これまで極北人類学者がしばしば直面してきた調査上の悩みに端的にあらわれている（e.g., Briggs 1968; Honigman & Honigman 1965; Willmott 1960）．人類学者が観察を通して見いだした規則を確認しようと質問しても，その質問が次のようにはぐらかされてしまうのである．たとえば，義理の母親と義理の息子が相互の名前を口に出すことを避ける傾向にあることを発見したブリッグス（Briggs 1968）は，その事実を確認しようとイヌイトに「どの人とどの人が相互の名前を避け合うの？」という質問をしたが，次のようにはぐらかされてしまったと報告している．「「そうする気がある人ならば誰でも」，「人は誰の名前を避けるの？」，「誰の名前でも」，「義理の息子と義理の母親はどう？」，「ときにはそうだね，彼らがそう望むなら，もし相手に愛情をもっているならね」」（Briggs 1968: 45）という具合である．

　このようにイヌイト社会では，自己の行為であっても他者の行為であっても，あくまでも個人の意志による自発的なものであって，社会的な規則に従っているとは言われない．また，規則から逸脱した大人に対して，何らかの逸脱行為があったことが非難の態度で暗黙のうちに示されはするものの，何が非難されている行為なのかがことばで明示されることはなく，逸脱行為を自ら察する「思慮」（*ihuma-*）が求められる（Briggs 1968）．さらに子どもに対してさえ，成長して思慮が身につけば，

その思慮によって自ずと守るべきことを理解するようになるとされる (Briggs 1968). つまり，規則がことばで直接に明示されることは稀なのである．それでは，イヌイト社会では規則とその規則からの逸脱はどのように示されるのだろうか．

それは，逸脱行為に対してさりげなく目をそらしたり，その場から引き下がるといった行為を通して行われる．もちろん，思慮なき子どもが逸脱行為をした場合には，その逸脱行為がことばで直接に非難されて矯正されることもないわけではない．しかし，大人の場合には，直接に面と向かってことばで非難されることはなく，その逸脱行為をした者から黙って引き下がったり，姿を消したりすることで，その行為の不適切さが示されるだけである (Briggs 1968, 1970). このことはイヌイト社会における最強度の制裁が関係の断ち切りであることにもよくあらわれている．不適切な行為を行った個人は挨拶されずに沈黙をもって迎えられるようになり，その個人の提案や依頼には丁重に応えられるが，周囲がその個人に提案したり依頼したりすることがなくなる (Briggs 1968, 1970). その個人に周囲のイヌイトが能動的に働きかけることがなくなり，その個人は事実上の孤立状態になるのである．不適切な逸脱行為を行った者は自らの思慮を用いて，こうした事態から自らの逸脱行為を自ら理解して正さねばならない．

こうしたイヌイト社会でのやり方から，言語を活用せずとも，拡大家族集団の二つの規則を矛盾なく生成し，〈自然制度〉として持続的に維持することが可能であることがわかるだろう．イヌイト社会でなされているように，その行為が不適切であることがことばで示されなくても，その逸脱者から引き下がるという行為をもって示されれば，その不適切さが示されうる．まさに黒田 (1999) が指摘しているように，相互行為の中で適切な行為は受け入れられ，逸脱行為に対しては制止や嫌悪，反感などの否定的な反応が示されるようになれば，適切な行為と逸脱行為が意識され，適切な行為をとらねばならないという自己の行為への規制が意識されることになる．これと同時に他者への自己投影さえ行われれば，言語で表明されていなくても，他のイヌイトも自己と同じ規制を意識していることが意識されることになる．その結果，言語を媒介せずとも，相互行為の連鎖の中で，自己も他者も適切な行為を行うことを相互に期待し要求していることが意識されるようになる．

したがって，黒田 (1999) が主張するように，たしかに言語を媒介にせずとも，相互行為の中で自己の行為への規制が意識されて他者に投影されさえすれば，〈自然制度〉は成立すると言える．しかし，ここで注意せねばならないのは，このように相互行為の中で自己の行為への規制がいくら意識されて他者に投影され，その規制に従うことが当然であると規範化されても，他者と共にあることが目指されてい

ない限り，その規範が拘束力をもち，規則が持続的に産出されるようにはならないということである．

　相互行為の中で，ある行為がいかに制止されたり嫌悪されたり反感を受けたりしたとしても，そのことが意に介されねば，その逸脱行為が他者から厭われることが了解されていても，その行為は選択されてしまうだろう．たしかに黒田 (1999) が指摘するように，ある規則に自己と他者が従っていることが意識され，そのことが実際に相互行為の中で確認されることによって仲間意識が生成され，逸脱者に対する疎外が生じる．この意味で仲間意識は同じ規則に従うことによって成立する．しかし，他者と共にあることなどどうでもよいと考えられてしまうと，そもそも仲間意識は求められず，同じ規則に従う必然性がなくなってしまうため，その規則に従うことへの拘束力が働かない．

　また，たしかに黒田 (1999) が指摘するように，ある規則に実際に従っていなくても，その規則に従うべきであることが自己にも他者にも期待されていると意識され，行為の逸脱が意識されてさえいれば，〈自然制度〉は理念的には成立していると言える．しかし，〈自然制度〉は「持続的社会集団の規則」であるため，その規則が実際に守られて持続的な仲間意識が成立していなければ，そもそも持続的社会集団それ自体が存在しないのだから，その規則は〈自然制度〉として成立することができない．とくに食べものの分かち合いの規則の場合，この規則に持続的に従うことがそのまま拡大家族集団を持続的に維持することになる．つまり，この規則が〈自然制度〉として成立するためには，この規則に従うことが拡大家族集団の存続を維持する程度には持続されねばならない．そのためには，たとえはっきりとした制裁ではなくても，拡大家族集団からの疎外が問題になるように，拡大家族集団への帰属がイヌイト個々人に望まれるようになっていなければならない．

　実際，すでによく知られているように (*cf* Briggs 1968, 1970, 1998)，イヌイト社会では，子どもは生後すぐからことばを話すようになるまで徹底的に甘やかされ，拡大家族集団の成員への執着とも言えるほどの愛着が子どもに植え付けられる．幼児は生後すぐから睡眠をとっているとき以外は常に 30 人ほどの拡大家族の成員たちから取替え引替え抱かれ，仕草や声を真似させられたり，キスされたりしながら，かまわれつづける．もちろん，食べものをはじめ，子どもが欲しがるものは，危険なものでなければ，基本的に何でも与えられる．今は亡き著名な彫刻家の女性は，自分が彫刻をはじめたのは子どもにお菓子を買ってあげるためだったと語ったことがあるが，こうした逸話は珍しいことではない．こうして育てられる子どもは成人になっても拡大家族集団，とくに両親や祖父母への愛着が強い．

　こうした愛着はイヌイトがしばしば陥る強いホームシックに端的にあらわれてい

る（cf Briggs 1968, 1970, 1998）．高等学校がイヌイトの村にはなく，村から遠く離れた南の都市にしかなかった10年ほど前まで，私がしばしば訪れるクガールク村のイヌイトの若者で高等学校を卒業した者は片手で数えるほどしかいなかった．その理由としてしばしばイヌイトがあげたのがホームシックである．高等学校にすすんだ若者がさびしくなって卒業せずにすぐ村に帰ってきてしまったという．また，私がクガールク村を訪れると，村に到着後2,3日もしないうちから村の道やスーパーマーケットで出会うイヌイトに「ホームシックじゃない？」としばしば聞かれ，私が「そんなことはない」と答えると驚いたような不思議な顔でよく見られた．彼らが言うには，遠く日本からやって来た私がホームシックに陥らないのが不思議なのだという．

また，こうした拡大家族集団への強い愛着は，周囲の人間から拒絶されて孤立してしまうことへの恐怖という逆像のかたちでも鮮明にあらわれる．イヌイト語には「恐怖」にあたることばが2種類ある．一つは *ikhi-* という語幹で表され，危険な動物や悪霊，危険一般への恐怖であり，もう一つは *ilira-* という語幹で表され，自己の要求や依頼が拒絶されたり，自己が非難されて孤立したりすることへの恐怖である（cf Briggs 1968, 1970）．たとえば，*nulijara ikhinakturaaRuq*（私の妻はとても恐ろしい）と言っても，単に妻に尻に敷かれている程度の意味で誰もが笑い転げる冗談だが，*nulijara iliranakturaaRuq*（私の妻はとても恐ろしい）と言うと，妻との関係が破滅的になっていることを意味する深刻な言い方になる．そして，イヌイトにとって前者の *ikhi-* は子どもが抱く恐怖であって深刻な恐怖ではないが，*ilira-* は大人が抱く深刻な恐怖であると言われる（cf Briggs 1968, 1970）．イヌイトにとって相手から拒絶されて孤立することは何よりも恐ろしいことなのである．しばしば，たとえば私のようなよそ者への挨拶として，「恐れることなく頼みなさい，私たちは優しい人間だ，決して拒みはしない」と言われるが（cf Briggs 1968, 1970），それはこのためである．

したがって，イヌイトの拡大家族集団の二つの規則が生成されて維持されるためには，(1)自己の行為への規制が意識され，(2)自己が他のイヌイトに投影されることに加えて，(3)他のイヌイトと共にあることが目指される必要があると結論づけることができる．ここで重要なのは，これら三つの条件のどれもが言語を前提とするわけではないことである．黒田（1999）が指摘しているように，(1)と(2)は言語がなくても相互行為の中で成立することが可能であり，(3)が成立するために言語がとりたてて必要でないことは言うまでもない．むしろ，これら三つの条件は，第18章黒田論文が指摘しているように，それ自身も〈自然制度〉である言語が成立する前提である．他のイヌイトと共にあることが目指されねば，そもそも言語を介して意思疎通をしようとも，ことばの接続を通して共在しようともしないだろう．

また，(1)の自己の意識化に基づく(2)の他者への自己投影は，トマセロ(2006)が明らかにしたように，言語が発生する条件であり，幼児の言語習得の過程にみられるように，言語がなくても生じ，言語の習得の準備段階となる．

しかし，言語は拡大家族集団の規則という〈自然制度〉で何の役割も果たしていないわけではない．言語はその〈自然制度〉の条件ではないとしても，その制度が持続的に維持されるにあたっては，その条件を強化するというかたちで重要な役割を果たしている．まず，イヌイト社会では稀であるとはいえ，二つの規則が言語で表されれば，それら規則はより明瞭に意識されるだろう．また，言語によって表される世界観を軸に構築される生業システムでは，その世界観の理屈から抜け出さない限り，二つの規則は相互が相互を前提とする閉じた循環の中で必然化され，どちらの規則も強化されることになる．さらに，次の事例にみられるように，子どもがことばを話すようになると，言語で一時的に構築される仮想的な場で子どもをからかうことで，共在の欲求の基礎となる他者への愛着をはじめ，自己意識と他者への自己投影が幼児に強化される．

　　訪問者 ── 普通は女性だが，必ずしもそうでなくてもよい ── が寝台のプラットフォームの母子の隣に腰掛け，幼児の方に腕を差し伸ばし，あたかもすぐにでもその幼児を連れて行くかのように，おんぶされている幼児が入っている母親のパーカーのフードの縁を誘惑するようにあげながら，柔らかく優しい説得するような声で言う，「私と一緒にお家に来るかい？　大好きだよ．お前を養子にしちゃおうか？　お前は私の横で眠るのよ，そしたら寝床で一緒に寝られるのよ．二人っきりでね．私のそばに来たい？　ねえ，一緒に寝ましょうよ．ねえ，いらっしゃい，お前を養子にしちゃおうか？」

　　幼児はほとんど常にぎょっとした顔で母親の方へ引き下がる反応をし，ときにはびっくりして泣き，怒って抵抗する．すると，母親はあたかも訪問者の養子にするという考えを受け入れたかのように，訪問者の方へ幼児を戻す．

　　訪問者：幼児に大好きだと念を押しつつ，誘惑的に誘いを繰り返す．
　　幼児：恐れて母親のもとに引き下がる．
　　母親：笑ってその幼児を抱きしめる．（Briggs 1979: 31-32）

このように幼児に誰かの養子にすると言ってからかい，皆で笑う遊びは頻繁に行われる．とくに私が訪問しているときには，「ケイチ叔父さんの養子になって日本に行くか？　そうすれば，お前は日本語ができるようになって通訳になれるぞ」などと言いながら幼児をからかう遊びが，私の下宿先のイヌイトの自宅の居間で日に何度も行われる．その遊びに私自身も「お前を養子にしちゃうぞ」と言いつつ参加

することも稀ではない．すると幼児たちは皆怯えながら両親や祖父母にすがりついて泣き出し，そこに居合わせる親族たちは大笑いをする．こうしたからかいには，普段は無意識な両親や親族への愛着を幼児たちに意識させるのみならず，愛する両親や親族から引き離される恐れがあることを否応なしに意識させることで，両親や親族への幼児の愛着を深める効果があるだろう．

　こうしたことばを使った幼児のからかい遊びは，次にあげる事例にあるように，分かち合いの規則を直接の主題にしても行われる．

　　母親と3歳の娘が多くの訪問者がいるテントを訪れる．その3歳の娘の4歳の姉は外で他の子どもたちと遊んでいる．
　　母親：(3歳の娘にキャンディを一つ手渡し，嬉しそうに興奮した秘密めいた説得的で大袈裟な口調で)「早く食べておしまい，でも，お姉さんには言っちゃ駄目よ，これが最後の一つなんだからね．」
　　3歳の娘：キャンディを二つに割って一つを食べ，もう一つを外にいる姉のもとにもってゆく．
　　母親：居合わせて見ていた人びとに向かって嬉しそうに(おそらく面白そうに)笑って：「あの娘は決して独り占めしないの，いつも分かち合うのよ．」
　　(Briggs 1979: 27-28)(この後，この娘は母親から誉められることはないが，この場面を見たり聞いたりした親族から誉められることになる)

　ここまで美しくも意地悪なからかいの情景はなかなか見られないが，幼児に分かち合いをめぐるジレンマを与えることは日常的に頻繁に見られる．こうしたジレンマを幼児に与える遊びには，故意に独り占めの誘惑を与えることで，幼児に独り占めに対する規制を意識させるだけでなく，周りの他者たちも自分と同じような独り占めの欲望をもちつつ，その欲望への規制に従っていることを知らしめ，他者への自己投影を強化すると同時に，自分が常に周りの他者から見られていることを意識させる効果があると言えるだろう．

　したがって，それ自体が〈自然制度〉でもある言語は，拡大家族集団の規則という〈自然制度〉に最低限に必要な三つの条件，すなわち，(1)自己の行為への規制の意識化，(2)他のイヌイトへの自己投影，(3)拡大家族集団への愛着と孤独への恐怖によって基礎づけられながらも，それらの条件を強化することによって，この拡大家族集団の規則という〈自然制度〉のみならず，それ自身をも強化して維持していると結論づけることができる．第11章北村論文が指摘しているように，言語はすでに意識されている自己の行為への規制を名付けたり，すでに成立している制度の三つの条件を仮想の場で強化したり，すでに成立している規則を閉じた必然性

の循環で説明することで規則の拘束力を強化したりすることで，すでに成立している〈自然制度〉の持続性を安定的に支えているのである．おそらく言語がなくても〈自然制度〉は成立するが，その〈自然制度〉を安定的に持続させるためになくてはならない〈自然制度〉として言語は機能していると言えるだろう．

4 ●原初的な〈自然制度〉—— 他者との共在をめぐる感情と欲求の制度化

　こうしたイヌイトの拡大家族集団の規則という〈自然制度〉の解剖から，私たちは人類の制度の進化史的基盤について次のことを教えられる．

　まず一つには，〈自然制度〉が成立するためには他者と共在したいという欲求が不可欠であることを教えられる．どんなに自己が意識されて他者に投影されるようになり，ある規則に自己と他者が従うことが相互に期待され要求されるようになっても，そもそも相互に共にありたいと欲求されねば，そのような期待や要求は無視されてしまうだろう．しかも，他者と共にありたいという欲求は，自己意識と他者への自己投影というもう二つの条件と絡み合って相互に相互を強化し合う．自己意識によって自己と他者の相違が明確になり，自己も他者も相互に自律的に生きていることが意識されねば，他者と共在したいと欲求しようもない．しかし同時に，他者と共にありたいと欲求しながら共在し続ける中で，他者との対照性を通して自己意識も強化される．また，他者と共にありたいと欲求せねば，他者の意図や期待を理解しようと他者に自己投影することもないだろう．さらに，そうして他者に自己投影する中で他者との共在の欲求は強化されることだろう．〈自然制度〉が成立するために最低限に必要なのは，他者との共在への欲求をめぐって成立して強化されてゆく自己意識と他者意識のダイナミクスなのである．

　しかし，また同時に，イヌイトの拡大家族集団の規則の解剖は，〈自然制度〉に必須な条件である他者との共在への欲求が必ずしも人類に普遍的なものではないことも教えてくれる．イヌイトが抱く拡大家族集団への強烈な愛着と孤立への恐怖は，さまざまな手段の相互行為を通して長年にわたって執拗に叩き込まれることではじめて安定的に維持される．もちろん，こうした他者との共在への欲求は，他者と共にあるときに肯定的な情動を抱くこともあるという人類の生物学的な本性に根ざしているのかもしれない．しかし，もし他者との共在への欲求が人類という種の生物学的に自然な本性であれば，とりたてて子どもに躾をする必要はなく，誰もがすすんで他者と共にあろうとするだろう．独りでいると寂しいけれども，他者と共にい

ると鬱陶しいとも感じ，他者との共在を欲することも欲しないこともあるというのが人類に普遍的な特性なのかもしれない．

したがって，人類社会に〈自然制度〉が成立するためには，他者との共在が持続的に欲せられるような状況が生じるための工夫が必要になるということになる．これがイヌイトの拡大家族集団の規則の解剖から教えられる三つ目のことである．この工夫は，イヌイトの拡大家族集団の場合，子どもを徹底的にかまって甘やかし，その成員への愛着を子どもに植え付ける方法で行われていた．この方法で重要なのは，子どもが自己を意識して他者に投影してゆく過程を巧妙に利用している点である．その結果，次のようなメカニズムで，他者との共在に肯定的な感情を抱き，他者との共在を欲することが，拡大家族集団の規則という〈自然制度〉を支える原初的な〈自然制度〉として制度化されるからである．

非意識的に引き起こされる身体の生理的反応としての「情動」とその情動が意識された「感情」を区別するダマシオ（2003, 2010）に従えば[2]，ある環境にいる状態に心地よさや快感などの肯定的な情動を抱いたり，心地悪さや嫌悪感などの否定的な情動を抱いたりすることは，その状態に対して自己の身体が生理的に反応しているだけであり，その反応は必ずしも意識されるわけではない．この情動が自己意識の芽生えを通して意識されると感情になるが，その際，ダマシオが指摘しているように，自己の生理的な身体反応は単独で意識されることはなく，その情動のコンテキストとなっている環境に埋め込まれたかたちでしか意識されない[3]．情動が感情として意識される際には，情動を誘発した身体外部の環境状態の変化も常に必ず意識されているのである．

このとき，他者との共在という状態の全体が最終的には肯定的な情動だけを誘発するような状態に限られていれば，その共在の過程で個々の相互行為や個々の状態に意識される個々の感情が肯定的であろうと否定的であろうと，他者と共在している状態全体に対する感情は肯定的な感情（肯定的な情動とその情動を誘発した状態の不可分な対）に固定されることになる．イヌイトが子どもに拡大家族集団の成員との共在を動機づける方法は，このように情動が感情として意識される過程を巧妙に利用したやり方である．他者と共在している間，たとえば自己の行動が邪魔されるなど，たとえどんなに否定的な情動を誘発する状態が否定的な感情として意識されても，たとえば最終的に欲しがったものが与えられるというように，最終的に肯定的な情動を誘発する状態だけが生じていれば，子どもは自分が常に肯定的な感情を抱く状態として他者との共在を意識するようになる．

しかも，この過程は子どもが自己を意識してゆく過程と不可分に絡み合っているため，自己意識が芽生える瞬間から子どもは他者と共在している状態に肯定的な感

情だけを意識することになる．つまり，他者との共在に肯定的な感情を抱くことが当たり前なこととして自然化される．これが他者に投影されれば，他者と共在している状態に肯定的な感情を意識することが，誰にとっても当たり前なこととして自然化されることになるだろう．この瞬間，自己も他者も他者との共在に肯定的な感情を抱くことを相互に期待し合っていることが子どもに意識されるようになり，子どもにとって他者との共在に自己も他者も肯定的な感情を抱くことが規則となる．

そのうえで，子どもが肯定的な感情を欲するならば，この規則に従って肯定的な感情を抱くはずの他者との共在を欲するように子どもは動機づけられるだろう．これが他者にも投影されれば，他者たちも他者との共在に肯定的な感情を抱き，その感情に動機づけられて他者との共在を欲することが期待されるようになる．しかも，他者が共在を欲せずに拒絶してしまったら，そもそも自分が欲している共在が成り立たなくなってしまうので，子どもは他者との共在を欲することを他者に要求するようになるだろう．これがさらに他者に投影されれば，その瞬間に，他者との共在への欲求を自己も他者も相互に期待し要求し合っていることが意識されるようになり，子どもにとって他者との共在を欲することは規則となる．

しかし，このような過程を通して他者との共在に肯定的な感情を抱くことが規則化され，さらには他者との共在を欲することが規則化されても，それらの規則が持続的に維持されるようになるわけではない．いかに共在に肯定的な感情を意識することが規則化されていても，自己の行動に他者が邪魔になって苛々する場合など，共在の過程で生じる個々の相互行為に否定的な感情を意識することが払拭されてしまうわけではない．そして，その否定的な感情を引き金に，他者との共在に鬱陶しいという否定的な感情を抱くようになるかもしれない．そもそも，先に検討したように，他者との共在への動機づけが必要であるということ自体が，人類という生物種が生物学的な本性として他者との共在を必ずしも欲するわけではないことを示している．また，いかに他者との共在を欲することが規則化されていても，自己の目的のために他者を排除する欲求をはじめ，独りでいることへの欲求など，他の欲求と競合した結果，共在への欲求が却下されてしまうこともあるだろう．

こうした他者との共在をめぐる葛藤と不確実性は，他者との共在をめぐる感情と欲求が〈自然制度〉として制度化されるにあたって重要な役割を果たす．この葛藤と不確実性が自己意識と他者への自己投影の過程を通して自己にも他者にもあることが意識されると，自己も他者も他者との共在を必ずしも求めるわけではなく，拒む場合さえあることが意識されるようになる．そのうえで，自らが他者との共在を望むならば，自己も他者も共在に否定的な感情を抱いたり，その否定的な感情に動機づけられて共在を拒絶したりすることがないように，自らの行為に自ら規制を与

えるようになる．相手に否定的な感情を抱かせるような行為をして相手が共在を拒むような事態を避けようとするのである．こうして，他者との共在に肯定的な感情を抱き，他者と共在することを欲するという規則は持続的に再生産されるようになり，その結果として実際に生じる共在によって持続的社会集団が成立し，その規則は持続的社会集団の規則という〈自然制度〉として現実化する．

　したがって，イヌイトが子どもに他者との共在を動機づける方法は，他者との共在に肯定的な感情を抱き，その共在を欲することを〈自然制度〉として制度化する装置になっていると言えるだろう．しかも，この他者との共在をめぐる〈自然制度〉は，拡大家族集団の規則という〈自然制度〉を生成して持続的に支える原初的な〈自然制度〉になっていることがわかる．この〈自然制度〉から自己意識と他者への自己投影の過程を通してイヌイトの拡大家族集団の規則という〈自然制度〉が次のように導き出されるからである．

　自分が食べものを食べたいのに食べることができず，しかもその食べたいものを他者が目前で食べているとき，自分はその状態に否定的な感情を意識するだろう．そして，これと逆の状態に自分が直面することが予期されるとき，すなわち，自分が食べものをもっていて目前の他者が何も食べものをもっていないとき，他者との共在をめぐる〈自然制度〉がなければ，目前の他者を無視して食べることもできるだろう．しかし，この〈自然制度〉があると，その他者が嫌な思いをして共在を厭うようにならないようにするために，自分が否定的な感情として意識する状態が他者に生じないようにする必要に迫られ，自分だけが食べているという状態を避けようとすることになる．そのためには，その他者から隠れて食べるか，相手にも食べものを分けるか，相手に自分のもっている食べものを全部与えてしまうか，いっそのこと食べものを全部放棄するかしかない．しかし，もちろん自分も食べたいのだから，残される選択肢は前者二つだけだろう．こうして本章の冒頭の黒田のことばにある事態が現出し，分かち合いの規則が制度化される．

　また，自分が自分のやりたくないことを相手から強要されるとき，自分はその状態に否定的な感情を意識するだろう．そして，これと逆の状態が予期されるとき，すなわち，自分が相手に相手のやりたくないことを強要しようとするとき，この〈自然制度〉がなければ，相手がどんなに嫌がっても強要することができるだろう．しかし，この〈自然制度〉があると，相手が嫌な思いをして共在を厭うようにならないようにするために，自分が嫌だと感じる強要をすることは回避されるようになる．むしろ，相手もこの同じ〈自然制度〉に従っていることを期待し，相手も自分に共在を厭わせることがないように，自分が嫌がることはせず，むしろ自分の求めることを自らすすんでするだろうと期待せざるをえなくなる．結果として，自分が相手

にやって欲しいことを直接的に命令して強要するのではなく，迂遠な言い方や表情や行為で間接的に知らせて察してもらい，相手がそれをすすんでやってくれるのを待つことになり，信頼の規則が制度化されることになる．

　ここで重要なのは，この他者との共在をめぐる規則という〈自然制度〉がイヌイトの拡大家族集団の規則という〈自然制度〉のみならず，あらゆる〈自然制度〉の基礎となる原初的な〈自然制度〉になっていることである．どのような規則に従う場合であろうと，相手もその規則に従うはずだという自己の期待が裏切られれば，その裏切りに否定的な感情を抱くだろう．そして，自分が何かの欲求に誘われてその規則に従わないかもしれないと予期するとき，この〈自然制度〉がなければ，平然と相手の期待を裏切って逸脱行為をするだろう．しかし，この〈自然制度〉があると，相手に嫌な思いをさせて相手が共在を厭うようにならないようにするために，相手の期待を裏切ってその規則に違反することは避けられるだろう．つまり，他者との共在をめぐる〈自然制度〉は，あらゆる〈自然制度〉を基礎づける原初的な〈自然制度〉なのである．これがイヌイトの拡大家族集団の規則という〈自然制度〉の解剖から教えられる最後のことである．

5 ●感情のオントロギー ── 〈自然制度〉の進化史的基盤

　これまでに検討してきた過程で他者との共在をめぐる感情と欲求を制度化し，あらゆる〈自然制度〉の基礎となる原初的な〈自然制度〉を生み出すイヌイトの方法は，イヌイトの方法ほどに執拗な場合は稀かもしれないが，おそらく人類という生物種には普遍的に見られる方法であろう．幼児期に生物学的に無力で母親という他者への徹底的な依存が生存の条件となる人類にとって，自己が意識されて他者に投影されてゆく幼児期に経験される母親という他者との共在そのものは，その共在の過程でどんなに否定的な感情を意識しようとも，生存に最低限必要な条件が最終的に常に満たされるという意味で，常に肯定的な感情で意識されるだろう．そうでなければ，幼児は生存することができない．その結果，どんな人類の場合でも，イヌイトが子どもに他者との共在を動機づける方法と同じことが幼児期に生じるだろう．つまり，他者との共在をめぐる感情と欲求が制度化され，原初的な〈自然制度〉としてあらゆる〈自然制度〉の基礎となるのである．

　もしこれが正しいならば，個体発生的にみた場合，人類にとって善悪の彼岸は存在しないことになる．それぞれの人類個体はこの世に生を受けた瞬間から，「他者との共在に肯定的な感情を抱き，その感情に動機づけられて他者との共在を欲する

こと」が原初的な善として制度化された行為空間で成長して社会化されてゆくことになるからである．この意味で，この原初的な〈自然制度〉を「道徳」と呼ぶことができるだろう．そして，この道徳という原初的な〈自然制度〉は人類の生物種としての個体発生の本性，すなわち，幼児期に絶対的に無力な個体として何らかの他者に依存せざるをえないという本性に基礎づけられていると同時に，イヌイトの拡大家族集団の〈自然制度〉や言語をはじめ，それぞれの社会集団で多様に開花する〈自然制度〉の基礎になっているのだろう．

したがって，他者との共在に対して道徳という〈自然制度〉のかたちで行われる感情と欲求の原初的な制度化は，人類という生物種の普遍的な本性と人類社会の諸制度の多様性の結節点であり，人類社会の制度の進化史的基盤として人類の系統発生と個体発生を結びつける要であると結論づけることができる．もちろん，この結論はイヌイトの拡大家族集団の規則という〈自然制度〉の解剖から推論された仮説にすぎない．人類の多様な社会集団において，道徳として原初的に制度化された他者との共在をめぐる感情と欲求が，それぞれの社会の〈自然制度〉の中で制度化されながら，それぞれの社会の感情世界をいかに生み出してゆくのか．この感情の制度化の存在論的なプロセスを実証的に追跡することで，この仮説は検証されねばならない．人類の多様な感情生活の機微を探求する感情の人類学には，実証的な根拠に基づいて，人類の感情生活の制度化のプロセスを生物学的に普遍的かつ社会・文化的に相対的に明らかにする感情の存在論的な分析が求められているのである．

註

1） イヌイト社会は，1950年代から1960年代にかけて，カナダ連邦政府の国民化政策のもと，季節周期的な移動生活から定住生活に移行させられて以来，生活の全般にわたって急激な変化の波に洗われてきた．しかし，こうした状況にあっても，生業活動はイヌイトの生活とアイデンティティを支える基盤としての重要性を失っていない．生業は活発に実践されており，「生業活動をしないイヌイトはイヌイトではない」とまで言われる（スチュアート 1995）．また，現金収入による加工食品の購入が一般化しているとはいえ，生業活動によって得られる野生生物の肉はエスニック・アイデンティティを維持するに必須の「真なる食物」（*niqinmarik*）として愛好され，その肉の分配は社会関係を維持する要の一つとして機能し続けている（岸上 1996, 2007；スチュアート 1992；Wenzel 1991）．

2） ダマシオは，非意識的な生理的反応である「情動の状態」，その状態が非意識的に表象された「感情の状態」，その感情の状態が意識化された「意識化された感情の状態」の三つを分けているが，本章では，議論を進めるうえで後者二つを分ける必要がなく，議論が煩雑になるため，後者二つを「感情」としてまとめている．なお，本章ではこのダマシオの概念を用いて議論を行ったが，情動や感情に関しては，これまでに人類学と心理学で多様

な研究が行われてきており，それらの研究における情動と感情の概念を整理するとともに，それらの研究の成果に本章での議論を位置づける必要がある．また，本章での議論はボウルビィ（1991）の愛着理論と密接な関係にあり，その理論と関係づけて考察する必要がある．これらの点について検討することを今後の任務としたい．

3）自己の情動を自己が直接に意識することができず，自己の情動の意識化には他者との相互行為が常に伴うことについては，菅原（2002）も指摘している．そもそも，ヴィゴツキーの議論に基づいて高木（2001）が指摘しているように，情動に限らず自己が自己を直接に意識することはできず，自己の意識化には他者との相互行為を経ることが不可欠である．

引用文献

Balikci, A. (1989) *The Netsilik Eskimo*. Waveland Press.
Bodenhorn, B. (1989) *The Animals Come to Me, They Know I Share: Inuipiaq Kinship, Changing Economic Relations and Enduring World Views on Alaska's North Slope*. Ph. D. thesis, Cambridge University.
ボウルビィ，J. (1991)『愛着行動－母子関係の理論 (1)』（黒田実郎訳）岩崎学術出版社．
Briggs, J.L. (1968) *Utkuhikhalingmiut Eskimo Emotional Expression*. Department of Indian Affairs and Northern Development, Northern Science Research Group.
Briggs, J.L. (1970) *Never in Anger: Portrait of an Eskimo Family*. Harvard University Press, Cambridge: M.A.
Briggs, J.L. (1979) *Aspects of Inuit Value Socialization*. National Museum of Canada.
Briggs, J.L. (1998) *Inuit Morality Play: The Emotional Education of a Three-Year-Old*. Yale University Press & ISER Books, Memorial University.
ダマシオ，A. (2003)『無意識の脳　自己意識の脳』（田中三彦訳）講談社．
ダマシオ，A. (2010)『デカルトの誤り』（田中三彦訳）筑摩書房．
Fienup-Riordan, A. (1983) *The Nelson Island Eskimo*. Alaska Pacific University Press, Anchorage.
Honigman, J.J. & I. Honigman (1965) *Eskimo Townsmen*. Canadian Research Centre for Anthroplogy, Ottawa.
今村仁司 (2005)『マルクス入門』筑摩書房．
Ingold, T. (2000) *The Perception of the Environment*, Roatledge, New York.
伊谷純一郎 (1987)「社会構造をつくる行動」『霊長類社会の進化』平凡社．223-246頁．
岸上伸啓 (1996)「カナダ極北地域における社会変化の特質について」スチュアート　ヘンリ編『採集狩猟民の現在』言叢社．3-52頁．
岸上伸啓 (2007)『カナダ・イヌイットの食文化と社会変化』世界思想社．
岸上伸啓・スチュアート　ヘンリ (1994)「現代ネツリック・イヌイット社会における社会関係について」『国立民族学博物館研究報告』19(3): 405-448.
黒田末寿 (1999)『人類進化再考－社会生成の考古学』以文社．
Nuttall, M. (1992) *Arctic Homeland*. University of Toronto Press.
大村敬一 (2009)「集団のオントロギー－〈分かち合い〉と生業のメカニズム」河合香吏編『集団－人類社会の進化』京都大学学術出版会．101-122頁．
大村敬一 (2011)「二重に生きる－カナダ・イヌイット社会の生業と生産の社会的布置」松井

健・名和克郎・野林厚志編『グローバリゼーションと〈生きる世界〉』昭和堂．65-96 頁．
大村敬一（2012）「技術のオントロギー－イヌイトの技術複合システムを通してみる自然＝文化人類学の可能性」『文化人類学』77(1): 105-127．
スチュアート　ヘンリ（1991）「食料分配における男女の役割分担について」『社会人類学年報』17: 45-56．
スチュアート　ヘンリ（1992）「定住と生業－ネツリック・イヌイトの伝統的生業活動と食生活にみる継承と変化」『第六回北方民族文化シンポジウム報告書』北海道立北方民族博物館．75-87 頁．
スチュアート　ヘンリ（1995）「現代のネツリック・イヌイット社会における生業活動」『第九回北方民族文化シンポジウム報告書』北海道立北方民族博物館．37-67 頁．
菅原和孝（2002）『感情の猿＝人』弘文堂．
高木光太郎（2001）『ヴィゴツキーの方法』金子書房．
トマセロ, M.（2006）『心とことばの起源を探る』(大堀壽夫・中澤恒子・西村義樹・本多啓訳) 勁草書房．
Wenzel, G. (1991) *Animal Rights, Human Rights*. University of Toronto Press, Toronto.
Willmott, W. (1960) The Flexibility of Eskimo Social Organization. *Anthropologica* N.S. 2: 48-59.

第 16 章　「感情」という制度
「内面にある感情」と「制度化された妬み」をめぐって

杉山祐子

◉ Keyword ◉
感情，共にいること，内面にある感情，「いまここ」からの離脱，妬み

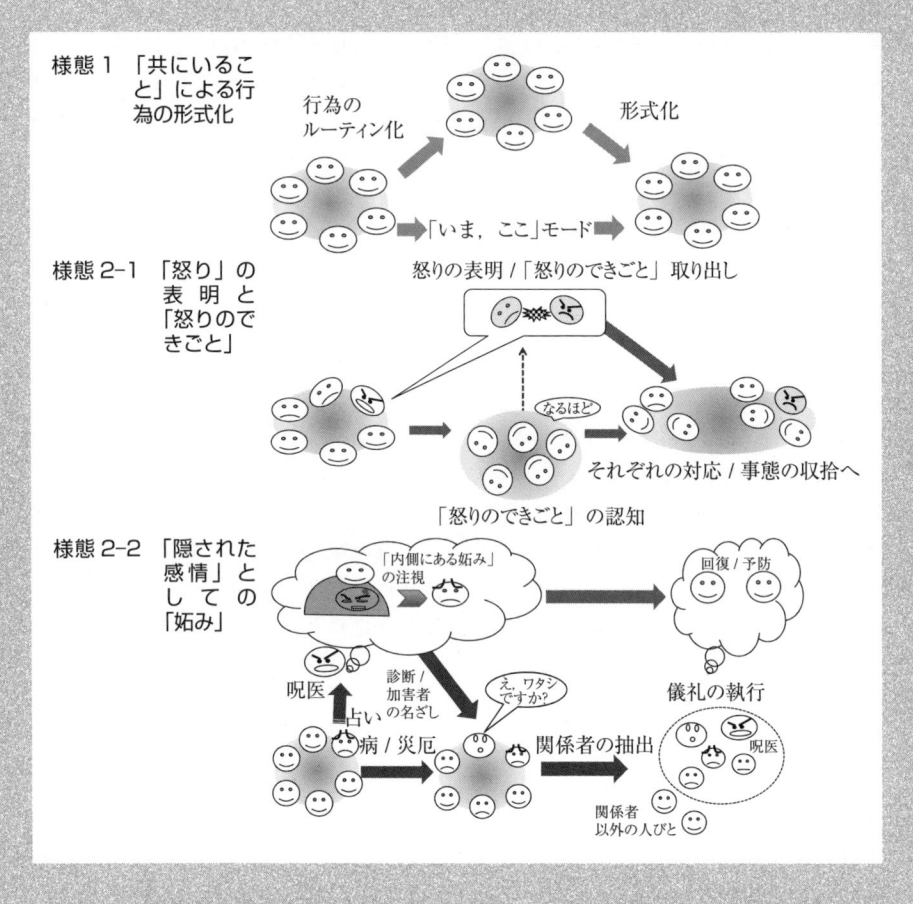

様態 1　「共にいること」による行為の形式化
　行為のルーティン化 → 「いま，ここ」モード → 形式化

様態 2-1　「怒り」の表明と「怒りのできごと」
　怒りの表明／「怒りのできごと」取り出し
　なるほど
　それぞれの対応／事態の収拾へ
　「怒りのできごと」の認知

様態 2-2　「隠された感情」としての「妬み」
　「内側にある妬み」の注視
　回復／予防
　儀礼の執行
　呪医　診断／加害者の名ざし　え，ワタシですか？
　占い　病／災厄　関係者の抽出
　関係者以外の人びと

　本章では，人類の進化史的基盤としての制度を考えるために，集団規模の拡大と「感情」という制度について検討する．「感情」は二様のプロセスで制度化される．一つは共在の場での制度化で行為の形式化によって「いま，ここ」からの離脱が生じる．もう一つは，個人の「内面」に「感情」を想定することによって，情動を経験の生起する「いま，ここ」の場から切り離し，一つの経験に対して二重の対処を要請する．「感情」という制度は集団内の葛藤に対処するだけでなく，新たな集団を創出するための資源を作り出してもいる．

1 ●共同認知の土台としての感情

　人類の進化史は，生活様式と集団規模のバリエーションが拡大した歴史に対応している．特徴的なのは，狩猟採集，漁労，牧畜，移動農耕，定着農耕のすべてを保持したまま，近代国家が成立しており，集団の規模も，数十人のバンドから国家まで幅広いバリエーションがあるということである．西田正規（1986）は集団の規模が拡大する過程には，定住化が大きな敷居になっていたことを指摘した．それは移動性の高い小規模な集団が人間のくらしの基本にあり，移動によって，集団の成員間に生じる葛藤や緊張関係がやわらげられていたからである．定住化するには移動によらず葛藤を回避する方途が必要であり，北村光二（2009）が述べたように，「（前略）親和的な関係によって結びついた「集団」を作り出すことそれ自体をめざすような活動が不可避」である．

　生活様式と集団規模におけるこのようなバリエーションの拡大と併存を念頭におきながら，本章では，人類の進化史的基盤としての「制度」を考える材料として「感情」をとりあげる．とくに，緊張関係に伴う「情動」と葛藤の調整や回避に関わる局面での「感情」に注目する．そして，アフリカの焼畑農耕民ベンバの事例を用いて，感情という制度が集団規模の拡大にどのような機能をもつかを検討する．

　農耕民社会と「感情」に関わる制度についての議論は，これまでにも妬みや呪いが果たす社会的な機能と関わって，多くの蓄積がある．制度と規範の生成が不可分であることは，盛山和男（1995）が論じるとおりであるが人類学における民族誌的記述においても，怒りや妬みが規範の生成と維持に深く関わっていることは，さまざまな先行研究が示している．タンザニア南部に住む焼畑農耕民トングウェの平準化機構を論じた掛谷誠は，最小努力の傾向性と食料の平均化の傾向性という二つの基本的傾向性に反する行動が人びとに「妬み」などの感情を喚起し，邪術の関与を促すこと，このような「妬み」などの感情が引き起こす邪術への恐れが，食物の分与を中心とする平準化機構を支えていることを指摘し，このしくみをさしてフォスターにならい（Foster 1972），「制度化された妬み」と表現した（掛谷 1983）．「妬み」という感情の制度化が，集団内の葛藤をあやし，決定的な亀裂を生むことなく集団を維持する方途となることを示したのである．これは，丹野正（1991）や今村薫（2011）が狩猟採集民のアカやサンについて述べた「シェアリング」とは大きな違いをみせる．アカの分かち合い（シェアリング）について，丹野は，「そういう関係にあるから」分かち合うのであって．「分配」の規則や妬みへの恐れが先立つのではないことを記しているし，今村も「シェアリング」がサンの生活そのものである

ことを指摘している．寺嶋秀明 (2007) の記述も同様である．菅原和孝 (1993) や今村薫 (2011) が描くようにサンも他者を妬む．しかしそれが分配の規則を生みだす源にならないことは，「感情」という制度を考える上で重要な鍵となる．

　農耕民社会において，妬みは社会的葛藤の源泉の一つで，その発露が邪術であるという認識は研究者の間に幅広くあり，タンザニアやザンビアの農耕社会を研究した先達の論考 (Gluckman 1955; Richards 1950; Turner 1966 ほか) でも「妬み」という感情が人びとの心の中にあるという想定が普遍的であるかのように扱われている．しかし，よく考えればそれは「内面」にいつも存在するモノではなくて，その場その場で生起する情動なのではないか．菅原 (2002) が「感情とは個体の内部に措定されるべき実態ではない．それは行為空間に参入する実存の身がまえそれ自体から湧きでる意味である．」とも述べるように，感情は他者と共にある場とそこでの相互交渉と不可分である．本章では「制度化された妬み」を言うより前に，そのような情動を文脈から取り出せると考えることと，「感情」がだれの「内面」にもあるという想定を「制度的なもの」として扱いたい．

　ここでいう情動とは他者とのやりとりの中で「いま，ここ」に生起する経験であり，感情とはそれら情動経験が社会化されたカテゴリーに重ねあわされて多少なりとも意識化されたものをさす[1]．

　感情 (本章でいう情動) は人間だけのものではない．すでに心理学や認知科学など他分野での多くの研究が示すとおり，感情を遺伝的なプログラムだとする議論がある．戸田正直 (1992) は，感情をアージシステムと呼んで野生環境における生き延び方略としての適応プログラムだとした．情動は，他者との相互交渉の過程で，当事者性とその場性 (いま，ここ) の中に湧きあがる経験である．

　それが「怒り」などの感情にむすびつく情動の場合，それは，当事者の顔や姿態，声のトーンなどを含む「表情化された身ぶり」(菅原 2002) を通して，その場にいる他者にも伝わって，その場の緊張を高めていく．その場の緊張を和らげ，強い葛藤を生じさせずにその場を納めるとき，他のメンバーがそこに関与することがしばしば見られる．他の人びとの関与のもとで，葛藤の当事者同士の交渉がおこなわれる．しかし，集団の規模が大きくなるにつれて，ある種の制度化を通じてその負担を軽減させることになる方途が発達する．その場ごとの当事者同士の交渉によらず，なかば自動的にそれを回避する方途を発達させること，すなわち「いま，ここ」からの離脱をはかるしかけの成立があるだろう．

　ここで「しかけ」というとき，本章では，ゴリラやチンパンジーなどヒト以外の霊長類にも見いだされる，他者の情動を感知し共振する能力を基盤にしながら，個別の情動経験をより一般的な「感情」として包括し，社会的なものとして眼前に差

し出すようなしくみを考えている．それを限りなく制度的なものとして位置づけたい．このとき私がイメージしているのは，当事者以外もそれに巻き込まれるようなもの，他者が自分と同じ行動をとるというような共同認知の土台になるようなものである．また，それ自体が単独であるのではなく，ほかの制度的なものと相互に支えあい体系化するもの，実践の中に生じるが，同時に「いま，ここ」を超えて，個々人の行為を方向づけるようなもの，をイメージしている．

　ここで検討するのは，アフリカ疎開林帯に住む焼畑農耕民ベンバの事例である．ベンバは，「内面の情動」としての「感情」を想定する人びとである．「怒り」や「妬み」だけではなく，喜びや悲しみといった情動経験全般がここでいう「感情」に含まれる．しかし，村びとの情動経験のありようをみると，そこには二様の様態をみることができる．以下ではまず，日常的な集まりの場での情動が生起する様態について扱い，次に，「怒り」や「妬み」について検討して，そこでの「感情」という制度のありようについて検討したい．

2 ●ベンバの村の共在空間

　ベンバはザンビア北部州の乾燥疎開林帯に住み，おもに焼畑農耕によって生計を立ててきた人びとである．イギリスによって植民地化される以前から，周辺の諸民族集団を支配下におく母系の王国を形成してきた．王国の政治組織は植民地行政の末端として温存され，1964年のザンビア独立から今日にいたるまで続いている．居住集団である村は10世帯から70世帯ほどと小規模で，母系親族を核に構成される．人びとの移動性は比較的高く，集落は10年程度で別の場所に移動する．一つの村の寿命は短く，30年から50年で分裂して消えては，新しい村が創設されるというサイクルを繰り返す．

　ベンバの人びとにとって，同じ村に暮らすということは，時と場所を共有することである．別稿で述べたように，ベンバの村は，同じ空間に「共にいる」という経験自体が生み出す非構造の「集い」の連鎖と，より構造化された秩序によって経験自体を作り出す「集い」が重ねあわせられ，その輪郭が生み出される（杉山 2009）．「感情」はこの二様の集いのありようと不可分に制度化されている．

　村びとはつねに他の人びとと一緒にいようとし，できるだけ戸外で一緒の時を過ごそうとする．一日に何度も村の中を歩き回って他の人びとと出会い，話をする機会を作る．何かの用事で2,3日会えなかった人があると，「今日会わなかったから」と言ってその家を訪ねたりもする．かれらによれば，一人で家の中にいることを好

写真1 ●儀礼の段取りを決めながら嗅ぎタバコをやりとりする既婚女性たち.

むのは，邪術師か重病人だけだという．このようにして，できるだけ共にいる空間を作り出し，それによって，相互の親和的関係の確認とする行動が形式化されている．

　村のおとなたちの集いは，ほとんどが男女別々である．女性たちは，家の前庭で，食物加工の仕事をしたり，木陰で昼寝をしたり，子どもをあやしたり，互いの髪を梳きあったりと思い思いのやりかたで時を過ごす．男性たちは，あずまやの中や家の軒下などに椅子をおいてすわり，タバコをくゆらしたり，斧の刃を研いだりする．そして，そのあいだじゅう，ずっと何かしら話をしている．それはその場で目にしている光景だったり，その日のできごとだったり，誰かのうわさ話だったりする．ただし，その場にいる全員が同じ話に加わったり，一人の話し手の言うことを黙って聞いたりする必要はなく，脈絡のちがう別の話をしはじめてもかまわない．このような集いの場では，しばしば同時発話が観察される．話題の乗り換えも早い．

　ここで重視されるのは，人びとと共にいることと，そこで話をする，という行動の形式であって，話の内容やそこでの態度はあまり問題にならない．また，そのときどんな気分でいるかは「自然にわかる *kuishibikwa*」ので，「内面」を追求されることはない．大村敬一（2008）が描いたイヌイトのように言葉によるやりとりではなく，人びとと共にいて話をするという，形式に則った行動を示すことが，次に述

第16章　「感情」という制度　353

べるような「サンサムカ」した状態であることの印として了解される.

　私がまだ,人と一緒にいて話をしつづけるというベンバの作法に慣れなかったとき,村びとから「サンサムケーニ！(*sansamukeni*：心地よく,しあわせでいる,という意味の動詞 *sansamuka* の命令丁寧形)」とくりかえし言われた.「黙って一人ですわっていてはよくない.ここはあなたの仲間がいるところなのだから.そうやって黙ってすわっていると,風 (*umwela*) が身体の中にこもって,心を腐らせてしまうよ.」

　かれらが言う「風」は,「声」でもある.それはその場にいる人びとの声の集まりから生まれ,何かを話すごとにそれぞれの人の身体の中をとおっていくという.そのようにして生まれ,人びとの身体を出入りする風は良いもので,一緒にいる人びとがみな喜びを感じて,村が良い状態 (*ubusaka*) になる.逆に,一人で黙っていると,身体にこもる風は,「喉の塊病」を引き起こす.喉の塊病は,うまく治療しないとやがて食べ物も食べられなくなり,命を落とすほどの病気なのだそうだ.

　このような例から,ベンバの村びとにとっての平常な状態は,そこに集う人びとがサンサムカしており,人びとのあいだに怒りや敵意のないことを意味すると考えることができる.つまり,「そこにいること」による非構造の集まりを可能にするのは,そうした親和的な雰囲気を感じあうことでもある.そこではとくにそれを言語化する必要はなく,ただそこにいて話をしあうだけで良いとされる.お互いへの親しみや楽しさ,喜びなどが,その場における人びととのやりとりの中で生まれ,その場に漂って,とくに意識化されることなく人びとに共有される.注意しておきたいのは,その場で必要なのは,これらの感情が共有されたかどうかを言葉で確認することではなく,そのように行動することだ,という点である.

　これらの情動がその場と不可分に生起するのに対して,悲しみ (直訳すると「心の痛み」) は個人の心の中に生まれて,そのままそこにこもりやすいという.「悲しみが人をうつむかせ,風の通り道をふさぐ」とある女性は表現したが,黙っていると悲しみは「固く」なるので,どうしようもなくなる前に,「私は悲しい」と言葉に出すようにしむけられる.それを言葉で表すことによって,「(他の人と) 分けあう (*kuakana*) ことができる」というのである.

　親しい者どうしの日常的な集まりとは違い,男性たちが集う村の会議や儀礼など,よりあらたまった場では,「喜び」を言葉で,しかも決まった言い回しで表明することが求められる.ほとんど決まり文句として「私は喜びにあふれている *Ndine nsansa sana*」という表現が用いられる.そこでは敵対と怒りのない,平常な状態で自分たちが集っているという事実,およびその言明じたいが政治的にも重要なのだといえる.

　日常的な集いにしろ,儀礼などのあらたまった集まりにしろ,どちらの場合でも,

言葉による表明が必要だとされるのが,「怒り」や「不快」に関わる情動である．親しさや喜びとはちがって,怒りや不快は言語化を義務づけられ,ある意味で不自然な位置におかれている．それは,怒りや不快に関わる情動をその場から引き離し,場の外側に取り出して人びとに見せつけるような「感情」という制度に結びついていく．

3 ● 表明される「怒り」と取り出される「怒りのできごと」

3-1 近距離での怒りの表明

　さまざまな「感情」の中でも,「怒り」や「不快」に結びつく情動は「言わなければわからない」といわれる．とくに「怒り」は,他者のいる社会的な場において言葉を通じて表明されなければならないと考えられている．もちろん,誰かが怒っていることが本当に他の人びとに「わからない」はずはない．その場にいる者は誰でも,他者の表情や声音から,当該の人物が「怒り」を覚えたり「不快」を感じたりしていることを察知できるし,その場に緊張感が充満していることを感知できるはずなのだ．しかし村びとは,当事者がその「怒り」を言語化し,相手に向かってきわめて様式化された方法で表明するまで,その人物が怒りを覚えたという事実がないかのようにふるまう．

　「怒り」を社会的な場で表明するには,当該の村びとが女性なら,片手を腰にあてて両足を肩幅程度に開いて立ち,もう片方の腕を高く振りあげて相手を指さしながら,「ちょっとあんた,私はあんたに怒っているんだ」と叫ぶ．続いて,自分が相手のどんなふるまいについてそれほど怒っているか,ののしり言葉をあいだにはさみながら,とうとうと語る．男性の場合には,腰に手をあてるよりも,拳を軽く握って肘を曲げた状態で,同様の表明をすることが一般的である．

　名指された相手は,そのような怒りの表明に対して,反省するところがあれば弁解したり相手をとりなしたりするが,そうでなければ,すぐさま相手と同じような姿勢をとって応戦する．いずれの場合も,「怒り」が表明されたとみるや,周りにいる村びとたちがその場に参入し,口々に自分の見聞きしたことやそれに基づく見解を声高に話しだし,どちらかの言い分に賛同する者,なんとかとりなそうとする者,おもしろがる者,それぞれに,その場に加わってしばしの間,混乱状態になり,やがて事は収拾に向かう．ここに加わるつもりがない者は,無関心なようすでその場を去る．

奇妙なのは，ひとたび当事者によって「怒り」が表明されると，これほどわがことのようにその場に関与する人びとが，怒りが表明されるまでは，その場にみなぎる緊張感に気づかぬそぶりをしていることである．気づいていても，当事者に代わって「あの人が怒っている」と表明することはできず，緊張しながら成りゆきを見まもるしかない．その場の緊張をほぐそうとして，ほかの村びとが冗談を言ったり，別の話題で話しかけたりすることもあるが，「怒り」の存在に触れることはしない．なぜならその「怒り」は個人の身体の内側に生じて，その人と切り離せない「当事者の怒り」だからなのだという．言葉にされない怒りは，あたかも個人の所有物であるかのように表現される．それに対して，言葉で表明された怒りは，見えるモノであるかのように扱うことができ，その場にいる他者は，それをどのように扱うかを自分で決めることができる．

3-2　遠距離での怒りの表明

近距離でなされる怒りの表明のほかに，「告知 (*Mbila*)」と呼ばれる遠距離での怒りの表明のしかたもある．木村大治 (1991, 2004) の言う投擲的会話に類似したこの方法は，特定の誰かを念頭においてはいても，ふつうは相手を名ざさないのが特徴である．

夕刻から夜にかけて，村びとが食事を済ませ，それぞれの家のあずまやで焚き火を囲んでくつろいでいる頃，「怒り」を抱えた村びとがおもむろに「告知」をはじめる．ここでも近距離での「怒り」の表明とおなじく，「怒りのできごと」が「告知」にのせて語られる．以下に，1988 年の観察事例を示そう．

【1988 年　壮年男性 A による「告知」】
男性 A：私はけさ，畑にキャッサバを掘りに出かけた〜．キャッサバを掘りにだ．キャッサバを掘りに行ったのだ．そして，見つけた！　見つけたのだ．ひとーつ，ふたーつ，みっつの足跡．ひとーつ，ふたーつ，みっつの足跡．ぜんぶでみっつの足跡だ．
　　　　 足跡をたどっていったら，私の〜私のキャッサバがなくなっていた．私のキャッサバが，キャッサバがなくなっていた．私の，私のこの腕ほどもあるキャッサバが．腕ほどもあるキャッサバが畑から掘りとられたのだ．私のキャッサバが，畑から掘りとられたのだ．私は怒っている．

こんな「告知」の叫び声が聞こえてくると，「A さんだ！」「何て言ってる？」と

村びとはそれぞれのあずまやの中で耳を澄ませ，続きを聞こうとする．

> 男性A（続けて）：私の腕ほどもあるキャッサバが，キャッサバが掘りとられたのだ．掘りとられた．私のキャッサバを掘りとった者〜，足跡を見たぞ〜，おまえの足跡を．私のキャッサバを掘りとった者，おまえは私の怒りを知るだろう．

男性Aは，さらに「キャッサバを掘りに出かけた．」以下を数回繰り返して叫び続ける．聞いていた村びとはそれぞれ，キャッサバを掘った「犯人」について，またいつまでも叫び続ける男性Aについて，ひとしきりうわさ話をしたあと，また何事もなかったかのように，それぞれ別の話題にはいっていった．通常の「告知」は2, 3分で終わるのだが，上記の事例では，男性Aの「告知」が15分以上続いた．その内容も報復的な呪いをにおわす不穏当なものになってきたので，年長女性Bが自分の家のあずまやから，今度は男性Aを名ざして次のように叫び，とりなした．

> B：Aさんえ〜，Aさんよ〜．
> A：Bばあさんか？　Bばあさん，何ですか？
> B：キャッサバが盗られたって？　あんたの畑のキャッサバが？
> A：そうだ，私の畑のキャッサバが盗られた（とさらに続けそうになるのにかぶせて）
> B：私たちはみな，あなたの叫びを聞いた．みんなが聞いて，何があったか知った．みんな何があったかを知った．立派なおとなは，長く叫ばずにいるのがよい．みんな聞いて，何があったか知った（のだから）．1, 2本のキャッサバには，立派なおとなの名前をおとしめるほどの価値はない（あなたのように立派なおとなが，1, 2本のキャッサバを盗まれたからといって，長く騒ぎたてるのは恥ずかしいですよ，という意味）．
> A：ああ，ああ，私はこれで黙る．これで黙る．私のキャッサバが掘りとられた．でもこれで黙る．

このとき，男性Aは特定の人物を名ざすことはしなかったが，ほかの場合も同様である．しかし，それを聞いた当事者にはすぐに思い当たるし，事情を見知ったほかの村びとにもそれと知れるので，それぞれがその場でうわさ話を始める．ふつう，心当たりのある人は「告知」に直接応えることをせず，翌日以降に何かのついでを装って「告知」を投げかけた村びとのもとに行き，それとなく和解を求めるそ

ぶりをみせる．迎える「告知」の叫び手もすぐに訪問者の意図を察するが，ふつうはとくに明言することなしに，相手の和解を受け入れ，何事もなかったかのようにふるまう．

「告知」を聞いて，心当たりはあるが，叫びの内容に異論のある人が「それをしたのは私だが，誤解だ」とその場で叫び返すこともある．また，そこに他の村びとが口をはさむこともあり，何度かの複数の「告知」がやりとりされ，やがて静まる．ここで何かの解決策が提示されることはないのだが，それぞれが思うところを「告知」を通して公に言うことが重要である．まれに，延々と続く叫びあいになることもあるが，上記の事例のように頃合いをみはからって，人望のある年長女性や村長があいだに入って「告知」による声をかけ，とりなしを試みる．このときもまた，「告知」の翌日以降，和解に向けた関係者の動きがそこここでみられる．

この事例からわかるように，「告知」という方法は，相手と直接対峙するというよりは，何が起きているかを周囲の人びとに広く知らしめるために使われる．このとき，「怒り」は情動そのものの表出というよりも，怒りを引き起こした「できごと」の顛末として語られることに注意しておきたい．「告知」による怒りの表明によって，「怒りのできごと」は当事者どうしの閉じた問題ではなく，他者の介入を求める契機を社会的に提示し，社会的に解決をはかる問題となる．

3-3　取り出される「怒り」と「怒りのできごと」

言葉によって表明された「怒り」は，もはや個人の内側にはない．その場に居合わせたり，言葉を聞いたりした人びとは，「怒りのできごと」として提示された「怒り」の物語を実体的なモノのように扱うことができる．「怒り」がこのように表明され，それが生起した文脈を伴った「怒りのできごと」として取り出されることによって，それに関与する当事者が特定されて，日常の時空から切り取られる結果になる．さらに，「怒り」を抱えた当事者たちは，言葉で「怒り」を表明することによって，その「怒り」を社会的な場に引き出し，他の村びとにその扱いを委ねることができる．直接の当事者でない村びとの前で怒りを表明するということは，言い換えれば，事態を収拾にもちこめるよう，他者の関与を誘うことになる．

かつて筆者がベンバの村での「怒り方」を習得していなかった頃，ある年長女性に教えられた．「怒りは言葉にしなければわからない．なぜあなたはいつも黙って立ち去るのか？　それでは怒りが腹にたまってしまう．それをどこで吐き出すのか？　怒ったらその場で，相手に向かって怒りを表しなさい．そうすれば，他の人びとがそれを聞く．そこに怒りがあることを知る．あなたの仲間は，それぞれの手

でそれを掴む（それぞれのやり方で対処する意）．」この女性によれば，「怒り」が公に表明されれば，周囲の人びとが解決を助けてくれるから問題は解消したも同じだという．彼女が強調するのは，他の人が関わることの重要さである．

　このように，個人が抱く「怒り」に関わる情動は，すぐさまその場にいる人びとに感知されるにもかかわらず，当事者が特定のやり方で表明するまでは「ない」ことにされる．しかしそれが，言葉で表明されたとたん，それをめぐる人びとの関与によって扱い方が決まってくる．他の村びととたいてい，それぞれの地位や立場に応じて期待される態度をとる．そのしかたは当事者とそれぞれの村びととの関係によってある程度限られているので，表明された「怒りのできごと（「怒り」の物語）」への対応のしかたによって，意見や立場を共有する人びとのまとまりが浮かびあがる．

　このまとまりは，親族関係や日常的なつきあいの親密さなどをふまえた社会関係を反映しており，それじたいが制度の実践なのだが，実際に誰と同じ立場をとるかについては，いくつかの選択肢から個人がそれぞれの判断で選びとる．

　このように言葉によって表明することを通して，「内面の情動」が社会的な「感情」として認められることは同時に，言葉にされずに「隠された内面の情動」の存在を生じさせる．先の年長女性はさらにこう語った．「私は怒った，と言わなければ，怒りは腹にたまってしまう．たまった怒りを聞くのは誰？　誰もいない．怒ってひとりごとを言ってはならない．怒りはあふれて悪いもの（呪い）になる．だから，みんなの前で手をここ（腰）にあてて大声で言いなさい．私はあなたに怒っているってね（括弧内筆者による補足）．」

　前述のように，怒りを社会的な場で表明するのは，当事者がその事態を解決するつもりがあることを示しているからであり，他者に向かってその収拾への道を共有しようと提案することにつながる．

　これとは逆に，言葉で表明されずに，当事者間の閉じた文脈に埋め込まれたままの怒りは，呪いに転じる危険があると考えられている．その場にいる他者にも明らかに感知できる怒りが，言葉で表明されずに終わるとき，人びとは不穏な空気を感じながらもなすすべなく，小さな不安を抱えながらその場を去っていく．そのようなできごとが積み重なると，不安が高まる．将来起こりうる災いを予言されたような，確信にも似た恐れをもって．そして，それは人びとのあいだの緊張を高め，ちょっとした災厄に出会っても，誰かの呪いを疑う不穏な雰囲気を作る．

4 ● 「隠された感情」としての「妬み」

4-1 「妬み」の想定による問題の表出 ── 誰もが発信者になりうる

多くの民族誌で報告されているのと同様に，ベンバでもうち続く病や災厄は，人の妬みや怒りによって引き起こされたと考える (Richards1950; 掛谷 1987; 杉山 2004)．ベンバの村では，語られなかった「怒り」と「妬み」はどちらも呪いの契機になるが，上述したように，怒りの情動は自覚され，言葉にされることによって怒りという「感情」となり，できごとに埋め込まれた物語として衆目の前にさらされて，事態の収拾に向かう道すじをつけられる．しかし，「妬み」は「怒り」とは異なる性質をもつ．村びとによれば，「怒り」はその場その場でわきおこるものだ（だからその場と不可分なのだ）が，「妬み」はもともと人の「心の中に住む *kuikala mu mutima*」のだという．妬みはすべての人の内面につねに存在する「感情」として想定されていると言ってよいだろう．だから理論上，ベンバの村びとなら誰もが，「妬み」を契機とした災いの発信者になりうるといえる．

「怒り」とはちがって，当事者による「妬み」の表明がされることはない．それは，他者の不幸を望み，災厄をまねく呪いをかけたと公言するのと同じだからである．妬みは（妬んだとされる）本人がその言葉で語るのではなく，呪医による占いや祖霊の憑依によって指摘される．ここで重要なのは，その情動を抱いた本人ではなく，特別な技能をもった他者によって，「妬み」の存在が表に出されることである．このとき，他者によって，妬んだとされる本人の「内面」，すなわち，その人が何に対してどのような感情を抱いたか，が注視される．その過程で実施される治療儀礼の中には，症状の治療に加えてそのような内面の感情を和らげる（*kunasha*）儀礼が含まれている．

病気や災いなどの問題が発生したあとで，その災因診断のためにおこなわれる占いのほかにも，深刻な問題が発生する前に，言葉にされない「妬み」の存在を表面化させる方法もいくつかある．もっとも大きいのは，年に一度シコクビエの収穫後におこなわれる，村の祖霊感謝祭とそれに伴う「祖霊遊ばせ儀礼」である．この儀礼では，村長の家に祖霊憑きの人びとと十数人が集まって祖霊を呼ぶ．そして祖霊憑きに憑依した祖霊と村びとが共に遊び，祖霊の言葉を聞く．ここで，村の中に隠されているさまざまな「妬み」や水面下にあるもめごとの種が，祖霊の言葉として祖霊憑きの口から明かされる．

同じように祖霊が，祖霊憑きの口を通して語る機会には，不定期な娯楽としてお

写真2 ●村中総出のネットハンティングに向かう男性たち

こなわれる「祖霊憑き集会」があり，ここでもときおり，隠された「妬み」が表沙汰にされる．ただし，そのとき「妬み」という言葉は注意深く避けられ，代わりに「問題」という言葉が使われる．「妬み」という言葉がそのまま使われるのは，公的な場での邪術の告発というきわめて重大な場面に限られている．

　祖霊遊ばせ儀礼などの場で，隠された「妬み」やもめごとの種が明かされると，すぐさまそれへの対処が実行される．祖霊に名指されたり，あてこすりを言われたりした村びとや，その親しい友人または親族が進みでて，祖霊（実際は祖霊憑き）の前に小額の現金や白いビーズを置き，葉のついた小枝で地面をたたきながら「何にも覚えはないけれど，あなた（祖霊）が悪いというなら私が悪かった．私は謝る，私は謝る，私の問題は追い出された」と唱える．その後，儀礼の仕切り役をつとめる村長が「これで問題はきれいになった」と宣言し，当該の村びとと祖霊が一緒に酒を飲み，歌に合わせて踊って儀礼は幕を閉じる．

　また，村じゅう総出で催されるネットハンティングでは，猟の成否や獲物の雌雄じたいが祖霊の意思を告げるものだと言われる．占いのできる村びとが同行しているときは，猟の合間に占いをし，「祖霊の不興を買っていること」として，隠された「妬み」やもめごとなどが明かされる．名指された村びとがその場にいるときは

その人が，また当該の村びとが不在のときにはその村びとにもっとも近縁の者が，たたんだ網の前に進み出て，手に持った小枝で網をたたきながら「何にも覚えはないけれど，悪いというなら謝る．謝る．謝る．問題をきれいにしてくれ．」と唱える．問題があることはわかったが誰も名指されなかった場合には，網の持ち主が小枝で網をたたきながら謝る．いずれの場合も，猟の仕切り役が続いて同じように網を小枝でたたきながら，「もう問題は水のように冷たくきれいになった．私たちに獲物をください」と唱えて，次のネット設置場所へと出発する．

　ネットハンティングの場で指摘された問題は，村に戻ってから夕食時の格好の話題となる．その問題に関わっている村びとが名ざされなかったときはとくに，誰がその問題の当事者か，が熱心に取りざたされる．当事者と目される人びともその話に加わり，それぞれの意見が公にされる．

　村の誰もが妬みを内側にもつという想定は，村びと誰もが関わりうるさまざまなもめごとの種を，どこにでも表出させることを可能にする．表面上はどんなに寛容でおだやかに見える人でも，その内側には他の人と同じように妬みが備わっているのだから，個人のパーソナリティーや意図とは無関係に，妬みに端を発する問題は起こりうることになる．内側にある妬みという想定は，いつでも誰にでも応用できる「関係に関わる問題」の認知と表出の図式を提供することになるからである．

　妬みに関わる問題が目の前に取り出されると，人びとは，それが手に負えないような病気や災厄として顕在化する前に，投薬や儀礼などを通じてその問題の収拾に向けた努力を試みようとする．ここで注目したいのは，妬みに関わる問題を表面化し社会的な場に引き出す力をもつのは，呪医や祖霊憑きなどの専門家であることである．それゆえに，妬みを抱いた当人の意思とは関係なく，妬みが問題として社会的な場で表面化させられ，それへの対処もまた，特別の技能をもった専門家を頼らなければならないことになる．

　それは同時に，特定のできごと群を因果的に関連づけて他のできごとから切り離す．この文脈では，小さな病気や怪我，ちょっとした不運なども，その元になっている「妬み」の「あらわれ」であり，手に負えないほど深刻な呪いの「兆候」でありうる．人びとは，大きな災いに見舞われる前に災いに対処するべく，呪医や祖霊憑きに依頼して，妬みが邪術を発動する回路の操作をはかる．すなわち，人びとが「いま，ここ」で経験する災難は，それ自体に対してなんらかの対処を必要とすると同時に，過去の妬みの「あらわれ」や，将来の呪いの「兆候」として，別の位相で対処すべき問題でもあるという二重の位相で進行する．そこでは，いま，村びとが経験している病気や災厄に際して，過去に他者が経験した「妬み」の存在と「内面の情動」の注視，妬みを呪いとして発動させる超自然的な力，そしてその力をも

つ神や精霊などの超越的な第三者の想定がなされている．内面に既存する感情としての「妬み」と超自然的な力との連動が想定されることによって，「いま，ここ」で人びとが経験している病や災厄とは，別の位相で同時進行する世界を作り出しているといえる．そして，それが「制度化された妬み」の基盤となる．

4-2 「親族関係の近さ」の証としての「呪いのできごと」

　「妬み」という「内面」を注視し，現にある病や災厄に結びつける「呪いの物語」は，その災いの「はじまり」がどこかを特定する．それは，村の日常生活の中に山ほどあるもめごとから，特定の事柄を選び出し，それに関わる「当事者たち」を特定することでもある．このとき，社会的距離の「近い」者ほど，妬みや恨みを強く抱くこと，相互に影響しあう霊力が強いことが考慮されるので，結果的に，社会的距離の近い者どうしが，「呪い事件」の当事者として表面にあらわれる．

　すでに述べたように，ベンバの村では，世代交代の時期にしばしば深刻な「呪いのできごと」が起こる．多くの場合，先代の村長らが邪術者として告発されることによって，村が分裂し，消滅する．しかし，その何年か後に分裂した村を再生したり，新しい村を創設したりするときには，村長が村びとを邪術者から守る霊力を得るため，先代の村長らから祖霊に関する作法を教わらなければならない．そのとき，人びとはかつて一度袂を分かった先代村長たちとの交渉を復活させ，先代村長の村を分裂させる契機となった「呪いのできごと」を語り直すのである．

　私が聞き取ることができたN村の事例を示そう．かつての「呪いのできごと」にまつわる物語は，先代村長の娘の「語られなかった怒り」とオイに対する「妬み」からはじまり，村びとの重篤な病との関係が取りざたされて，村長の邪術を告発した．しかしその数年後に，オイたちによって語り直された物語では，重篤な病を得た村びとの僚妻からの「妬み」にはじまり，村の分裂後も続いた災厄との関連にも言及がなされていた．さらに，先代村長を追放した後で，オイ（新しい村の村長）が原因不明の皮膚病になったことが付け加えられ，そこに追放された先代村長の「怒り」が影響していたことが示唆されてもいた．

　ベンバの村では，母方オジとオイ，父方オバとメイなど，特定の近い関係にある親族の怒りが語られぬまま残ると，意図的に呪いの手段を講じなくとも，その怒りが祖霊の力と連動して，相手が災厄に遭うといわれていた．つまり，語り直された「呪いのできごと」は，先代村長を糾弾したことが誤りだったことを言外に認めると同時に，先代村長の「語られなかった怒り」が新しい村長であるオイに強い影響を及ぼすような近い関係にあることを示してもいたのである．

第16章 「感情」という制度

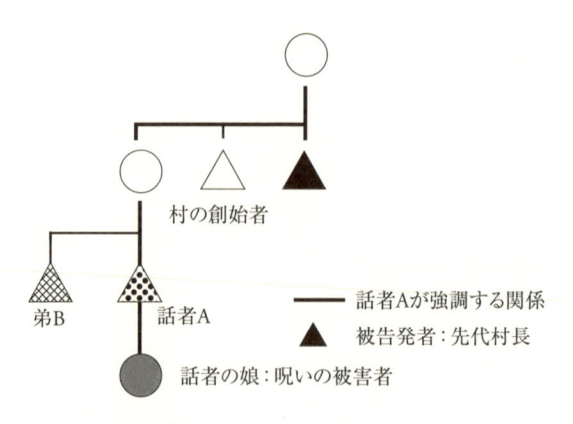

図1●帰村した男性（話者A）による呪いのできごとの語り直し

　このように互いの関係がいかに近いかを示す結果を期待した「呪いのできごと」の語り直しは，ほかの事例でもみられる．図1には，長年首都で給与所得者として働き，退職して村に戻ってきた男性が語った「呪いのできごと」にあらわれた関係者を示した．

　長年，首都で職に就いていた話者Aは，首都での職を辞し，次期村長候補として，家族と共に帰村してきた．Aの娘は，精神障害をもっているのだが，その精神障害は，かれら家族が，かつて村に住んでいた頃，先代村長の呪いを受けたためだとして，関係者にその顛末を語った．それによれば，先代村長は，次期村長となるはずのオイ（話者をさす）が若くて才気活発であることをそねみ，娘を害したのだという．

　この物語の中では，先代村長による娘の「呪いのできごと」が語られたことにより，Aと先代村長の「近い」関係が強調される．さらに，この「呪いのできごと」はAが弟Bと自分を比較して我が身の不幸を嘆くように，「弟Bは，先代村長の呪いを受けていないのに」という但し書きをつけて語られた．この語り方の背景には，20年ぶりに村に戻ってきた自分たちが，村の一員たる正当な理由をもっていることを他の村びとに示して確認する必要があったことがあげられる．それとともに，当時，村長の地位の継承をめぐるライバルだった弟Bを牽制し，能力からいっても地位からいっても，自分が正統な継承者であることをアピールする政治的なねらいがあった．

　これらの事例からわかるように，「呪いのできごと」とその発端とされる他者の「妬み」は，当事者の情動経験とは別のところで語られ，場合によっては別の文脈と結びつけられて，物語の登場人物間の「近さ」を示す材料になるのである．

このように，ベンバは「内面の感情」を想定することによって，「怒り」に結びつく情動を取り出し，「怒りのできごと」として特定の人びとと文脈を経験から切り出すことを可能にした．さらに誰もが内側に「妬み」をもっているのだと考え，占いを通して「妬み」という「感情」を社会化するしかけをもつことによって，当事者の経験とは別の位相で社会関係を操作することができる制度を作り上げたのだということができる．

5 ● 「内面にある感情」と社会関係の操作可能性

これまで述べてきたように，「内面」に感情を想定することによって，喜怒哀楽のうちでも，とりわけ怒りにむかう情動は言葉によって表明されるべきものになり，社会的な場にある「感情」としての姿をあらわす．「怒りの表明」は同時に「語られずに隠された怒り」の存在を生み出す．それは「怒り」を，それが生起した場から単体の「感情」として取り出し，場から離れて存在しつづけるものにする．

このように「怒り」をそれが生起した場から取り出し，ある種社会的な場に引き出すのは，ベンバだけではない．ケニアの農耕民タイタは「怒りを投げ捨てる」儀礼をおこなうし (Harris 1978)，牧畜民トゥルカナも，「怒り」を取り出し，「怒りのできごと」を文脈とともに切り離すことをする．

作道信介 (2004) によれば，トゥルカナにおける「怒り」の経験は，身近な他者とのあいだで「人は協働すべき」という協働原則が侵犯されたときに経験される情動であり，また，病気や災厄などの危機に際してその原因を明らかにすべく，占いとそれに基づく治療をおこなう社会的過程の中で構築される情動であるという．そこでは，ある特定の情動経験を「怒り」として取り出して，病や災厄など他のできごとと関連づけられた意味のシステムに取り込むという制度化がおこなわれている．それは，病気や災厄の原因としての他者の「怒り」という意味づけと連動して，日常的な交渉の中でも「怒らせないようにする」配慮をするというある種の規範にそった行為を促す (作道 2004)．

ベンバにおける「語られずに隠された怒り」は，これにあたるものと考えてよいだろう．トゥルカナにおいても，「腹の中に悪い言葉が残る」と考えることによって，怒りが「いま，ここ」を超えて過去と現在，未来をつなぐ扉を開くことには注意しておきたい．怒りという過去の情動経験を取り出して怒りを覚えた本人とその関係者とをつなぐことによって，病気や災厄に「対処」する方途とし，同時に関係を修復する契機にすることは，制度化された感情のありようの一つと言ってよいだろう．

ベンバにおける怒りの表明は，もう一つ別の機能ももっている．それは，怒りを表明することによって，それが生じた文脈から「怒りのできごと」が取り出され，「ここに（社会的な）問題がある」と宣言することである．「怒りのできごと」として示される物語は，その場にいた他の多くの人びとの中から，そのできごとに直接関わって対処すべき「当事者」を絞り込み，それへの他者の介入と問題解決に向けた操作を可能にする．しかし，これは「できごと」が起きてから後づけ的な対処をするにすぎない．「怒りのできごと」が起きないようにするには，トゥルカナのように「怒らせないようにする」という配慮をするしかなく，あらかじめできごとが起きないように操作する可能性を開いているわけではない．

　ベンバの人びとが，望まないできごとに対して，あらかじめの操作を可能にする方途は，すべての人の内面に「妬み」の存在を想定することである．「内面にある感情」や「内面にある妬み」の存在が前提とされることによって，直接対面している二者間の葛藤も，当事者たちの交渉を通した自主的な調整によってではなく，「内面にある感情」や「内面にある妬み」への対処を通じて，他者の介入によって操作可能なものとして読み替えられる．病気や災厄の源である「内面にある妬み」への予防的対処と，それが邪術として発動し，呪いに発展する回路の管理や操作によって，他者による制御が可能になる．

　呪いが「妬み」によって発動する回路の想定は，「いま，ここ」の災厄を妬みの現れや呪いの兆候として，「いま，ここ」とは別の位相へとずらす．二者間の社会関係の調整についてみると，それは当事者の直接交渉を通してではなく，その「もと」になる「妬み」が表に出ないように対処すればよいことになる．また，「妬み」はすべての人の内面にあるのだから，それに対処する方法は，人びと全体に適用できる．うずまく妬みが村びと全員の内面にあることによって，本来は，当事者がその行動を場面に応じて調整するはずの相互「関係」が，何らかの正当な方法であらかじめ制御しうるものとして位置づけなおされることになる．

　このようなベンバの「感情」という制度は，人びとが経験する「いま，ここ」の現象を，もう一つ別の世界へとずらした視点から現実を見直す可能性を生み出すのであり，個人の情動経験につねにもう一つ別の位相がはりついていることを意識させる．また，その位相において「妬み」を制御する力をもつ専門家や権威の存在を容認する素地が整えられる．

　感情という制度の別の側面は，凝集性を生み出す基点を作るはたらきにあらわれる．新しい村を作ろうとするとき，共に暮らそうとする人びとは，かつての「呪いのできごと」や呪いが顕在化したことによる「怒りのできごと」をことさらに語ろうとする．しかし，かつての物語そのままが語られるのではない．「妬み」が強い

力となって呪いとして発現するのは，系譜的に近しい親族や親しい友人間だと考えられているため，かつての「妬みの物語」や「怒りのできごと」に少しずつ修正を加えながら，語り直しがおこなわれる．その中で，お互いの親族関係や社会的距離が測られ，「かつて，呪いが強く発動したほどの近しい関係」に結ばれた者どうしとして，再度，共住する仲間であることを確認する．

6 ●「いま，ここ」からの二様の離脱

　これまで見てきたようなベンバにおける感情の制度化は，日常的な集まり，「怒り」の表明，「内面にある妬み」の三つに関わる異なる局面でなされている．また，その制度化のプロセスには二様ある．

　一つめの様態は，日常的な非構造の集まりに顕著にみられ，「共にいる」共在の場での「行為」が先立つ制度化である．ここでは行動の形式化による「いま，ここ」からの離脱 —— 制度化が見受けられる．できるかぎり共にいようとするという相手の行動は，お互いが敵対せず親和的な関係をもちたいという意思として確認され，その場での互いの行為を親和的なものへと方向づける．その繰り返しは行為をルーティン化して形式を与えるが，その形式がさらに次の行為を方向づける．

　そこで生起する感情は，親和的な形式をもった行為に付随して，その場にいる人びとが共同で生み出し，ほとんど意識化することなく共有する楽しさや親しみであり，大村（2008）がイヌイトについて論じたのと同じように，共にあることじたいに埋め込まれた悦びとしてある．また，第15章大村論文によれば，そのような共在への欲求は自己意識と他者意識のダイナミクスにおいて強化されると同時に子どもへのしつけにみられるようにさまざまな相互行為をとおして「叩きこまれる」ことによって安定的に維持されるという．

　このような感情の様態は，メンバーが相互の共感を土台として深く結びつけられるために有効である．しかし，それが可能なのは，メンバー同士が対面関係をたもつ小規模な集団であり，それを越える集団を形成するには，別の原理での制度化が組み合わせられる必要がある．

　それは，もう一つの制度化のプロセス —— より制度らしい制度化ともいえるもので，さまざまな情動を，経験の生起する場「いま，ここ」と不可分のものとしてではなく，その場とは離れた個人の「内面」に想定することである．ベンバはさまざまな情動を「内面」の感情として想定することで，「できごと」の生起する文脈から「感情」を切り離すことを可能にする．「内面」の情動としての「感情」を想

定することは，一つの経験に対して二重の対処を要請する「制度」ということができる．ここには「怒り」の表明と万人の内面にある妬みという二種類の想定が含まれる．

「怒り」の表明は，当事者の情動がその場に合わせた人びとによって感知され，情動経験を共有するという素地のうえに，当事者の言葉として「怒りのできごと」が表明されることによって，「怒りの物語」がモノ的に取り出される．そこで取り出した情動経験は社会的な「感情」の物語としてモノ化され，他者がそれぞれの物語をそこに接続させ，「怒りの物語」を共有することを可能にする．だから，ひとたび「怒り」が公に表明されれば，当事者以外の村びとがそれぞれにその「怒り」への対処を試み，多くの問題は収拾に向かう．

他方，「内面にある妬み」という，一般の村びとには見えない「感情」は，一般の村びとが察知することはあっても，これと指し示すことができない．万人の「内面」に共通してある「妬み」を想定することによって，ここでの「感情」は個人の情動から離れたモノであるかのように扱われ，それに付随する社会関係をも操作可能にする制度的しかけを備えている．しかもそれは，妬みが生起した場の意味からも切り離され，病や災厄といったまったく異なる文脈と容易に結びつけられて，世界のありようについての物語を生み出すしくみにつながっている．

「災厄のはじまり」がいつどこだったのか，誰の「妬み」が関与しているのかについて明らかに指摘できるのは，占いという特定の方法を実行する力をそなえた専門家に限られており，人びとはその占いの結果を前提にして「呪いのできごと」を語らなければならない．このような「いま，ここ」から切り離された位相での「妬み」とそれを発動させる回路の操作が必要とされ，その力をもつ専門家や権威の存在を容認することから，さらなる統合への制度化の道が開かれている．

このようなことを考えると，感情という制度は，集団内の葛藤に対処するだけではなく，その制度を利用して，新たな凝集性を生み出すことをも可能にし，集団の創出のための資源をも作り出しているということができる．

注

1）感情と情動の定義については，心理学，認知科学，脳科学などで多くの議論があるが，ここではその検討にふみこまない．感情が制度化される様態を検討するために次のように区別しておく．

参考文献

Foster, M. G. (1972) The Anatomy of Envy, *Current Authropology* 13(2): 165-202.
Harris, G.G. (1978) *Casting out Anger: Religion among the Taita of Kenya.* Cambridge University Press, Cambridge, New York.
今村薫 (2010)『砂漠に生きる女たち』どうぶつ社.
掛谷誠 (1987)「妬みの生態学」大塚柳太郎編『現代の人類学Ⅰ　生態人類学』至文堂. 229-241 頁.
掛谷誠 (1994)「焼畑農耕社会と平準化機構」大塚柳太郎編著『講座地球に生きる (3)　資源への文化適応』雄山閣出版. 121-145 頁.
大村大治 (1991)「投擲的発話－ボンガンドの『相手を特定しない大声の発話』について」田中二郎・掛谷誠編『ヒトの自然誌』平凡社. 165-189 頁.
大村大治 (2003)『共在感覚』京都大学学術出版会.
北村光二 (2009)「人間の共同性はどこから来るのか？　－集団現象における循環的決定と表象による他者分類」河合香吏編『集団－人類社会の進化』京都大学学術出版会. 39-56 頁.
黒田末寿 (1999)『人類進化再考－社会生成の考古学』以文社.
西田正規 (1986)『定住革命』新曜社.
大村敬一 (2008)「かかわり合うことの悦び－カナダ・イヌイトの環境の知り方とつきあい方」山泰幸・川田牧人・古川彰編『環境民俗学』昭和堂. 34-57 頁.
Richards, A.I. (1950) Bemba Witchcraft, Rhodes-Livingstone papers 34.
作道信介 (2004)「トゥルカナにおける他者の『怒り』」太田至編『遊動民』昭和堂. 492-514 頁.
盛山和夫 (1995)『制度論の構図』創文堂.
Sugawara, K. (1998) Ecology and Communication in Egalitarian Societies. Japanese Studies of the Cultural Anthropology of Southern Africa. *Japanese Review of Cultural Anthropology* 1: 97-129.
菅原和孝 (1993)『身体の人類学』河出書房新社.
菅原和孝 (2002)『感情の猿＝人』弘文堂.
杉山祐子 (2004)「消えた村・再生する村－ベンバの一農村における呪い事件の解釈と権威の正当性」寺嶋秀明編『平等と不平等をめぐる人類学的研究』ナカニシヤ出版. 134-171 頁.
杉山祐子 (2009)「「われらベンバ」の小さな村」河合香吏編『集団－人類社会の進化』京都大学学術出版会. 223-244 頁.
丹野正 (1991)「〈分かち合い〉としての〈分配〉」田中二郎・掛谷誠編『ヒトの自然誌』平凡社. 35-57 頁.
寺嶋秀明 (2007)「からだの資源性とその拡張」菅原和孝編『身体資源の共有』弘文堂. 29-58 頁.
戸田正直 (2007)『感情－人を動かしている適応プログラム（新装版）』（コレクション認知科学 9）東京大学出版会.

第 17 章　老女は自殺したのか
制度の根拠をめぐる一考察

西井凉子

◉ Keyword ◉
自殺，倫理，社会性，儀礼，否定性

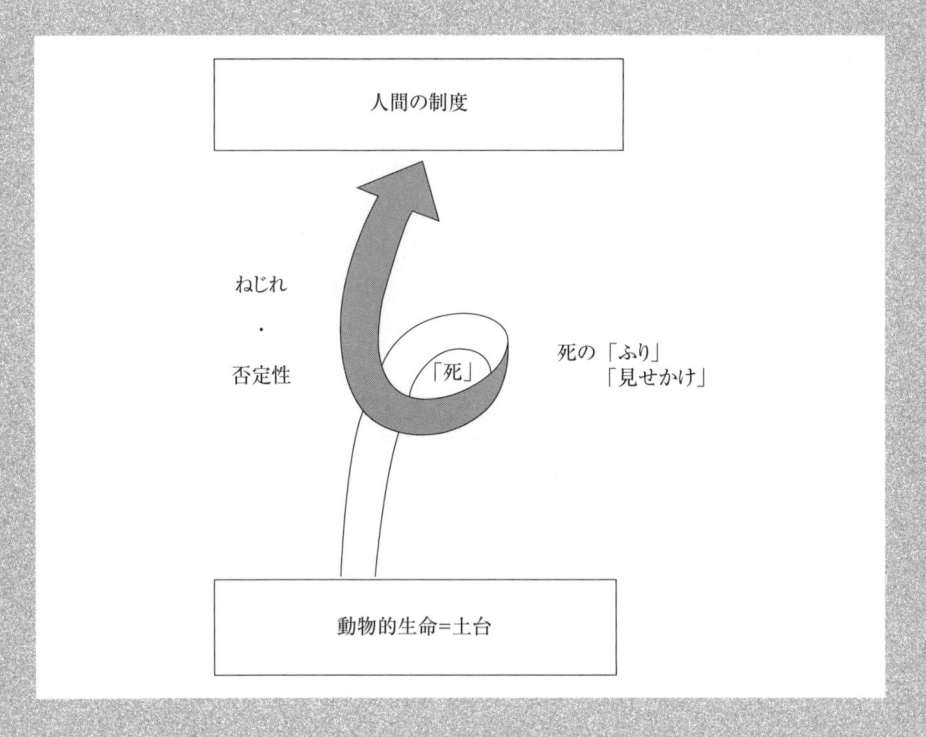

　人間の制度の根拠を，他者との関係性において特殊人間的として生命の否定（＝死）の「ふり」にみる場合も，無目的性を特徴とする儀礼から考える場合も，どちらも人間の制度の根幹における身体＝生命としての存在からのねじれもしくは否定性にみる．それは矛盾を抱え込む存在としての人間に特有の根拠であり，このパラドックスにこそ社会性を開く仕組みを見る．

1 ●死と制度をめぐる別のアプローチ

　老女が自殺した，ときいた．しかし，村で話をきくうちに，彼女の死が本当に自殺だったのかどうかをめぐって，事態は曖昧模糊としたものとなっていった．

　本書第2章で，内堀基光は，制度としての「死」を論じることで，制度と制度以前の境界に迫っている．そこでは，「死」と「死ぬこと」を区別して，「死」そのものを制度として考察しているが，本章で扱う自殺も「死」に他ならない．しかし，ここでは内堀とはまた違った方向で，すなわち，「死」と今村仁司の言う「死のふり」（今村 2007）の間で制度への道程を考えてみたい．

　自殺は，動物と区別された人間の特殊性を示す行為であると，今村仁司は次のように言う．「人間は自己否定的行為そのものである．人間は自分の自然的支柱である動物性を『殺害』してはじめて特殊に人間的な生き物になる．（今村 2007: 160)」．しかし，そうした存在は生物としては，それ自身矛盾を抱え込むものだと今村は言う．「一方で，人間が直接的な外部意識から自己意識へと上昇する（生成する）ためには自殺をなしうる証しを示さなくてはならないが，他方で，人間が自己意識としてこの世界のなかで存命しうるためには，死ぬわけにはいかない．人は人間であるために死すべきであると同時に，死ぬことができないし，また死んではならない（今村 2007: 212)．」今村はこのパラドックスから制度への道筋を導き出す．

　本章で扱う老女の「自殺」をめぐる村人との対話には，今村の言う「人間であるために死すべきである」と「死ぬことができないし，また死んではならない」という関係性が，見事なまでに表現されている．そして，その死に関連して村人の間で何が問題となり，何が共有されるのかを知ることで，制度の根拠，ひいては人間の共同性の根源に接近することができるのではないかと考える．

2 ●老女の死の状況

　2011年の調査時[1]，私が村に行くといつも滞在させてもらっている家のナー・チュアが「ヤーイ[2]・チットが自殺した」と言った．しかしなぜヤーイ・チットは自殺したのだろう，帰国した後もそうした疑問が頭を離れなかった．一人で住んでいたとはいえ，娘と同じ敷地内で暮らしている．かわいがっていた末息子が亡くなったという不幸もあったが，それとて十数年も前のことなので，直接のきっかけとなったとは考えにくい．そこで，2012年の調査時には，ヤーイ・チットがなぜ

自殺したのかを確かめることを調査の目的の一つとした．

本節ではまず，ヤーイ・チットの来歴について簡略に触れ，ヤーイ・チットの死の状況を村人の語りから描く．南タイの村における老人の死に際してはいかなることが中心的な関心の的になるのかを，そうした語りからみてみたい．

2-1 ヤーイ・チットの生涯

ヤーイ・チットは，背が高くいつも背筋をピンとのばして矍鑠としていたという印象がある．ナー・チュアも，「（ヤーイ・チットは）背中は全く曲がっていなかった．まるでものさしみたいにまっすぐだった」と言う．「健康で，ほんの少し足が痛いとか，少しだけ痛むということはあってもたいしたことはない．骨がしっかりしている．体 (tua) はまっすぐだ．私なんかよりよっぽどいい」とナー・チュアは言う．ナー・チュアはいまや背中が丸まってしまって，ひざを痛めているため歩くのも大変な状態である．ヤーイ・チットは，娘の家のすぐ裏に建てた家に一人で住み，今やどこの家にもあるプロパン・ガスは使わず，炭をおこしては一人分のご飯を自分で炊いていた．娘のウィンはムスリムの夫に従って改宗しているが，同居しない理由は宗教の違いがあるからではないと思われる．ウィンはすでに数年前に離婚して一人で住んでおり，礼拝したりモスクに行ったりすることもなく，ムスリムであるのか仏教徒であるのかわからない生活を送っているからである．ヤーイ・チットは86歳だった．

ヤーイ・チットは，中部タイのサムットソンクラーム出身の警察官だった夫と結婚して，5人の子供をもうけた．夫は，サトゥーン市で車の登録官をしていたが，不正を起こしたか何かで問題が起こり，退職した．退職すると一緒に妻の出身村に移り住み，妻がカノム・チーン（ソーメンのような麺にココナッツミルクをベースにした辛いたれをかけて食べる軽食）を売って生計をたて，夫はそれを手伝った．

若い頃のヤーイ・チットは美しかった．彼女は子供の頃からおしゃれが好きで，小学校に行くときも服が気に入らないと，足をばたばたさせて怒ったという．そのヤーイ・チットの夫は大変なやきもち焼きで，警察官だったときは，彼女が外に出て他の男性の目に触れないように，家に鍵をかけて働きに出かけたという．他の男性が妻に言い寄るのを恐れたのである．ヤーイ・チットがすでに子供5人を生んだ後に撮影した写真が，ナー・チュアの手元に1枚ある．そこに写るヤーイ・チットは，スカートをはき，美しさを保っていた．歳をとって村に移りすんでからも，夫はまだやきもちを焼いていた．生計のため彼女が外でカノム・チーンを売り歩くときにも嫉妬し，収益は彼がすべて回収して，ヤーイ・チットに自由にお金を使わせ

なかった．もし勝手なことをしたら，死ぬほど殴られただろうという．しかし，彼はカノム・チーン作りを手伝い，麺など切るのも手際よく，店も清潔にしていた．料理も上手だった．それにしても村の生活は彼にとっては憂鬱だったのだろう，いつも酒を飲んでいたという．

　彼は，35年ほど前に，まき割をしていて，斧で足を切りつけ出血多量で亡くなった．当時は，舟でしか村から外にでることはできず，近くに病院はなかったので，半日以上もかけてトランの町まで行かなくてはならなかった．病院についたときには手遅れだった．

　ヤーイ・チットは，末の息子イアットが結婚して妻の実家の運送業を手伝うために中部タイのラヨーンに移ると，孫の面倒をみるためについていった．ところが，ダンプカーの運転手をしていたイアットが事故でなくなってしまい，彼女は村に帰ってきた．以来，ヤーイ・チットは村に住んだが，村人の話す南タイ方言でなく，中部タイのイントネーションで話すようになったという．南タイの出身だったヤーイ・チットだが，なぜか死ぬまで中部タイ風に話していた．

2-2 「自殺」の状況

(1) 遺体の発見

　ヤーイ・チットの死の当日の足取りを村人の話から再構成しておこう．

　その日，ヤーイ・チットは午前中に家を出た．同じ敷地内にある家にいた娘のウィンに気づかれないようにこっそりと抜け出した．

　ウィンは家でテレビをみていて，ヤーイ・チットがいないことに気づいたのは夕方だった．「食事の時間になっても帰らないので探した．彼女はよく歩き回っていた．きっとどっか行っているんだろうと，そのうちもどるだろうと思っていたけど，食事の時間がすぎたので探した．老人はボトルを集めるのが好きだ．ペットボトルなんか，拾って売る」と，ウィンは言う．村は海岸沿いにあるので，様々なものが流れ着く．老人たちは海岸を歩いてカンやビン，ペットボトルなどを集めてわずかな小遣いを稼ぐのである．

　午後4時くらいになって，ウィンは，ヤーイ・チットの孫たち3人（パート，ライ，チャット）を呼び出して探しに行かせた．3人はそれぞれに散らばって探したが，ヤーイ・チットを発見したのは，パートだった．発見した時の様子をパートは次のように語る．

　　いなくなって1日たつという．だいたい午後4時くらいに（母のウィンが）呼

びにきた．3人は別々の方向を探した．僕が見つけた．ライを呼んでかつぐように（と言った）．それとチャットと一緒に，連れて帰った．

　（母が呼びに来たときに）僕は川で舟の水をかき出していた．ライが来て，おばあちゃんを探しにいこう，おばあちゃんがどこにいったかわからない，歩いていったと言う．そしたら足跡があった．家の裏に，足跡があった，くつは履いてなかった．この足跡は彼女のものだろう，この方向にいったに違いない．そうしたら本当に彼女が横たわっているのがみえた．うつぶせに．服はきていた．腰布（phathung）はつけてなかった．パンパース（大人用のオムツ）をはいていた．ライよ，チャットよ．みつけたぞ．彼女を連れて帰るぞ．つれに来て，と呼んだ．もう彼女は生きていない．息が絶えている．ライとチャットが抱いて連れ帰った．

　発見したときには，干潮で水はすでに引いていた．ヤーイ・チットは満潮のときに入水し，そこで息絶えた後，多分水に浮いているうちに引く水に腰布はほどけてさらわれ，老人用のオムツがむき出しになった．その時には，「体はまだ柔かかった．硬くなっていなかった．陽が照り付けていた．12時くらいの満潮のときに死んだ．そして干潮のころに探しにいった」と，パートは言う．パートの記憶では白っぽいシャツを着ていた．腰布は後に回収したが，遺体を発見したときには，腰布まで探している余裕はなく，そのまま母の家に連れ帰った．

　発見時，ちょうど近くに住むムスリム女性のウダたちは，ヤーイ・チットの隣家の裏で空芯菜（phak bun）を採集していて，ライたちがヤーイ・チットを抱いて運んでいるのを目撃した．ウダは，それは5時くらいだったと言う．「正午頃にヤーイ・チットは死んだけど，見つからなかった．その頃からいなくなって，干潮のときに（見つかった）．チャット，ライ，パートが探しにいった．寝ていた，干潮だった．彼女は眩暈で倒れて死んだ（pen lom tai）」．ウダは「水の中にいた．彼女は眩暈で倒れた」と繰り返した．

　遺体を連れ帰った頃には，ウィンの家ではすでに人が多くいて，体を洗って，着替えさせた．そしてタナーン岩の寺に連れていった．

(2) 葬式

　ヤーイ・チットは仏教徒だったので，タナーン岩の寺で葬式を行った．娘のウィンは，家で葬儀を行わず寺で行う理由として宗教の違いをあげることなく，家が狭いのでできなかったと言った．タイの仏教徒の葬式は短くて3日，長い場合には2週間も行うことがある．毎日僧を呼んで読経してもらうと同時に，食事も出すので，

長ければ長いほど親族の負担は増える．しかし，香典[3]もその分多く入るので，かかった費用が相殺される以上に，時には利益さえあがることがある[4]．ヤーイ・チットの葬式はこのあたりでは最短の3日間で行われた．
　しかし，葬儀を寺で行ったもう一つの理由には，たとえ敬虔なムスリムでないとしても娘のウィンがムスリムであることも関係しているかもしれない．葬儀の時には，ウダたち近所のムスリム女性も寺の表でおかず作りを手伝ったが，寺の中には入らなかった．喪主であるウィンは，仏教徒のように手はあわせないが，読経の間寺の中で座っていた．パートはウィンの息子でムスリムだが，ライとチャットは，ウィンの兄の子供で仏教徒である．
　ウダは言う．「葬式は（タナーン）岩で行った．わたしらもおかずを作るのを手伝った．ただ，拝んだりはしないようにする．知り合いなんだから，おかずを作るのを手伝う．ウィンは夫がムスリムだ．子供たちも親戚だから手伝う．中で行うことには関与しない．外で手伝う．」
　葬式の時，遠い親族である仏教徒のナー・リが「死んで本望だろう」と言ったことを村人は記憶していた．いつも死にたいと言っていたからと．ナー・リが寺についたときには，ヤーイ・チットの体を洗って服を着せていた．村人は大勢でヤーイ・チットが死んだところへ歩いて見に行った．珍しいものをみようとしたのだと，ウダは言う．
　しかし，ヤーイ・チットと親しかったナー・チュアはヤーイ・チットの葬式には一度も行かなかった．ナー・チュアはヤーイ・チットに言ったという．「もしチットおばさんが自殺したら，行かないからねと．そして本当にあの時，死んでも見に行かなかった．行けない，背中が痛いから．人が死んだとき，痛かったら，行かせないという．よくない．葬式に行くとますます痛くなる．多くの人がそう話す」という．結局ナー・チュアは，自ら行くことなく功徳のためのお金を渡した．

(3) 死の時と場所についての語り
■死の時 ── 十月祭

　ヤーイ・チットは，「十月祭のときに死ぬ」とある僧が言ったという．葬式のとき，仏教徒女性のミャオが，何年も前に僧がそう言っていたと話した．十月祭は，南タイの仏教徒にとっては，一年で最も重要な祭りである．タイ暦10月（太陽暦9月）の1日と15日に2回行われるが，2回目の方がより規模が大きい．十月祭には，菓子をたくさん作って寺に持ち寄る．ヤーイ・チットが死んだのは，明日が1回目の十月祭という日の前日で，仏教徒の家庭では菓子づくりが忙しいときだった．ヤーイ・チットの遺体は十月祭の前日に寺に運び込まれ，そこで葬式を行った．寺

では，葬式と併行して十月祭をするために，仏教徒が大勢集まった．ウィンは言う．「夕方死んだ．翌朝はみんな寺で功徳を積む．十月祭をして，また葬式を続けた．そして（3日後に）出棺した．それで終わり．」

じつは，ヤーイ・チットの葬式には，十月祭にまつわる10年前の別の死が想起された．それは，姦通相手の女性の夫に殺された同じ村のチャイの死である．

ウィンは言う．「ちょうどチャイのときと同じだ．チュアップ（チャイの妻）がココナッツを削って，トム（バナナともち米でつくった菓子）を作ろうとしていた．そうしながら（夫の）チャイが帰ってこないので待っていたら，死んでしまっていた．」

ウィンへのインタビュー時に一緒にいたケー（ナー・チュアの妹の孫）は，「（チャイが死んだときにはナー・チュアの）家にいて，用を足しにか何かしに（海岸に）いったら，誰か知らないけど死んで横たわっていた．うつぶせになって寝ていた．喉が切られていた」と言った．それを受けて，ウィンは，「チャイと同じように死んだ」と言った．

■死の場所 ── 同じところで自殺した人

ヤーイ・チットが死んだ場所もまた，別の死を想起させている．ヤーイ・チットの遺体が見つかった家の裏は，以前に首吊り自殺をした人の遺体が見つかったところでもある．そこは，人があまり入らないところで，魚や蟹の罠をしかけに行く人が通るくらいだという．

ウダは変死だから，そのあたりには入らせないのだという．「あそこは，ジャーブの子供が首つりで死んだあたりで，彼はちょうど私の祖母が死んだ頃に死んだ．10年近く前だ．何日も発見されず，蛆だらけだった．発見したのはウィンだ．ウィンが用を足しにいって見つけた．ジャーブの息子は少し陸にあがったところ，ヤーイ・チットは川の中．変死の霊（*phi taihon*）がつくといって行かせない．私も運んできたところをみたのだ」と言う．私はヤーイ・チットの死んだ場所まで行こうとしたが，ウダは気が進まないようだった．そこはすでに草木が生い茂り中に足を踏み入れることは難しそうだった．茂みの前にいた子犬を連れた野犬に吼えられて結局水辺までいくことを断念した．

一人の老女の死は，その時と場所で，また村における別の死にまつわる出来事を連鎖的に想起させている．

3 ●老女は自殺したのか

　ヤーイ・チットが「自殺した」ときいて，当初はその原因について調査を行うつもりであった．しかし，人びとと話すうちに，自殺の原因を探ることよりも「自殺したという事実」そのものの真偽性を確認することへと調査の焦点を移行せざるをえなくなった．なぜか．次に異なる二つの観点からの語りをみてみたい．1) はヤーイ・チットは自殺したという語りであり，2) は自殺ではないという語りである．

3-1　ヤーイ・チットは自殺した

　村に到着してまずは，ヤーイ・チットと親しかったナー・チュアにヤーイ・チットの死の理由を尋ねた．ナー・チュアは，母がヤーイ・チットといとこにあたる遠い親戚であるが，しばしばヤーイ・チットは約1キロの道のりを歩いて訪ねてきてはおしゃべりに興じていた．ナー・チュアからは，ある意味で想像された通りの説明があった．つまり，娘のウィンが親の面倒をみないから，自分でいやになって死んだという．ここでは，自殺であることには疑いはなかった．ナー・チュアとその妹の孫であるプラー，そして私の会話である．

　　りょうこ：ヤーイ・チットは水に入ったのか．
　　ナー・チュア：水のなかに入った．水に入って自殺した．水に身を沈めるように入った．自分で入った．川のなかに．
　　りょうこ：なぜ．
　　ナー・チュア：知らない．子や孫に怒ったんだろう．彼女は（この世に）居たくない（*mai yak yu*）．居ることがわずらわしい．子供たちが面倒をあまりみない．彼女は一人でいた．
　　プラー：家がすぐ近くでもあまり面倒みない．だから彼女は残念だった．ご飯も自分で炊いて食べなくてはならない．

　別の家でも，ヤーイ・チットは自殺したと，聞いた．「はっきりいって，彼女は死にたかった．死にたかった．あまり何もしない．」「彼女は死にたかった．ナー・リも言っていた．死にたいと言っていたと．死にたかったんだから，死んで望みどおり（*som cai*）だろうと，ナー・リが言った」．
　ヤーイ・チットの家の近くに住む村人は，「人によってはウィン（娘）が死なせたという人もいる」とまで言う．「でも，これは言わないほうがいい」とその村人は

声を潜めた．そして，ヤーイ・チットは3回死のうとしたという．
1回目．薬を飲んだけれど，死にかけて病院で回復した．
2回目．家で首をつって死のうとしたけれど，孫に見つかって未遂に終わった．
3回目．ついに水に入って死んだ．

　もっとも，ヤーイ・チットが3回も自殺を図ったということは，ナー・チュアもきいたことがなかった．

3-2　ヤーイ・チットは自殺したのではない

　ナー・チュアと話した後，小学校教師のペンに，ヤーイ・チットの自殺の原因がどのように伝わっているのかを確認しようと尋ねた．ペン先生からは思わぬことをきかされた．それは，ヤーイ・チットは自殺ではなく，老人の徘徊の結果の事故ではないかというものである．ペン先生は90歳になる夫の母と同居している．

　　お義母さんと同じだ．部屋の中にいて，彼女は話す，まるで誰かが彼女と話しているかのように．「もう迎えにきたのか．ちょっと待って．先に身支度するから．今日いくのか」といったふうに．もしかしたらこんなふうか．人が誘いにきたといったふうに．はっきりわからないが，推測する (*sannitthan*)，想像する．
　　人が自殺だという．推測するには（次のようだ）．お義母さんと一緒にいて，90歳になる．水浴びしたくない．ご飯を食べるのも部屋の中．ときには，寝ながら話している．人が話しにきたかのように．後ろの扉，もし人がいなかったら鍵をかけなくてはならない．この前，降りていこうとした．橋のところ．もしわたしらがみつけなかったら川の中に落ちていた．こんなふうだ．私らも驚いた．だからキム（ペン先生の夫）が鍵をかけた．見つけたときは半分まで行っていた，橋のところ．キムが走って追いかけた．まるで人が彼女を誘ったように．ヤーイ・チットもお義母さんに近かったんじゃないかと推測する．お義母さんもこうした症状は昨年からだ．身支度して行くという．もう行くよ，彼女の家はあっちだという．行って誰と一緒にいるのかときくと，自分の夫だという．夫とはキムの父のことだ．（何十年も前に亡くなっている．）推測するに，ヤーイ・チットもお義母さんと同じようではなかったかと思う．人は自殺といっても，ここでも同じだ，居たくない (*mai yak yu lae*)．死にたくてもなかなか死ねない，と．老人の性格 (*nisai khon kae*) はこんなふうだ．……似ている．自殺といっても，もしかすると誰かが誘ったかもしれない．一緒にいようと．行くなら行

こうと，記憶が曖昧になっている．

ヤーイ・チットのことを「意識がはっきりしない」もしくは「朦朧としている」という見方をしている人は，ヤーイ・チットとそれほど親しくなかった人の間では一般的であった．「彼女は年老いていた．老人は，物忘れもはげしく，よく転ぶ．ぼーとして（水に）落ちたんだ」という見方は多くの人に共有されていた．

実は，ヤーイ・チットの親族である事件の当事者も，老人の徘徊の末の意図的ではない死，つまり自殺ではないという見解をとっている．

娘のウィンは次のように言う．「転んで2，3カ月寝込んだ．歩けなかった．落ちて，頭をうって額に大きな青あざができた．そうしてわけがわからなくなってしまった．そして家から出て，水の中に入って死んだ．」

また，その頃の彼女の徘徊の様子を次のように語る．

> 寝込んだときにはここ（ウィンの家）に寝ていた．そうして歩けるようになったので，自分の家にもどった．私と一緒にいることはできない．彼女がどこかに行こうとしたら私は叱って行かせなかった．どこかで転んでもいけないと．そしたら彼女はこっそり抜け出した．T村にこっそり行く，どこでもこっそり抜け出して行った．そしてあの日，いなくなった．見つけたときは，川の中にうつぶせに寝ていた．死んでいた．

> 行かせないと気に入らなかった．チーライ（近所に住む仏教徒女性）の家にいったり，チーライがときには送ってきたり．バイクにのせて送ってきたり．ときには，あっちの方向，ナー・チュアやナー・リのところへいく．どこでも行った．彼女は歩いて，わけがわからない．誰の家にいくのか，知らない．あちこち歩き回る．最近はヤーイ・チュ（近所に住む老女）が歩き回っている．ヤーイ・チュを見ると母を思い出す．止めてもきかない．私は膝が痛いのであまり歩けない．歩きまわって，コ・プがバイクにのせて連れ帰る．コ・テート（甥）が連れ帰る．チラー（コ・テートの妻）が連れ帰る．そんなふうだった．子供や孫のところばかり（行く）．

ウィンの息子で，ヤーイ・チットを見つけて運んだ孫のライも，ヤーイ・チットは眩暈で倒れたと，次のようにいう．「年寄りだった．もし人が彼女が倒れるところをみていたら大丈夫だったのに（助けることができた）」と，やはり自殺したとはみていない．

身近な人の間では，彼女が徘徊していたことはよく知られており，死にたいといっていたこととあわせて，その判断はどちらともいえない曖昧なものとなってい

る．ナー・リは，葬式のときに死んで本望だろうといったが，一方で私と話したときには次のように意図的に自殺を図ったのではなく，徘徊するうちに誤って水に落ちたという見方もとっている．

りょうこ：彼女は死にたいと言っていたのか．
ナー・リ：彼女は「死にたい」と言っていた．彼女は何もわからなかった．夢をみていた．意識はあまりはっきりしてなかった．歩き回った．どこでも歩き回った．彼女は，死にたい，と言っていた．
りょうこ：これまで薬を飲んで死のうとしたことはあるのか．
ナー・リ：いや．水に落ちた．歩いていって水に落ちた．おぼれて死んだのだ．
りょうこ：わざと死んだのか．
ナー・リ：歩き回って行った．歩いて，歩いて，歩いて行って，倒れた．

ナー・リは，ヤーイ・チットが水に飛び込んだか，それとも誤って落ちたのかの判断はしていない．

ナー・リは言う．

　　自殺しようと決意していたのかどうかはわからない．本当かどうかはわからない．歩いていって落ちたのかどうかわからない．（タナーン）岩の水に飛び込んで死んでしまったと話していた．私が行ったときには（水から）もうあげていた．彼女はタナーン岩にきたけれど，もどっていった，人がいたから，と言っていた．そして家の裏に行った．川に．干潮のときだと水がない，満潮のときだ．でも，彼女は飛び込んだのか，そうでないのかはわからない．尋ねなかった．死んだときには，（生きるのが）いやになって，心にしたがって（死んだ）かどうか．

死亡届けの責任者は村長である．村長が自殺だと判断すると警察を呼ぶことになる．ヤーイ・チットのケースでは，村長は警察を呼ぶ必要はないと判断した．「何の事件性もない」，「老衰」だからである．実際には警察官は寺にきたという．しかし，それは村でサッカーをするためにきたのであって，取調べをするためではないという．村長は言う．「誰も彼女を突き落としたんじゃない．自分で落ちたんだ．村長がそのことを請け負った．（ヤーイ・チットの孫の）ライも警察のボランティアだ．彼は，警察に知らせるかときいた．届け出る必要はない．面倒なだけだ．僕が登録する役目だ．」

村長へのインタビューはナー・チュアの家で行った．その場にいあわせたナー・チュアが，村長に自殺の可能性を問いただして，次のように言った．ヤーイ・チッ

トは自殺すると自分に何回も話していた．彼女は（タナーン）岩のところで自殺しようといったけど，人が毎回多かったと言っていた．しかし，村長は「年寄りはわけもなく歩き回る」と言いさらに続けた．「もし若い人なら，調査して原因を探さなくてはならない．老人は歩いて行って倒れた．老人だった．誰も彼女を水に突き落とすようなことはしないと推測できる．われわれは，誰も彼女を殺そうとしないことは確かだと推測できる．」死亡届けには，水死といった事故ではなく，「老人病による死（*tai chiwit lok chara*）」と書いたという．

　もっとも，自殺でないとする村長にしても，自殺だと思うナー・チュアにしても，本当のところはわからない．

　　　村長：彼女の心はわからない．
　　　ナー・チュア：いつも（死にたいと）話していた．
　　　村長：年寄り同士で話していた．自殺すると．
　　　ナー・チュア：でも，実行する勇気がなかった．やる勇気がなかった．タナーン岩（の池）に飛び込もうとしても，水が多かったという．人が助けるだろうという．
　　　村長：誰もわからない．こんなこと，老人の心の中のことは．

　村長の発話には，「推測する *sannitthan*」という言葉がしばしば使われた．ペン先生も同様に，ヤーイ・チットの死に言及するときにこの言葉を用いた．つまり，本当のところはわからないので，推測するしかないということなのだ．

　しかし，村長とこのように話した後でも，ナー・チュアは，ヤーイ・チットが自殺したことを確信していた．

　　　もしそうでなければ，川の中の水にどうして入るのか．降りていった．彼女はその目的で行ったのだ．水に身を沈めて死ぬことを決心して．ヤーイ・チットは泳げなかった．もし泳げたら深いところに入っていったら泳いでしまう．泳げないから，沈んだらそのままおぼれた．もし泳げたら，びっくりしたら自分で助けてしまう．あの年代の人は泳げない．

3-3　ヤーイ・チットの死の曖昧さ

　ヤーイ・チットが死んだときに，いつも死にたいといっていたことが自殺であるという推論に結びついている．しかし，一方ヤーイ・チットの遺体の発見時に彼女がおむつをはいていたこと，それがむき出しになっていたことは，彼女が意識も曖

昧な老人であった可能性を指し示しているかのようである．それは，自殺する意志を持てる人間に特殊な要素を欠いている身体であるかのようにみえる．そして，ヤーイ・チットの死は自殺ではなく，老人の自然死として扱われた．

ヤーイ・チットの死をめぐる二つの異なる見解からは，ヤーイ・チットの死という出来事の特徴は，死んだ当人の意志の曖昧性にこそあることが浮かび上がる．それでは，その曖昧性から何を読み取ることができるのか．彼女の死は，哲学における個人の存在論的な死ではなく，また人間普遍，もしくは一般的な状況としての死でもない．また，ヤーイ・チットの死の曖昧性は，動物としての身体の死のみでも，自殺することができる精神をもつ人間の死のみでもないところにある．そのどちらかではなく，ヤーイ・チットという一個の人間の死として受け止められ，個別的・状況的判断がなされている出来事である．人びとは，ヤーイ・チットが死にたいといっていたことと，老人の自然死としたことの間に絶対的な矛盾を感じることなくその死を受け入れ，それ以上に原因を探索することはない．しかし，これは老女であったという彼女の個別的状況に照らした判断である．これが，若者の死であれば，死の原因は探索されることになろう．そこでは，ヤーイ・チットの死という出来事が不確実性をそのまま引き受けて生成していく様がみえる．

4 ●老女の死をめぐる村人の関心

このように，村人がヤーイ・チットの死に際して話題にしたのは，老女の死が自殺かどうかといったことではなかった．むしろ，次に紹介するように，死後の運命を左右する生者にとっての倫理的な規範である．老女が水の中で死体で発見されるという事件は村でもめったにない衝撃的な出来事であった．私は，当然自殺を罪とする仏教的な観念から，ヤーイ・チットの死後について何らかの感想や意見がかわされるであろうと予想していた．自殺は罪であるかどうか，そうした罪を犯したヤーイ・チットはどのような運命にあるのかといったことについてである．しかしわずかに，どうせ死ぬのにわざわざ死ぬことはない，とナー・チュアが言ったくらいで，こうしたことはほとんど話題にならなかった．それよりも，もっぱら人びとが老女の死に際して話題にしたのは，親子関係をめぐる因果応報（*wenkam*）ということであった．これは，ヤーイ・チットが「子供が面倒をみてくれないので自殺した」という自殺の原因の一つとされたことに関連している．

ヤーイ・チットの自殺について，仏教徒の女性3人が話していた．私が以前同居していた家族の母親70歳代，娘のアリヤ（40歳），近所の仏教徒女性（50歳）である．

母親は元ムスリムで通婚により仏教徒となっている．ヤーイ・チットは子供に面倒みてもらえないから自殺したということから，話題は次のように展開した．

　　アリヤ：仏教徒 (khon thai) と同じではないね．仏教徒は父母の面倒を見る．
　　母親：もし父母を大事にしなかったら，罪 (bap) だ．本当に罪深い．父母を大
　　　　　事にしていると，暮らしもよくなる．
　　アリヤ：暮らしはよくならない，恩知らずは．仕事もうまくいかない．つま
　　　　　り，金持ちになれない．なんとか食べてはいける．
　　母親：お金は残らない．
　　アリヤ：そのように信じている．そのようにみんななってる．父母を大事にす
　　　　　ると，食べていける．仏教徒は因果応報を信じている．因果応報は本
　　　　　当にある．
　　仏教徒女性：子供から (自分に) めぐってくる．シンおばさんをみてみろ．シ
　　　　　ンおばさんのように，父母をないがしろにすると (mai ao)，子供
　　　　　も自分をないがしろにする．

　その仏教徒女性の父の妹であるシンおばさんは，夫に従ってイスラームに改宗しているが，父母の面倒をろくにみなかったため，子供がぐれて麻薬に手を出し，母親にまで手をあげるようになってしまったというのである．
　またヤーイ・チットの死に関連して，70歳代のムスリム男性のハメーも同様に次のように語った．「父母がわしらを息をするようにした．わしらは恩を返していく．わしらがあれこれやっていけるのも父母が与えたことだ．脳を与えてくれたから考えることができる．考えてみろ．忘れるな．みんな，どんな宗教 (satsana) でも罪は同じだ．」
　ハメーと40歳代の未婚の娘ワイの会話も次のように続いた．

　　ハメー：ここでは，年寄りは楽だ (sabai)．子供や孫 (luk lan) といる．
　　ワイ：病気になっても子や孫が面倒みる．助け合って面倒みる．
　　　　　　－中略－
　　りょうこ：仏教徒だと因果応報だという．
　　ハメー：同じだ．イスラームでも，罪，恩，因果応報は同じだ．
　　ワイ：同じだ．
　　ハメー：父母に関心を払わない (mai soncai) と，今度は子供もわしらに関心を払
　　　　　わない．運命だ (wen)．

　ペン先生 (仏教徒) も，小学校の教科書でもこうしたことは説話とともに習うと

次のようにいう．「小学校のときに習うお話だ．父親がココナッツの殻を削っていた．きれいに光るまで削った．息子がきいた．殻を削ってどうするのかと．父親は，『祖父がもう働けなくなった．いても役にたたないから，祖父のやつ (*ai pu*) を乞食にさせる』と言った．やがて祖父は死に，父親は年老いた．殻を削って，子供も同じようにする．何をしてるのかときくと，昔父親が祖父が年取ったときに乞食にしたように，お父さんを乞食にするという．よい教えだ．子供は読まなければならない．昨今の子供は本を読まないから，語って聞かせなくてはならない．」

老女の死は，このように，死者個人の宗教的命運よりも，人びとの間に埋め込まれた親子をめぐるあるべき関係のあり方＝倫理を再確認させている．彼女の死は，生者の関係性と生き方に直接に影響を与えているといえよう．

5 ●自殺と制度

本章の冒頭において，「人間は自分の自然的支柱である動物性を「殺害」してはじめて特殊に人間的な生き物になる」という今村のテーゼを引用した．これは今村の，動物と区別された人間性を「自己」の保存的生命維持の態度の否定＝自己意識の生成に見る立場からのテーゼである（今村 2007: 155-156）．

しかし，なぜ「死」なのか．今村には，人間もまた自然的支柱は動物と同じく身体であるという認識があり，自死という身体を否定する意識から自己意識は生成されると見る．今村の場合，人間を，そしてその自死を言葉の組織をもって語り，理解するその意識にみる．そうした表象能力は自己を越えて他者につながる回路を開く．しかし，たんに表象能力としての言葉の発生をもって人間と動物を区別したのでは，これまでさんざん指摘されてきた旧来の議論の繰り返しとなるが，今村の独自性ははっきりと，自殺＝自死の可能性としたところにある．それは，身体を人間も含めた動物的生命の基礎的条件＝土台とみるからである（今村 2007: 211）[5]．

そこで，「人は人間であるために死すべきであると同時に，死ぬことができないし，また死んではならない」というパラドックスが生じる．これを解く鍵が，自殺は「孤立的個人のなかで生じることではなく，必ず他人との関係のなかでのみ思考可能である」というところにある（今村 2007: 211）．「自死が人間であることの証明であり，自由であることの証拠であり，自己がまさに人間であることを他人によって承認されることを意味する (ibid.)．」ここに社会性との関連が開かれる．

パラドックスは，次のように解かれる．まず，「人間は死すべきである」というフレーズであるが，これを現実に死んでしまうのではなく，生命を危険に晒す勇気

を示すことと解く．つまり，現実に死ぬのでないかぎり死ぬふりをすることに等しいということから，「見せかけ」と「ふり」の要素が抽出される．この「ふり」の要素こそ，社会関係の存続を許すのみならず，さらに社会関係の制度化を駆動する原動力になるという．死の見せかけ＝「ふり」がなければ現実に死んでしまうので，「ふり」は人間の生存にとって不可欠なのである．今村はここにすべての制度の成り立つ根拠があるという．死をかけて他者の承認を求める闘争が，自死の可能性と不可能性の矛盾を解決する儀礼的な闘争である（今村 2007: 215）．

　言葉を変えると，人間社会が成立する根拠となる他者の承認を求める闘争の究極の形が，自己の生命を賭して戦う自己否定としての死という「ふり」なのである．「闘争を儀礼化し制度化することなしには，人間社会はたちゆかない．生死を賭ける承認闘争は制度論でもある（今村 2007: 215）．」つまり，人間の社会性そのものが，こうして動物的な生命の否定という「ふり」により特殊人間的であると措呈され，そこに制度の根拠をみているのである．

　ここで，今村は，この「ふり」を儀礼的行為と関連づけている．自己の死のふりをする通過儀礼（成人）は「自死の勇気を若者が他人たちに見せる儀式であり制度であった．……候補者は，自分の家庭的な（動物的な）生を否定し，そのように自己を殺して，大人という新しい生に飛躍するために，自分で自分に死を与える試練を通過しなくてはならない（今村 2007: 214）．」見せかけの要素は社会関係の形成にとっても必然的であり，総じて人間の存在にとって「存在論的」に必然にして必要であるという．

　制度を儀礼と関連付けて論じている田中（本書7章）は，儀礼化こそがさまざまな制度に横断的に認められる実践の特徴であるとして，その形式的行為と当事者の無目的性（意図の剥奪）を主たる特徴としている．田中は動物のディスプレィと人間の制度の違いを目的性の違いにみている．前者では目的が強化されているのに対し，後者では当事者の目的が行為と直結しないことこそに特徴があるとする．よって，人間の制度に関しては，他者との関係性において特殊人間的として生命の否定の「ふり」をその根幹におく今村の議論と，田中の儀礼の無目的性を指摘する議論は，田中が行為の特徴に重点を置き，今村がその意味を俯瞰して取り出しているという違いはあるが，どちらも人間の制度の根幹における身体＝生命としての存在からのねじれもしくは否定性にみているところに共通性があるように思われる．

　ヤーイ・チットという個別の死に際して人びとが問題にしたのは，自殺か自殺でなかったかでもなく，彼女自身の死の原因が何かといったことでもなかった．結局のところ，ヤーイ・チットにどう関わるべきだったかという倫理の問題であった．「べきである」という制度の根拠は，死という（特にこの場合，衝撃的な死という）生

からのねじれをばねとして社会性を拓くその仕組みにあるのかもしれない．今村の言葉でいうと，生の否定の「ふり」（ヤーイ・チットの自殺の言説）から生への躍動（ヤーイ・チットとどうかかわるべきかという倫理）という仕掛けである．ここに動物と区別された人間の制度の特殊性を見ることができるかもしれない．

6 ●「時が至れば死ぬ」── むすびにかえて

　ヤーイ・チットの死をめぐる人びとの受け止め方からは，人間の生に関する最も根底的な覚悟／諦観がみえてくる．それは，「時が至れば死ぬ」ということである．自殺したと思っている人も，そうでないと思っている人も，人の死に関しては同じ感想をもつ．ヤーイ・チットの死に際して，ある村人は，「時が至ったら死ぬ．まだ時が至ってなければ死なない．なん度も死のうとして死ねなかったのはまだ時が至ってなかったから．今度は死ぬ時に至ったのだ」と感想を述べた．同様に，ヤーイ・チットの娘のウィンもいった．「（ヤーイ・チットは）わけがわからなくなった．そして家から出て，水の中に入った．死んだ．その時が来たのだ．」それは，生者が死者を受容していく過程であり，死から生の関係性へとその受容をつなぐ過程でもある．そうした受容をベースとして人びとは他者とともに生きる工夫として制度を産み出している．

注
1) 調査村でのはじめの調査は 1987 年から 1988 年の 1 年 4ヶ月の長期調査であった．それからすでに 25 年が経過しているが，その間ほとんど毎年のように 10 日から 2 カ月ほど村を再訪している．はじめの調査当時 50 歳だったナー・チュアも 76 歳になっている．
2) yai はタイ語で母方の祖母をさす．父方の祖母はヤー ya と呼ばれる．
3) 死者への功徳（tambun）のためのお金というが，喪主を経済的に助けるためであると意識されている．ゆえに葬式は村では，前はむこうを助け，今度はむこうがこちらを助けるといったふうに出席して功徳のためのお金を出すことが義務であると捉えられる．
4) 葬式で寄付された額がかかった費用より多い場合は，その利益を費用を負担した親族で分ける．言ってはいけないことだが，資本投下と同じと話した村人もいた．
5) 本章のはじめに言及したように内堀もまた，第 2 章で，個体の生命維持としての生理的次元からはじめ，そこに意味が導入されて制度につながりうる次元が生まれるとする．そのことを内堀は「死ぬこと」と区別して「死」としている．内堀が制度を人間の共同性＝社会的事象につながるイメージで見ている点は，今村と共通しているといえよう．

第18章　制度の進化的基盤
規則・逸脱・アイデンティティ

黒田末寿

◉ Keyword ◉
言語なしの制度の定義，規則の構造，逸脱，二次規則，規則の潜勢化，私たち型制度，間主観型制度

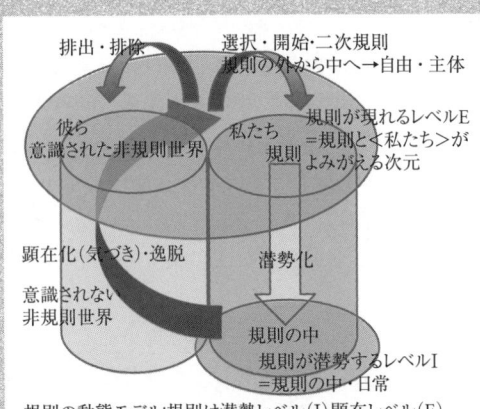

規則の動態モデル:規則は潜勢レベル(I)顕在レベル(E)をもち，規則をめぐる事象はその間の運動で表現できる．

この概念図は，1) 規則を動物の定型的行動から区別するには「私たちはこのことに従って振る舞う」という規則を意識することがなくてはならない(Explicit レベル)．しかし，2) 通常は規則は内化されそれをさほど意識することなく，規則のなかで自在に振る舞っている(規則の潜勢化，Implicit レベル)．3) Eレベルをもたらすのは，儀礼やゲームの開始宣言などに加えIレベルで生じる終了宣言や逸脱があり，とくに逸脱は関与者たちを突然Eレベルに引き上げる，の三点を中軸にえがいている．これらはごく当たり前のことに過ぎないが，規則や制度が現れる基本構造であり，ここから規則・制度に関する事象の多くのことが整理できる．

＜私たち＞とは規則に従う関与者たちであり，関与者たちが持続的社会集団全体の場合に規則は制度になる．規則を意識化し従うことが前提になるEレベルでは，逸脱はあり得ず，逸脱が生じるのは規則の潜勢化の中で生きているIレベルである．逸脱は逸脱者を排除するか（＜私たち＞の分裂），規則を全員で確認してやり直すか，逸脱もルールに含む修正をするか（二次規則，＜私たち＞の拡大），自らも逸脱に同調するか（＜私たち＞の解体）の選択を迫る．Eレベル（新たなＥｓ空間）に関与者を立たせる．ここでのもとの規則・＜私たち＞への回帰や規則の修正による＜私たち＞の維持が，主体性と自由の感覚をもたらしアイデンティティを強化する．このEs空間で生じる事態は規則・＜私たち＞のよみがえりといってよいが，これが生じるのは人間はEレベルだけでは生きられず，規則を潜勢化してその中で生きるのが本態であり，そこで逸脱が生じるからである．逆に，生理的・遺伝的行動のように規則として意識されていない振る舞いでも，逸脱ないしその妄想の共有によってEレベルに引き上げられ，規則・制度化する可能性が考えられる．この例がインセスト・アボイダンスからタブーへの昇華である．さらに，＜彼ら＞ないし＜敵＞の出現によってもEレベルが突然もたらされる．その事態では＜私たち＞内の秩序は消失し，＜私たち＞意識が強化された一体化が生じ，＜彼ら＞と＜私たち＞を峻別する行動がとられる．レイディングや戦争がその例であり，Eレベル内で生じる事柄なので，儀礼ないし＜私たち＞を表わすシンボリックな行為に満ちた行動になる．チンパンジーの原始戦争も儀礼こそないが，この範疇にたぐいする行動型に分類できる．

1 ●拘束と逸脱／構造と非構造

　人間の社会集団の成員が，「〈私たち〉はかくあるべし」あるいは「こんなことをしてはならぬ」とすることには，制度・規則・禁忌・規範・倫理・道徳・正義・掟・法・慣習・規矩・取り決めなど，様々な名称がついている．それぞれに異なる意味があたえられているが，これらの語彙が共通して示すのは，人間は集団として自分たちの行為を拘束するということである．そして，それらによって人間の社会が成立していると考えられている．

　集団がもとめる行動の拘束が現れない人間は，幼児であればしつけの，大人なら野放図な野人か犯罪者として排除すべき者としての対象になる．人間は，制度や規則を身につけることによってはじめて，集団の一員＝主体になるのであるが（中山 2007），それは行動拘束の枷を自ら負い，内化することにほかならない．しかし，私たちは，普段はこの「主体」が自らの変形や抑制によって成り立っていることを意識せず，意識したときには，かえってそうすることを自集団に属する印として自負する．

　本章では，このように人間集団において成員が自分たちの行為を拘束あるいは制限し，それを主体的に引き受ける現象を「制度」の語で代表し，そうしたことが現れる社会条件と生物的基礎について，主として霊長類社会学の立場から考察する．言語をもたないヒト以外の霊長類（以後たんに霊長類と略す）が作る社会に，制度には言語が必要であるとする通常の定義を適用すれば，制度は存在しない．しかし，人間に限らず，動物が集団を形成するには共在を可能にする何らかの行動規制ないし調整の機構がなくてはならない．本書のいくつかの章（第4章早木論文，第6章西江論文，第7章伊藤論文，第8章花村論文，第12章足立論文）では，ヒト以外の霊長類社会における社会交渉が，相互または一方の自制や期待で方向付けられていることを様々な切り口で示している．こうした行動規制または調整の機構と制度の関係の考察は，制度や規則の概念に新たな内容を加え，深めるにちがいない．

　この章では，伊谷純一郎（1987）の制度のとらえ方に準拠しつつ，しかし，制度は言語の上に成立するとする常識から離れて，私たちが規則・制度の名をつけて呼ぶ事柄に込められた意味と構造を整理してみる．伊谷（1987）は，霊長類に見られる文化と人間の文化が，集団の形成と維持にかかわる面において決定的に異なることを指摘している．すなわち，前者のほとんどが採食技術の変異であり，たんに個別個体に現れる技術や行動パターンにとどまるのに対し，後者は集団へのアイデンティティが伴う行動の拘束として現れ，制度もそこに含まれるという指摘である．

同じ論考で伊谷は，制度は言語による明瞭な区分があって成立すると述べている．これらのことから，伊谷は，制度の特性としてとりわけ集団へのアイデンティティ機能に着目していること，そして，霊長類社会に制度があると認めていないこと，さらに，制度と行動を拘束する文化一般を区別して考えていることがわかる．のちに，伊谷 (1991) は，「カルチュアの概念 —— アイデンティフィケーション論その後」と題する論文で，チンパンジーに見られる「子殺しが文化（カルチュア）であり，集団の形成と維持にかかわる行動の一つだと考える」と言い，チンパンジーにも集団の成員のアイデンティティを伴う行動を拘束する文化があることを論じている．

　ここでは，まず，伊谷の制度と言語を不可分とする考えを相対化する方向で議論する．私は，以前，制度を言語と切り離して定義することを試み，また，チンパンジー属（ボノボとチンパンジーの 2 種）に見られる食物分与行動から制度的な分配システムが出現する可能性を議論した（黒田 1999）．その定義を用いて規則および制度の概念を整理した上で，アイデンティティと制度や文化との関係を検討する．

　霊長類で集団へのアイデンティティが明瞭に現れるのは，集団間の対立においてである．こうした状況では，集団の輪郭が明瞭になる一方で仲間との一体化が生じ，構造と非構造が同時に現れる（黒田 2009）．また，制度および規則がつくる構造も，逸脱という非構造の相が出現しないと存在できない．このようなことから，本章は，社会構造の維持とコミュニタス的非構造を論じた黒田 (2009) の続編になる．

2 ●規則・制度の定義

2-1　言語を用いない規則・制度の定義

　制度は言語なしに成立しないと一般に考えられている．何々をすべし，何々をしてはならぬという，是／否の区分をするには，物事を明確に規定する言語が必要と考えられるからで，霊長類社会学でもこれにしたがった定義をしている（伊谷 1987; 河合雅雄 1992）．しかし，これを字義通りに受けとると，制度が霊長類社会学の視野からはずれることになるだけでなく，また，言語も制度の一つといえるから，制度は制度によって成立するというトートロジーが構成され，制度の成立や起源という問題には踏み込めなくなる．人間社会の特性とされるようなことは，必ず間主観性や表象能力，記号操作能力と深い関係にあるから，結局は言語との関係を否定できなくなるのだが，まずは，制度や規則をいったんは言語から切り離してとらえるために，できるだけ言語を用いずに規則と制度を定義した黒田 (1999) の

試み，すなわち，
1) 規則：ある集団の成員すべてが，自己および他の成員が従うことを期待する事柄のそれぞれ
2) 規範：ある集団の成員すべてが，自己および他の成員がある事柄に従うことを期待すること
3) 制度：持続的社会集団の規則

から再出発する．

じつのところ，この規則・規範・制度の定義は，言語で規定する事柄を「期待」で置き換え，一般の定義に含まれる懲罰の言葉をとっただけに過ぎないが，言語という概念を用いていないことは確かである．この定義は，規則や制度は自他の行為の認識であることをより明瞭に表現し，また，主体の側からの規則や制度の現れかたと，主体と集団の関係に主眼を置く性格になっている．この定義には，じつは規則に関するトートロジカルな構造が潜んでいるが (3-1 項)，ここでは不問にして出発する．

相互の「期待」の対象となる事柄は，文化的に獲得された何かであっても，遺伝的に支配される要素が大きな行動であってもかまわない．「期待」が及ぶ範囲が，その規則が覆う集団であり，主体の側からいうと〈私たち〉になる（ただし，霊長類の場合はもっと慎重な表現が必要になる）．人間の場合，「期待」の対象を自分自身だけにとどめ，自己を律する行動表を考えることができ，また，個人と神，個人とペットなどの二者関係を想定することもできるが，ここでの集団は同種の 2 個体以上から構成されると限定し，個人内部にとどまる事柄は規則とは呼ばない．持続的社会集団とは，雌雄の両性とその子どもたちを含み，かつ，メンバーシップが少々変わっても長期的に安定な集団を指し，霊長類では単位集団，人間では地域共同体以上の社会集団がそれに当たる．

ある事柄を他者に「期待」するには，主体がその事柄を「知っている」ことが前提になるが，この定義では，行為の過程で「一貫して」従う事柄を知っていることを要求してはいない．しかしもちろん，規則は，「これはこうするもの」とか「今，〈私たち〉はこうしている」と，どこかで何らかの形で，明示的にならなければならない．そうでなければ，動物の定型的な行動，たとえば朝にオンドリが鳴くことや，アリが一列に行進すること，同じ巣穴に戻ること等から区別できなくなる．こういう区別を考えなければならないのは，人間が，規則や制度を内化し「当たり前」化して無意識下，半意識下に順応する強い傾向をもつからである．この傾向を〈規則の潜勢化〉と呼ぼう．つまり，人間は規則を意識せず，「規則の〈なか〉に生きる」のが通常ということである．したがって，以下の議論では，規則を「知っている」

ということより「気づく」ことのほうが重要な役割をおびることになる．

　ここで問題にする「気づき」には，手違いに「はっ」としてまた忘却するような場合から，ゲームのように規則を利用して勝利を目指す運用時の気づき，儀礼のように一挙手一投足にまで気を配る気づき，〈私たち〉はこうするものだという自己言及的かつ行為主体のアイデンティティを前面に出すような気づきなど，深さが違う段階をいくつか考えることができる．これは規則の潜勢化のレベルにおいても同様である．日常に繰り返され生活の一部になっているような規則や制度はもっとも深く潜勢し「あたりまえ」のレベルにあって，その他のことは考えられない．そのような制度の場合，黒田 (1999) は自然制度（第 15 章大村論文）と名付けている．通常の意味のゲームの場合は，規則の潜勢化は浅い．以下の議論では必要に応じてこれらを区別するが，定義における「気づき」のミニマム条件は，意識に一瞬でものぼればよいとする．

　この定義では，暗黙の進行を認め，逸脱に対する懲罰を規定していないことから，人間集団の定型化した慣習 (convention) やコミュニケーションのコードもここでの制度になる．それは集団のメンバーが互いにその規則に従うことを前提に（＝期待している）相互交渉しているだけでなく，交渉相手でない第三者たちに対しても，彼らがそれを前提として相互交渉していると思い込んでいる（＝期待している）ので，集団全体をおおう規則といってよいからである．ただし，ここで言う慣習は，「約定」・「取り決め」(convention) のような慣習法に近いレベルのものである．

　ところで，霊長類社会学の場合，霊長類の社会事象の説明は観察できる事柄か，観察から高い確度で推定できる事柄によらねばならない．観察者は，サルがとる注視の姿勢を何らかの「期待」と解釈するのだが，ことが起こらないと確定できないから，より明瞭になるのは，「期待して〈いた〉こと」を示す行動である．すなわち，相手の振る舞いに対する反応の早さや情動の表出，あるいは裏切られたことを表す反応によって，観察者は，そうであったろうと遡及的に推定できる．このことは，人間の場合でも規則が暗黙に働いているケース（ほとんどがそうである）を考えれば，大差はなくなる．慣習の定型行動によって相手とかかわっているとき，逸脱や偶然の失敗によってはじめて相互の期待が明瞭になるからである．つまり，逸脱が規則・制度を顕在化させる働きをする (3-2 項)．逸脱による気づきは，当事者たちに大なり小なり，驚き，とまどい，不満，嫌悪といった情動や感情を起こす（制度と情動の関連については第 15 章大村論文を参照）．私たちは，それは霊長類でも同様であるとする立場を取る．逆に言うと，本人や誰かがある事柄の逸脱と思うことであっても，多くの他者が反応しない場合，つまり何とも思っていないかのような場合，その事柄は規則でないことになる．

2-2 霊長類社会への適用

　霊長類で 2-1 項の規則の定義が当てはまる例は，たとえば，社会的遊び（2 頭以上による遊び，3 頭による遊びは一時的にしか起こらない：第 4 章早木論文；黒田 2011）である．霊長類の社会的遊びはプレイフェイス（口を開けた笑い顔），遊びの中に現れる行動を誇張した形，接近や接近を誘う合図などで始まり，双方が力を均衡するように制御することで継続する（第 4 章早木論文）．ニホンザルの子どもの取っ組み合い遊びは，片方が小さい悲鳴を上げて突然離れて中止になることが多いが，これは明らかに，他方がつい力を入れ過ぎたためといえる．この破綻（逸脱）によって，互いになま噛みや押さえつけを手加減しながら行うこと（規則となる事柄）を期待し合っていると推定できる．さらに，ニホンザルの社会的遊びの場合，遊びを一時中断（ブレーク）して分かれ，また遊ぶという繰り返しが起こるが，早木はこれを力がだんだん入っていくのをリセットするテクニックと解釈している．また，遊びが始まるきっかけは，たんに近づくだけ，跳びつく，後ろ向きになるなどの，普通の行動や攻撃行動と違わないことも多い．それが遊びになるのは，霊長類の行動パターンは多義的であり，互いに相手の意図を読み取っているからだ，と解釈しなければならない（早木 1990；黒田 1986）．こうして，遊びの交渉には，遊びにはいる〈意図〉，力を均衡させるという〈相互の期待〉を示す行動があるということが，観察から推測できることになる．

　規則または制度のようでそうでない微妙な例に，たとえば，安定期にあるチンパンジーのアルファーオス（第 8 章西江論文）の存在がある．チンパンジーでは，上位のオス間には優劣の順位が見られるが，同盟者がその場にいるかいないかで逆転することもしばしばあり，この場合の順位は，規則と呼ぶには不安定過ぎる．トップの座（アルファーオス）の場合も同じで，同盟者を失ったり，挑戦者が出現することで，容易に変わりうる不安定さがある．それゆえ，アルファーオスは，常に同盟者・支持者を確保する行為によって安定化を図らなければならず，フランス・ドゥ・バール (1982) は，チンパンジーのオスたちが順位争いに決着をつけて順位を確認することを，「一時的な取り決め」と呼ぶ（ドゥ・ヴァール 1982；Goodall 1986；西田 2007）．しかし，タンザニアのゴンベ・ストリームやマハレにすむチンパンジーの集団では，単独で数年にわたってアルファーを維持するオスがしばしば見られている．このような安定期には，他個体の多くがアルファーオスに対し挨拶行動などの特定の行動と態度を定型的に示す．むろん，誰もが，誰がアルファーかをはっきり知っているし，したがって，アルファーオスに対する態度はほぼ規則といってよい状態になる．問題は，挨拶行動をしない個体も存在することである（伊藤 2009）．

しかも，それに対し他個体がとくに反応するわけではない．したがって，こういう個体を除いた範囲では規則の様相を呈するのだが，それは恣意的に過ぎるだろうし，もちろん，制度ということはできない．

ただし，ニホンザルの順位や霊長類のコミュニケーションのコードなどは，規則といってもよい性格を備えている．たとえばニホンザルのメス間には家系によって決まる優劣の順位関係があり，子ザルは3歳ぐらいまでに同家系の年上の個体に支援されて順位を獲得する．この優劣関係は安定しており，二者間交渉に定型的に現れるが，きわめてまれにそれをひっくり返す個体が出現し，この順位が劣位者の自制によって保たれていることが顕わになる．この事態は家系間の軋轢をもたらし，騒ぎが生じるとそれ以外の多くの個体が優位家系側について攻撃に加わるが，それは騒ぎ一般に生じることで，順位の逸脱に対するものかどうか判定できない．詰まるところ，二者間の交渉を定型化する意味では規則と呼んでもよいが（伊谷の用語では規矩：伊谷 1987），制度というには問題が残ることになる．

2-3 規則が現れる場，制度が現れる場

現存の霊長類社会をこの定義で見直すと，遊びや個体間の交渉を定型化する順位を規則と呼べても，持続的な社会集団をおおう規則，つまり，制度を見いだすことは難しい．この難しさは，持続的な社会集団をおおう規則とは，現に行為している個体あるいは交渉し合っている個体たち（行為遂行集団と呼ぼう）以外の者たち，つまり第三者も，その行為や交渉の当事者たちが規則に従うないし従っていることを期待するという条件に帰因する．つまり，2-2項の遊びのような，行為遂行者間に具体的に現れる規則とは異なる面が要求されるところが問題なのである．

この問題をクローズアップする格好の例が，母−息子間のインセストである．これはきわめて起こりにくいだけでなく，チンパンジーでは，息子にインセストを迫られたときに，母親が息子を攻撃したり，悲鳴を上げて逃げたことが観察されており（Goodall 1986；西田 2007），母親が嫌がり意識して回避されている面もあると考えられる（この意味では，本章の定義から，母−息子間に現れる規則といっても差し支えない）．また，チンパンジーやボノボは，他個体の母子関係を認識していることは，彼らの交渉から明瞭にわかる（黒田 1982, 1999）．それにもかかわらず，生じたインセストにそのほかの個体が何らかの情動・感情表出を伴う反応を示したという報告はない．つまり，他個体にインセスト抑制の期待をしているとはいえないという結論になる．この場合，それぞれの個体内に生じているに違いないインセストの抑制が，他個体たちの侵犯にも否定的な反応を起こすようになるには，他個体の行為に

自己を重ねること，すなわち，他者の関係性を自己の関係性のように感じ，他者の侵犯を自己の侵犯のように感じることが必要である．この自他間の投影は，共感や同情，あるいは，自他の同一視や間主観性といった心理作用と同類のものであろう．ただし，これらの言葉が意味するところは少しずつ違うだけでなく，間主観性といっても様々な段階が考えられる．類人猿は，同種個体にも人間にも同情行動を示すことが知られているが（西田 2007；ドゥ・ヴァール 2010），制度を出現させるレベルの間主観性はないか，たぶんほとんど同じことと思われるが，人間ほどには他者の行為に関心を引き寄せることがないのであろう．

だが，黒田（1999）では，言語の介在なしにチンパンジー属の食物分与が制度的な行為になるかどうかを検討し，制度と他者の行為に対する関心の関係について別のパターンもありうることを示唆した．それは，集団全体が同一事に関心を向ける状況であれば，他者が自己と同じことをする期待はもちろんのこと，自他間の投影と同じ効果を生じることである．そうした状況の一つに，たとえば，チンパンジーが敵対集団と対決する際の興奮状態（黒田 2009）をあげることができる．そこでは，恐れて後退している者も含めて，第三者の立場は事実上あり得ず，精神状態では全員が行為遂行集団化してしまう．状態だけを比べれば，河合（2009, 第10章河合論文）が記述している牧畜民のレイディングも同じであるが，これは制度といってよい．チンパンジーの場合を果たして制度というべきかどうかは，あとで検討しよう．

3 ●規則・制度が現れる構造

3-1 規則をつくる意識

規則・制度の定義にある「期待」という要件は，「これはこうするものだ」と「気づく」，あるいは「〈私たち〉はこうしている」と「知っている」ことを要求している．したがって，規則はそれに従っていることの気づき（ないし意識）によって規則になる．制度もそうである．これを簡単に言うと，「規則とは規則に気づくこと」になるから，最初に避けようとした「制度は言語によって成立する」という命題に潜むトートロジーと同じではないかと非難されそうだが，これがないとなんでも規則になってしまうことは，定義のところで書いたとおりである．このことは規則の本質は，「〈私たち〉はこれこれに従っている」という意識自体にあることを示し，若者の反発をまねく，あの理由付けなしに規則の遵守を要求する言い方，「規則は規則です，守りなさい」あるいは「昔からそうするものと決まっている」こそ

が，その本質を言い当てていることになる．また，「〈それ〉に従っている」という意識が集団で生じるとき，〈それ〉が何であっても規則ないし制度になるということでもある．ゲームのような場合は，「〈それ〉に従っている」ことの〈それ〉は，ルールの細則すべてである必要はなく，ルールに従うという観念（メタ・ルール）ないし宣言でかまわない．つまり，「規則に気づくこと」それ自体で規則が浮かび上がってくるわけである．

こうした趣旨から，2-1 項の規則の定義を「自分たちの行為の継続に対する気づき」と言い換えてもよい．継続には肯定が含意されている．この表現では，拘束とは，〈自分たち〉の関係の枠と〈継続〉によって規定される行為の方向付けである．〈継続〉は連続的でも間欠的でもよいし，また，何かの禁止の〈継続〉でもよい．「自分たちの行為の継続に対する気づき」については，2-2 項および第 4 章早木論文の議論で，少なくとも社会的な遊びには適用できるといえる．

一方，ごくありふれた日常行為でも，田中雅一（第 3 章）が指摘するように，一挙手一投足を集団の注視の元でゆっくり確認しながらおこなえば，「〈私たち〉は，こうしている，こうするものだ」という意識を喚起し共有する作業に転換し，日常の振る舞いを規則ないし制度として立ち現せることになる（これからの議論は人間の場合に限る）．それは，「日頃〈私たち〉はこうしている」とすることを顕在化する行為であるから「これとは違うふうにはしない」も，地または対照として含んでおり，「こうしている」の立体化，または，「ああしない」との区分ないし裂け目の演出といえる．といっても，実際にはこんなことをすれば，笑いが巻き起こってスムーズには進行しない．それは，木村洋二（1983）によれば，私たちの心性は一つの行為に二重の意味を付与し続ける負荷に耐えきれず，笑いでキャンセルしてしまうからである．そうはならずに，通常無意識で行っている日常行為に通常と異なる意味を顕現させるには，それが日常の仕草と断絶した非日常の特別な行為であると，関与者「全員」が居ずまいを正して認識しなおさねばならない．

また，「こうする，しない」の裂け目は，逸脱（3-2 項）により，より鮮明に現れる．その裂け目は，規則にとって必要条件だが，規則の本態が潜勢的とすれば，通常は速やかに規則をふたたび潜勢化して従う（という意識もほとんど無い）世界にもどることになる．その手続きが，二次規則（3-2 項）である．このように考えると，最初から徹頭徹尾「〈私たち〉はこうするものだ」という意識のもとに行う行為，すなわち，儀礼の特権性が了解できる．儀礼では，その全過程で規則が白日の太陽のように顕現し続ける．すなわち規則が前景化され，「こうする」と「こうする以外はしない」の裂け目の演出であるから，逸脱や二次規則と同じ次元にあるといってよいが，その裂け目は閉じることが許されない．逆説的だが，いわば，開け放たれた

逸脱の地平である．したがって，儀礼では，逸脱が位置を失い，規則が潜勢し逸脱のポテンシャルが満ちる日常とは，かけ離れた空間感覚で事柄が遂行されることになる．そこでは，人びとを日常（規則の〈なか〉）に引き戻す笑いはあってはならない行為であるし，また，逸脱もあり得ない場になる．

3-2 逸脱・自由・二次規則・〈私たち〉

　これまでに，無意識のうちに従っていて思い出されない規則は，そのままでは規則ではないことを確認した．規則を意識するきっかけは，ゲームなら開始期，反則が生じたときなどになる．ゲームの開始は非規則状態から規則状態への移行であり，反則はその逆になる．定型化した慣習に無意識に従っている場合（自然制度）は，開始も終了もないので，失敗や間違い，つまり，逸脱だけが規則を意識する＝規則ないし制度の出現契機になる（これからの議論のほとんどは，規則が横溢する人間社会でのことになる）．

　上記の意味での逸脱と規則の関係は，複層的に「自由」を浮上させる．まず，逸脱は，規則の外部の出現である．それによって，暗黙下にあった規則がその外部（その規則にそわない状態）とともに地から図に浮上し，それに対応して〈私たち〉とそうでないあり方を出現させ，主体の存在可能態を拡大する．自集団を担う〈主体〉になるとは，その拡大の中で〈私たち〉の規則・制度を選び取ることである．それは，規則に没頭している（規則の〈なか〉にいる）ままではなしえないのはもちろんで，それを行うのは，選択の階段（あるいは論理階梯）を一段上った〈私〉である．この構造が，実質は，〈私〉はこれまでの〈私たち〉の規則を意識し直すだけで〈私たち〉の外に出られないとしても，それを自ら行った選択（＝自由な主体）と幻想することを可能にする．

　しかし，実際の〈私たち〉の意識が立ち上がるのは「諸規則の束」の上であるから，個人による一つの規則の逸脱がその外部を見せるとしても，それが〈私たち〉意識の崩壊をもたらすクリティカルなタブー破りでなければ，曽我（第1章）が例示しているように，その規則を変更することで〈私たち〉意識のほころびを繕うことも可能であり，ここにも主体と自由の感覚を生む要因がある．こうした規則の変更は，比較的緩い規則（調整的規則）の場合には，頻繁に起こる事態である．この単純な例は，年齢の違う子どもたちが小さい子用の特別ルールを作って「いっしょに」遊ぶことを思い浮かべればよい（黒田 1999）．遊びにおけるこのような修正は，あるゲームを遂行するのが主たる目的ではなく，より重要なのは「〈いっしょ〉に遊ぶこと」にある，つまり〈私たち〉意識産出の持続にあることを示す[1]．

さて，規則の顕現は〈私たち〉の顕現でもあるが，このように，現実にこれらが現れるときは行為の共有とその反照の〈私たち〉の間で，焦点のあたり方にずれが起こりうる．このずれを観念的に分類すれば，一方の極は，〈私たち〉の顕現にだけ焦点が合う事態で，〈私たち〉を生み出す個々の規則は逆に意味がなくなり，したがって逸脱も意味を失うカオスになるだろう（みんなが楽しければ何でもあり状態）．その対極には，すべての関心が〈私たち〉を顕現する「行為」に収斂して焦点がそこに合い（みんなで「これ」をやることに意義がある），逸脱があり得ない事態が考えられる．3-1項で見たように儀礼は後者に当たり，おそらく，レイディング（第10章河合論文）や戦争もこの範疇に入る．もちろんこの二つの極は表裏の関係であって，容易に転換しうると想定できる．

一般には，あるゲームの規則を一次規則，それを変更する手続きを二次規則と呼ぶ（橋爪 2005）．二次規則の存在は，〈私たち〉意識とそれが立ち上がる諸規則が，柔軟かつ修復機能をもつこと，つまりホメオスタシスをもつことを示すが，それによって人間は規則の〈なか〉に生き続けることができる．つまりそれは規則の潜勢性の条件である．二次規則の発動状況は，上述したように，〈私〉，〈私たち〉が，規則とその遂行空間の外に立つ状況である．そのことが，さらに，〈私たち〉に規則に対する「主体性」と「自由」を感覚させる要因になると考えられるわけである．

タブーとされるような規則・制度の逸脱が生じると，〈私たち〉の内部に外部が裂け目のように出現することになる．〈私たち〉は，私たちの一部でありながら私たちでなくなった両義的な存在を隔離・無視するか追放する対処をとるだろうが，他方で〈私たち〉のほころびを修復する儀礼を発動することになる．このように考えていくと，二次規則の機能は法的には二次規則の変更手続きであっても，より重要なことは，規則の〈なか〉に生きなおすための手続であると考えることも可能になる．より簡単には，二次規則とは規則をやりなおすことである．この意味で儀礼は二次規則ということができるし，制度のための制度ということができる．

まとめると，逸脱は，一次規則のベールを剥がすだけでなく二次規則も同時に出現させるとわかる．逸脱は非規則・規則状態の移行相（裂け目）の出現であった．この移行相の接続機構が二次規則となる．つまり，規則はそれ自体にメタ規則の次元も付随する多次元構造をしている．これは，規則を気づき（という行為に対するメタ次元）とセットで定義したこと（それは規則の暗黙性＝潜勢を本態にすることにもなる）からの自明的な帰結である．また，先述した霊長類の遊びを規則と認めるとすれば，その開始（合図）やニホンザルの遊びの休止（ブレーク）も，最も簡単な二次規則（相）ということになる．

3-3 インセスト禁忌への適用

　さて，規則は気づく（規則の外部に立つ）ことで規則になるから，気づきの契機として開始，逸脱，中断といった規則内とその外部の同時存在が必要条件になると結論した．これによって，インセスト禁忌の理解を進めることができる．このような，日常の中に潜在し開始も中断も存在しないタイプの規則または制度は，逸脱（あるいはその想像）によってしか立ち現れる契機がない．つまり，生理的・自動的に「元からあり」，生活の底に伏在しているインセストの回避（あるいはすでに禁忌になっていても潜在していれば同じである）が，規則＝禁忌へ昇華する踏み台は逸脱でしか構成できない．逸脱は侵犯する意識（想像）でもかまわない．

　このように考えると，インセスト禁忌の起源を，インセストが起こるから禁じたとか，インセストは滅多に起こらないことを追認して禁じたとかの解釈は，いずれも当を射ていないと判明する．規則の性格から，インセストの回避が禁忌になることと，逸脱がリアリティをもつこと（それは必ずしも実際に逸脱することを意味しない）は同時に現れることなのであるから．また，女性の交換の「ために」禁忌にしたというのもずれている．ここでの議論と適合しているのは，人間社会にとって，インセスト禁忌という「規則の出現」こそが，その最も重要な意味であるというC・レヴィ＝ストロースの解釈（渡辺 2001）である．霊長類社会学的に換言すれば，すでに自然の拘束としてあったインセスト回避を社会の拘束として対象化したのである．ただし，レヴィ＝ストロースが言うように規則の出現によって「はじめて」人間社会の諸関係が構造化され結びつけられたのではなく，類人猿段階や初期人類の段階よりあった，すなわち，「以前から」あった諸関係が，社会集団に共有される諸関係として「社会化」されたのである．それには，「こういうことを避けている〈私たち〉」に気づく認識力，自己の客観視と自他を同一視できる間主観性が必要であった．

　一方，禁忌に昇華するには逸脱がリアリティをもつことが必要ということは，インセストの誘惑を重視するフロイト的な解釈（渡辺 2001）も否定されないというより，否定すべきではないことになる．このことはインセスト回避が規則になるための本質的契機なのであるから．

3-4 規則の多次元構造と第三項排除論との対応

　これまでの議論で，規則は，その逸脱＝反規則／非規則の次元とセットで初めて規則になること，同時に，これらの両次元を統合する別次元の要素＝二次規則の三

要素（三次元）からなると図式化できる．非規則・規則の両元間の移行は開始と終了で構造化しているが，逸脱は，一般には，規則内から規則外の超越的位置に参与者を突発的に立たせる，暴力的事態である．それゆえに，規則に対する逸脱は，開始や終了以上に規則の全要素を参与者にリアルに対峙させる．すなわち，一次規則の中に共存・伏在していた〈私たち〉という意識と同時に，規則・反規則・修復の選択可能性を浮かび上がらせる．

　これらの三次元の関係における逸脱の位置は，平等原則の集団構造を維持する非構造相（「構造的非構造」：黒田 2009）や，今村仁司（1982）の第三項排除論における第三項とよく似ていることが指摘できる．規則は集団の秩序生成・維持そのものであり，そして〈私たち〉という集団を生み出すのだから，社会の形成・維持には必ず第三項排除が伴う（今村 1982）というのであれば，規則の出現時には第三項になりうる何か，あるいはその位置が用意されていなくてはならず，逸脱がそれを引き受けるしかない．そうすると，逸脱に第三項排除論からの意味をつぎのように当てはめることができる．逸脱は（その字義からしても）秩序の破壊者であるが，じつはこれによって秩序が顕在化するわけであるから，秩序にとっては排除対象でありながら，そのよみがえりをもたらす事象である．つまり，第三項排除論の用語で言えば，ケガレと聖の両義性をもつ第三項になる．もちろん秩序のよみがえりをもたらすといっても，逸脱は速やかに除かれ，逸脱によって白日のように光を放つ規則は逸脱といっしょに速やかに暗黙化され潜勢化されなくてはならない．この象徴が，今村仁司が引用した，ケガレそのものとして儀礼で扱われ日常では隔離されてしまうアフリカの王（今村 1982）であり，ネモの森に孤独に棲む王（フレーザー 2007）ということになろう．

　ところで，逸脱が出現させるもう一つの極，二次規則は何にあたるだろうか．二次規則は，秩序と反秩序の同時存在の混乱を秩序に戻す機構であるから，いわば秩序・反秩序に君臨する純粋透明なメタ秩序化力とアナロジーできる．この純粋透明な力はケガレをまとっていないので現れても隠す必要はなく，一般意志ないし権力として恒久的な場所（空虚な位置：今村 1982）を確保しうる．今村によれば，これも第三項の一つの性質である．

　以上の対応付けは，今村の理論に依拠してのことだが，2-1項の定義とそれを元に展開したこれまでの議論の妥当性を高めることになろう．ただし，今村の理論では「排除」の言葉に現れるように，秩序運動が常にその外部に何物かを押し出す作用[2]，すなわち暴力に力点がおかれているが，本章でいう逸脱の位置づけは，ある規則で形成される秩序の外部の出現であり，それによって秩序に活力をあたえ，自由と主体感覚の契機を作るメタ世界の開平（二次規則または儀礼の発動地平）作用に

重点をおいている.

3-5 〈私たち型制度〉と〈間主観型制度〉

　これまでの議論でつかった規則の定義は,〈私たち〉という意識とセットになっているので, 規則を見いだせる交渉にはアイデンティティの芽がすでにあるといえるが, 霊長類の場合, それが人間の〈私たち〉意識と同等のレベルのものというわけではない. たとえば, 社会的遊びの場合, 3頭以上による遊びは成立しないのが普通で, 人間にごく近縁なチンパンジーやボノボでもそうである（第4章早木論文；黒田 2011）. これは彼らの規則の限界であると同時に, それとセットの〈私たち〉の限定性も表している. また, 霊長類でははっきりと制度といえる社会システムを見いだすことができなかったこととも重なる. 制度となると, 集団のメンバー全員に自己と同様に振る舞うことを期待することで成立するので, 集団内メンバーの自他同一化という意味で, 集団へのアイデンティティが構成されるが, このようなレベルの〈私たち〉意識は霊長類では見いだせない. 集団への所属意識という意味では, 集団間の対立時に相手集団に対する共同攻撃という形で,〈私たち〉がはっきりと現れる（黒田 2009）のだが, これら二つのアイデンティティは別物ということである.

　だが, 黒田（1999）では, チンパンジー属の食物分与から「肉は集団で分かつもの」ということが行為として確立され制度のようになりうるか（制度的行為型）どうかを検討し, 他者の行為に対する関心のあり方について, 制度にきわめて類似する別のパターンがありうることを示唆した. すなわち, 制度の成立には, ある規則に触れる行為をした者たちの外に立つ非当事者たちをも心理的に当事者のように動員する機構が必要であり, 私たちは言語, または, 言語行為を成立させる間主観性ないし自他の同一視能力をその機構の唯一のものとして疑ってこなかったが, 間主観性が弱くても行為の種類によっては集団全体の関心事になることによって, 制度的状況が発生する可能性が考えられるということである. それは, 集団全体が同一事に強い関心を向ける状況であれば, 他者が自己と同じことをする期待はもちろんのこと, 自他間の投影と同じ効果を生じるということである.

　そうした状況を思考実験すれば, 集団全体の緊張や興奮の中で生じる現象と容易に想像できるが, その実例として, チンパンジーが敵対集団と対決している場面をあげることができる. そこでは, 恐れて後退している者も含めて, 第三者の立場は事実上あり得ず, 精神状態では全員が行為遂行集団化してしまう. この状況ではチンパンジーのオス間の優劣順位や日頃のライバル関係も消失し, 敵と仲間（すなわ

ち〈私たち〉）しか存在しなくなって，おとなオスたちから邪険に扱われる若者オスでさえ集団の一員として果敢に戦う位置を得る（Goodall 1986; 黒田 2009）．これは，3-2 項で見た，規則と〈私たち〉の顕現のズレのケースで，すべての関心が〈私たち〉を顕現する「行為」に焦点が合わされている状況にきわめて近いか同一，といってよい状況である．おそらく，牧畜民のレイディングもそういう状態といってよいだろうから，現象だけからすれば，片方を制度といえば，他方もそういってよいことになる．

もちろん，ここでそうした強弁をするつもりはない．このような全員を行為遂行集団化する場面ないし行為型が，人間社会も含む霊長類社会で重要な役割を果していること，制度がもつ機能と同型だが逆転した機能を果たすことに注意をうながしたいのである．ここで自他の投影によって成立する一般の制度を〈間主観型制度〉，問題のタイプを〈私たち〉が肥大していることで〈私たち型制度〉と区別しておこう．「私たちはこうするものだ」と明確に言えないチンパンジー属の場合では，〈私たち型制度〉は，ここではひかえめに擬制度と言っておくべきであろう．

さて，〈私たち型制度〉として上述したチンパンジーの集団間の対立は，それによって集団内の秩序維持を果たす（伊谷 1987; 伊谷のベント仮説：黒田 2009）だけでなく，オス集団のコミュニタス的一体化をもたらす構造的非構造（秩序構造推持のための非構造相：黒田 2009）である．〈間主観型制度〉では，制度が秩序そのもの，すなわち構造であり，それを否定する逸脱が逆に秩序の若返りをもたらした．ところが，〈私たち型制度〉は当事者間の差異を解消し，集団内秩序をゼロにし，ただ〈私たち〉と〈私たち以外〉の区分とそれをもたらす一つの行為だけを前景化する。いわば，〈間主観型制度〉の逸脱と同じ役割を担っている．これは，3-1 項で見た儀礼の地平，役割でもあった．また，〈私たち型制度〉では，全員を行為遂行集団化し特定の行為に関心を集中させるために基本的に逸脱がない構造になる．これも儀礼と重なる．このように〈私たち制度〉の考察を進めると，ロジェ・カイヨワ（1974）の戦争論を引くまでもなく，じつは，チンパンジーのみならず人間の戦争やレイディングの説明と重なっていることに気づく．上記のことから引き出せる結論の一つに次のことがある．戦争で敵前逃亡が死に値する犯罪になるのは，戦闘意欲を削ぐからだけではなく，逸脱の位置がない行為型だからと，説明できることである．

チンパンジーの〈私たち型制度〉を擬制度と言ったが，それはたまたま人間の〈私たち型制度〉と現象が類似しているだけということではない．というのも，チンパンジーのオスたちには順位争いの葛藤を回避するために協力行動を提起する能力を見せる個体もいたり，争うオスたちを和解させようと仲介するメスがいたり，順位争いが決着したときにはみなが駆け寄り喜ぶような社会能力をもっているからであ

る（ドゥ・ヴァール 1982; 黒田 1999; 保坂私信）．また，食物分与行為は，すでにある程度の間主観性といえる他者理解をベースにする行為といえる（伊谷 1987; 黒田 1999）．したがって，チンパンジー属の〈私たち型制度〉も分析を進めていけば，その成立はこれらの社会能力や意識と深い関係にあることが明らかにできると予想される．

3-6 戦争文化コンプレックス

　最後に，チンパンジーにおけるもう一つの〈私たち型制度〉について触れておこう．長期調査がおこなわれてきたチンパンジーの集団では，オスたちが数年に1度ぐらいの割合で，オスの嬰児を殺し食べる行為が報告されている（西田 2007; Takahata 1985）．伊谷は，このとき起きる異様な興奮の中で，オトナオスの虎口を逃れたオスの子どもたちがオトナオスたちにアイデンティファイし，やがて彼らもオトナになって子殺しのカニバリストになるという仮説を出し，子殺しは文化であるという．子殺しの興奮の中で，集団のメンバーは恐れ緊張すると同時に，子どもも含めて赤子の肉をもらおうとオスたちに近寄り，オスたちの一挙手一投足を注視する状況が生まれる．そこにアイデンティティが生じるということである．
　オスの子どもが間引かれるのは，子殺しにあうのが多くは他集団から移籍して1年ほどしかたたない新参メスの息子なので，他集団のオスの子である可能性が高く，それを殺す結果になって社会生物学的には合理的であるとする反面，集団内のオスが父親である可能性が高い場合もあり，その解釈は定まっていない．伊谷は，これを次のように説明する．チンパンジーでは，集団間の敵対的対立が見られ，それに対処するにはオス間の結束が必要になるが，オスの数が多過ぎては彼らにはそれが不可能で，せいぜい10頭内外が最適ということである．さらに，子殺しの暴力的オスにアイデンティファイすることは，集団間の対立時に力を発揮する個体を生むというわけである．つまり，集団内の暴力と集団間の暴力を結びつけて，子殺しを説明する．集団間では，組織的な殺し合いが発生することがあり，グドール（1986）がそれを原始戦争と名付けているのにあわせて，私はこの二つの暴力を再生産する文化を「戦争文化コンプレックス」（黒田 1999）と呼んでいる．
　ここで指摘したいのは，戦争文化コンプレックスの構成要素のいずれもが，〈私たち型制度〉と言える性格を備えていることである．〈私たち型制度〉は，〈間主観型制度〉に対する構造的非構造の相であるから，今村仁司（1982）が社会生成時の暴力と言う事態も，この〈私たち型制度〉として表現することがおそらく可能なはずである．〈間主観型制度〉にも逸脱という非構造相が埋め込まれていた．ここか

ら改めて考えてみると，私たちの社会は，類人猿のそれも含めて，構造と非構造が入れ子のようになっていると言える．

　本章の終わりにあたって，付け加えておくべきは，本章であつかった非構造相の多くが暴力状況であったが，チンパンジー属には，殺し合いになるような攻撃行動をしない平和的な類人猿が，もう一種いることだ．彼らボノボの存在は，私たちの進化が必ずしも暴力の血で染った道ではなかった可能性を示してくれる．彼らの〈私たち型制度〉については，また，改めて述べたい．

注
1 ）観点を変えるとこれは，二次規則の発動ゲーム，つまり，＜私たち＞意識を中軸にした，遊び変更の遊び，規則変更の規則といった，メタ遊びとも解釈できる．このような単純に見える行為の中に論理階梯の意味で複雑性があることを私は錯綜性（プロミスキュアス）と呼んでいる（黒田 2011）．
2 ）エントロピーの排出，排泄物，あるいは延長された表現型にアナロジーできるのできわめて生物的である．

文献
カイヨワ，ロジェ（1974）『戦争論－われわれのうちにひそむ女神ベローナ』法政大学出版局．
ドゥ・ヴァール，フランス（1982）『政治をするサル－チンパンジーの権力と性』（西田利貞訳）どうぶつ舎．
ドゥ・ヴァール，フランス（2010）『共感の時代へ－動物行動学が教えてくれること』（柴田裕之訳）紀伊國屋書店．
フレーザー，ジェイムズ G.（2002）『金枝篇』（永橋卓介訳）岩波書店．
Goodall, J. (1986) *The Chimpanzees of Gombe: Patterns of Behavior.* Harvard University Press, Cambridge: M.A.
橋爪大三郎『人間にとって法とは何か』PHP出版．
早木仁成（1990）『チンパンジーのなかのヒト』裳華房．
今村仁司（1982）『暴力のオントロギー』勁草書房．
伊谷純一郎（1987）『霊長類社会構造の進化』平凡社．
伊谷純一郎（1993a）「カルチュアの概念－アイデンティフィケーション論その後」『サルの文化誌』平凡社．
伊谷純一郎（1993b）『野性の論理』平凡社．
河合雅雄（1992）『人間の由来』小学館．
木村洋二（1983）『笑いの社会学』世界思想社．
黒田末寿（1982）『ピグミーチンパンジー－未知の類人猿』筑摩書房；（1999）『新版ピグミーチンパンジー－未知の類人猿』以文社．

黒田末寿 (1986)「全体から部分へ」浅田彰ほか『科学的方法とは何か』中公新書.
黒田末寿 (1999)『人類進化再考 - 社会生成の考古学』以文社.
黒田末寿 (2009)「集団的興奮と原始戦争 - 平等原則とは何ものか」河合香吏編『集団』京都大学学術出版会.
黒田末寿 (2011)「霊長類社会におけるモノの社会化」床呂郁哉・河合香吏編『ものの人類学』京都大学学術出版会.
中山元 (2007)『思考の用語事典』筑摩書房.
Takahata, Yukio (1985) Adultmale chimpangee kill and eat a male newborne infant: Newly observed intragroup infanticidc and Canriba-lism in Mahale National Park, Tangania, *Folia Primatol*. 44: 161-170.
渡辺公三 (2001)「幻想と現実のはざまのインセスト・タブー」川田順造編『近親性交とそのタブー』藤原書店.

あとがき

　序章でも述べたように，本書は東京外国語大学アジア・アフリカ言語文化研究所（以下，AA 研）における共同研究プロジェクト「人類社会の進化史的基盤研究（2）」の成果である．この研究プロジェクトは，2009〜2011 年度の 3 年間にわたり，16 回の研究会を開催してきた．その研究会活動の履歴を以下に記す．［氏名の＊印はゲストスピーカー］

＊　　　＊　　　＊

第 1 回
日時：2009 年 4 月 11 日（土）
(1) 本プロジェクトの指針と展望（河合香吏）
(2) 各学問領域における「制度」
　　　①霊長類学における「制度」（黒田末寿）
　　　②生態人類学における「制度」（寺嶋秀明）
　　　③社会人類学における「制度」（椎野若菜）

第 2 回
日時：2009 年 6 月 13 日（土）〜14 日（日）
「集団」から「制度」へ（全員）

第 3 回
日時：2009 年 7 月 26 日（日）
(1) 暴力と表象と孤独の形態学：イヌイトのシェアリングから「贈与」と「再分配」と「交換」を再考する（大村敬一）
(2) 制度としての死：その初発をめぐって（内堀基光）

第 4 回
日時：2009 年 10 月 10 日（土）
(1) 制度の進化史的基盤について考える（曽我亨）

(2) 行為選択を正当化する「分離された表象」の出現と制度化（北村光二）

第5回
日時：2009年12月5日（土）
(1) 制度：種と種の出会いから考える（伊藤詞子）
(2) 群れからムラへ：「妬み」と「関係」の調整をめぐって（杉山祐子）

第6回
日時：2010年3月29日（月）
(1) 儀礼化をめぐって：制度への実践論的アプローチ（田中雅一）
(2) ニホンザルの順位制（黒田末寿）

第7回
日時：2010年4月29日（木）～30日（金）
(1) 存在論的人類学へ向けて：ミニブタとヒトをめぐる部分的連接（春日直樹）
(2) ルールは誰が決めている？：社会脳とことば（星泉）
(3) チンパンジーの社会組織に関する地域差とその要因（山越言）

第8回
日時：2010年7月31日（土）～8月1日（日）
(1) 継承されるシステムの一つとしての制度：動物から制度を考える（＊中村美知夫・京都大学）
(2) コミュニケーションにおける制度的規則の役割と限界（＊水谷雅彦・京都大学）
(3) コーバリス『言葉は身振りから進化した』を読む（亀井伸孝）

第9回
日時：2010年10月30日（土）～31日（日）
(1) ニッチ理論と動物の社会性（足立薫）
(2)「なにをやっても間違いばかり」：他者をめぐる欲望とモラリティ（＊青木恵理子・龍谷大学）
(3) 狩猟採集民における教育と半制度：社会なき社会の制度なき教育（寺嶋秀明）

第10回
日時：2010年12月26日（土）

(1) 霊長類の制度の進化と雑食性（＊竹ノ下祐二・中部学院大学）
(2) 環境の操作：ヒト属における制度の進化史的基盤（曽我亨）

第 11 回
2011 年 3 月 31 日（木）
(1) アルファオスとは「誰のこと」か？：マハレ M 集団のチンパンジー社会におけるアルファオスの失踪と順位下落をめぐる事例から（西江仁徳）
(2) 子どもの遊びとルール（早木仁成）

第 12 回
日時：2011 年 5 月 7 日（土）
(1) 制度の起源を考える際の「制度」にはどういう条件があるのだろうか？（黒田末寿）
(2) カオスから秩序へ（西井凉子）

第 13 回
日時：2011 年 7 月 9 日（土）
(1) チンパンジーの社会に制度的現象を探る：長距離音声を介した行為接続と「離れて居続ける」という活動の実践に着目して（＊花村俊吉・京都大学）
(2) 制度以前と以後をつなぐものと隔てるもの（北村光二）

第 14 回
日時：2011 年 10 月 30 日（日）
(1) 野生の平和構築：スールーにおける紛争と平和をめぐる制度（床呂郁哉）
(2) 制度の基本構成要素（船曳建夫）

第 15 回
日時：2011 年 12 月 17 日（土）
(1)「環境と制度」についての覚え書き：カナダ・イヌイト社会にみる情動の制度化についてのメモ（大村敬一）
(2)「人類社会の進化史的基盤研究」の来し方行く末（河合香吏）

第 16 回
日時：2012 月 3 月 31 日（土）

総括および成果出版に向けてのブレインストーミング（全員）

＊　　　　＊　　　　＊

　いつもながら，本書もまた多くの方々や諸機関から多大な援助を受けて刊行された．以下に，感謝の意を表したい．

　上記，研究会活動の履歴に記したように，本書に論文を寄せてはいないが，プロジェクトのメンバーとして亀井伸孝さん（旧・AA研，現・愛知県立大学），椎野若菜さん（AA研），星泉さん（AA研），山越言さん（京都大学）の4人の方々，およびゲストスピーカーとして水谷雅彦さん（京都大学），青木恵理子さん（龍谷大学），竹ノ下祐二さん（中部学院大学），中村美知夫さん（京都大学），花村俊吉さん（京都大学）の5人の方々は，常時あるいは臨時に研究会に参加し，啓発的で刺激的なご発表をし，積極的に議論に加わってくださった．花村さんは本書に寄稿もしてくださった．

　フィールド調査やその成果の整理・分析，そして論文執筆という過程においては，以下の諸経費の支援を受けている．文部科学省科学研究費補助金（課題番号＃22101003）および独立行政法人日本学術振興会科学研究費補助金（課題番号＃16255007，＃19107007，＃21681031，＃22520814，＃23520980，＃24255010，＃24・4，＃22255007）．また，本書の刊行にはAA研の共同研究プロジェクト成果出版経費の支援を受けている．また，本書のもととなった共同研究会の開催に際しては，AA研の全国共同利用係（現・共同利用・共同研究拠点係）の皆さまに，いつもご面倒をおかけした．

　本書の編集，校閲，刊行においては，京都大学学術出版会の鈴木哲也さんに前書『集団：人類社会の進化』と同様，企画段階から煩雑な編集作業や索引作り，そして最終的な念校に至るまで，すべての過程においてお世話になった．執筆の遅れがちなわれわれ執筆陣に対し，粘り強くお待ちいただくとともに熱心に励ましてくださり，そして常に編者を支えてくださった．

　以上の方々と諸機関に，記して御礼を申しあげたい．ありがとうございました．

　執筆者おのおのの調査地の人びとや類人猿やサルたちは，ほんとうはどのように感じていたのかを知るよしもないが，「ともにいる」ことをわれわれに許してくれた．彼らとの出会いと「つきあい」なくして，このような本を世に出すことはあり得なかった．また，現地調査を遂行するにあたって各国行政機関や研究機関の皆さまには大小さまざまな援助をいただいた．個々のお名前をあげられないことを詫びるとともに，衷心より感謝する．

　最後に，これも序章ですでに述べてしまったことだが，2012年4月から「人類

社会の進化史的基盤研究 (3)」として,「他者」をテーマに研究会活動を開始している．前回の『集団：人類社会の進化』と今回の『制度：人類社会の進化』── この二つの共同研究の成果論集はシリーズとは謳ってはいないものの，連続性を主張して刊行するものである ── に続いて，今後もテーマを深め，あるいは広げつつ，人類と人類以外の霊長類の生きる姿から，人類社会の進化（史的基盤）の究明という果てなき課題に向けて，息の長い議論を続けていきたいと思っている．

2013 年 3 月　　　　　　　　　　　　　　　　　　　　　　　　　河合香吏

索　引

【事項索引】

convention　→慣習
institution　→制度
M 集団　145, 151
may の規則　191
social　6
　social（社会的絆）集団　144, 151-152, 159-160

愛着　337-338
　愛着理論　347
アウストラロピテクス　43
アカゲザル　18, 21
遊び
　遊びにおけるルール　11
　ごっこ遊び　88-89
　闘争遊び　83-84, 86-87
アダット　201, 203
集まり　355
あの世　48
アフォーダンス　81-82, 88
雨乞い儀礼　64
アリ釣り　97, 99
アルファオス　120, 122-124, 127-130, 134
怒り　352-353, 356, 361
　怒りのできごと　357, 359, 366-367
　怒りの表明　356, 357
意識　342
逸脱（行為）　190-191, 283, 335-336, 389-390, 393, 395, 398, 401, 403-404
　逸脱者　329
遺伝子－文化共進化論　279
移動性　353
いま・ここ　6
　「いま，ここ」からの離脱　352, 368　→制度化
意味　39
　「意味」の識別　240
　「意味」の付与　240
イロンボ　146-148
インセスト　30, 205, 249, 395, 400
　インセスト回避　389, 400
　インセストの誘惑　400

姻族　223
インタラクティブな認知活動　105　→認知
インフォーマルな制度　8, 196　→公的な制度　制度
インフォーマルな紛争処理　200　→紛争処理
ウシ　233
　ウシとり合戦ゲーム　227
　ウシの略奪　223
占い　361
エチオピア　228
エミュレーション　→模倣
教え（ること）　→教育
「教える」行動　100
オナガザル　267, 275

介在者　313
外部
　外部化　160
　外部参照枠　24
　外部の産出　225
顔の見えなさ　158, 160
隠された感情/情動　360-361
学習　11, 96　→教育
　学習の刺激　100
　学習の促進　101
　参加型の学習　104
　社会学習　98
　メタ学習　108

拡大家族集団　330
　拡大家族集団の規則　329
攪乱　155, 157
駆け落ち（*magpole*）　201, 209
果実生産動態　148
過剰　128, 130, 132-133, 139-140
家族起原論　3
家族的結合　47
語られなかった（隠された）怒り　364, 366　→感情
語り直し　368

索　引　413

価値　232, 282-283
　　価値の体現　222
価値観　224
家畜　220
　　家畜囲い　226
　　家畜の贈与　223　→贈与
学校教育　97　→教育
活動の重ね合わせ　156-158
悲しみ　355　→感情
カナダ極北圏　329
からかい　340
環境　277-278, 282
　　環境的ニッチ　270　→ニッチ
　　環境変化の「兆し」　147
関係の拡大　315
観察学習 / 観察条件づけ　98
慣習（convention）　11, 62, 70, 80, 87, 120,
　　132-133, 136-139, 144, 159-160, 162, 164,
　　169, 189, 201, 222, 227　→規則, 儀礼, 実践,
　　制度
　　慣習化　8
　　慣習的行為　60
　　慣習的な（対面的）行動　19-20
　　慣習的な秩序　11, 23
　　ゴール指向的な慣習　191
間主観型制度　402-404　→制度
感情　221, 342, 351-353, 361, 366
　　感情という制度　13, 367, 369
　　感情の制度化　341, 368
　　感情生活　346
　　感情の制度化
　　感情の人類学　346
　　制度化された感情　364, 366
　　内面の感情　366-367
　　内面の情動　360
　　語られなかった（隠された）怒り　364, 366
　　悲しみ　355
　　妬み　351, 353, 361, 364
　　喜び　355
　　制度化された感情　364, 366
　　制度化された妬み　351
乾燥疎開林帯　353
観念作用　40, 47
関連性（relevance）　102
記憶　311
規矩　3-4
危険要素 – 警戒システム　75
記号　120, 132-134, 138-139, 321-322
擬人主義　3

規則 / 規範　63, 120, 137, 191, 282-283, 328-
　　329　→慣習, 儀礼, 実践, 制度
　　規則化　332
　　規則性　62, 120, 130-133, 135-137
　　規則と〈私たち〉の顕現のズレ　403
　　規則の潜勢化　389, 393
　　持続的社会集団の規則　328, 337
　　信頼の規則　333-334
　　統制的規則（regulative rules）　111
　　分かち合いの規則　333-334
期待　328-329, 333
機能　65
　　機能的ニッチ　270　→ニッチ
決まりごと　222, 224, 226, 232
求愛行為　72
給水場　225
教育（教える – 教わる）　96, 113　→学習
　　教えと学びの一対一モデル　105
　　教えない教え　104, 107
　　教える教え　107
　　教育制度　97
　　教育の起源　96
　　教育の機能　96
　　教育のパラドックス　103
　　学校教育　97
　　教示としての「デモンストレーション」　101
　　社会的制度としての教育　114
　　非近代的コンテクストにおける教育　114
　　見えない教育　104
境界　27
　　境界線　225
共感　23
共在性　5
教示としての「デモンストレーション」　101
　　→教育
共住集団　47　→集団
共存の様態　143-145, 152, 155-160, 162-164
協働　332
共同性　5
共同注意　82
強迫性障害　73
恐怖　338
強要　333
居住集団　353
儀礼　64, 112, 120, 122, 130, 132-133, 138-140,
　　162, 196, 386　→規則, 慣習, 実践, 制度
　　儀礼化　67, 70-71, 73, 227
　　儀礼行動　72-74
　　儀礼の規則　12, 239, 242, 248, 254-257,

259-262
儀礼の無目的性　386
儀礼論　62
個人儀礼　76
通過儀礼　66
紛争処理の儀礼　199
和解儀礼　196, 202, 206-207, 215
きわめて規模の小さい社会　18, 22　→ダンバー数
金　317
禁止　333, 335
　　禁止の規則　12, 239, 242, 248-249, 251, 253-254, 261
食い分け　272
偶有性　208, 214-215
具体的な他者　19, 20, 33　→他者
経験の身体化　161
形式　80, 87-89, 130-133, 137, 139-140, 354
　　形式化　354
形質置換　271
系統発生　346　→個体発生
渓流棲昆虫　277
ゲーム　80, 90-91
血縁関係　112
毛づくろい　124-133, 140
　　対角毛づくろい　258-260
ケプラー方程式　12, 289
権威者　70
言及（reference）　102
言語　13, 102, 168, 191, 328, 335
　　言語化　160, 356
　　言語行為　67
　　言語習得　339
　　言語の進化　112
　　言語表象能力　6　→表象
　　「言語なしの制度」　328, 391　→制度
原子戦争　389
原初的な〈自然制度〉　341, 345　→〈自然制度〉
行為接続
　　行為接続のパターン　168, 172, 188-189
　　敵対的行為接続　258
行為選択　144, 150-152, 157-158, 160, 162-163
行為平面　32
交換　223
攻撃　72
公式の紛争処理　197
高次元の「死」　10　→死
交渉　25-26
構成的規則（constitutive rules）　111

構造的非構造　403-404
行動　354
　　行動選択　267
　　行動の形式化　368
ゴール指向的な慣習　191　→慣習
子殺し　391, 404
心の理論　51, 90-91, 102, 108-109, 111
誇示（ostension）　102
個人儀礼　76　→儀礼
個体の「習慣」　8
個体発生　345-346　→系統発生
国家制度　105　→制度
国家による暴力の独占　198
ごっこ遊び　88-92　→遊び
孤独　315
子ども　337
コミュニケーション　280, 283
コミュニタス的非構造　391　→非構造
混群　268, 272, 275
コンテクストの明瞭性　157

差異　163
再帰性　303
採食競合　268
ささやかな問題　162
殺人　227
作用中心　279
参加型の学習　104　→学習
三角形　316　→三者間関係
三項的相互行為　82-83, 88-89
三者間関係　310, 313-314　→二者間関係
ザンビア北部　353
死　11, 13, 38
　　死ぬこと　39
　　死の器　37
　　死者　40
　　死者の神霊化　49
　　死体　40
　　高次元の「死」　11
思惟のパターン　287, 289　→パターン
ジェンダー　66
刺激強調　98
自己　347
　　自己意識　328, 334, 341
　　自己の死　50
　　自己否定　386
　　自己抑制　86-87
自殺　51, 372, 374, 377-379, 383, 385

自生的秩序　120, 133-136, 139
〈自然制度〉　5, 13, 91, 222, 328, 398　→制度
　　原初的な〈自然制度〉　341, 345
自然葬　53　→死
自然の認知（natural cognition）　102　→認知
持続的社会集団の規則　328, 337　→規則
親しみ　355
実践
　　「実践」の束としての制度　11
自動小銃　220, 227, 233
四面体　316
社会
　　社会化　366
　　社会学習　98　→学習
　　　　チンパンジーの社会学習　98
　　社会交渉　152
　　社会性（sociality）　1, 385, 386, 387
　　社会的距離　364
　　社会的制度としての教育　114　→教育
　　社会的秩序　63
　　　　社会的秩序の維持と再生産　201
　　　　社会的秩序の同一性の回復　208
　　サルの「社会」　3
社会文化人類学　1, 3
シャニダール洞窟　43
呪医　361
自由　398-399
習慣（custom）　8-9
集合・分散現象　148
集合季　148
集合儀礼　74, 76
集合的に志向されたステイタス　113
集団（の起原/進化）　2, 5-7
　　集団規模　351
　　集団的な現象（の経験）　160-161
　　集団レベルで生成する現象　144
　　共住集団　47
　　「見えない」集団　6
　　人間集団のゼロ水準　310
　　人間の集団サイズ　28
習律　62, 222, 227　→慣習
縮減　25
狩猟採集民　97, 104, 108
順位　120, 122-124, 133-134, 138, 140
循環　120, 134, 137, 139-140
　　循環的な決定　239, 242-245
小規模な範囲　22　→ダンバー数
象徴　322
　　象徴的回路による紛争処理　201, 208, 214

象徴能力　44
情動　221, 342, 351-353, 355, 359　→感情
妬み　351, 353, 361, 364
情報　150
　　パブリックな情報　150-151, 160
食　146
食物分配　250, 252, 254
自律性を獲得した制度　305
思慮　335, 336
ジレンマ　340
進化　120, 122, 133, 135-136, 138-139
神罰　203
神明裁判　202
信頼　332, 335
　　信頼の規則　333-334　→規則
心理学的な欲求　63
人類進化　2
神話と信仰　112
遂行指令　287, 303
遂行的な秩序形成　25-26　→秩序
水生昆虫　278
スーダン　228
スールー海域世界　196, 198, 200
ステイタス機能（status functions）　110-112
　　文化的制度としてのステイタス機能　114
棲み分け　272, 277
スリランカ　65
生活形　277
正義　229
生業技術　330
　　生業システム　330
制裁　336
生成する物語　212
生息場所ニッチ　270　→ニッチ
生態人類学　1
生態的ニッチ　12　→ニッチ
制度（convention, institution, practice）　1, 9, 120, 122, 124, 133, 135-139, 144, 158-160, 163-164, 168, 191, 193, 222, 227, 310, 351
　　制度Ⅰ　197-198　→公的な制度
　　制度Ⅱ　197-198, 214-215　→インフォーマルな制度
　　制度化　342, 353
　　制度化された感情　364, 366　→感情
　　制度化された妬み　351　→感情
　　制度が成立する場所　26-27
　　制度進化　12, 112, 287
　　制度的しかけ　369
　　制度的事実　113

制度的な現象　159, 164
制度による秩序形成　26　→秩序
制度のアノマリー　196
制度の機能不全　196, 200, 215
制度の侵入を拒む領域　27
制度の萌芽段階　8
制度の緩さ　12
言語を用いない制度の定義　391
〈自然制度〉　5, 12, 91, 222, 328, 398
インフォーマルな制度　8, 196
間主観型制度　402-404
国家制度　105
正当性　65
正統性　26, 287, 299, 301, 303-304
正統的周辺参加　104
生物学的な集団構成　12
政府をもたない社会　19, 23, 25
世界観　330
潜勢化　393, 397
戦争　228
戦争文化コンプレックス　404
相互行為
　　相互行為システム　8, 239, 246-251, 253-254, 258, 260, 262, 347
　　相互行為の形式　162
相互作用の外部　18
「そうするもの」　144, 150, 160, 162, 164
想像力　334
双方性∩方向性　301
贈与　252, 303-305, 333
　　家畜の贈与　223
「祖先のやり方」　203
祖霊　361
　　祖霊憑き　363

第三項 / 第三者　18, 19, 178, 182, 316, 318, 320
　　第三項排除　7, 400-401
対角毛づくろい　258-260　→毛づくろい
戴冠式　64
対称∩非対称　301
対面的交渉 / 行動　13, 18, 19, 25
他界　52　→死
他者　13-14, 328, 347
　　他者意識　341
　　他者理解　89, 90
　　他者との共在　334, 341, 342
　　他者の反応　29
　　他者への自己投影　328, 334

具体的な他者　19, 20, 33
身元不詳の他者　33
多重表象　111　→表象
戦い　228
脱－意図化 / 個人化 / 主体化　70
種間競合　271
楽しさ　355
タブー　389
食べものの分かち合い　329　→食物分配
単位集団　145
単独　315
ダンバー数　28-31
父　318, 322
秩序
　　遂行的な秩序形成　25-26
　　制度による秩序形成　26
仲裁者　201, 206
抽象化　112
超共同体的牧畜価値共有集合　231
長距離音声　169
調整　312
直接性　39
直線的順位構造　6
チンパンジー　12, 41, 51, 96-97, 120, 122-124, 130, 131-134, 137-140, 144-145, 250
　　チンパンジーの社会学習　98　→社会学習
通過儀礼　66　→儀礼
集い　353
出会い　152, 157, 163
ディスプレイ　72
適応　135, 138
出来事　212-213, 359
　　出来事の産出　257
敵対関係　204, 207-208, 230
敵対的行為接続　258　→行為接続，非敵対的行為接続
敵対的関係　223　→敵対的関係
統御　313
動産　233
当事者　313
統制的規則（regulative rules）　111　→規則
闘争遊び　83-84, 86-87　→遊び
道徳　13, 346
トゥルカナランド　231
トーテミズム　112
ドドスランド　225

内面　352, 361, 366

内面にある妬み 367
内面の感情 366-367 →感情
内面の情動 360 →情動
ナチュラル・ペダゴジー 102, 103
ナッツ割り 100-101
二次規則 389, 397-401
二者間関係 313 →三者間関係
ニッチ 267, 270
　ニッチ構築 278
　ニッチ分割 272
　環境的ニッチ 270
　機能的ニッチ 270
　生息場所ニッチ 270
　生態的ニッチ 11
ニホンザル 3, 6, 18, 20, 30
人間集団のゼロ水準 310 →集団
人間の集団サイズ 28 →集団
認知
　認知能力の限界 34
　認知能力を超える人びと 30
　インタラクティブな認知活動 105
　自然の認知（natural cognition） 102
　メタ認知（metacognition） 108-109
　領域一般的な認知スキル（domain-general cognitive skills） 111
ネアンデルタール人 43
妬み 351, 353, 361, 364 →感情, 情動
　制度化された妬み 351
脳 112
　脳の実行機能（executive functions） 111
呪い 360-361, 364-365, 367

場 174, 178, 182, 184, 190, 276, 280, 282, 310
排除 7 →第三項排除
パターン 301
　パターンの反復複製 301-303, 305
　思惟のパターン 287, 289
破綻 394 →逸脱
罰則 63
バドゥラカーリー女神 65, 66
パブリックな情報 150-151, 160 →情報
場面 310
パントグラント 123-124, 126-131, 133-135, 137-138, 140
パントフート 169
反復性 303 →パターン
非近代的コンテクストにおける教育 114 →教育

非公式の紛争処理 198 →紛争処理
非構造 6, 353, 355, 390-391, 404-405
　コミュニタス的非構造 391
非対面下の出会い 174, 178 →対面の交渉
否定性 371, 386
非敵対的行為接続 247 →敵対的行為接続
非敵対的関係 230, 223 →敵対的関係
火の鳥 52
非平衡性 152, 155, 157
非平衡理論 272
比喩 112
表象 40
　言語表象能力 6 →表象
　多重表象 111
　メタ表象 111-112
表情 18, 20, 31
平等原則 7
被レイディング集団 224, 226 →レイディング
フォーマルな制度 8, 196 →インフォーマルな制度, 制度
不快 356
不確実性 25
不可視のものの可視化 7 →表象
複雑性 152
復讐 222, 229
副葬品 44
不在 280-281, 284
不死願望 52
不平等原則 7
プライベートな情報 150
プロセス志向的な慣習 190, 192
文化の規範 214
文化的行動としての学習 113 →学習
文化的制度としての教育 113, 114 →教育
文化的制度としてのステイタス機能 114 →ステイタス機能
分散季 148
分節リネージ体系 23, 24
紛争処理 196
　紛争処理の儀礼 199 →儀礼
　インフォーマルな紛争処理 200
　非公式の紛争処理 198
分配 226
平衡 271
ベニガオザル 18, 21
法 7, 63
報復 222, 229
放牧地 225
暴力 197

暴力的で具体的な第三者　21
ホームシック　338
牧畜価値共有圏　232
母系の王国　353
保証機能　317
ホモ属　43
　　ホモ・エドゥカンス　102
　　ホモ・サピエンス　42, 47, 96, 103
　　ホモ・フローレシエンシス　43

埋葬　44
マウンティング　258, 259
マグサパ（誓いの儀礼）　202
マグバンタ（「敵同士」）　201　→敵対的関係
まとまり　145
学ぶこと　96　→学習
　学びの原点　97
マハレ山塊国立公園　12, 144, 145
見えない教育　104　→教育
「見えない」集団　6　→集団
見も知らぬ他個体　6
身元不詳の他者　33　→他者
未来　51
民族間の関係　222
みんな　144, 151, 161
　みんながそうする　160
　みんなの行為と共にある自己の行為　161-162
無秩序　158
群れ　3, 112
　群れのサイズ　112
命令　333
メタ学習　108　→学習
メタナラティヴ　56
メタ認知（metacognition）　108-109　→認知
メタ表象　111-112　→表象
メタ牧畜民集合体　230
模倣　98, 109
　模倣学習　98, 99
　目的模倣（ゴール・エミュレーション）　98
問題の識別　157, 158, 162-163

問題への共同対処　239, 254-255, 260, 262

約束事の宇宙　298
役割　267, 270, 275, 282
　　役割のニッチ　270　→ニッチ
友人関係　223
遊動集団　148
　大きな遊動集団　150-151
幽霊　54
優劣関係　20, 123, 134, 137-138
要求　329, 333
幼児期　345
予測　150, 161
　予測不能性　145, 152, 155, 157
呼びかけ-応答　172, 184
喜び　355　→感情

離合集散　145, 156, 169, 170
領域一般的な認知スキル（domain-general cognitive skills）　111　→認知
倫理　386, 387
ルール　227
霊長類　18
霊長類学/霊長類社会学　1, 2
レイディング　220, 222, 403
　レイディング集団　224-225
　レイディングの過激化　224
　被レイディング集団　224, 225
礼拝行為　70

ワーキングメモリ　111
和解儀礼　196, 202, 206-207, 215　→儀礼
分かち合い　332
　分かち合いの規則　333-334　→規則
〈私たち〉　151
　〈私たち〉のよみがえり　389
　私たち型制度　402-405

【民族名索引】

アチョリ　222
イク　222
イヌイト　329

イバン　49
エフェ・ピグミー　97, 99, 103
海洋民　12

サマ　196, 198, 199
ジエ　222
ダサネッチ　229
ディディンガ　222
トゥルカナ　222, 231
ドドス　220
トポサ　222
パリ　229

ピグミー　18, 22, 28, 29
ブッシュマン　18, 22, 28-29
ベンバ　353
ホール　229
牧畜民　12
ポコット　232
ボディ　229
マセニコ　222

【人名索引】

アシモフ, I.　52
アハーン, E.　67
安藤寿康　102
イェーガー, T.　197
伊谷純一郎　3-4
今西錦司　3, 277
今村仁司　54, 329
ヴィゴツキー, L.　347
ウェンガー, E.　104
エルトン, C.　270
遠藤彰　279
オドリンニスミー, F.J.　278
可児藤吉　277
河合雅雄　4
ギンタス, H.　279
グドール, J.　41
グリネル, J.　270
グレーバー, D.　55
黒田末寿　3, 234, 235, 328
サール, J.　110
ジャコト, J.　106
菅原和孝　347
スペンサー＝ブラウン, G.　297, 301
高木光太郎　347
ダマシオ, A.　342
タンバイア, S.　67
ダンバー, R.　112
千葉徳爾　51
デュブロイ, B.　111
ド・セルトー, M.　56
ドーキンス, R.　279
トーマス, E.M.　220
トマセロ, M.　99

ハイエク, F.A.　133, 135-137
ハッチンソン, G.　270
パラダイス, R.　104
バーン, R.　99
ハンフリー, N.　112
ヒューム, D.　133
フェルドマン, M.W.　278
ブラウン, N.O.　51
ブリッグス, J.L.　335
ブルデュー, P.　66,
プレマック夫妻　100, 109
フロイト, S.　73
フラー, B.　316
ブロック, M.　67, 70
ベッカー, E.　50
ベル, C.　67
ボウルズ, S.　279
ボウルビィ, J.　347
ボシュ夫妻　100
ボワイエ, P.　75
マッカーサー, R.　271
マルクス, K.　53
モラン, E.　41
森下正明　274, 277
山極寿一　4
ランシー, D.　104
リエナール, P.　75
ルイス, I.M.　75
ルーマン, N.　283
レイヴ, J.　104
レイランド, K.　278
レイン, R.D.　74
ロゴフ, B.　104

著者紹介

足立　薫（あだち　かおる）

立命館大学非常勤講師
1968 年生まれ．京都大学大学院理学研究科博士課程修了，博士（理学）．
主な著書に，『人間性の起源と進化』（共著，昭和堂，2003 年），『集団 —— 人類社会の進化』（共著，京都大学学術出版会，2009 年）など．

伊藤詞子（いとう　のりこ）

京都大学野生動物研究センター研究員
1971 年生まれ．京都大学大学院理学研究課博士課程修了，博士（理学）．
主な著書に，『人間性の起源と進化』（共著，昭和堂，2003 年），『集団 —— 人類社会の進化』（共著，京都大学学術出版会，2009 年），『インタラクションの境界と接続 —— サル・人・会話研究から』（共著，昭和堂，2010 年）など．

内堀基光（うちほり　もとみつ）

放送大学教授
1948 年生まれ．オーストラリア国立大学太平洋地域研究所博士研究過程修了，Ph. D.
主な著書に，『森の食べ方』（東京大学出版会，1996 年），シリーズ『資源人類学』（全 9 巻，総合編者，弘文堂，2007 年），『「ひと学」への招待 —— 人類の文化と自然』（放送大学教育振興会，2012 年）など．

大村敬一（おおむら　けいいち）

大阪大学大学院言語文化研究科准教授
1966 年生まれ．早稲田大学大学院文学研究科後期課程満期修了，博士（文学）．
主な著書に，Self and Other Images of Hunter-Gatherers（共編著，National Museum of Ethnology, 2002 年），『文化人類学研究 —— 先住民の世界』（共編著，放送大学教育振興会，2005 年），『極北と森林の記憶 —— イヌイットと北西海岸インディアンのアート』（共編著，昭和堂，2009 年），『グローバリゼーションの人類学 —— 争いと和解の諸相』（共編著，放送大学教育振興会，2011 年）など．

春日直樹（かすが　なおき）

一橋大学大学院社会学研究科教授
1953 年生まれ．大阪大学大学院人間科学研究科博士課程退学．
主な著書に，『太平洋のラスプーチン —— ヴィチ・カンバニ運動の歴史人類学』（世界思想

社，2001年)，『貨幣と資源（資源人類学第5巻)』(編著，弘文堂，2007年)，『現実批判の人類学 ── 新世代のエスノグラフィへ』(編著，世界思想社，2011年) など．

河合香吏 (かわい　かおり)

東京外国語大学アジア・アフリカ言語文化研究所准教授
1961年生まれ．京都大学大学院理学研究科博士課程修了．理学博士．
主な著書に，『野の医療 ── 牧畜民チャムスの身体世界』(東京大学出版会，1998年)，『集団 ── 人類社会の進化』(編著，京都大学学術出版会，2009年)，『ものの人類学』(共編著，京都大学学術出版会，2011年) など．

北村光二 (きたむらこうじ)

岡山大学大学院社会文化科学研究科教授
1949年生まれ．京都大学大学院理学研究科博士課程修了．理学博士．
主な著書に，『人間性の起源と進化』(共編著，昭和堂，2003年)，『生きる場の人類学 ── 土地と自然の認識・実践・表象過程』(共著，京都大学学術出版会，2007年)，『集団 ── 人類社会の進化』(共著，京都大学学術出版会，2009年) など．

黒田末寿 (くろだ　すえひさ)

滋賀県立大学人間文化学部教授
1947年生まれ．京都大学大学院理学研究科博士課程満期退学．理学博士．
主な著書に，『人類進化再考 ── 社会生成の考古学』(以文社，1999年)，『自然学の未来 ── 自然との共感』(弘文堂，2002年)，『アフリカを歩く ── フィールドノートの余白に』(共編著，以文社，2002年) など．

杉山祐子 (すぎやま　ゆうこ)

弘前大学人文学部教授
1958年生まれ．筑波大学大学院歴史・人類学研究科単位取得退学．博士 (京都大学，地域研究)．
主な著書に，『ジェンダー人類学を読む』(共著，世界思想社，2007年)，『集団 ── 人類社会の進化』(共著，京都大学学術出版会，2009年)，『ものづくりに生きる人々 ── 旧城下町・弘前の職人』(共編著，弘前大学出版会，2011年)，『アフリカ地域研究と農村開発』(共著，京都大学学術出版会，2011年) など．

曽我　亨 (そが　とおる)

弘前大学人文学部教授
1964年生まれ．京都大学大学院理学研究科博士課程単位取得退学．理学博士．

主な著書に,『グローバリゼーションと〈生きる世界〉―― 生業からみた人類学的現在』(分担執筆, 昭和堂, 2011 年),『シベリアとアフリカの遊牧民 ―― 極北と砂漠で家畜とともに暮らす』(共著, 東北大学出版会, 2011 年),『ケニアを知るための 55 章』(分担執筆, 明石書店, 2012 年) など.

田中雅一 (たなか　まさかず)

京都大学人文科学研究所教授
1955 年生まれ. ロンドン大学経済政治学院人類学博士課程, Ph. D. (Anthropology).
主な著書に,『供儀世界の変貌 ―― 南アジアの歴史人類学』(法藏館, 2002 年),『フェティシズム研究』(全 3 巻既刊 1 巻, 編著, 京都大学学術出版会, 2009 年〜),『コンタクト・ゾーンの人文学』(全 4 巻, 共編著, 晃陽書房, 2011〜13 年) など.

寺嶋秀明 (てらしま　ひであき)

神戸学院大学人文学部教授
1951 年生まれ. 京都大学大学院理学研究科博士課程終了, 理学博士.
主な著書に,『共生の森 (シリーズ　熱帯林の世界 6)』(東京大学出版会, 1997 年),『平等と不平等をめぐる人類学的研究』(編著, ナカニシヤ出版, 2004 年),『平等論 ―― 霊長類と人における社会と平等性の進化』(ナカニシヤ出版, 2011 年) など.

床呂郁哉 (ところ　いくや)

東京外国語大学アジア・アフリカ言語文化研究所准教授
1965 年生まれ. 東京大学大学院総合文化研究科博士課程中退, 学術博士.
主な著書・論文に『越境 ―― スールー海域世界から』(岩波書店, 1999 年).「プライマリー・グローバリゼーション ―― もうひとつのグローバリゼーションに関する人類学的試論」(『文化人類学』75 巻 1 号, 2010 年),『ものの人類学』(共編著, 京都大学学術出版会, 2011 年),『東南アジアのイスラーム』(共編著, 東京外国語大学出版会, 2012 年),『グローバリゼーションズ ―― 人類学, 歴史学, 地域研究の視点から』(共編, 弘文堂, 2012 年) など.

西江仁徳 (にしえ　ひとなる)

京都大学野生動物研究センター教務補佐員
1976 年生まれ. 京都大学大学院理学研究科博士課程認定退学, 博士 (理学).
主な著書・論文に,「チンパンジーの「文化」と社会性 ―― 『知識の伝達メタファー』再考」『霊長類研究』24(2), 2008 年),『インタラクションの境界と接続―サル・人・会話研究から』(共著, 昭和堂, 2010 年), "Natural history of Camponotus ant-fishing by the M group chimpanzees at the Mahale Mountains National Park, Tanzania" (Primates　52, 2011 年) など.

西井凉子（にしい　りょうこ）

東京外国語大学アジア・アフリカ言語文化研究所教授
1959年生まれ．京都大学大学院文学研究科博士課程単位取得退学，総合研究大学院大学文化科学研究科博士課程中途退学，博士（文学）．
主な著書に，『死をめぐる実践宗教 —— 南タイのムスリム・仏教徒関係へのパースペクティヴ』（世界思想社，2001年），『社会空間の人類学 —— マテリアリティ・主体・モダニティ』（共編著，世界思想社，2006年），『時間の人類学 —— 情動・自然・社会空間』（編著，世界思想社，2011年）など．『情動のエスノグラフィ —— 南タイの村で感じる・つながる・生きる』（京都大学学術出版会，2013年）など．

花村俊吉（はなむら　しゅんきち）

京都大学野生動物研究センター・日本学術振興会特別研究員PD
1980年生まれ．京都大学大学院理学研究科博士課程単位取得退学，修士（理学）．
主な著書・論文に，『インタラクションの境界と接続――サル・人・会話研究から』（共著，昭和堂，2010年），「チンパンジーの長距離音声を介した行為接続のやり方と視界外に拡がる場の様態」（『霊長類研究』26，2010年），「行為の接続と場の様態との循環的プロセス」（『霊長類研究』26，2010年）など．

早木仁成（はやき　ひとしげ）

神戸学院大学人文学部教授
1953年生まれ．京都大学大学院理学研究科博士課程修了，理学博士．
主な著書に，『チンパンジーのなかのヒト』（裳華房，1990年），『生活技術の人類学』（共著，平凡社，1995年），『マハレのチンパンジー —— ＜パンスロポロジー＞の37年』（共著，京都大学学術出版会，2002年）など．

船曳建夫（ふなびき　たけお）

東京大学名誉教授
1948年生まれ．ケンブリッジ大学大学院社会人類学博士課程卒業，PH. D.（学術博士）．
主な著書に，『国民文化が生れる時』（共編著，リブロポート，1994年），『「日本人論」再考』（講談社学術文庫，2010年），『Living　Field』（東京大学総合研究博物館，2012年）など．

制度 ── 人類社会の進化　　　　　　　　　　　　© Kaori Kawai 2013

2013年4月10日　初版第一刷発行

　　　　　　　　編　著　　河合香吏
　　　　　　　　発行人　　檜山爲次郎
　　　発行所　　京都大学学術出版会
　　　　　　　　京都市左京区吉田近衛町69番地
　　　　　　　　京都大学吉田南構内（〒606-8315）
　　　　　　　　電話（075）761-6182
　　　　　　　　FAX（075）761-6190
　　　　　　　　URL http://www.kyoto-up.or.jp
　　　　　　　　振替 01000-8-64677

ISBN 978-4-87698-282-0　　　　印刷・製本　㈱クイックス
Printed in Japan　　　　　　　　定価はカバーに表示してあります

本書のコピー，スキャン，デジタル化等の無断複製は著作権法上での例外を除き禁じられています。本書を代行業者等の第三者に依頼してスキャンやデジタル化することは，たとえ個人や家庭内での利用でも著作権法違反です。